DUANZHIJUANYAN
GUANJIAN GONGYI JISHU YANJIU

短支卷烟
关键工艺技术研究

许春平 王秋领 李国政 芦昶彤 宋伟民◎著

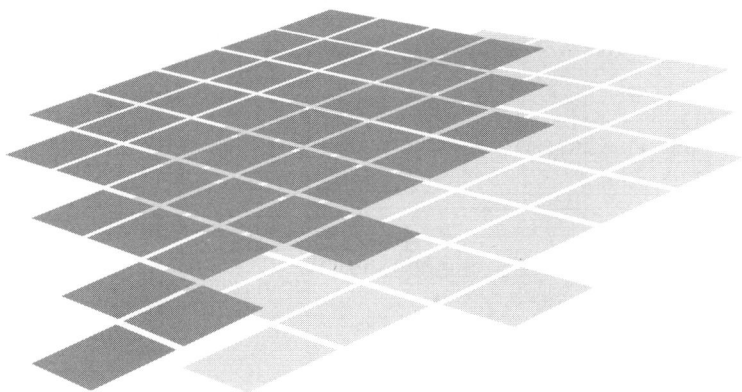

中国纺织出版社有限公司

图书在版编目（CIP）数据

短支卷烟关键工艺技术研究／许春平等著. -- 北京：中国纺织出版社有限公司，2024.7. -- ISBN 978-7-5229-1946-1

Ⅰ. TS452

中国国家版本馆 CIP 数据核字第 20243CQ734 号

责任编辑：国　帅　罗晓莉　　责任校对：高　涵
责任印制：王艳丽

中国纺织出版社有限公司出版发行
地址：北京市朝阳区百子湾东里 A407 号楼　邮政编码：100124
销售电话：010—67004422　传真：010—87155801
http://www.c-textilep.com
中国纺织出版社天猫旗舰店
官方微博 http://weibo.com/2119887771
三河市宏盛印务有限公司印刷　各地新华书店经销
2024 年 7 月第 1 版第 1 次印刷
开本：710×1000　1/16　印张：28.75
字数：500 千字　定价：98.00 元

本书编委会

许春平（郑州轻工业大学）

王秋领（河南中烟工业有限责任公司）

李国政（河南中烟工业有限责任公司）

芦昶彤（河南中烟工业有限责任公司）

宋伟民（河南中烟工业有限责任公司）

霍　娟（郑州大学）

苏加坤（江西中烟工业有限责任公司）

陈芝飞（河南中烟工业有限责任公司）

赵永振（河南中烟工业有限责任公司）

宁一博（河南中烟工业有限责任公司）

曹雪颖（河南中烟工业有限责任公司）

付瑜锋（河南中烟工业有限责任公司）

高明奇（河南中烟工业有限责任公司）

前　言

十三五以来，行业短支卷烟品牌、规格数量急剧增多，市场扩容明显加快，产品结构稳步提升，发展态势良好，短支卷烟市场规模化初步显现，短支卷烟以其快节奏、大众化的产品定位，降本降耗、低焦减害的产品优势，自上市以来就受到消费者的喜爱，迅速成为卷烟市场的一个爆发点。短支卷烟的关键技术主要涉及叶组配方、辅材材料、加工工艺以及香精香料等产品四大要素，本书依托于国内代表性短支卷烟与常规卷烟等卷烟品牌对短支卷烟质量控制进行研究，涵盖短支卷烟的卷制工艺质量指标和优化、短支卷烟的加香与加料、短支卷烟辅助材料设计等方面。

本书第一部分介绍了短支卷烟的卷制工艺质量指标和优化，包括短支卷烟关键工艺质量指标及烟丝形态结构和制丝工艺参数对卷烟感官质量的影响，实验样品包含 HS（JY）、HJY（LT）等代表性短支卷烟和 HS（YXYP）、QPL（L）等常规卷烟。第二部分从烟气释放特性、功能评价、转移行为、香基模块设计、加料技术等方面系统开展了短支卷烟加香加料核心技术研究。第三部分以 HJY（LT）、HJY（YX）为研究对象，介绍了短支卷烟的辅助材料设计，在不同档次基础配方下，系统考察了辅材设计及吸阻分配对短支卷烟烟气化学成分的影响规律，进行了辅材多因素预测模型的建立和验证。

本书具体分工如下：第一部分第 1、2 节由河南中烟工业有限责任公司王秋领完成，第一部分第 3、4 节和第三部分第 5 节由郑州轻工业大学许春平完成，第一部分第 5、6 节由河南中烟工业有限责任公司李国政完成，第二部分第 1 节由河南中烟工业有限责任公司芦昶彤完成，第二部分第 2 节由河南中烟工业有限责任公司宋伟民完成，第二部分第 3 节由郑州大学霍娟完成，第二部分第 4 节由江西中烟工业有限责任公司苏加坤完成，第二部分第 5 节由河南中烟工业有限责任公司陈芝飞完成，第二部分第 6、7 节由河南中烟工业有限责任公司赵永振完成，第三部分第 1 节由河南中烟工业有限责任公司宁一博完成，第三部分第 2 节由河南中烟工业有限责任公司高明奇完成，第三部分第 3 节由河南中烟工业有限责任公司宁一博完成，第三部分第 4 节由河南中烟工业有限责任公司曹雪颖完成，第三部分第 6 节由河南中烟工业有限责任公司付瑜锋完成。研究生孙毅哲、薛会杰、吴艺虹等在实验和写作方面做了很多工作，在此表示感谢。

　　由于时间仓促和作者水平有限，疏漏和错误之处在所难免，敬请读者勘误和指正。

著者

2024 年 6 月

目 录

第一部分 短支卷烟卷制工艺质量指标和优化

第二部分　短支卷烟的加香与加料

第三部分　短支卷烟辅助材料设计

第一部分
短支卷烟卷制工艺质量指标和优化

1 概述

1.1 背景和意义

"十三五"以来，卷烟行业内短支卷烟品牌、规格数量急剧增多，市场扩容明显加快，产品结构稳步提升，发展态势良好，支撑行业效益持续增长的作用日益凸显。2015年全国短支卷烟销量5.76万箱，2016年接近10万箱，2017年1~12月全国在销规格达到28个，产量达到25万箱以上，短支卷烟市场规模化初步显现。尤其是河南卷烟工业企业，相继开发了BNNX、LT、YX、SYLC等HJY系列短支烟产品，投放市场后得到消费者的广泛好评，LT2017年销量达到10万箱以上，2020年已超过20万箱，占行业短支卷烟细分市场销量的35%以上，有力支撑了河南卷烟工业企业的转型升级。但在产品设计和加工过程中，存在的以下问题制约了短支卷烟的发展。

（1）行业对短支卷烟的认识还不够深入，还停留在短了几毫米、少吸了几口的状态。对消费者为什么喜欢短支卷烟，如何进行产品设计和加工还存在一些模糊认识。

（2）行业对短支卷烟研究较少，短支卷烟的质量特点及与常规卷烟的差异不够明确。与常规卷烟相比，短支卷烟烟支长度降低后，烟支吸阻变小、烟丝段与滤棒的吸阻比例发生较大改变，卷烟各项质量指标也随之发生变化，尤其是通风率控制偏差大（8%左右），导致焦油波动大（1.5mg/支），滤棒通风率稳定性问题更加突出。

（3）短支卷烟抽吸时烟气在烟支中的行程变短，烟支的过滤效率变低，从而影响烟气中化学成分的产生和转化，存在有害成分高等问题。

（4）短支卷烟紧头密度和长度参照常规卷烟，造成烟丝轴向密度及整体密度与常规卷烟相比发生明显变化，导致每口卷烟质量差异较大；为保证卷烟质量，紧头长度变短后，卷烟端部落丝增加，对卷烟烟丝的均匀性和卷烟质量控制提出了更高要求，需要控制卷烟烟丝结构和增加混配力度等措施来提高配方的均匀性；同时卷接设备效率低、卷烟材料适应性差，导致卷接过程废烟量较大，原辅材料消耗高。

因此，项目通过开展短支卷烟与常规卷烟质量指标差异性调研分析，明确短支卷烟形态特征及关键质量指标控制要求；通过开展烟丝形态结构与短支卷烟质量的构—效关系研究，确定短支卷烟适宜的烟丝结构，通过制丝过程调控技术研究，构建短支卷烟烟丝结构调控技术；通过开展烟支卷制和滤棒接装技术研究，构建短支烟卷制质量稳定性控制技术；通过技术集成与应用验证，形成短支卷烟核心加工技术，提升短支卷烟品质和加工技术水平，为短支卷烟快速发展提供技术保障。预期可达到以下效果：①明确短支卷烟与常规卷烟的差异，为短支卷烟加工水平的提升提供改进方向；②明确加工过程对短支卷烟质量的影响；③提出短支卷烟测、调、控制关键技术，进一步提升短支卷烟质量水平。

本研究形成的关键加工技术，可进一步明确影响产品质量稳定性的关键因素，提高设备控制能力，降低消耗，对打造"有支撑、成体系、能感知"的短支卷烟技术体系具有重要意义。

1.2　研究进展

短支烟的发展与细支烟、爆珠烟等一样，是消费升级大潮中出现的消费新现象。短支卷烟与细支卷烟既有相同之处也有不同之处。相同之处就是通过改变烟支形态来改变消费者认知，赋予消费者更多的选择；不同之处就是短支卷烟生理层面的满足感方面要优于细支烟。从发展历程看，短支烟作为创新产品，培育初期定位于高端市场，培育效果不够理想。同时，随着消费环境的变化，卷烟消费趋于个性化、理性化，卷烟产品使用价值功能更加受到重视，促使大众化短支烟成为主流产品之一。

由于短支卷烟成为主流产品的时间较短，针对短支卷烟开展的研究较少，产品设计、加工过程参照常规卷烟，卷烟设备一般在现有设备基础上进行改造，原有工艺加工技术对短支卷烟并非绝对适应，因此，为短支卷烟加工工艺技术提升提供了探索空间。从卷烟质量因素考虑，主要包括卷烟原料（主要是烟丝结构形态）、卷烟材料（即三纸一棒和烟用胶）的特征和工艺技术（主要是制丝和卷接实现过程），将原料和材料加工成卷烟时，形成了三者对卷烟质量的影响。其中，烟丝结构特征及加工工艺、三纸一棒特征及加工工艺和卷制工艺一直以来都是研究的热点问题，所以提升短支卷烟的工艺加工水平，可以从上述 3 个领域开展相关工作。

　　烟丝结构特征及加工工艺在近些年的工艺发展中得到较大的关注，罗登山提出，近年来烟草工艺技术快速发展，水平也有所提高，但基础研究相对薄弱，打叶复烤（烟叶—叶片）、制丝（叶片—烟丝）和卷制（烟丝—卷烟）贯穿了从烟叶原料到卷烟产品的整个过程，加工工艺的整体性是烟草工艺研究的核心和基础。申晓锋、余娜、夏营威等先后利用筛分方法、机器视觉方法研究建立了烟丝结构、烟丝尺寸分布、烟丝宽度及分布等测试方法。通过检测与表征方法的建立，研究了烟丝结构对卷烟卷制质量的影响规律和片烟尺寸分布对烟丝结构的影响规律。结果表明烟丝结构特征对卷烟单支质量、端部落丝、空头率等指标及其稳定性影响显著。众多研究表明三纸一棒的特征能够显著影响卷烟燃吸过程的温度分布状态及有害成分的释放量，在滤棒成型工艺影响的研究中，常纪恒研究表明，在丝束规格一定的情况下，辊速比、螺纹辊压力、空气喷嘴压力及稳定辊压力等参数对醋纤丝束稳定开松和成型起决定性作用，并在研究中对滤棒成型的工艺条件进行优化，提高了加工工艺技术对滤棒吸阻和硬度的稳定性的控制能力。卷烟机卷制工艺对卷烟质量具有影响，且不同卷烟机机型结构对烟丝造碎有一定的差别。邓国栋开展了不同机型卷烟机对烟丝造碎的影响研究，结果表明，在一定的操作条件下，不同机型卷烟机的烟丝造碎存在差异，配方烟丝种类对烟丝造碎会产生显著影响。通过卷烟机平整盘的调整，可以改变烟支轴向烟丝密度分布状态。它不仅影响每口抽吸中的压阻，还会由于压阻的变化对烟气中有害成分的释放量及危害性指数等产生影响，沈晓晨证实了这个现象。卷烟机卷制过程中对烟丝中梗签的剔除，对改善卷烟轴向密度分布、提高卷烟质量稳定性具有重要作用。与常规卷烟相比，短支卷烟对烟丝纯净度的要求更严格，因此对卷烟机剔除梗签能力的控制就变得更为重要。李斌、曾静、江威等在建立测定卷烟机剔除梗签物中含烟丝量方法及装置的基础上，研究了加工工艺对烟支含签率的影响。随着卷烟燃吸过程研究的不断深入，各种影响因素的影响机制也有了较大突破。LI利用超细热电偶的方法，检测获得 3R4F 标准卷烟连续两口卷烟温度分布与升温速率分布数据，从而推测了燃烧状态的连续变化和气体流场的路径；利用该方法获得了低引燃倾向卷烟阻燃带对燃吸过程温度分布状态及气体扩散机制的影响机制；同时 LI 考察了抽吸参数（抽吸容量、抽吸间隔时间）和滤棒通风对 3R4F 标准卷烟燃吸温度及升温速率的影响机制。李少平等对 YJ19 卷烟机紧头自动调整装置、风室导轨进行了改进，烟支空头率、端部落丝量得到降低；熊安言等建立了一种以 Zn 元素为标记物的卷烟搭口胶施胶量测定方法；游激等研究了卷烟胶生产中黏度对卷烟机平均车速的影响；何平生研究了接嘴胶贮存环境温度对烟支总通风率的影响；谷春亮、岳晓凤、周诗伟、赵龙等开展了预打孔卷烟通风率影响因素、通风率控制技术、上胶方式、涂胶位置偏移故障、控胶辊适应预打孔水松纸的改进等方面的研究。

综上所述，这些关于烟丝结构特征及加工工艺、三纸一棒特征及加工工艺和卷制工艺等方面的研究，在常规卷烟质量因素的影响规律和加工工艺水平提升方面发挥了重要作用，对开展短支卷烟质量影响因素规律及工艺加工水平提升关键技术研究具有较强的参考价值，但未见针对短支卷烟的相关研究报道。

1.3　研究内容

1.3.1　关键工艺质量指标及烟丝形态结构研究

本研究通过开展短支卷烟与常规卷烟质量指标差异性调研分析，明确短支卷烟形态特征及关键质量指标控制要求；通过开展烟丝形态结构与短支卷烟质量的构—效关系及调控研究，确定短支卷烟适宜的烟丝结构，构建短支卷烟烟丝结构调控技术；通过开展烟支卷制和滤棒接装技术研究，构建短支烟卷制质量稳定性控制技术；通过技术集成与应用验证，形成短支卷烟核心加工技术，提升短支卷烟品质和加工技术水平，为短支卷烟的快速发展提供技术保障。

1.3.1.1　短支卷烟特征指标分析

（1）短支卷烟消费者关注的质量指标分析。依据短支卷烟市场调研分析报告，结合卷烟的国家标准及相关评价方法，将市场信息进行标准化处理，提取出有用信息，明确消费者对短支卷烟的具体要求，为短支卷烟的优化、提升提供依据。

（2）短支卷烟与常规卷烟差异性分析。通过检测分析短支卷烟与常规卷烟在物理指标、化学指标、感官质量、燃烧特性等方面的异同点，明确短支卷烟的控制内容及侧重点。通过测试分析国内代表性短支卷烟在物理指标（吸阻、通风率、烟丝密度、紧头长度及密度等）、化学指标、感官质量、燃烧特性等方面的差异，确定河南卷烟工业企业短支卷烟的提升方向。

（3）加工过程差异性分析。对比分析国内短支卷烟加工过程及关键设备（主要是卷包设备）的差异，找出现有加工方式和设备存在的不适宜性，为短支卷烟的产品设计、过程控制和质量提升提供依据。

1.3.1.2 短支卷烟烟丝质量指标研究

开展烟丝的不同质量指标对短支卷质量的影响研究，确定短支卷烟适宜的烟丝质量指标，围绕短支卷烟烟丝质量指标要求，有针对性地开展工艺优化和改进，提升烟丝质量。

1.3.1.3 短支卷烟质量指标控制技术研究

依据测试和分析提出的短支卷烟内容和提升方向，开展卷烟机设备参数等对卷烟关键特性指标的影响研究，确定卷烟合理的质量指标和设备参数。

1.3.1.4 稳定通风率技术研究

开展短支卷烟通风率影响因素研究，确定不同因素对短支卷烟通风率影响的趋势和显著程度，对关键因素进行改进和控制，建立短支卷烟通风率控制技术。

1.3.2 技术经济指标

主要研究目标如下。

（1）形成短支卷烟烟丝形态结构调控技术。

（2）形成短支卷烟通风率控制技术。

（3）使短支卷烟卷制质量及稳定性显著提高。实现单支质量标准偏差≤20 mg，烟支吸阻标准偏差≤40 Pa，批内焦油量波动≤1.0 mg，通风率允差控制到±6%以内。

1.3.3 技术思路

本研究从国内代表性短支卷烟烟支特征分析入手，明确国内短支卷烟的设计特点、控制水平和存在问题，以卷烟工业企业短支卷烟产品为对象分析加工过程产品质量控制水平，为短支卷烟关键加工技术的研究提供依据，研究烟丝形态结构对短支卷烟加工质量的影响，明确需要控制的关键环节和指标；通过控制技术研究，形成一套短支卷烟关键加工技术并推广应用，以提高短支卷烟加工水平，为短支卷烟的发展提供技术支撑。

本研究依据"差异性分析—影响因素研究—调控技术研究—应用验证"的技术路线开展研究工作，详细技术路线如图1-1所示。

短支卷烟形态特征分析

物理质量　　　烟气指标　　　过程消耗

适用于短支烟烟丝
形态结构研究

叶丝宽度　　　叶丝长度　　　烟丝纯净度

短支烟烟丝质量要求

提高短支烟卷纸质量
稳定性研究

接装纸涂胶量　接装纸搭接状态　接装纸黏度　卷接工艺参数

卷制质量稳定性调控技术

技术集成与效果评价

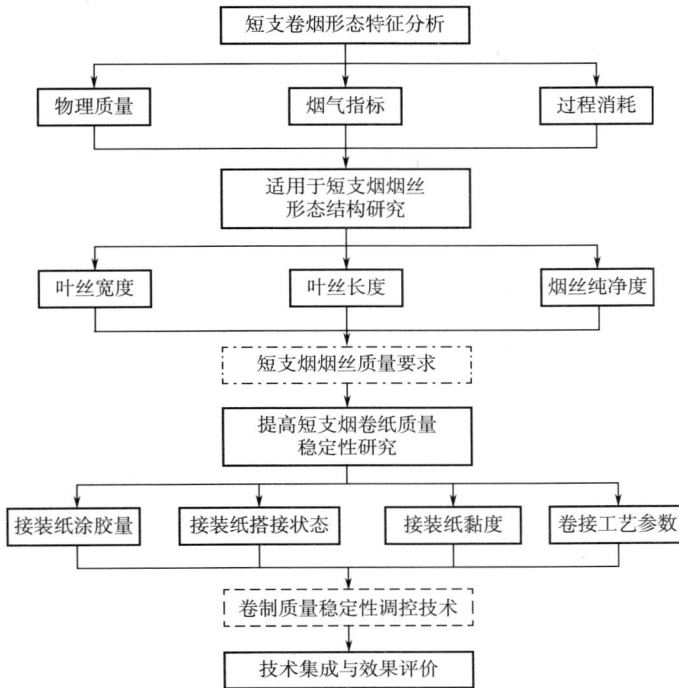

图 1-1　技术路线图

2 实验及检测方法

本研究将着重介绍短支卷烟质量指标及其稳定性、烟丝特性指标的检测装置、仪器及方法；同时针对制丝和卷制两大工艺过程，介绍样品制备及试验过程与方法，并对考察因素的试验设计方法或方案做简要说明。

2.1 材料与仪器

河南卷烟工业企业生产的 LT 卷烟配方烟丝、配套材料及成品卷烟；Y2SJO 型多功能检测振筛（徐州市铁建机械制造有限公司，筛网孔径：10.00 mm、7.00 mm、5.00 mm、4.00 mm）；YQ-2 型烟丝振动分选筛（郑州嘉德机电科技有限公司，筛网孔径：3.35 mm、2.50 mm、1.00 mm）；QTM 型烟支综合测试台（湖南力科自动化技术有限公司）；PL3001-SMettler 电子天平（感量 0.1 g，瑞士 SMettler 公司）。

2.2 短支卷烟质量指标与烟丝特性检测方法

卷烟的质量指标与烟丝特性检测方法是考察各个相关工艺可控因素对质量稳定性影响的重要依据，检测内容包括卷烟常规物料的质量指标、卷烟或在制品的烟丝物理特性、化学特性及烟气特性和卷烟材料特性的分析检测，同时还包括细支卷烟在轴向密度分布、落头倾向和动态吸阻特性的检测。

2.2.1 卷烟常规物理质量指标的检测方法

卷烟常规物理质量指标包括烟支质量、吸阻（开放吸阻和封闭吸阻）、硬度、圆周、长度、滤棒通风率与总通风率、端部落丝量、含末率等。检测方法及装备见表 2-1，在检测内容中，烟支质量、吸阻（开放吸阻和封闭吸阻）、硬度、圆周、长度、滤棒通风率与总通风率等指标的稳定性评价数据是通过计算测试样品的标准偏差获得的。端部落丝量、含末率等指标仅为质量约束性指标。

2.2.2　卷烟或在制品烟丝物理特性的检测方法

卷烟质量指标检测方法见表 2-1 和表 2-2。

表 2-1　卷烟物理性能指标测试方法标准

测试指标	测试方法标准
长度	GB/T 22838.2—2009《卷烟及滤棒物理性能的测定　第 2 部分》
圆周	GB/T 22838.3—2009《卷烟及滤棒物理性能的测定　第 3 部分》
质量	GB/T 22838.4—2009《卷烟及滤棒物理性能的测定　第 4 部分》
吸阻	GB/T 22838.5—2009《卷烟及滤棒物理性能的测定　第 5 部分》
硬度	GB/T 22838.6—2009《卷烟及滤棒物理性能的测定　第 6 部分》
通风率	GB/T 22838.15—2009《卷烟及滤棒物理性能的测定　第 15 部分》
含末率	GB/T 22838.7—2009《卷烟及滤棒物理性能的测定　第 7 部分》
燃烧速率	ISO 3612

表 2-2　卷烟物理性能指标测试方法标准

测试指标	测试方法与标准
烟丝长度及分布	YC/T 351—2010《卷制过程烟丝破碎度的测定》
烟丝宽度及分布	图像法，参照 R-R 分布（YC/T 351—2010）
烟丝含水率	GB/T 22838.6—2009《卷烟及滤棒物理性能的测定　第 8 部分》
烟丝填充值	YC/T 152—2001《卷烟烟丝填充值的测定》
烟丝纯净度	YC/T 428—2012《卷烟机剔除梗签物中含丝量的测定》

2.2.3　卷烟烟气释放物检测方法

卷烟烟气释放量测试方法及仪器见表 2-3。

表 2-3　卷烟烟气释放物测试方法标准

测试指标	测试方法标准
焦油	GB/T 19609—2004《卷烟用常规分析用吸烟机测定总粒相物和焦油》
烟碱	GB/T 23355—2009《卷烟总粒相物中烟碱的测定方法气相色谱法》
CO	GB/T 23356—2009《卷烟烟气气相中一氧化碳的测定　非散射红外法》

2.2.4　卷烟材料检测

卷烟材料的检测指标及方法见表2-4。

表2-4　卷烟辅助材料特征测试方法标准

项目	测试指标	测试方法及标准
卷烟、滤棒、烟支	吸阻	GB/T 82838.5—2009
烟片结构	大中片率、碎片率	在线自动烟片结构检测仪
滤棒	类型、材质与特征、长度、重量	目测等
卷烟纸	长度、定量、透气度	
成形纸	长度、通风滤棒、成形纸透气度	GB/T 23227—2018《卷烟纸、成型纸、接装纸及具有定向透气带的材料　透气度的测定》
接装纸	规格与外观描述、透气度、打孔位置与排列方式、孔径及间距	
密度	微波检测烟支密度	MW3220，德国 TWS 公司

2.3　常规卷烟与短支卷烟特征对比分析

（1）样品收集。项目组共收集国内有代表性的短支及常规卷烟产品样品各13个，具体见表2-5和表2-6。

表2-5　国内代表性短支卷烟

编号	样品名称	焦油	条码	生产企业
1	HS（JY）	10	6901028223744	安徽中烟
2	HS（ZMGT）	10	6901028132961	安徽中烟
3	HJY（BNNX）	9	6901028160100	河南中烟
4	HJY（LT）	10	6901028160285	河南中烟
5	DQM（DZ）	10	6901028018227	上海集团
6	HHL（SKP）	8	6901028186391	湖北中烟
7	GY（XZ）	10	6901028221511	贵州中烟
8	FRW（YSD）	8	6901028191067	湖南中烟

编号	样品名称	焦油	条码	生产企业
9	JS（TWG JYTX）	10	6901028136808	江西中烟
10	TZ（RCQ）	8	6901028227049	重庆中烟
11	QPL（TX）	10	6901028142625	福建中烟
12	ZL（ZGL）	8	6901028011648	广西中烟
13	YX（ZY）	8	6901028227049	红塔烟草集团

表 2-6　国内代表性常规卷烟

编号	样品名称	焦油	条码	生产企业
1	HS（YXYP）	10	6901028223980	安徽中烟
2	HS（XYP）	10	6901028126007	安徽中烟
3	QPL（L）	8	6901028141147	福建中烟
4	SX（RJD）	11	6901028000833	广东中烟
5	ZL（JZ）	10	6901028015424	广西中烟
6	HGS（LJP）	10	6901028036924	贵州中烟
7	HJY（XMB）	10	6901028165921	河南中烟
8	YX（Y）	10	6901028316866	红塔烟草
9	YY（ZP）	11	6901028045919	红云红河烟草
10	FRW（L）	10	6901028193863	湖南中烟
11	HDM（CX）	10	6901028149921	山东中烟
12	ZH（R）	11	6901028075022	上海烟草
13	LQ（XB）	11	6901028118187	浙江中烟

（2）分析方法。开展短支卷烟产品在物理指标、烟丝常规化学成分、烟气特征、配方特点、烟丝结构、感官质量等方面与常规卷烟的差异性分析，进而剖析短支卷烟的产品设计及品质特征，对比分析短支卷烟质量控制水平，为短支卷烟产品关键加工技术的研究提供依据。

（3）短支卷烟加工过程分析。在此基础上，以 LT 产品为例，采用 mes 系统采集数据进行统计分析，确定不同月份烟丝、不同机台、不同时段卷烟的质量稳定性，为关键技术研究提供数据支撑。

2.4 烟丝形态结构对短支卷烟质量的影响

（1）烟丝长度对卷烟质量的影响。烟丝长度选用同一批烟丝、同一台卷烟机，检测跑条烟丝长度分布，与卷烟物理指标进行关联分析和烟丝结构的优化，采用断丝机进行断丝，验证分析结果。

（2）烟丝宽度对烟丝结构的影响。烟丝设定宽度为 0.8 mm、0.9 mm、1.0 mm，卷制用烟丝样品在风选后取样，每个样品取样 30 kg，用密封袋密封备用。

（3）碎片含量对卷烟质量的影响。切丝进料振槽（一级筛网）规格选用 4.0 mm、6.0 mm 的筛网，二级振槽筛网选用 2.0 mm，在振槽上设置落料口，可将一级筛网筛出碎片直接接出或一定规格的碎片绕过切丝机与切后烟丝混合。

（4）纯净度对短支卷烟质量的影响。烟丝纯净度的调控主要依靠调节一级、二级风选挡板的位置，两级风选剔除梗签的比例为 0.1%~2%，随着剔梗量的增加，剔除梗签中的烟丝同步增加。同时通过卷烟剔梗可进一步提高烟丝的纯净度，一般剔梗量控制在 4%以下。

选择三批正常生产的 LT 配方烟丝，其他参数保持不变，调整一级风选底风和侧风的风门开度，二级风选参数不变（风选出梗签中烟丝含量不超过 5%）；落丝量分别按 1%、5%、10%进行调整设置，参数设置及检测结果如表 2-7 所示。

表 2-7 风选设计值与实际值

项目	设计风选量/%	一级风选实际落丝率/%	二级风选梗签率/%	烟丝纯净度/%
试验 1	1	0.93	0.1	96.43
试验 2	5	5.12	0.52	97.52
试验 3	10	9.98	0.89	98.25

一级风选落料量的计算：以干燥后物料计量称历史平均流量为基准，计算 1 min 内通过电子秤的物料累计流量，以此为分母，以 1 min 内接出一级风选后烟丝重量为分子，计算风选量。不同样品的取样方法有：①烟片的取样：稳定生产后，烟片用取样盘松散回潮、加料后随机接样 4000 g，用四分法缩至 1000 g，单次取样时间间隔 30 min，每批次连续取样 3 次，放进密封袋里，粘贴上标签，作为样品备用。②碎片的取样：稳定生产后，碎片用取样盘松散回潮、加料前在筛分出口处取样，单次取样时间间隔 5 min 每批次连续取样三次，每次取样 500 g，

放进密封袋里，粘贴上标签，作为样品备用。③烟丝取样方法：卷烟机运转稳定生产后，固定机台，操作人员用取样盘分别在卷烟机烟枪处随机接样 4000 g，用四分法缩至 1000 g，单次取样时间间隔 30 min，每批次连续取样 4 次，共取样 8 次，将取得的烟丝放入恒温恒湿箱平衡 24 h，之后放进密封袋里，粘贴上标签，作为样品备用。④成品卷烟取样方法：固定机台，操作人员在卷烟机出口处对成品卷烟进行取样，每次 150 支，作为一组样品，单次取样时间间隔 30 min，每批次连续取样 4 次，共取样 8 次，将取得的成品烟支放置于恒温恒湿箱中平衡 24 h，之后放进密封袋里，粘贴上标签，作为样品备用。

2.5　提高短支卷烟卷制质量稳定性的研究

采用正交试验的方法进行试验，对于同一批次的 LT 烟丝，固定机台和操作人员，计算每个样品检测结果的平均值并将其作为试验结果，运用方差分析对比不同风室负压、吸丝带规格和回丝量下成品烟支的物理质量是否存在显著差异，采用极差分析选取最优参数组合。

针对最优组合进行生产验证，确定最佳参数组合。

2.6　通风率控制技术研究

该部分试验在调研、分析文献、河南卷烟工业企业通风率研究相关成果的基础上，分析在用卷烟材料质量水平和参考材料控制要求，对在用材料质量指标的波动对卷烟质量的影响进行验证。

检测分析接嘴胶浸润性能、黏度，分析其相关性及对通风率的影响；通过调节接装纸剪切位置，分析搭接状态对加热卷烟质量的影响；通过调整烟支单支质量，分析单支质量对加热卷烟通风率的影响。

2.7　制丝工艺参数与卷烟感官质量的关系研究

2.7.1　试验设计

制丝工艺的工序很多，参数和指标也很多。如果对所有可调节的控制参数都进行试验研究，其成本和代价将难以承受。因此，首先要筛选出一些关键的控制参数作为试验因子。

通过项目研讨会上的多次交流，对目前的制丝工艺流程进行了细致深入的分析，结合现有的研究成果和经验判断，最终确定将松散回潮、筛分加料、叶丝干燥等主要工序作为研究对象，选择松散回潮回风温度、加料回风温度和出口含水率、蒸汽流量、筒壁温度、热风温度和排潮负压等 7 个参数作为试验调节因子，见表 2-8。表中未列出的其他工艺控制参数一律按照现行的工艺技术要求设定其控制值，并使其达到并保持在所规定的精度范围内。具体要求可参见相应产品的技术条件和标准。

表 2-8 制丝工艺试验调节参数

工序	调节参数	单位	水平 1	水平 2	水平 3
松散回潮	回风温度	℃	52±3	57±3	62±3
筛分加料	回风温度	℃	52±3	57±3	62±3
	出口含水率	%	18.5	19.5	20.5
增温增湿	蒸汽流量	kg/h	100	300	500
干燥	筒壁温度	℃	123±2	128±2	133±2
	热风温度	℃	110±2	115±2	120±2
	排潮负压	Pa	-1.0	-1.8	-2.6

表 2-8 所列共有 7 个试验因子，每一个因子均设定为 3 水平，采用正交试验设计，根据正交表 $L_{18}(3^7)$，需要进行 18 组试验。具体的试验方案见表 2-9。

表 2-9 烟丝质量综合评价工艺试验方案

试验号	松散回潮	筛分加料		增温增湿	干燥		
	回风温度/℃	回风温度/℃	出口含水率/%	蒸汽流量/(kg·h⁻¹)	筒壁温度/℃	热风温度/℃	排潮负压/Pa
1	52±3	52±3	18.5	100	123±2	110±2	-1.0
2	52±3	57±3	19.5	300	128±2	115±2	-1.8
3		62±3	20.5	500	133±2	120±2	-2.6
4	57±3	52±3	18.5	300	128±2	120±2	-2.6
5		57±3	19.5	500	133±2	110±2	-1.0
6		62±3	20.5	100	123±2	115±2	-1.8

试验号	松散回潮	筛分加料		增温增湿	干燥		
	回风温度/℃	回风温度/℃	出口含水率/%	蒸汽流量/(kg·h⁻¹)	筒壁温度/℃	热风温度/℃	排潮负压/Pa
7		52±3	19.5	100	133±2	115±2	−2.6
8	62±3	57±3	20.5	300	123±2	120±2	−1.0
9		62±3	18.5	500	128±2	110±2	−1.8
10		52±3	20.5	500	128±2	115±2	−1.0
11	52±3	57±3	18.5	300	133±2	120±2	−1.8
12		62±3	19.5	100	123±2	110±2	−2.6
13		52±3	19.5	500	123±2	120±2	−1.8
14	57±3	57±3	20.5	100	128±2	110±2	−2.6
15		62±3	18.5	300	133±2	115±2	−1.0
16		52±3	20.5	300	133±2	110±2	−1.8
17	62±3	57±3	18.5	500	123±2	115±2	−2.6
18		62±3	19.5	100	128±2	120±2	−1.0

2.7.2 取样方法

每进行一组工艺参数的试验，就进行一组样品抽样，对烟支样品还要进行感官质量评吸。对试验期间生产线计算机控制系统采集的工艺过程数据进行了收集与整理；最后把各类检测数据都收集起来，并与试验号、试验采集数据、工艺控制参数等进行对照，整理成完整的数据集以备数据分析之用。

2.7.3 数据处理

烟支样品的感官质量评吸由 7 人组成的评吸专家组完成。为保证评吸结果的准确性，尽量避免一些主客观因素的干扰，评吸时将 18 组试验样品分成若干天进行，每天最多只进行 3 组样品的评吸。而且在评吸时，首先在 3 组样品中选择一组作为对照样，并指定其各项评吸指标的得分为 6 分，然后对其他 2 组进行比较性的评吸。如以样品 0 为对照样，在评价的各项指标中，认为指标无变化、有变化、变化较大时，分别以 0 分、1 分（−1 分）、2 分（−2 分）来表征；其中，杂气和刺激性减小记正分、增大记负分，其他指标增大或变好记正分、反之记负分；最后再把 7 人的评分进行平均，得到该项指标的相对得分。

表 2-10 为烟支样品评吸质量的相对得分。其中，每次评吸的第一组样品均作为对照样，指定其各项指标得分均为 6 分。

然后，采用简单的"相对差"方法求取各样品指标的最终得分。所谓的"相对差"方法，就是从最后一次所比较的两个试验（试验号 4 和试验号 13）的数据开始，以其中一个（试验号 4）作为对照样，首先确定其各项指标得分为基准分值 6，则另一个样品（试验号 13）的各指标得分随之确定；然后查表 2-10 确定其他试验相对于这两个试验的数据差值，并据此求得其他试验的各项指标得分；其中，有直接对照的可以直接求得，没有直接对照的可以间接求得，从而确定出其他试验的各指标得分。最终，可以得到各烟支样品的各项指标的最终得分，如表 2-11 所示。

表 2-10　烟支样品评吸质量的相对得分

| 试验号 | 香气特性 | | | | 烟气特性 | | | | 口感特性 | | | | | 综合排序 |
	香气质	香气量	丰满	杂气	浓度	劲头	细腻	成团性	刺激性	干燥感	干净	甜度	回味	
10	6.0	6.0	6.0	6.0	6.0	6.0	6.0	6.0	6.0	6.0	6.0	6.0	6.0	17
11	6.0	5.9	6.3	5.9	6.0	6.0	6.3	6.0	5.4	6.0	6.3	6.1	6.0	15
12	6.0	5.9	6.0	6.1	5.9	6.0	6.3	5.7	5.4	6.3	5.9	6.1	5.6	10
1	6.0	6.0	6.0	6.0	6.0	6.0	6.0	6.0	6.0	6.0	6.0	6.0	6.0	18
2	6.1	6.0	6.3	5.6	6.3	5.9	6.0	5.7	5.7	6.1	6.0	6.0	6.0	14
3	6.0	6.0	6.3	5.7	6.1	6.0	6.0	6.0	4.9	6.0	5.9	5.4		10
7	6.0	6.0	6.0	6.0	6.0	6.0	6.0	6.0	6.0	6.0	6.0	6.0	6.0	20
8	6.0	6.0	6.1	6.0	6.6	5.9	5.4	5.9	5.3	6.3	5.9	6.0	5.9	15
9	6.0	5.7	5.9	5.0	6.1	6.0	5.6	5.9	4.9	6.9	5.7	5.7	5.9	7
4	6.0	6.0	6.0	6.0	6.0	6.0	6.0	6.0	6.0	6.0	6.0	6.0	6.0	13
5	6.0	6.1	6.1	6.0	5.4	6.0	6.1	5.9	5.7	6.3	6.1	6.4	6.0	19
6	6.0	5.7	6.0	5.7	6.0	6.0	5.9	5.9	5.6	6.6	6.0	5.9	6.0	10
13	6.0	6.0	6.0	6.0	6.0	6.0	6.0	6.0	6.0	6.0	6.0	6.0	6.0	14
14	6.0	6.1	6.1	6.1	5.7	6.0	5.9	5.9	5.7	6.0	6.0	6.1	6.1	14
15	6.0	6.0	6.0	5.9	5.9	6.0	6.3	6.0	5.6	6.4	6.1	6.4	5.9	14

续表

试验号	香气特性				烟气特性				口感特性					综合排序
	香气质	香气量	丰满	杂气	浓度	劲头	细腻	成团性	刺激性	干燥感	干净	甜度	回味	
16	6.0	6.0	6.0	6.0	6.0	6.0	6.0	6.0	6.0	6.0	6.0	6.0	6.0	19
17	5.9	5.9	6.1	5.9	6.0	6.0	6.0	6.0	5.4	6.1	6.1	6.0	5.9	15
18	5.9	5.9	5.9	5.7	6.0	6.0	5.4	5.9	5.3	6.6	5.7	5.6	5.9	8
10	6.0	6.0	6.0	6.0	6.0	6.0	6.0	6.0	6.0	6.0	6.0	6.0	6.0	13
13	6.0	6.1	6.1	5.9	6.1	6.0	6.3	6.0	5.9	6.0	6.1	6.1	6.0	15
16	6.0	6.3	6.1	6.0	6.0	6.0	6.0	5.9	6.1	6.1	6.0	6.4	5.9	14
4	6.0	6.0	6.0	6.0	6.0	6.0	6.0	6.0	6.0	6.0	6.0	6.0	6.0	16
1	6.0	6.1	6.3	5.6	6.4	6.0	5.4	6.0	6.6	5.6	6.0	6.0	6.0	13
7	6.0	6.3	6.1	6.0	6.0	6.0	6.0	5.9	6.1	6.1	6.1	5.9	6.1	13
4	6.0	6.0	6.0	6.0	6.0	6.0	6.0	6.0	6.0	6.0	6.0	6.0	6.0	12
3	5.9	6.0	6.1	6.0	6.1	6.0	5.7	6.0	6.0	6.0	6.0	6.0	6.1	16

表2-11 烟支样品评吸质量的最终得分

试验号	香气特性				烟气特性				口感特性					综合排序
	香气质	香气量	丰满	杂气	浓度	劲头	细腻	成团性	刺激性	干燥感	干净	甜度	回味	
1	6.0	6.1	6.3	5.6	6.4	6.0	5.4	6.0	6.6	5.6	6.0	6.0	6.0	13
2	6.1	6.1	6.6	5.1	6.7	5.9	5.4	5.7	6.3	5.7	6.0	6.0	6.0	9
3	6.0	6.1	6.6	5.3	6.6	6.0	5.4	6.0	5.4	5.7	6.0	5.9	5.4	5
4	6.0	6.0	6.0	6.0	6.0	6.0	6.0	6.0	6.0	6.0	6.0	6.0	6.0	16
5	6.0	6.1	6.1	6.0	5.4	6.0	6.1	5.9	5.7	6.3	6.1	6.4	6.0	22
6	6.0	5.7	6.0	5.7	6.0	6.0	5.9	5.9	5.6	6.6	6.0	5.9	6.0	13
7	6.0	6.3	6.1	6.0	6.0	6.0	6.0	5.9	6.1	6.1	6.1	5.9	6.1	13
8	6.0	6.3	6.1	6.0	6.0	5.9	5.4	5.7	6.0	6.4	6.0	6.0	6.0	8
9	6.0	6.0	6.0	5.0	6.1	6.0	5.6	5.7	5.0	7.0	5.9	5.6	6.0	0
10	5.9	5.9	6.0	6.1	6.0	6.0	5.4	6.0	6.1	6.0	5.9	5.9	6.1	18
11	5.9	5.7	6.3	6.0	6.0	6.0	5.7	6.0	5.6	6.0	6.1	6.0	6.1	16

续表

试验号	香气特性				烟气特性				口感特性					综合排序
	香气质	香气量	丰满	杂气	浓度	劲头	细腻	成团性	刺激性	干燥感	干净	甜度	回味	
12	5.9	5.7	6.0	6.3	5.9	6.0	5.7	5.7	5.6	6.3	5.7	6.0	5.7	11
13	5.9	6.0	6.1	6.0	6.1	6.0	5.7	6.0	6.0	6.0	6.0	6.0	6.1	20
14	5.9	6.1	6.3	6.1	5.9	6.0	5.6	5.9	5.7	6.3	6.0	6.1	6.3	20
15	5.9	6.0	6.1	5.9	6.0	6.0	6.0	6.0	5.6	6.4	6.1	6.4	6.0	20
16	5.9	6.1	6.1	6.1	6.0	6.0	5.4	6.0	6.3	6.1	5.9	6.3	6.0	19
17	5.7	6.0	6.3	6.0	6.0	6.0	5.4	5.9	5.7	6.3	6.0	6.3	5.9	15
18	5.7	6.0	6.0	5.9	6.0	6.0	4.9	5.7	5.6	6.7	5.6	5.9	5.9	8

实际上，所谓的"相对差"方法可以从任意一天的对照评吸开始进行得分转换。若设某样品的一个评吸指标得分 X_i（其中，$i = 1, 2, \cdots, N$，N 为样品数）在第一天的对照评吸中得分为 X_{i1}，在第二天的对照评吸中得分为 X_{i2}。

首先计算

$$\Delta X_i = X_{i2} - X_{i1}$$

然后，利用公式

$$X_{j2} = X_{j1} + \Delta X_i$$

其中 $j = 1, 2, \cdots, N$。可以将另一个样品的评吸指标得分 X_j 由第一天的得分转换至第二天的得分。以此类推，可以将所有样品的评吸指标得分都转换至同一天的得分集合中，然后就可以进行统一的得分对照和数据分析。

另外，表 2-10 和表 2-11 中还列出了烟支样品评吸的综合排序得分。所谓综合排序，是评吸人员根据自己的综合感受给每次评吸的 3 组样品烟支进行排序；其中排名第一的得 3 分，第二名得 2 分，第三名得 1 分；最后一次评吸只有两组烟样，则认为较好的得 3 分，较差的得 1 分，如果持平则各得 2 分；然后合计得分就得到了该样品的综合排序得分。最后同样利用"相对差"方法，就能够得到各样品综合排序的最终得分。

需要说明的是，在利用"相对差"方法进行数据的转换、整理之后，可能会出现某些数据为负数的情况。为了便于后续的数据分析，往往需要对数据整体上再进行一次预处理，如采用"加 n"处理等，使其适应实际数据分析或建模的需要。

2.8　技术应用研究

将研究成果进行集成应用，采用工艺的方式对应用效果进行验证。

2.9　统计方法

采用 EXCEL 2010 和 MINITAB 15 进行数据统计分析。

3 关键工艺质量指标、烟丝形态结构、质量稳定性和通风率研究

3.1 短支卷烟特征分析

3.1.1 短支卷烟物理指标标偏稳定性分析

本部分对短支卷烟的质量、长度、吸阻、圆周、硬度、滤棒通风率、总通风率等指标进行对比分析，掌握短支卷烟物理指标范围及稳定性水平。

3.1.1.1 单支质量

图 3-1 为卷烟（短支、常规）单支质量标偏分布情况。由图可知，短支卷烟的质量标偏大于常规卷烟，常规卷烟质量标偏大部分控制在 17~27 mg，中位数为 21 mg，短支卷烟单支质量标偏控制在 13~27 mg，中位数为 20 mg，表明国内短支卷烟的单支质量稳定性较好，但控制水平差异较大，河南卷烟工业企业短支卷烟标偏为 21~23 mg，控制水平处于行业平均水平。

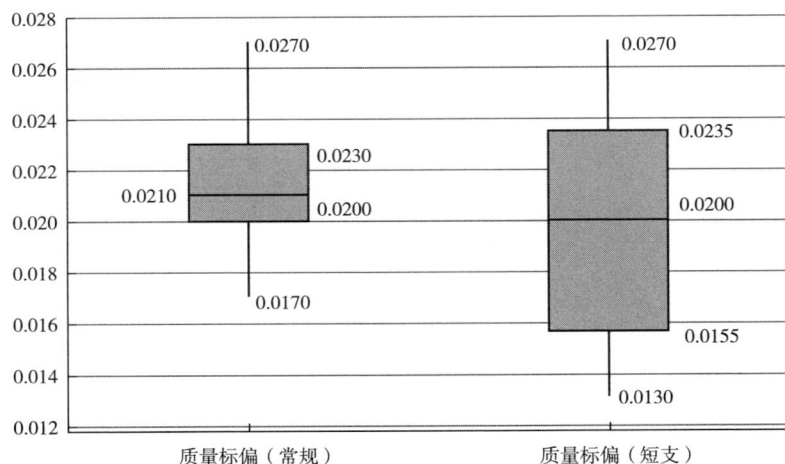

图 3-1　卷烟单支质量标偏（单位：g）

3.1.1.2 圆周

图 3-2 为卷烟（短支、常规）圆周标偏分布情况。由图可知，短支卷烟圆周标偏大于常规卷烟，常规卷烟圆周标偏控制在 0.040～0.0640 mm，中位数为 0.0480 mm，短支卷烟圆周标偏控制在 0.041～0.085 mm，中位数为 0.0580 mm，表明国内短支卷烟的圆周控制的稳定性比常规卷烟差，且控制水平差异较大；河南卷烟工业企业圆周标偏为 0.0535 mm，处于行业先进水平。

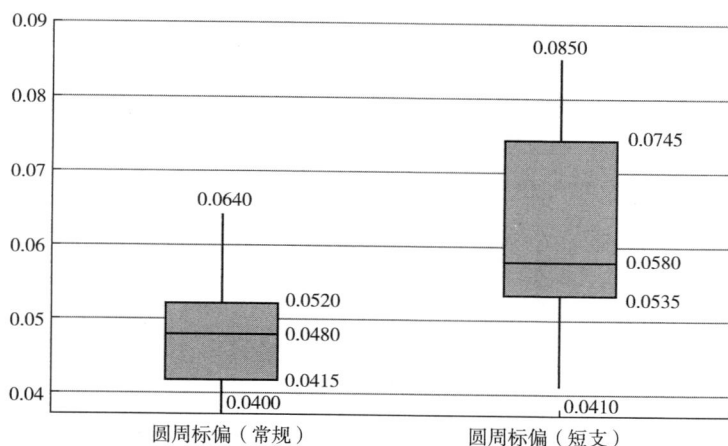

图 3-2　卷烟圆周标偏（单位：mm）

3.1.1.3 长度

图 3-3 为卷烟（短支、常规）长度标偏分布情况。由图可知，短支卷烟长度标偏大于常规卷烟，常规卷烟长度标偏控制在 0.080～0.313 mm，中位数为 0.152 mm，短支卷烟长度标偏控制在 0.091～0.230 mm，中位数为 0.158 mm，表明国内短支卷烟的长度控制的稳定性好于常规卷烟；河南卷烟工业企业圆周标偏为 0.157 mm，处于行业平均水平。

3.1.1.4 通风率

图 3-4 为卷烟（短支、常规）通风率标偏分布情况。由图可知，短支卷烟通风率标偏大于常规卷烟，常规卷烟通风率标偏控制在 1.032%～1.716%，中位数为 1.403%，短支卷烟通风率标偏控制在 0.626%～2.921%，中位数为 1.604 %，表明国内短支卷烟的通风率控制的稳定性比常规卷烟差；河南卷烟工业企业通风率标偏为 1.607%，处于行业中间水平。

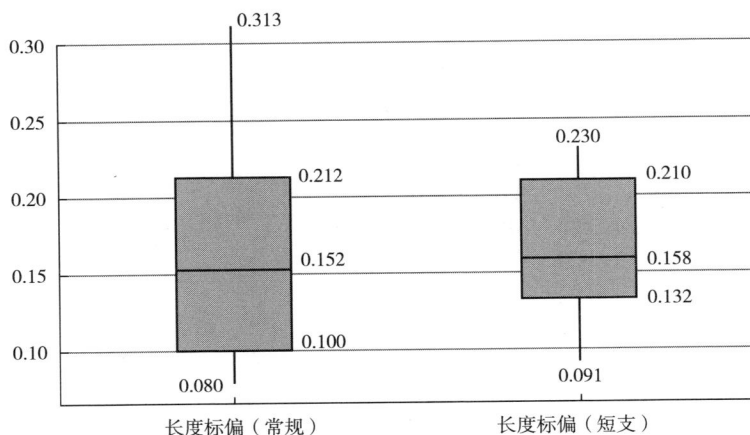

图 3-3 卷烟长度标偏（单位：mm）

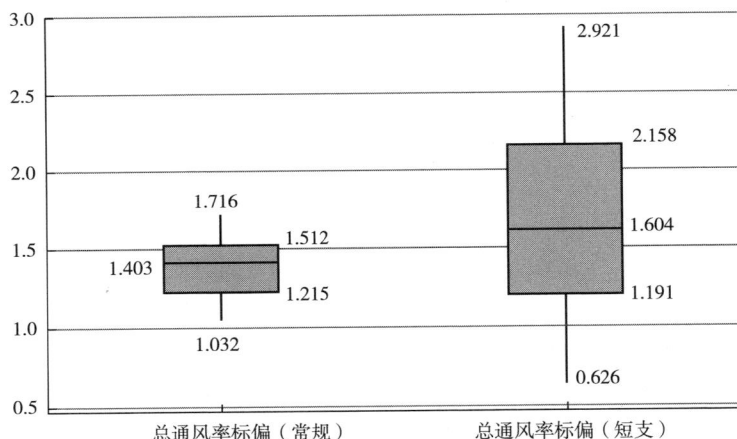

图 3-4 卷烟通风率控制水平标偏（单位：%）

3.1.1.5 吸阻

图 3-5 为卷烟（短支、常规）吸阻标偏分布情况。由图可知，短支卷烟吸阻标偏明显小于常规卷烟，常规卷烟吸阻标偏控制在 32~51 Pa，中位数为 43 Pa，短支卷烟吸阻标偏控制在 23~52 Pa，中位数为 38 Pa，表明国内短支卷烟通风率控制的稳定性好于常规卷烟；河南卷烟工业企业吸阻标偏控制在 38~43 Pa，处于行业较低水平。

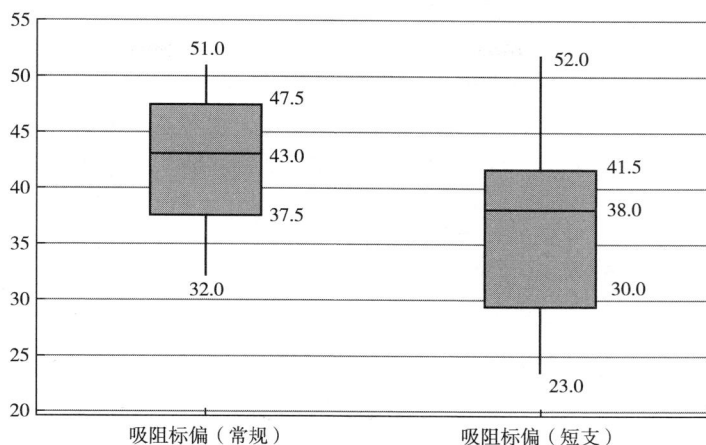

图 3-5　卷烟吸阻标偏（单位：Pa）

3.1.1.6　硬度

图 3-6 为卷烟（短支、常规）硬度标偏分布情况。由图可知，短支卷烟硬度标偏高于常规卷烟，常规卷烟硬度标偏控制在 1.878%～3.188%，中位数为 2.376%，短支卷烟硬度标偏控制在 1.811%～3.163%，中位数为 2.552%，表明国内短支卷烟硬度率控制的稳定性差于常规卷烟，河南卷烟工业企业处于行业先进水平。

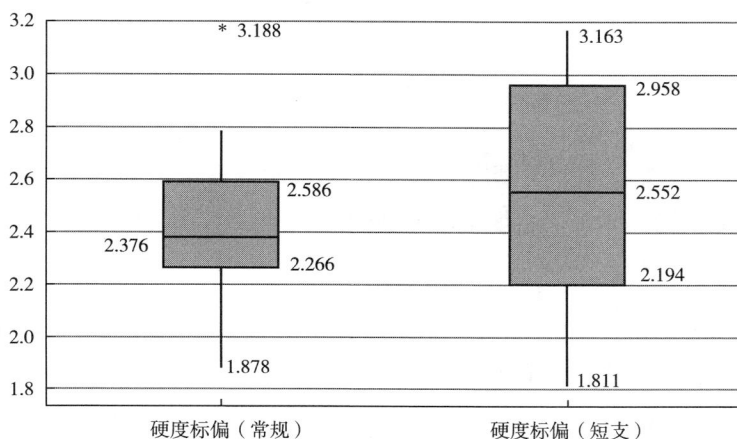

图 3-6　卷烟硬度标偏（单位:%）

3.1.2 短支卷烟物理指标均值差异性分析

控制水平分析采用卷烟质量指标标准偏差进行对比分析，主要比较短支卷烟与常规卷烟的单支质量、烟丝密度、圆周、长度、通风率、吸阻、硬度和端部落丝，进一步分析明确河南卷烟品牌与国内短支卷烟代表性品牌质量控制稳定性差异产生的原因。

3.1.2.1 单支质量与烟丝密度

图 3-7 为短支卷烟单支质量。如图 3-7 所示，河南卷烟品牌烟支质量与行业内主流短支烟相比烟支质量偏低。BNNX 烟支质量为 0.79 g，LT 为 0.80 g，HHL（SKP）、GY（XZ）和 DQM 均为 0.83 g/支以上。

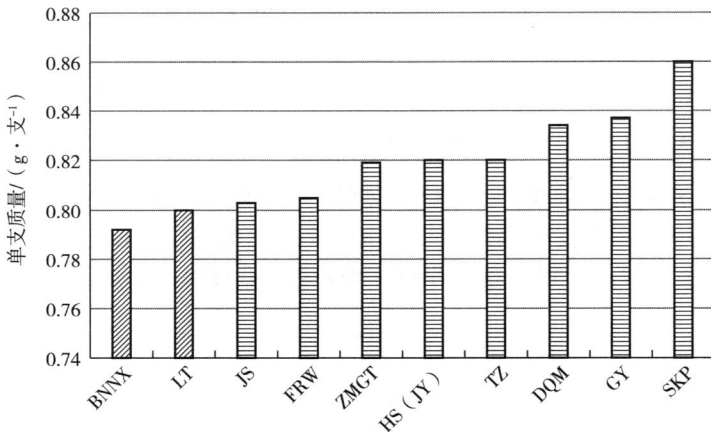

图 3-7　国内主流短支卷烟单支质量

图 3-8 为短支卷烟烟丝密度。如图 3-8 所示，密度最高的为 FRW（YSD），BNNX 和 LT 相比行业短支卷烟烟丝密度较低。

3.1.2.2 圆周

图 3-9 为短支卷烟圆周分布情况。如图 3-9 所示，国内短支卷烟圆周控制在 24~24.5 mm，烟支圆周差异不大。

3.1.2.3 长度

图 3-10 为短支卷烟长度分布情况。如图 3-10 所示，国内短支卷烟长度控制设计值为 74.0~75.0 mm，烟支长度差异不大。

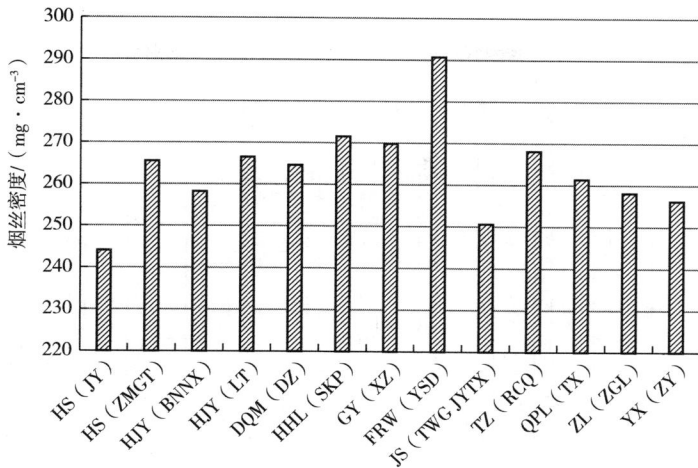

图 3-8　国内主流短支卷烟烟丝密度分布情况

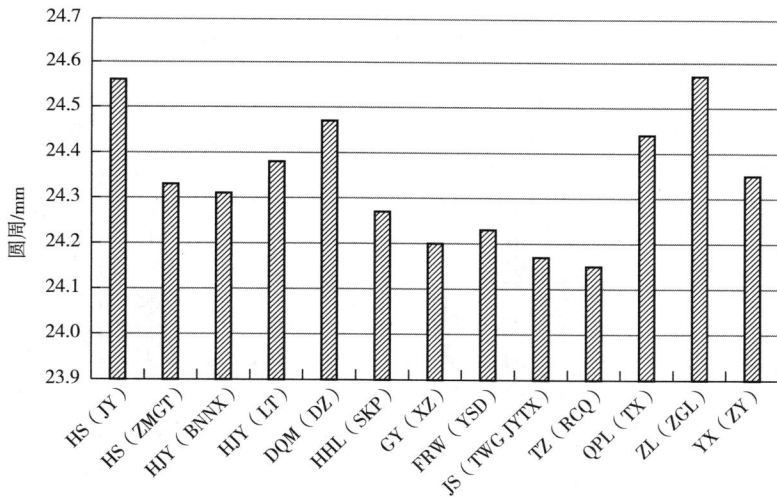

图 3-9　国内主流短支卷烟圆周分布情况

3.1.2.4　通风率

图 3-11 为短支卷烟通风率分布情况。如图 3-11 所示，豫产卷烟品牌通风率接近行业主流短支烟平均水平。BNNX 总通风率为 16%，其滤棒通风率为 10.5%；LT 总通风率为 14.5%，其滤棒通风率为 6.5%，均低于标准中值。HHL

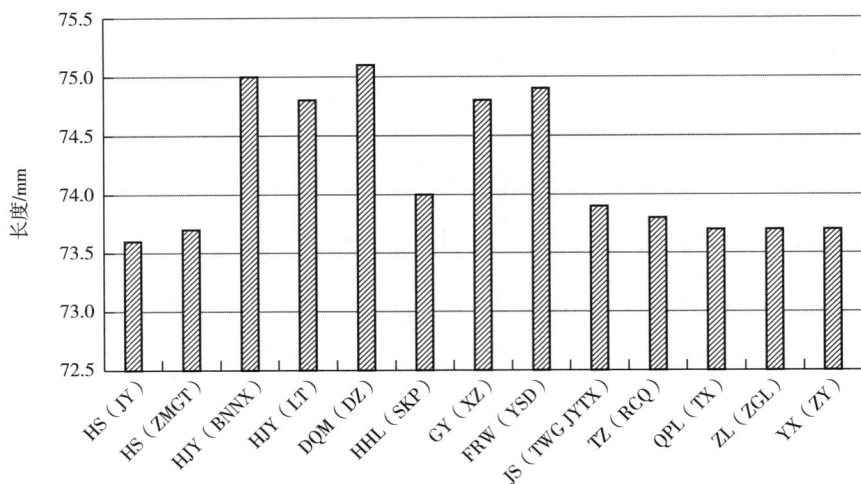

图 3-10 国内主流短支卷烟长度分布情况

（SKP）和 GY（XZ）的总通风率接近 30%，滤棒通风率均在 20% 以上。豫产卷烟品牌短支卷烟通风率处于较低水平，且都低于产品设计值。

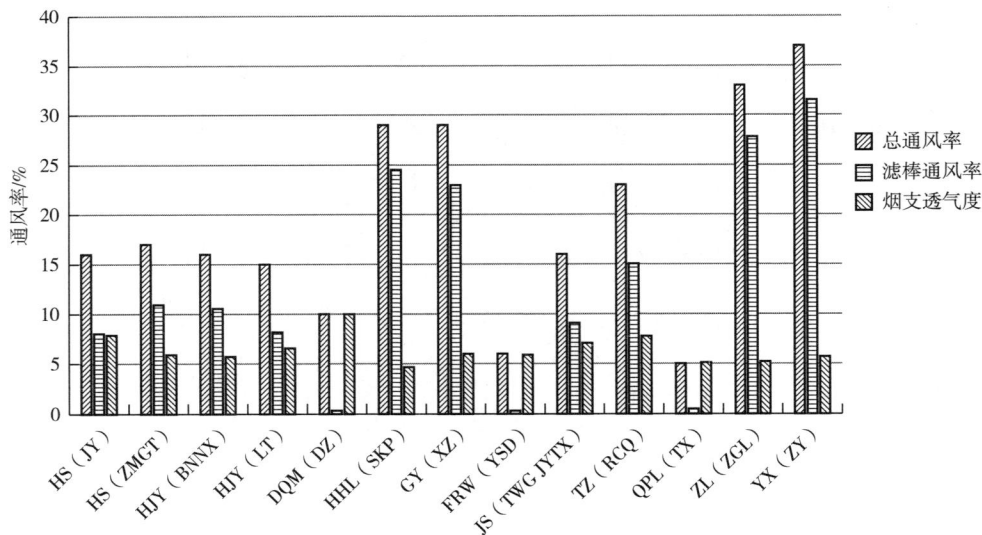

图 3-11 国内主流短支卷烟通风率分布情况

3.1.2.5 吸阻

图 3-12 为短支卷烟吸阻分布情况。如图 3-12 所示，LT 与 BNNX 卷烟吸阻与行业主流短支烟平均水平相比较高。结合烟支质量分析发现豫产卷烟品牌在烟支质量偏低的情况下具有较高的吸阻，可能与烟丝填充值较高或其选用的烟用材料有关。

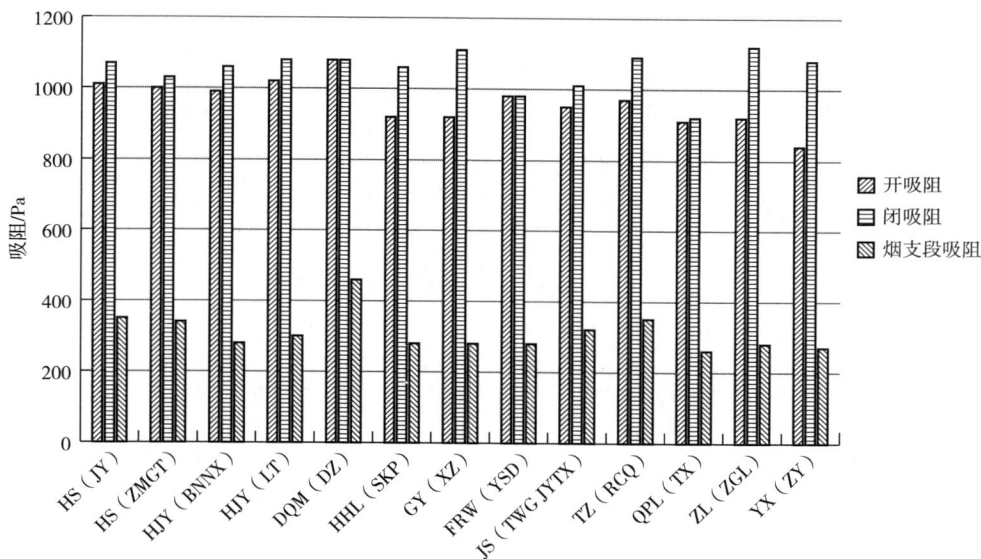

图 3-12 国内主流短支卷烟吸阻分布情况

3.1.2.6 硬度

图 3-13 为短支卷烟硬度分布情况。如图 3-13 所示，国内短支卷烟硬度差异不大，LT 及 BNNX 卷烟硬度处于行业平均水平。

3.1.2.7 端部落丝

图 3-14 为短支卷烟端部落丝分布情况。从端部落丝分析结果看，BNNX5 组测试有两组不合格，平均水平为 8.1 mg/支，LT5 组测试全部合格，平均水平为 4.9 mg/支；其他产品端部落丝比较严重的有 JS（3 组不合格）、GY［（XZ），2 组不合格］、QPL［（TX），端部落丝最高］；另外，HS（ZMGT）和 DQM 也各有一组不合格。说明河南卷烟工业企业 LT 产品控制较好，BNNX 略差。结合烟丝密度分析，烟丝密度高的端部落丝不一定低，还与其他因素相关。

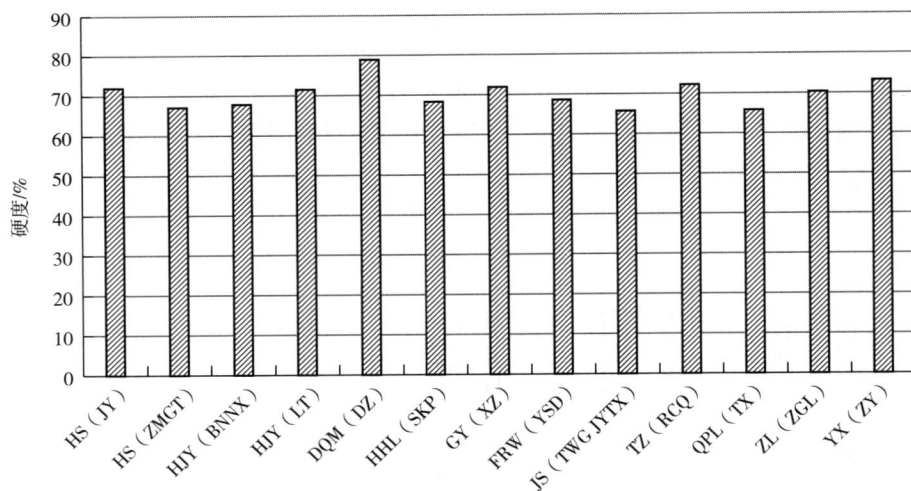

图 3-13   国内主流短支卷烟硬度分布情况

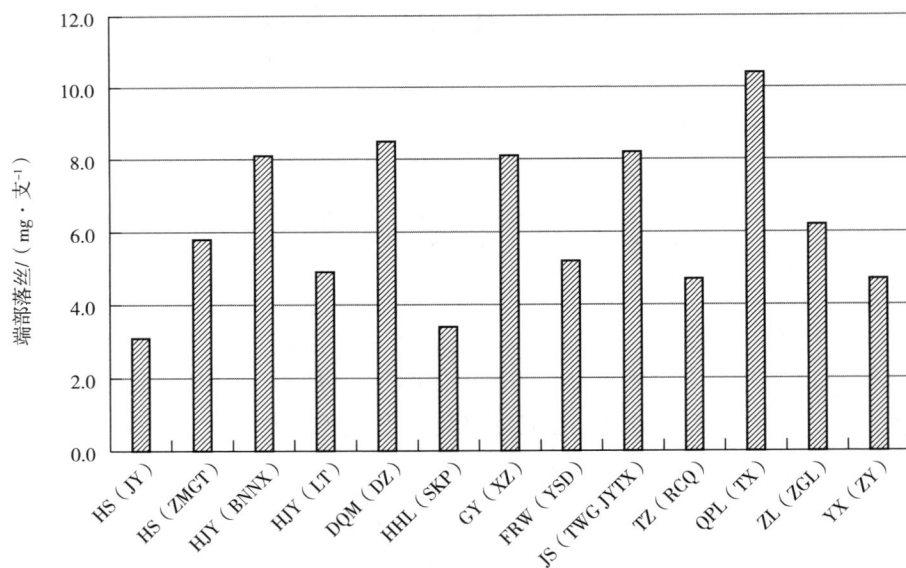

图 3-14   国内主流短支卷烟端部落丝分布情况

3.1.2.8   静燃烧速率

图 3-15 为短支卷烟静燃烧速率分布情况。如图 3-15 所示，短支卷烟静燃烧

速率有一定差异，但不明显；LT 和 BNNX 静燃速度相对较高，可能是 CO 偏高的主要因素。

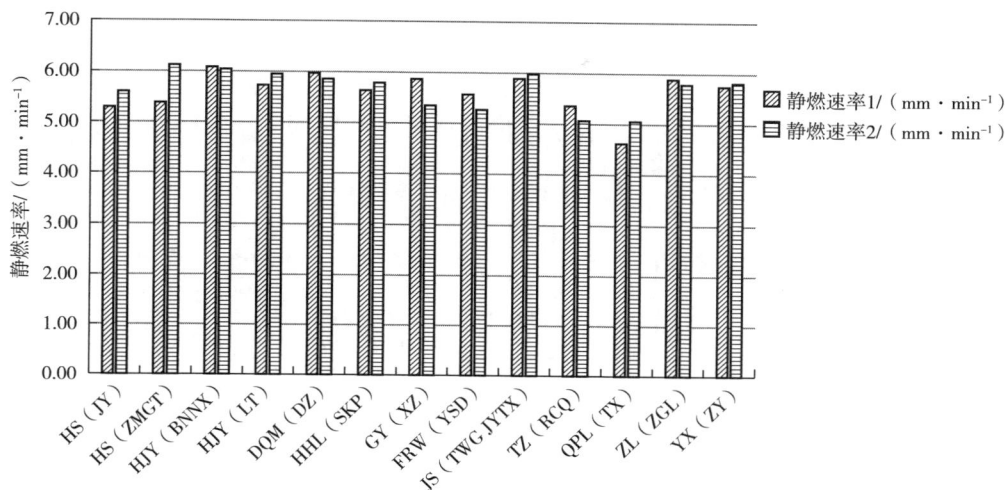

图 3-15 国内主流短支卷烟静燃速度分布情况

3.1.3 短支卷烟烟支结构特征分析

3.1.3.1 烟丝组分分析

烟丝组分分析数据如表 3-1 所示，国内短支卷烟烟丝组分有叶丝、梗丝、膨胀丝和薄片丝，个别品牌短支卷烟仅含有叶丝，烟丝宽度范围在 0.9~1.1 mm，部分高档烟也加有梗丝，说明少量使用梗丝并未对产品品质造成不利影响，反而可以增加烟丝填充值，改善卷烟质量的稳定性；HJY（LT）含有 6% 的梗丝和10% 的薄片丝，HJY（BNNX）含有 10% 的薄片丝。

表 3-1 不同品牌短支卷烟烟丝组分及切丝宽度

序号	样品名称	烟丝组分	烟丝宽度/mm	单支含丝量/g	烟丝密度/g 理论值	实测值
1	HS（JY）	叶丝、梗丝、膨胀丝、薄片丝	1.02	0.599	233.1	244.1
2	HS（ZMGT）	叶丝、膨胀丝、薄片丝	0.96	0.612	241.6	265.5

续表

序号	样品名称	烟丝组分	烟丝宽度/mm	单支含丝量/g	烟丝密度/g 理论值	烟丝密度/g 实测值
3	HJY（BNNX）	叶丝、薄片丝	1.00	0.498	211.3	258.2
4	HJY（LT）	叶丝、梗丝、薄片丝	0.97	0.556	235.2	266.5
5	DQM（DZ）	叶丝、梗丝、膨胀丝、薄片丝	1.07	0.600	251.8	264.6
6	HHL（SKP）	叶丝、薄片丝	1.04	0.581	229.2	271.5
7	GY（XZ）	叶丝	1.06	0.582	250.1	269.8
8	FRW（YSD）	叶丝	1.13	0.567	242.7	290.7
9	JS（TWG JYTX）	叶丝、薄片丝	0.88	0.554	236.7	250.6
10	TZ（RCQ）	叶丝	0.95	0.627	250.3	268.1
11	QPL（TX）	叶丝、膨胀丝	0.93	0.561	248.9	261.4
12	ZL（ZGL）	叶丝、梗丝、膨胀丝、薄片丝	1.06	0.597	230.4	258.1
13	YX（ZY）	叶丝、梗丝、薄片丝	1.06	0.575	245.1	256.2

3.1.3.2　卷烟三纸一棒特征分析

（1）卷烟纸。国内主流短支烟卷烟纸定量及透气度分布如表 3-2 所示。行业短支卷烟产品卷烟纸透气度在 55~70 CU，豫产卷烟品牌产品卷烟纸透气度处于行业平均水平；行业短支卷烟产品卷烟纸定量普遍为 30 g/m²，豫产卷烟品牌产品卷烟纸定量与行业相当。

表 3-2　国内主流短支烟卷烟纸特征

序号	品牌	卷烟纸定量/（g·m⁻²）	卷烟纸透气度/CU	卷烟纸罗纹
1	HS（JY）	31.01	60.94	竖纹

序号	品牌	卷烟纸定量/ (g·m⁻²)	卷烟纸透气度/ CU	卷烟纸罗纹
2	HS（ZMGT）	30.63	60.93	竖纹
3	HJY（BNNX）	30.75	55.56	竖纹
4	HJY（LT）	35.75	63.31	横纹
5	DQM（DZ）	32.39	59.13	横纹
6	HHL（SKP）	31.58	67.49	竖纹
7	GY（XZ）	31.04	70.52	横纹
8	FRW（YSD）	33.75	71.94	竖纹
9	JS（TWG JYTX）	30.23	60.74	竖纹
10	ZH（SZZ）	27.86	50.62	横纹
11	QPL（TX）	35.43	58	竖纹
12	ZL（ZGL）	32.67	61	竖纹
13	YX（ZY）	29.63	60	竖纹

（2）滤棒。国内主流短支卷烟烟支结构参数如表3-3所示。调研产品使用的滤棒材质均为醋纤丝束。滤棒有4种结构类型，其中单一滤棒7个、醋纤+香线1个、中空1个、复合加炭粒1个。在滤棒通风设计方面，共有5个产品采用滤棒通风技术。总通风率设计值平均为20.2%，实测平均值为21.2%；在烟支规格方面，烟支长度设计值为75 mm的有3个，74 mm的有6个，70 mm的有1个。滤棒长度平均值为23.8 mm，最长为25 mm，最短为20 mm，说明各个中烟为吸引消费者，对卷烟滤棒进行了多样化的设计和应用。

表3-3 国内主流短支卷烟烟支结构特征

序号	品牌	接装纸长/mm	滤棒长/mm	滤棒类型
1	HS（JY）	27.0	20.1	单一醋纤
2	HS（ZMGT）	32.0	19.9	单一醋纤
3	HJY（BNNX）	32.0	24.9	单一醋纤
4	HJY（LT）	31.9	24.9	单一醋纤

序号	品牌	接装纸长/mm	滤棒长/mm	滤棒类型
5	DQM（DZ）	30.0	25.1	单一醋纤
6	HHL（SKP）	35.9	20.0	复合（醋纤13.3+空管6.7）
7	GY（XZ）	29.6	24.9	单爆珠醋纤滤棒（类似橘子味）
8	FRW（YSD）	37.0	24.9	单一醋纤
9	JS（TWG JYTX）	30.0	23.6	复合（醋纤14.0+颗粒9.6）
10	ZH（SZZ）	35.0	29.9	单一醋纤
11	QPL（TX）	31.9	26.3	单一醋纤
12	ZL（ZGL）	30.2	19.8	复合（沟槽醋纤10.3+棕色颗粒醋纤9.5）
13	YX（ZY）	30.0	24.0	单一醋纤

（3）接装纸。国内主流短支卷烟接装纸特征如表3-4所示。接装纸长度平均值为31.5 mm，最长为37 mm，最短为27 mm；接装纸长度与滤棒长度之差的平均值为7.7 mm，差值最大为12 mm，最小为5 mm。总体而言，各个中烟接装纸普遍采用预打孔工艺，有利于产品质量的控制，同时带打孔设计方面差异较大，呈现多样性，说明不同中烟在通风率设计方面存在不同的思考和认识。

表3-4 国内主流短支卷烟接装纸特征

序号	样品名称	接装纸长/mm	打孔形式	孔距边/mm	孔带宽度/mm	孔排数	孔数/（个·cm⁻¹）
1	HS（JY）	27.0	预打孔	13.44	—	1	10
2	HS（ZMGT）	32.0	预打孔	17.96	1.00	2	10
3	HJY（BNNX）	32.0	预打孔	15.29	0.92	2	10
4	HJY（LT）	31.9	预打孔	15.40	1.02	2	9
5	DQM（DZ）	30.0	无打孔	—	—	—	—
6	HHL（SKP）	35.9	预打孔	21.50	1.02	2	13
7	GY（XZ）	29.6	预打孔	16.92	1.01	2	19
8	FRW（YSD）	37.0	无打孔	—	—	—	—
9	JS（TWG JYTX）	30.0	预打孔	16.86	—	1	10

续表

序号	样品名称	接装纸长/mm	打孔形式	孔距边/mm	孔带宽度/mm	孔排数	孔数/(个·cm⁻¹)
10	ZH（SZZ）	35.0	预打孔	17.12	3.44	—	等离子打孔
11	QPL（TX）	31.9	自透接装纸（有无胶区，但无明显打孔）	—	—	—	—
12	ZL（ZGL）	30.2	预打孔	15.85	0.94	2	17
13	YX（ZY）	30.0	预打孔	15.01	2.10	3	11

3.1.4 卷烟烟气指标

3.1.4.1 烟气烟碱

国内短支及常规卷烟的烟气烟碱释放量水平如图 3-16 所示，常规卷烟的烟气烟碱量水平大于短支卷烟；短支和常规卷烟的烟碱释放量主要分布在 0.80 mg/cig 以上；短支及常规卷烟的烟气烟碱平均值分别为：0.86 mg/cig 和 0.87 mg/cig，基本持平，说明短支卷烟设计更注重满足感和生理强度。BNNX 和 LT 的烟碱释放水平高于行业平均水平。

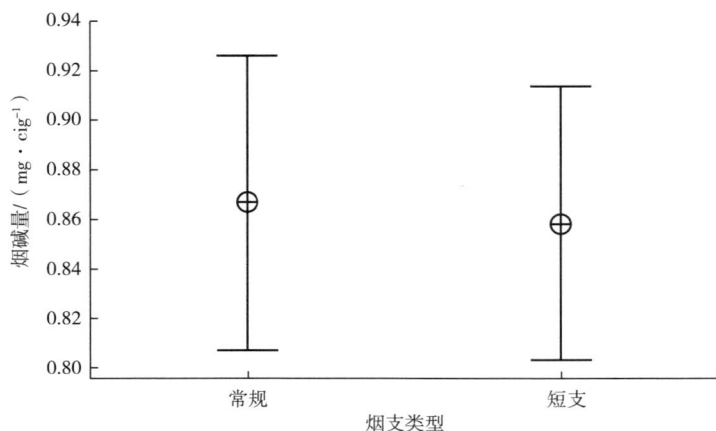

图 3-16 烟气烟碱释放量分布情况

3.1.4.2 焦油量

国内细支、短支及常规卷烟的焦油量水平如图 3-17 所示。常规卷烟焦油量水平大于短支卷烟；常规卷烟焦油量主要分布在 10 mg/cig 左右，短支卷烟主要分布在 9 mg/cig 左右；短支及常规卷烟的焦油量平均值分别为 9.5 mg/cig 和 10.2 mg/cig。BNNX 和 LT 的焦油量水平高于行业平均水平，说明河南卷烟工业企业相比行业可能具有更高的香气量和烟气浓度。

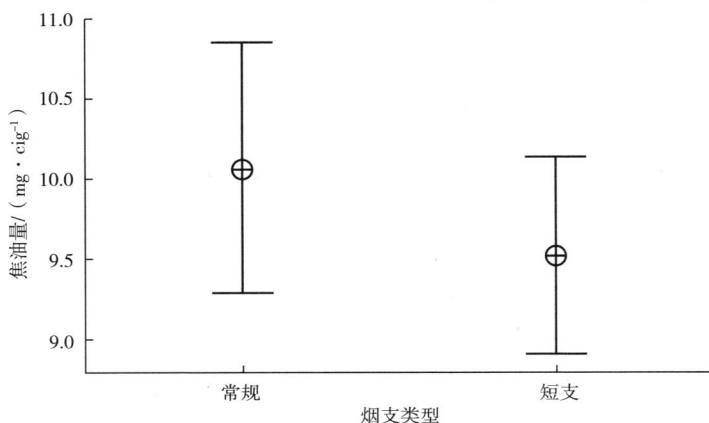

图 3-17　焦油量分布情况

3.1.4.3　烟气一氧化碳量

国内短支及常规卷烟的一氧化碳量水平如图 3-18 所示，常规卷烟的烟气一氧化碳量水平大于短支卷烟；常规卷烟一氧化碳量主要分布在 10 mg/cig 以上，

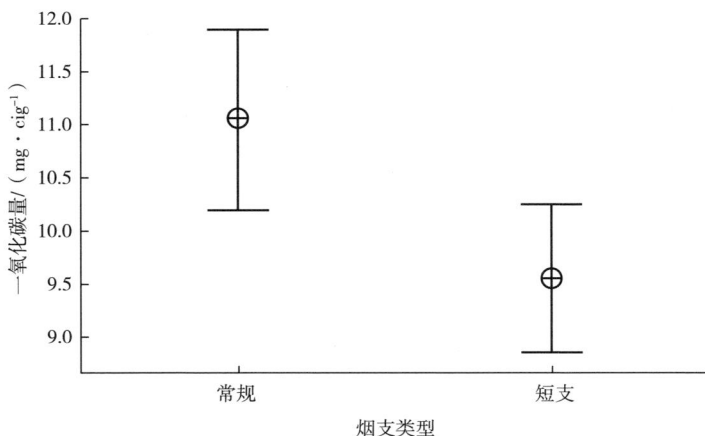

图 3-18　烟气一氧化碳量分布情况

短支卷烟主要分布在 9~10 mg/cig；短支及常规卷烟的一氧化碳平均值分别为 59.5 mg/cig 和 11.0 mg/cig。BNNX 和 LT 的一氧化碳释放水平高于行业平均水平。

3.1.4.4 抽吸口数

国内短支及常规卷烟的抽吸口数如图 3-19 所示，常规卷烟的抽吸口数略高；常规卷烟的抽吸口数主要分布在 6 口/cig 左右，短支卷烟大多在 6 口/cig 以下；短支及常规卷烟的抽吸口数平均值分别为 5.5 口/cig 和 6.2 口/cig；BNNX 和 LT 的抽吸口数低于行业平均水平，说明河南卷烟工业企业生产的卷烟的静燃速率高于行业平均水平，可能也是 CO 偏高的主要原因。

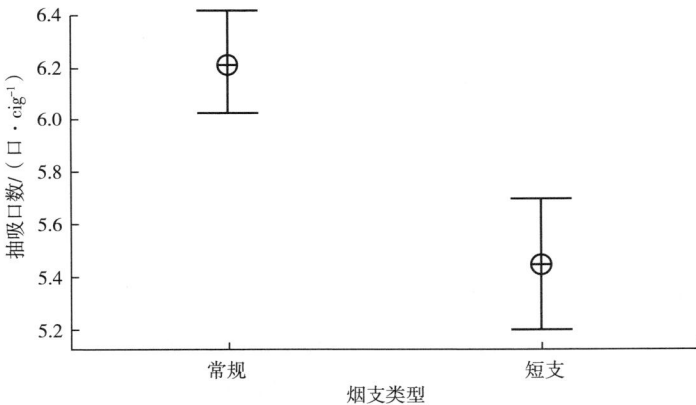

图 3-19 抽吸口数分布情况

3.1.4.5 短支烟焦油允差

国内短支样品焦油允差值如图 3-20 所示，焦油允差值均在国标规定的范围内，但其控制精度不同，有 6 个样品的控制精度小于平均值，有 7 个样品的控制精度大于平均值。河南卷烟工业企业 2 个样品的控制精度小平均值，控制精度高于国内短支烟整体水平。

3.1.5 感官质量评价

3.1.5.1 总体评价

在 13 个卷烟样品中，FRW（YSD 75 mm）感官得分最高，为 91.04 分；最低感官得分为 89.00 分。从单项指标来看，FRW（YSD 75 mm）在香气、谐调、杂气和刺激性方面均优于其他产品，YX（108）在余味方面表现较好。总体而

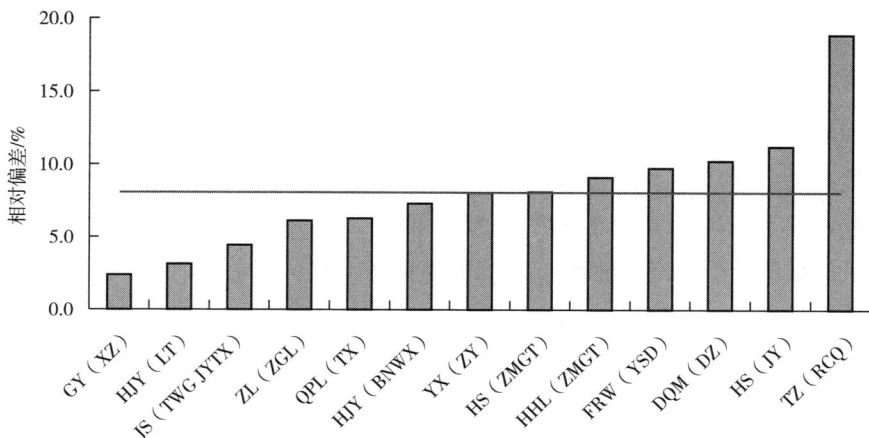

图 3-20 国内主流短支烟焦油控制情况

言，13 个卷烟样品的感官质量表现较好，本香突出，满足感强，风格特征差异明显；但均存在烟支后半段烟气浓度偏高、刺激性和余味有待提升的问题。

3.1.5.2 价类和感官质量相关性

表 3-5 为价类和感官质量统计表，对照价类与感官质量评价结果，一类烟平均感官质量总分为 90.38 分，二类烟平均感官质量总分为 89.16 分，价类与感官质量呈现良好的正相关性。

表 3-5 价类和感官质量

项目	光泽	香气	谐调	杂气	刺激性	余味	吸阻变化	感官稳定性	合计
均值	5.00	28.93	5.00	10.98	17.86	21.95	1.07	0.58	91.37
范围	5.00~5.00	28.25~29.75	5.0~5.0	10.81~11.00	17.63~18.06	21.56~22.44	0.75~1.63	0.00~1.13	89~94.01

3.1.6 短支卷烟加工过程质量稳定性分析

为进一步分析豫产卷烟品牌短支卷烟质量稳定性，找出存在的问题，以 HJY（LT）为对象，统计分析了不同月份烟丝、不同机台、不同时段卷烟质量的数据；采用平均值与标准偏差进行分析。

3.1.6.1 烟丝质量指标稳定性分析

表 3-6 为 2018 年 1~8 月 HJY（LT）卷烟烟丝及卷烟质量指标统计结果。从批次数据看，HJY（LT）烟丝结构、填充值均处于稳定状态，差异不大，但不同批次数据差异较大，可能是影响卷烟质量的重要因素。

表 3-6　1~8 月 HJY（LT）卷烟烟丝及卷烟质量指标

月	贮丝水分			烟支水分			烟丝		
	均值	最大值	最小值	均值	最大值	最小值	整丝率	碎丝率	填充值
1 月	12.37	12.61	12.1	11.88	12.36	11.54	80.2	1.11	4.36
2 月	12.34	12.56	12.16	11.88	12.24	11.56	80	1.09	4.38
3 月	12.31	12.52	12.1	11.93	12.31	11.65	79.7	0.98	4.34
4 月	12.31	12.58	12.0	11.92	12.34	11.65	79.8	1.09	4.34
5 月	12.27	12.54	11.98	11.81	12.16	11.54	80.3	1.02	4.26
6 月	12.3	12.59	11.92	11.88	12.18	11.6	80	0.95	4.28
7 月	12.3	12.6	12.01	11.88	12.14	11.72	80.3	1.25	4.3
8 月	12.25	12.5	11.98	11.88	12.44	11.68	79.3	1.57	4.29

3.1.6.2 不同机台质量指标稳定性分析

（1）单支质量。表 3-7 为 2018 年不同机台 1~8 月 LT 卷烟单支质量检测数据。从表 3-7 可知，不同机台卷烟单支质量差异较小，均在标准控制范围内，但单支质量均值偏高。

表 3-7　不同机台不同月份 LT 卷烟单支

质量均值检测数据　　　　　单位：g/支

月	A6	A7	A8	B6	B7	B8
1 月	0.8160	0.8121	0.7894	0.8164	—	0.8166
2 月	0.8100	0.8106	0.8115	0.8133	—	0.8153
3 月	0.8148	0.8173	0.8153	0.8177	—	0.8168
4 月	0.8150	0.8183	0.8141	0.8161	—	0.8191
5 月	0.8164	0.8025	0.8002	0.8028	0.8187	0.8197

续表

月	A6	A7	A8	B6	B7	B8
6月	0.8001	0.8052	0.8193	0.8057	0.8165	0.8020
7月	0.8197	0.8034	0.8186	0.8048	0.8175	0.8016
8月	0.8176	0.8018	0.8164	0.8011	0.8172	0.8010
平均值	0.8137	0.8089	0.8106	0.8097	0.8175	0.8115
最大值	0.8197	0.8183	0.8193	0.8177	0.8187	0.8197
最小值	0.8001	0.8018	0.7894	0.8011	0.8165	0.8010

表 3-8 为 2018 年不同机台 1~8 月 LT 卷烟单支质量标偏统计结果。从表 3-8 可知，不同机台卷烟单支质量标偏差异较小，均在标准控制范围内。

表 3-8　不同机台 1~8 月 LT 卷烟单支质量
标偏统计数据　　　　　　　　　单位：g/支

月	A6	A7	A8	B6	B7	B8
1月	0.022	0.0222	0.0217	0.0219	—	0.0221
2月	0.022	0.0218	0.0219	0.022	—	0.0221
3月	0.0215	0.0222	0.0217	0.0219	—	0.0217
4月	0.022	0.0226	0.0209	0.0223	—	0.0226
5月	0.0224	0.0223	0.0222	0.021	0.0227	0.0223
6月	0.0213	0.022	0.022	0.0215	0.0222	0.0215
7月	0.0225	0.0229	0.0221	0.0229	0.0227	0.0229
8月	0.0218	0.0215	0.0219	0.0221	0.0226	0.0224
平均值	0.0219	0.0222	0.0218	0.022	0.0226	0.0222
最大值	0.0225	0.0229	0.0222	0.0229	0.0227	0.0229
最小值	0.0213	0.0215	0.0209	0.021	0.0222	0.0215

（2）吸阻。表 3-9 为 2018 年不同机台 1~8 月 LT 卷烟吸阻检测数据。从表 3-9 可知，不同机台卷烟吸阻有一定波动，均在标准控制范围内，但不同批次吸阻有一定差异，结合单支质量检测结果，说明其他因素对吸阻均值造成了更大的影响。

表 3-9　不同机台 1~8 月 LT 卷烟单支吸阻平均值　　　单位：Pa

月	A6	A7	A8	B6	B7	B8
1 月	1039.2	1030.5	1040.0	1052.0	—	1030.8
2 月	1044.7	1041.8	1053.7	1043.5	—	1037.0
3 月	1033.3	1031.7	1036.4	1032.6	—	1027.1
4 月	1037.6	1025.7	1044.8	1037.5	—	1036.9
5 月	1012.4	1017.6	1027.0	1017.9	1018.9	1011.6
6 月	1016.4	1022.1	1034.5	1029.5	1018.9	1016.5
7 月	1041.6	1040.0	1038.6	1026.5	1034.6	1024.1
8 月	1025.8	1018.5	1031.1	1033.8	1029.1	1020.2
平均值	1031.4	1028.5	1038.3	1034.1	1025.3	1025.5
最大值	1044.7	1041.8	1053.7	1052.0	1034.6	1037.0
最小值	1012.4	1017.6	1027.0	1017.9	1018.9	1011.6

表 3-10 为 2018 年不同机台 1~8 月 LT 卷烟吸阻标偏统计结果。从表 3-10 可知，同一机台卷烟吸阻标偏差异稍大，均在标准控制范围内，不同机台吸阻标偏也有一定差异。

表 3-10　不同机台 1~8 月 LT 卷烟单支吸阻标偏　　　单位：Pa

月	A6	A7	A8	B6	B7	B8
1 月	44.2	43.3	44.5	44.4	—	42.2
2 月	46.8	45.8	46.5	47.4	—	44.9
3 月	46.2	46.2	45.5	46.9	—	42.9
4 月	46.4	43.5	45.6	44.7	—	43.8
5 月	43.5	43	44.4	41.2	43.8	41
6 月	44	43.5	45.8	44	43.4	42.4
7 月	45.5	44.6	45.3	45.4	44.5	43.9
8 月	43.5	41.2	45.7	42.9	44.6	42.9
平均值	45	43.9	45.4	44.6	44.1	43
最大值	46.8	46.2	46.5	47.4	44.6	44.9
最小值	43.5	41.2	44.4	41.2	43.4	41

（3）硬度。表3-11为2018年不同机台1~8月LT卷烟硬度检测数据。从表3-11可知，不同机台卷烟硬度均值差异较小，均在标准控制范围内，但不同批次吸阻有一定差异，结合单支质量检测结果，说明水分、填充值等其他因素对硬度均值造成了更大的影响。

表3-11　不同机台1~8月LT卷烟单支硬度平均值　　　单位:%

月	A6	A7	A8	B6	B7	B8
1月	71.2	71.4	71.2	70.8	—	71.2
2月	71.0	71.3	71.2	70.5	—	70.9
3月	70.8	71.4	71.1	70.3	—	70.7
4月	71.2	71.7	71.3	70.6	—	71.8
5月	70.8	71.4	71.1	70.6	71.1	70.8
6月	71.3	72.0	70.8	70.7	71.0	70.6
7月	69.3	69.5	68.9	69.2	69.4	68.4
8月	70.9	71.6	70.8	70.8	71.2	71.2
平均值	70.8	71.3	70.8	70.4	70.7	70.7
最大值	71.3	72.0	71.3	70.8	71.2	71.8
最小值	69.3	69.5	68.9	69.2	69.4	68.4

表3-12为2018年不同机台1~8月LT卷烟硬度标偏统计结果。从表3-12可知，不同机台卷烟硬度标偏差异较小，均在标准控制范围内，不同机台、批次间硬度标偏差异较小，说明机台对硬度稳定性控制较好。

表3-12　不同机台1~8月LT卷烟单支硬度标偏　　　单位:%

月	A6	A7	A8	B6	B7	B8
1月	2.2	2.3	2.3	2.3	—	2.4
2月	2.4	2.3	2.3	2.4	—	2.5
3月	2.5	2.3	2.4	2.4	—	2.4
4月	2.4	2.4	2.3	2.4	—	2.4
5月	2.5	2.6	2.5	2.4	2.5	2.6

续表

月	A6	A7	A8	B6	B7	B8
6 月	2.5	2.5	2.4	2.4	2.6	2.5
7 月	2.4	2.4	2.3	2.3	2.4	2.4
8 月	2.3	2.5	2.4	2.3	2.4	2.4
平均值	2.4	2.4	2.4	2.3	2.5	2.4
最大值	2.5	2.6	2.5	2.4	2.6	2.6
最小值	2.2	2.3	2.3	2.3	2.4	2.4

（4）通风率。表 3-13 为收集了 2018 年 1~8 月所测试的 LT 卷烟数据，共计 4590 个数据。从表 3-13 可知，不同机台卷烟通风率均值差异较大，且部分机台通风率均值存在超标现象；不同机台通风率标偏差异较大，说明通风率稳定性控制较差。通风率控制要求（16±10.0）%，各机台均未达到标准中值，整体偏低；机台间极差为 3.3，B6 通风率均值偏低。

表 3-13　HJY（LT）不同机台卷烟通风率 [标准为（17±10）%]

机台	通风率/%	最大值/%	最小值/%	标偏/%
A6	13.9	17.2	10.8	1.945
A7	15.8	19.0	12.3	2.792
A8	13.4	16.9	10.3	1.816
B6	12.4	15.6	9.7	1.945
B7	13.9	17.3	10.4	1.689
B8	14.9	18.1	11.7	1.475
平均值	14.0	17.3	10.9	1.944
最大值	15.8	19.0	12.3	1.475
最小值	12.4	15.6	9.7	2.792
极差	3.3	3.4	2.6	1.317

（5）端部落丝量和含末率。表 3-14 为 2018 年 1~8 月端部落丝与含末率检测结果。各个机台端部落丝量和含末率均在标准范围之内，且差异较小，机台间差异不明显。

表 3-14 HJY（LT）不同机台卷烟端部落丝与含末率

机台	端部落丝/（mg·cig^{-1}）	含末率/%
A6	7.46	1.45
A7	7.25	1.52
A8	7.50	1.55
B6	7.37	1.48
B8	7.24	1.51
平均值	7.36	1.50
最大值	7.50	1.55
最小值	7.24	1.45
极差	0.26	0.10

3.1.6.3 机台连续生产卷烟质量分析

选择同一喂丝机供料的 A7、A8、B7 三台卷烟机，每隔一个小时取样同时区成品卷烟，采用同一台综合测试台检测卷烟常规物理指标，连续取样 16 小时，涵盖两个生产班次，考察连续加工条件下 LT 卷烟质量的稳定性。

（1）单支质量。图 3-21 为卷烟单支质量平均值检测结果。从图 3-21 可知，三台卷烟机加工的卷烟单支质量平均值都存在波动，且无明显的规律性；不同机台加工的单支卷烟质量标偏存在较大波动，且单支质量均值较轻的 A8 卷烟机波动更大，可能单支质量设计值与卷烟标偏控制有一定的相关性。

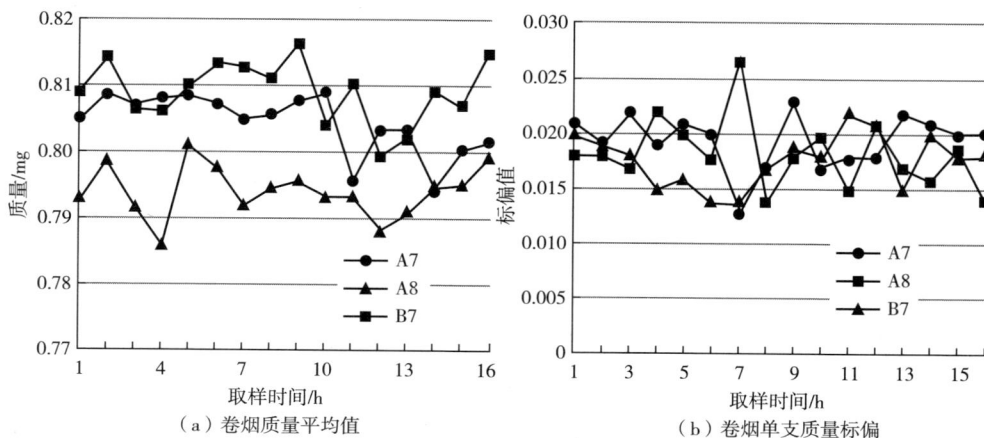

（a）卷烟质量平均值　　（b）卷烟单支质量标偏

图 3-21 卷烟单支质量检测结果

（2）长度。图 3-22 为卷烟长度平均值检测结果。从图 3-22 可知，三台卷烟机加工卷烟长度均值及标偏都存在波动，且无明显的规律性。

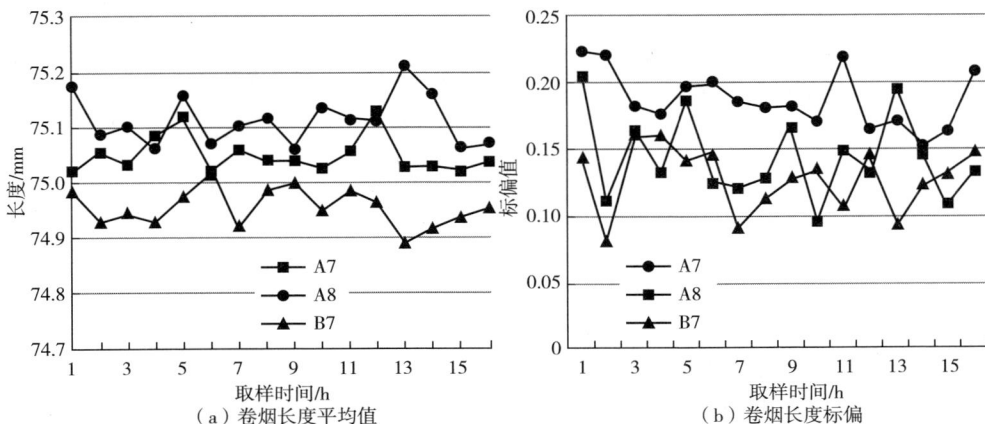

图 3-22　卷烟长度检测结果

（3）圆周。图 3-23 为卷烟圆周平均值检测结果，三台卷烟机加工的卷烟圆周均值及标偏都存在波动，但波动较小，且无明显的规律性。

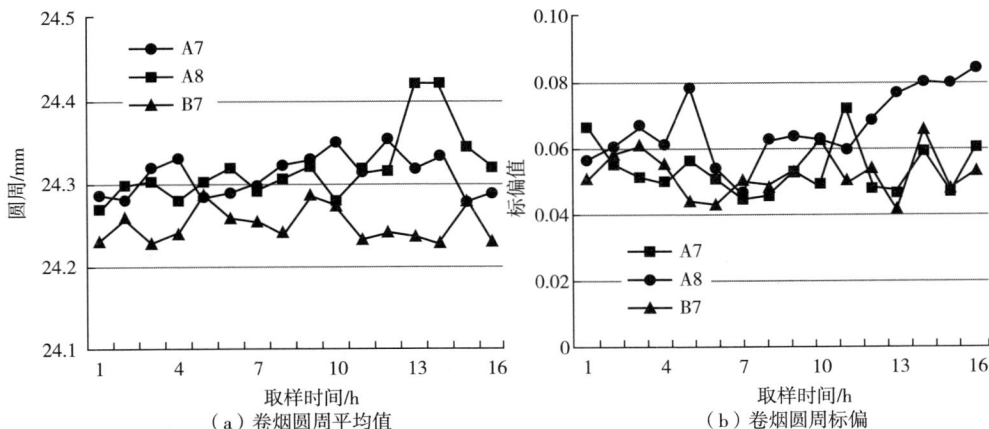

图 3-23　卷烟圆周检测结果

（4）吸阻。图 3-24 为卷烟吸阻检测结果。从图 3-24 可知，3 个机台的卷烟吸阻标偏分别为 49.4 Pa、48.8 Pa、47.0 Pa，总平均值为 48.4 Pa；机台间吸阻均值差异 93.9 Pa。从各机台吸阻均值折线图看，机组间差异较为明显，且变化具有一定趋势，初步判定与来料烟丝有关。

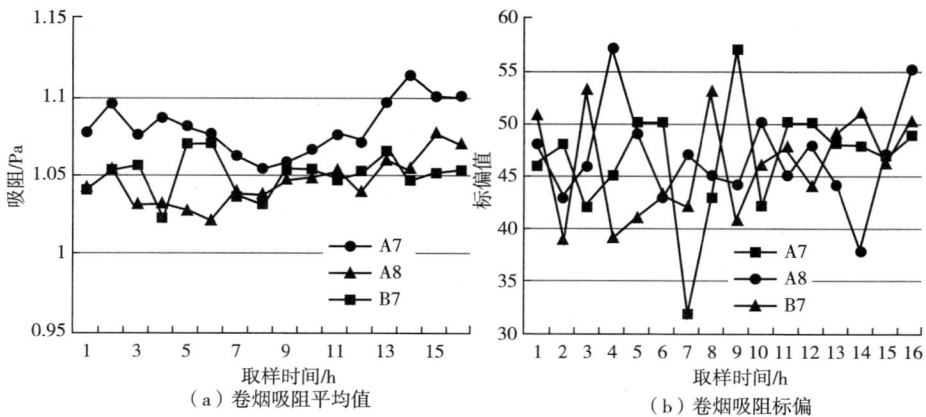

（a）卷烟吸阻平均值　　　　　（b）卷烟吸阻标偏

图 3-24　卷烟吸阻检测结果

（5）通风率。图 3-25 为卷烟通风率平均值检测结果。从图 3-25 可知，三台卷烟机加工卷烟的通风率均值都存在波动，但与加工时间无明显的规律性，机组间总通风率均值差异 5.3%，说明机台间通风率差异较大。滤棒通风率均值差异 6.6%，烟支段通风率差异 2.9%，滤棒差异明显高于烟支段；总通风率与滤棒通风率变化趋势一致，即总通风率高，滤棒通风率高，说明影响总通风率的关键因素在滤棒；总通风率与烟支段通风率变化趋势不完全一致，说明烟支段通风率对卷烟通风率有影响，但没有滤棒影响程度高。

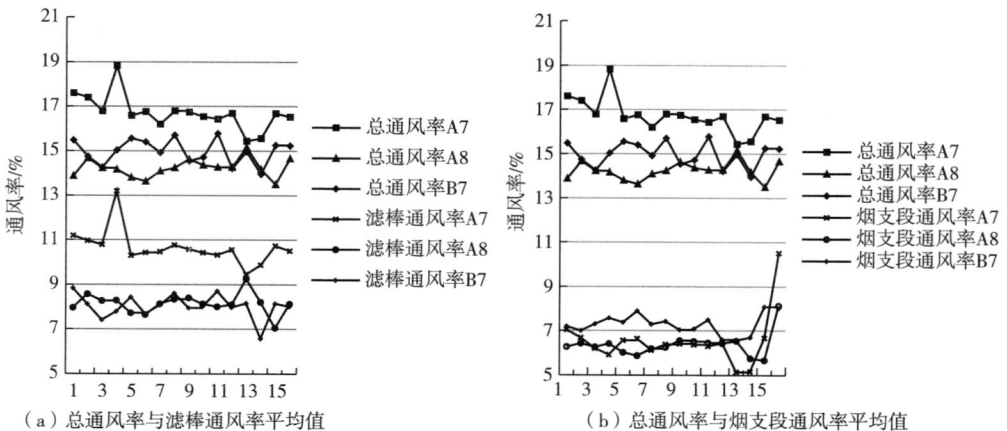

（a）总通风率与滤棒通风率平均值　　　　（b）总通风率与烟支段通风率平均值

图 3-25　通风率平均值检测结果

表 3-15、图 3-26 是不同机台通风率标偏检测结果，从图 3-26 可知，三台

卷烟机总通风率标偏>烟支段通风率标偏>滤棒通风率标偏，呈现同样的规律，说明对于通风率标偏来讲，烟支段对卷烟通风率的稳定性造成了更大的影响。

表 3-15　不同机台通风率标偏检测结果　　　　　　　　单位:%

样品	总通风率			滤棒通风率			烟支段通风率		
	A7	A8	B7	A7	A8	B7	A7	A8	B7
1	1.407	1.455	1.276	0.806	0.958	0.647	0.912	0.794	1.029
2	1.879	0.871	1.472	0.919	0.541	0.885	1.089	0.606	0.853
3	1.9	1.467	0.973	0.933	1.052	0.518	1.056	0.682	0.777
4	1.175	1.634	1.165	0.916	0.954	0.621	1.244	0.994	0.849
5	1.682	1.265	1.19	0.792	0.755	0.696	0.982	0.825	0.85
6	1.763	1.056	1.301	0.804	0.771	0.619	1.014	0.617	0.853
7	1.277	1.328	1.332	0.881	0.729	0.819	0.608	1.051	0.943
8	1.207	0.95	1.225	0.85	0.697	0.812	0.638	0.714	0.832
9	1.59	1.367	1.42	0.844	0.707	0.716	0.983	1.077	0.92
10	1.309	1.478	1.413	0.652	0.685	0.803	0.88	0.947	0.869
11	1.198	1.499	1.628	0.813	0.91	0.92	0.645	0.908	0.969
12	1.4	1.251	1.088	0.73	0.737	0.722	0.869	0.804	0.683
13	1.326	1.187	1.402	0.799	0.824	0.849	0.845	0.842	0.997
14	1.439	1.004	1.494	0.916	0.864	0.916	1.03	0.759	1.137
15	1.224	1.583	1.441	0.749	1.018	0.755	0.733	1.034	0.903
16	1.411	1.299	1.275	0.707	0.874	0.638	0.816	0.892	1.035
最大值	1.90	1.63	1.63	0.93	1.05	0.92	1.24	1.08	1.14
最小值	1.18	0.87	0.97	0.65	0.54	0.52	0.61	0.61	0.68
平均值	1.45	1.29	1.32	0.82	0.82	0.75	0.90	0.85	0.91

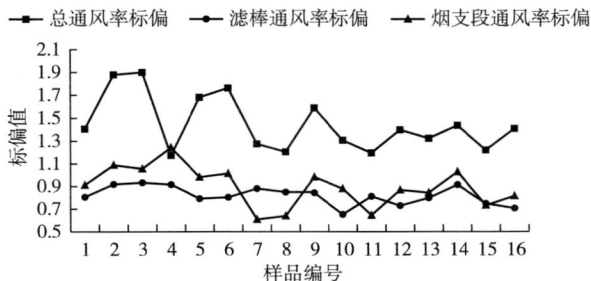

图 3-26　A7 的通风率标偏检测结果

为进一步评价分析卷烟通风率的变化,选择同一台喂丝机的 A7、A8、B7 三台卷烟机进行取样检测,间隔 15 min 取样一次,持续 4 h。结果见表 3-16。

表 3-16　卷制质量差异性统计表

项目	均值				标偏			
	机组内差异			机组间差异	平均值			机组间差异
	A7	A8	B7		A7	A8	B7	
重量/g	0.0145	0.0154	0.0169	0.0304	0.019	0.018	0.0178	0.014
圆周/mm	0.077	0.152	0.063	0.198	0.054	0.067	0.052	0.044
长度/mm	0.106	0.151	0.127	0.324	0.187	0.143	0.128	0.142
总通风率/%	3.397	1.66	1.826	5.337	1.47	1.29	1.32	1.029
滤棒/%	3.737	2.216	2.277	6.637	0.816	0.817	0.746	0.534
烟支段/%	1.886	1.314	1.524	2.94	0.897	0.847	0.906	0.638

从上表可知,机组间总通风率均值差异 5.337%,机台间通风率均值控制稳定性较差,其中滤棒通风率均值差异 6.637%,烟支段通风率差异 2.94%。滤棒通风率差异明显高于烟支段。

对不同机组间总通风率均值做箱线图,如图 3-27 所示,A7 总通风率接近中值,且 A7 滤棒通风率也较高,后序工作中可以 A7 为参照。

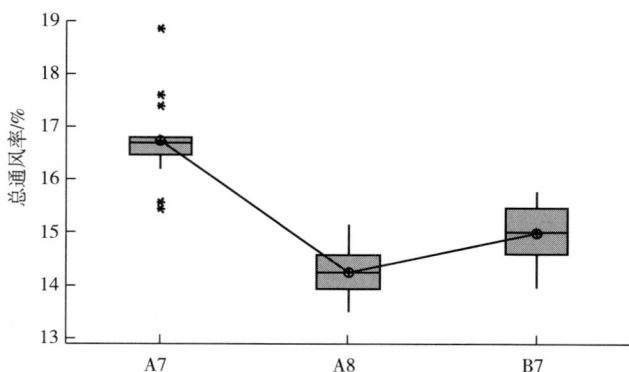

图 3-27　不同机台卷烟总通风率箱线图

对不同机台卷烟总通风率进行方差分析,如图 3-28 所示,$P<1.0\times10^{-5}$,说

明不同机组间总通风率差异达到显著水平，需要高度关注不同机台通风率的稳定性。

总通风率单因子方差分析: A7, A8, B7

来源	自由度	SS	MS	F	P
因子	2	52.127	26.064	71.74	$<1.0 \times 10^{-5}$
误差	45	16.350	0.363		
合计	47	68.477			

$S = 0.6028$　$R\text{-Sq} = 76.12\%$　$R\text{-Sq}（调整）= 75.06\%$

图 3-28　不同机台卷烟总通风率的方差分析

对不同机组间卷烟滤棒通风率均值做箱线图，如图 3-29 所示，A7 滤棒通风率较高，平均值达到 10.6%，A8、B7 滤棒通风率较低，平均值比 A7 低 2.7%。

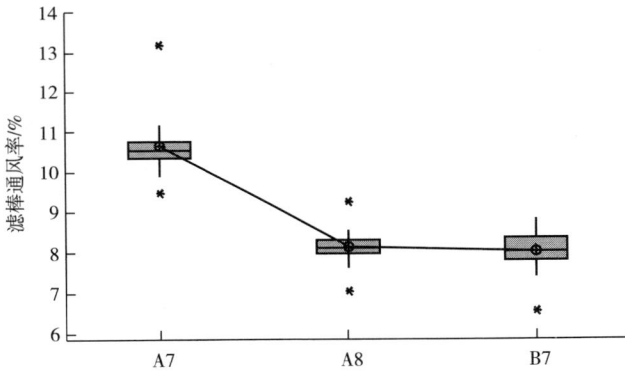

图 3-29　不同机台卷烟滤棒通风率箱线图

对不同机台卷烟滤棒通风率进行方差分析，如图 3-30 所示，$P<1.0\times10^{-5}$，说明不同机组间总通风率差异达到显著水平。

滤棒单因子方差分析: A7, A8, B7

来源	自由度	SS	MS	F	P
因子	2	70.756	35.378	93.75	$<1.0 \times 10^{-5}$
误差	45	16.982	0.377		
合计	47	87.737			

$S = 0.6143$　$R\text{-Sq} = 80.64\%$　$R\text{-Sq}（调整）= 79.78\%$

图 3-30　不同机台卷烟滤棒通风率方差分析

对不同机组间卷烟烟支段通风率均值做箱线图（图 3-31），可以看出，A7、

A8 烟支段通风率均值接近，平均值为 6.3% 左右，B7 烟支段通风率较高，平均值为 7.2%。

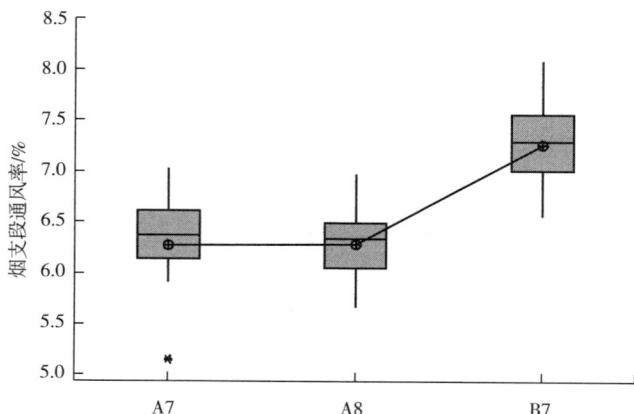

图 3-31　不同机台卷烟烟支段通风率箱线图

对不同机组间卷烟烟支段通风率均值进行方差分析，如图 3-32 所示，$P<1.0×10^{-5}$，说明不同机组间烟支段通风率均值差异也达到显著水平。

烟支段单因子方差分析: A7, A8, B7

来源	自由度	SS	MS	F	P
因子	2	10.393	5.197	28.10	$<1.0×10^{-5}$
误差	45	8.321	0.185		
合计	47	18.714			

$S=0.4300$　$R-Sq=55.54\%$　$R-Sq（调整）=53.56\%$

图 3-32　不同机台卷烟烟支段通风率方差分析

针对三台卷烟机组，分别进行总通风率与滤棒通风率、烟支段通风率相关性回归分析，如图 3-33、图 3-34 所示。可以初步得出，总通风率与滤棒通风率的 $P<1.0×10^{-5}$，达到显著。总通风率与烟支段通风率的 $P=0.054$，在 95% 置信水平下达不到显著。说明影响通风率均值的主要因素在于滤棒通风率。

（6）硬度。图 3-35 为卷烟硬度检测结果。从图 3-35 可知，三台卷烟机加工卷烟的硬度随时间变化的趋势接近一致，且变化较大，说明来料烟丝质量发生了一定的变化，综合考虑各方面的因素，可能烟丝在贮存过程中温度、湿度随时间存在一定变化，烟丝含水率随时间存在一定变化，从而导致填充能力发生变化。从标偏数据分析，三台卷烟机的具体差异不大，且稳定性相对较好。

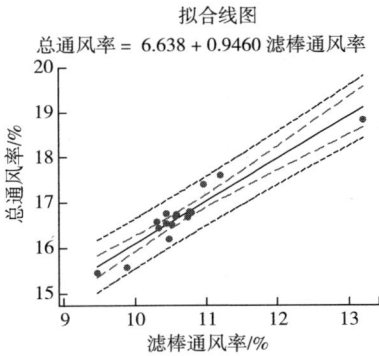

拟合线图
总通风率 = 6.638 + 0.9460 滤棒通风率

回归方程为

总通风率 = 6.64 + 0.946 滤棒通风率

方差分析

来源	自由度	SS	MS	F	P
回归	1	8.3331	8.3331	138.76	0.000
残差误差	14	0.8407	0.0601		
合计	15	9.1738			

图 3-33 总通风率与滤棒通风率相关性回归分析

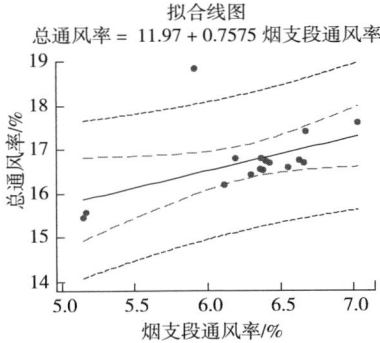

拟合线图
总通风率 = 11.97 + 0.7575 烟支段通风率

回归方程为

总通风率 = 12.0 + 0.758 烟支段通风率

方差分析

来源	自由度	SS	MS	F	P
回归	1	2.1973	2.1973	4.41	0.054
残差误差	14	6.9766	0.4983		
合计	15	9.1738			

图 3-34 总通风率与烟支段通风率相关性回归分析

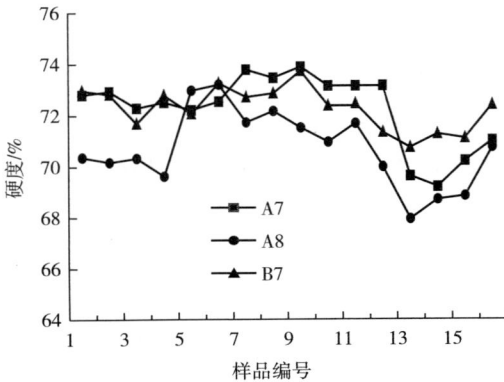

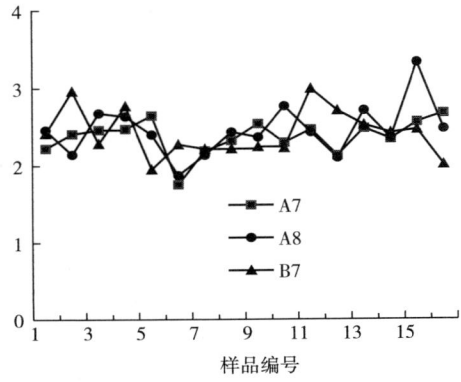

（a）硬度的平均值　　（b）硬度的标偏

图 3-35 硬度检测结果

3.1.7 小结

（1）从卷烟物理指标标偏分析来看，河南卷烟工业企业控制水平处于行业平均水平；通风率控制的稳定性比常规卷烟差，硬度率控制的稳定性差于常规卷烟。

（2）从卷烟物理指标均值分析来看，短支卷烟密度普遍较高，BNNX 和 LT 相比行业短支卷烟烟丝密度较低，吸阻与行业主流短支烟平均水平相比较高，硬度处于行业平均水平。

（3）从烟丝组分及结构来看，国内短支卷烟烟丝组分有叶丝、梗丝、膨胀丝和薄片丝，个别品牌短支卷烟仅含有叶丝，烟丝宽度为 0.9~1.1 mm，部分高档烟也加有梗丝，说明少量使用梗丝并未对产品品质造成不利影响，反而可以增加烟丝填充值，改善卷烟质量的稳定性。

（4）行业短支卷烟产品卷烟纸透气度为 55~70 CU，豫产卷烟品牌产品卷烟纸透气度处于行业平均水平；行业短支卷烟产品卷烟纸定量普遍为 30 g/m²，豫产卷烟品牌产品卷烟纸定量与行业相当。

（5）短支卷烟滤棒采用了 4 种结构类型；说明各个中烟为吸引消费者，对卷烟滤棒进行了多样化的设计和应用。

（6）在接装纸方面，接装纸长度平均值为 31.5 mm，最长为 37 mm，最短为 27 mm；接装纸长度与滤棒长度之差的平均值为 7.7 mm，差值最大 12 mm，最小 5 mm。各中烟接装纸普遍采用预打孔工艺，有利于产品质量的控制，同时带打孔设计方面差异较大，呈现多样性，说明不同中烟在通风率设计方面存在不同的思考和认识。

（7）烟气烟碱量方面，短支及常规卷烟的烟气烟碱平均值分别为 0.86 mg/cig 和 0.87 mg/cig。BNNX 和 LT 的烟碱释放水平高于行业平均水平。卷烟焦油量水平方面，常规卷烟大于短支卷烟；BNNX 和 LT 的焦油量水平高于行业平均水平。烟气一氧化碳量水平方面，常规卷烟大于短支卷烟；BNNX 和 LT 的一氧化碳释放水平高于行业平均水平。卷烟抽吸口数方面，常规卷烟的抽吸口数略高；短支及常规卷烟的抽吸口数平均值分别为 5.5 口/cig 和 6.2 口/cig；BNNX 和 LT 的抽吸口数低于行业平均水平。

（8）13 个卷烟样品的感官质量表现较好，本香突出，满足感强，风格特征差异明显；但均存在烟支后半段烟气浓度偏高、刺激性和余味有待提升的问题。

（9）从批次数据看，HJY（LT）烟丝结构、填充值均处于稳定状态，差异不大，但不同批次数据有一定差异，这可能是影响卷烟质量的重要因素。

（10）不同机台卷烟单支质量、吸阻差异较小，均在标准控制范围内，但不同机台有一定差异。机组间总通风率均值差异5.3%。其中滤棒通风率均值差异6.6%，烟支段通风率差异2.9%，滤棒通风率对总通风率的影响高于烟支段；三台卷烟机总通风率标偏>烟支段通风率标偏>滤棒通风率标偏，呈现同样的规律，说明对于通风率标偏来讲，烟支段对卷烟通风率的稳定性造成了更大的影响。

3.2 适用于短支卷烟的烟丝形态结构特征研究

通过前章对短支卷烟的特征分析，短支卷烟品质与常规卷烟相比存在一定的差异，过程加工质量存在一定波动，不同品牌短支卷烟烟丝的组分、结构等方面存在一定的差异。研究表明，烟丝形态（烟丝宽度及分布特征、烟丝长度及分布特征）对烟丝物理指标（填充值、结构等）、卷烟质量有显著影响。与常规卷烟相比，短支卷烟烟支长度缩短，单支质量随之减小，随着单支质量的改变，烟支内部烟丝结构发生变化，而烟丝结构作为保障卷烟工艺质量的关键参数之一，直接决定卷制时来料烟丝的状态，国内外学者通过研究常规卷烟烟丝结构与物理质量的相关关系，发现烟丝结构对卷烟物理质量存在显著影响，烟支内烟丝结构的长丝率过高、分布均匀性等问题对卷制后烟支的单支质量标偏、硬度、端部落丝量、吸阻等物理质量指标都有不同程度的影响，可以通过适当调整烟丝结构达到改善烟支物理质量的目的。堵劲松等采用灰色关联法分析了不同烟丝结构分布与卷烟物理指标的相关性，结果发现，烟丝结构分布在2.00~4.75 mm时可获得较理想的卷烟物理指标及其稳定性，应尽量减少1.40 mm以下烟丝的比例。李善莲等采用相关性分析法研究烟丝结构与卷烟端部落丝量的关系，发现以2.8 mm为分界，长度大于2.8 mm的烟丝与卷烟端部落丝量呈负相关，其中5.6 mm以上烟丝影响最为明显，长度小于2.8 mm的烟丝与卷烟端部落丝量呈正相关，其中1.4 mm以下烟丝影响最为明显。姚光明等研究了烟丝结构对卷烟填充值和卷接质量的影响，结果表明：在实验范围内，整丝率与烟丝的填充值、卷烟单支质量呈现出显著的相关性。刘德强等比较了不同整丝率以及相同整丝率不同长、中丝比例的烟丝对卷制后烟支质量、硬度、吸阻、端部落丝量等物理指标的影响，结果表明：烟丝整丝率以及中、长烟丝比例的变化对烟支的物理指标均有较大影响。邵宁等研究不同档次卷烟的烟丝结构分布及其对卷烟物理质量的影响发现，对低档次卷烟物理质量影响较大的是2.80~4.75 mm和≤2.00 mm的烟丝，对中、高档卷烟物理质量影响较大的是 2.00~3.35 mm 和 ≤ 1.00 mm 的烟丝。目前，国内外对短支卷烟烟丝结构及其对卷烟主要物理指标的影响研究较少。

影响短支卷烟烟丝结构和消耗因素还有制丝过程中的筛分工序，各个企业开展的筛分工作研究较多，但公开报道的很少，且主要目的是减少消耗，碎片对烟丝结构及卷烟质量的影响鲜见报道，2016 版工艺附图提出将 1.5~6 mm 的碎片绕过切丝机，但从切丝宽度的角度来看，6.0 mm 的碎片是烟丝直径的 6 倍左右，直观分析对烟丝结构及质量有重要影响，因此，开展该方面的研究十分必要。

烟丝纯净度对烟丝形态、结构和卷烟的质量和消耗有一定的影响。制丝风选及卷烟剔梗是调节烟丝纯净度的两个环节，国内对此开展了较多的研究，主要从风选机的改进、剔梗系统改进、减少烟支中梗签的角度进行研究，鲜有对产品综合质量的系统研究。因此，本部分从切丝、筛分、风选和卷制这 4 个工序开展研究（图 3-36）。

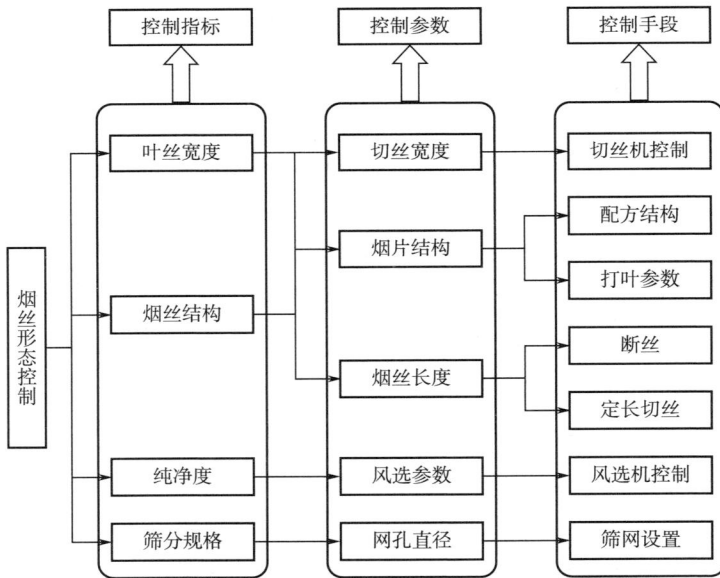

图 3-36　技术路线图

3.2.1　烟丝结构对短支卷烟质量的影响

3.2.1.1　烟丝结构分布结果对比

将筛分后的短支卷烟和常规卷烟的烟丝结构进行对比，表 3-17 为筛分后烟丝结构区间分布结果，对每类卷烟 8 个样品的各层烟丝结构求平均值并绘制柱状图，结果如图 3-37 所示。由图 3-37 可知，与常规卷烟相比，短支卷烟 X_3、X_6、X_7 层烟丝比例较多，X_1、X_2、X_5 层烟丝比例较少，X_4 层与 X_8 层烟丝比例基本相同，说明短支卷烟与常规卷烟烟丝结构存在差异。短支卷烟烟丝大多集中分布在 X_6 和 X_7 层，即长度为 1.00~3.35 mm 的中、短丝，占整体烟丝分布的 68%左右，比例远大于常规卷烟，长度大于 3.35 mm 的长烟丝所占比例较小，多集中在 X_3 和 X_4 层，X_1 层中长度大于 10.00 mm 的超长烟丝占比极小，而常规卷烟长丝所占比例远大于短支卷烟，多集中在 X_2 层。

表 3-17 烟枪处烟丝结构区间分布

卷烟类型	样品号	烟丝结构/%							
		X_1	X_2	X_3	X_4	X_5	X_6	X_7	X_8
短支卷烟	1-1	0.19	2.51	6.05	8.10	9.78	34.17	35.57	3.63
	1-2	0.29	3.63	7.95	10.21	11.68	33.17	30.13	2.94
	1-3	0.24	3.89	7.87	9.33	10.79	33.09	31.39	3.41
	1-4	0.17	3.49	7.50	9.24	10.29	33.39	32.35	3.57
	1-5	0.23	3.63	7.04	7.72	8.97	32.35	35.98	4.09
	1-6	0.37	4.87	7.35	7.44	7.81	32.17	35.66	4.32
	1-7	0.27	4.05	7.48	7.39	7.93	32.88	35.77	4.23
	1-8	0.46	4.26	7.96	8.24	8.52	32.59	34.26	3.70
常规卷烟	2-1	2.17	15.16	3.38	8.15	12.22	24.00	30.16	4.25
	2-2	3.30	16.28	2.99	7.65	13.01	23.22	29.13	3.56
	2-3	2.22	15.78	3.12	7.61	12.75	24.13	30.99	4.04
	2-4	3.12	14.50	2.70	6.83	12.98	23.95	31.03	4.47
	2-5	3.86	14.65	2.66	7.17	14.33	24.24	29.39	3.95
	2-6	3.30	14.29	2.64	6.85	13.46	24.44	30.31	4.13
	2-7	2.67	14.34	2.68	7.86	13.65	24.35	31.89	2.56
	2-8	2.35	15.63	2.35	7.69	13.74	24.86	30.47	2.91

为对比短支卷烟与常规卷烟烟丝结构的整体分布情况，计算短支卷烟与常规

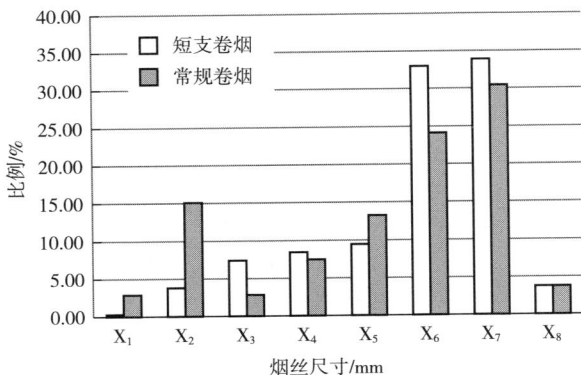

图 3-37　短支烟与常规卷烟烟丝结构分布情况

卷烟的长丝率、中丝率、短丝率和碎丝率，表 3-18 为计算后的烟丝结构区间分布结果，对每类卷烟 8 个样品计算后的烟丝结构求平均值并绘制柱状图，结果如图 3-38 所示。由图 3-38 可知，短支卷烟长丝率、中丝率和短丝率相差较小，基本相同，而常规卷烟表现为长丝率>短丝率>中丝率，两种卷烟的碎丝比例都最小，占整体的 3% 左右。整体上，短支卷烟与常规卷烟的短丝率和碎丝率无明显差异，主要差异在中、长丝，表现为短支卷烟长丝率降低，中丝率增加，说明随着烟支长度的缩短，短支卷烟的长丝比例不宜过高，应比常规卷烟低，长、中、短丝均匀掺配才能使烟丝分布均匀，避免出现烟丝成团现象。

表 3-18　计算后的烟丝结构区间分布

卷烟类型	样品号	烟丝结构区间分布/%			
		长丝率	中丝率	短丝率	碎丝率
短支卷烟	1-1	26.63	34.17	35.57	3.63
	1-2	33.76	33.17	30.13	2.94
	1-3	32.12	33.09	31.39	3.41
	1-4	30.69	33.39	32.35	3.57
	1-5	27.58	32.35	35.98	4.09
	1-6	27.85	32.17	35.66	4.32
	1-7	27.12	32.88	35.77	4.23
	1-8	29.44	32.59	34.26	3.70

卷烟类型	样品号	烟丝结构区间分布/%			
		长丝率	中丝率	短丝率	碎丝率
常规卷烟	2-1	41.08	24.00	30.16	4.25
	2-2	43.23	23.22	29.13	3.56
	2-3	41.48	24.13	30.99	4.04
	2-4	40.13	23.95	31.03	4.47
	2-5	42.67	24.24	29.39	3.95
	2-6	40.54	24.44	30.31	4.13
	2-7	41.20	24.35	31.89	2.56
	2-8	41.76	24.86	30.47	2.91

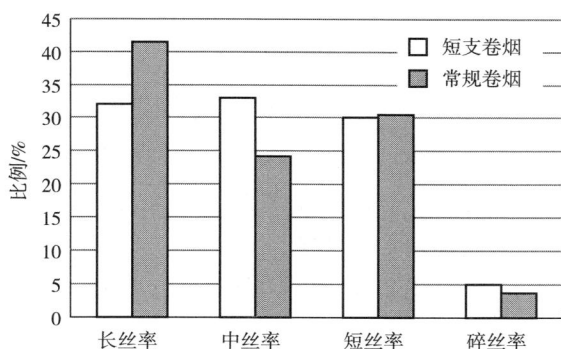

图 3-38 计算后短支卷烟与常规卷烟烟丝结构的分布情况

3.2.1.2 烟丝结构与短支卷烟物理指标的相关性分析

为探究各尺寸烟丝对短支卷烟物理质量及稳定性的具体影响，把筛分后的烟丝结构与短支卷烟主要物理指标及其标准偏差做相关性分析，得到烟丝结构与物理指标的相关关系矩阵，如表 3-19 所示。

从表 3-19 可知，单层烟丝结构对卷烟的质量和质量标偏的影响并不显著，短支卷烟吸阻和吸阻标偏受 X_4 和 X_5 层烟丝影响较大，呈显著正相关（$P<0.05$），其中吸阻与 X_5 层烟丝呈极显著正相关（$P<0.01$），说明 X_4 和 X_5 层烟丝增多会使烟支吸阻增大且不利于短支卷烟吸阻的稳定，吸阻标偏与 X_7 层烟丝呈

表 3-19　烟丝结构与物理指标间的相关矩阵

物理指标	烟丝结构							
	X_1	X_2	X_3	X_4	X_5	X_6	X_7	X_8
质量	-0.072	0.218	-0.126	-0.103	-0.174	0.140	0.041	0.219
质量标偏	0.337	0.245	0.383	0.017	0.010	-0.216	-0.127	-0.091
吸阻	-0.645	-0.543	0.043	0.744*	0.835**	0.379	-0.633	0.675
吸阻标偏	-0.286	-0.184	0.346	0.744*	0.714*	0.424	-0.775*	-0.694
硬度	-0.350	-0.552	0.124	0.683	0.726*	0.535	-0.604	-0.732*
硬度标偏	-0.344	-0.719*	-0.784*	-0.331	-0.078	0.460	0.493	0.103
端部落丝量	-0.558	-0.754*	-0.483	0.204	0.469	0.413	-0.041	-0.340
含末率	-0.269	-0.416	-0.788*	-0.300	-0.095	0.159	0.461	0.197

注　*表示显著相关（$P<0.05$），**表示极显著相关（$P<0.01$）。

显著负相关，X_7层烟丝比例增加可使烟支吸阻标偏减小，有利于吸阻的稳定；卷烟硬度与 X_5 层烟丝呈显著正相关，表明 X_5 层烟丝增多会使烟支硬度增大，与 X_8 层烟丝呈显著负相关，表明 X_8 层烟丝增多会使烟支硬度减小，硬度标偏受 X_2 和 X_3 层烟丝影响较大，呈显著负相关，即随着 X_2 和 X_3 层烟丝增加，短支卷烟硬度稳定性提高；短支卷烟端部落丝量与 X_2 层烟丝呈显著负相关，适当增加 X_2 层烟丝比例，有利于减少卷烟端部落丝量；对烟支含末率影响较大的烟丝层为 X_3 层，呈显著负相关，即 X_3 层烟丝比例增加有利于减小烟支含末率。

整体来看，对短支卷烟物理指标及其稳定性产生主要影响的是 X_2、X_3、X_4、X_5、X_7 和 X_8 层烟丝，其中 $X_2 \sim X_5$ 层烟丝对短支卷烟物理质量的影响最大，说明 3.35～10.00 mm 的长烟丝对稳定短支卷烟物理质量起着重要作用。

3.2.1.3　短支卷烟烟丝结构与物理指标的回归分析

为进一步探究短支卷烟烟丝结构与物理指标之间的关系，以各层烟丝结构（X_1、X_2、X_3、X_4、X_5、X_7、X_8）为自变量 X，以物理指标烟支质量（Y_1）、质量标偏（Y_2）、吸阻（Y_3）、吸阻标偏（Y_4）、硬度（Y_5）、硬度标偏（Y_6）、端部落丝量（Y_7）、含末率（Y_8）为因变量 Y，使用 SPSS 统计软件进行逐步回归分析，得到多元回归方程及显著性检验结果如表 3-20 和表 3-21 所示。

表 3-20 短支卷烟烟丝结构与物理指标的回归分析结果

被残释变量	质量/g	质量标偏/g	吸阻/kPa	吸阻标偏/kPa	硬度/%	硬度标偏/%	端部落丝量/(mg/支)	含末率/%
常量	—	—	0.904	0.087	78.620	6.115	26.594	3.584
X_1	—	—	—	—	—	—	—	—
X_2	—	—	—	—	—	—	−4.444	—
X_3	—	—	—	—	—	—	—	−0.296
X_4	—	—	—	—	—	—	—	—
X_5	—	—	0.095	—	—	—	—	—
X_6	—	—	—	—	—	—	—	—
X_7	—	—	—	−0.02	—	—	—	—
X_8	—	—	—	—	−2.272	−0.544	—	—
R^2	—	—	0.647	0.533	0.458	0.551	0.496	0.557

表 3-21 短支卷烟烟丝结构与物理指标回归分析的显著性检验

物理指标	变异来源	平方和	自由度	均方差	F 值	P 值
吸阻	回归	0.001	1	0.001	13.838	0.009
	残差	0.001	6	0.000	—	—
	总回归	0.002	7	—	—	—
吸阻标偏	回归	0.000	1	0.000	8.997	0.024
	残差	0.000	6	0.000	—	—
	总回归	0.000	7	—	—	—
硬度	回归	7.695	1	7.695	6.925	0.039
	残差	6.667	6	1.111	—	—
	总回归	14.363	7	—	—	—
硬度标偏	回归	0.831	1	0.831	9.582	0.021
	残差	0.521	6	0.087	—	—
	总回归	1.352	7	—	—	—

续表

物理指标	变异来源	平方和	自由度	均方差	F 值	P 值
端部落丝量	回归	64.089	1	64.089	7.886	0.031
	残差	48.702	6	8.127	—	—
	总回归	112.852	7	—	—	—
含末率	回归	0.245	1	0.245	9.796	0.020
	残差	0.150	6	0.025	—	—
	总回归	0.396	7	—	—	—

回归分析结果表明：

（1）卷烟吸阻与 X_5 层烟丝呈线性正相关关系，即 X_5 层烟丝所占比例越大，对卷烟吸阻的影响越大，线性回归方程为 $Y_3 = 0.904 + 0.095X_5$（$P = 0.009 < 0.01$，极显著）。

（2）吸阻标偏与 X_7 层烟丝呈线性负相关，线性回归方程为 $Y_4 = 0.087 - 0.020X_7$（$P = 0.024 < 0.05$，显著）。

（3）硬度与 X_8 层烟丝呈线性负相关，线性回归方程为 $Y_5 = 78.620 - 2.272X_8$（$P = 0.039 < 0.05$，显著）；硬度标偏与 X_8 层烟丝呈线性负相关，X_8 层烟丝比例增多对烟支硬度及其稳定性影响较小，线性回归方程为 $Y_6 = 6.115 - 0.544X_8$（$P = 0.021 < 0.05$，显著）。

（4）端部落丝量与 X_2 层烟丝呈线性负相关，即 X_2 层烟丝比例增多有利于端部落丝量减少，回归方程为 $Y_7 = 26.594 - 4.444X_2$（$P = 0.031 < 0.05$，显著）；含末率与 X_3 层烟丝呈线性负相关关系，X_3 层烟丝比例增加有利于减小烟支含末率，回归方程为 $Y_8 = 3.584 - 0.296X_3$（$P = 0.020 < 0.05$，显著）。

（5）对回归方程的决定系数 R^2 进行排序，各物理指标与烟丝结构层间的相关关系由强到弱依次为：吸阻>含末率>吸阻标偏>端部落丝量>硬度；与短支卷烟物理质量关系密切的烟丝结构层主要是 X_2（7.00～10.00 mm）、X_3（5.00～7.00 mm）、X_5（3.35～4.00 mm）、X_7（1.00～2.50 mm）、X_8（<1.00 mm），与相关性分析结果基本一致。

3.2.2 烟丝宽度对烟丝结构的影响

3.2.2.1 烟丝宽度与烟丝结构分布

将筛分后的不同宽度的烟丝结构进行对比，筛分后烟丝结构区间分布结果见

表 3-22。

表 3-22　卷烟前后烟丝结构区间分布

工序	切丝宽度/mm	烟丝结构/%							
		X_1	X_2	X_3	X_4	X_5	X_6	X_7	X_8
卷制前	0.8	12.58	17.24	12.41	11.65	10.68	13.21	20.43	1.8
	0.9	13.69	18.21	12.43	11.38	10.24	13.14	19.41	1.5
	1	14.71	18.43	12.68	11.45	10.23	13.08	18.12	1.3
卷烟后	0.8	1.24	5.89	5.87	8.33	8.79	32.09	33.37	4.42
	0.9	1.43	6.69	6.52	8.95	9.73	31.68	31.35	3.65
	1	1.98	7.43	7.98	10.43	10.6	29.56	29.93	2.09

将 3 组试验所得到烟丝样品的各层烟丝结构绘制成柱状图以作直观比较，如图 3-39 所示，随切丝宽度的增加，X_1 ~ X_3 层的烟丝比例呈增加趋势，碎丝率呈降低趋势，X_4 ~ X_8 层的烟丝比例呈降低趋势；卷制前后不同切丝宽度下 X_1 ~ X_4 层的烟丝比例呈降低趋势，X_5 层的烟丝变化幅度不大，X_7 ~ X_8 层烟丝比例呈增加趋势。

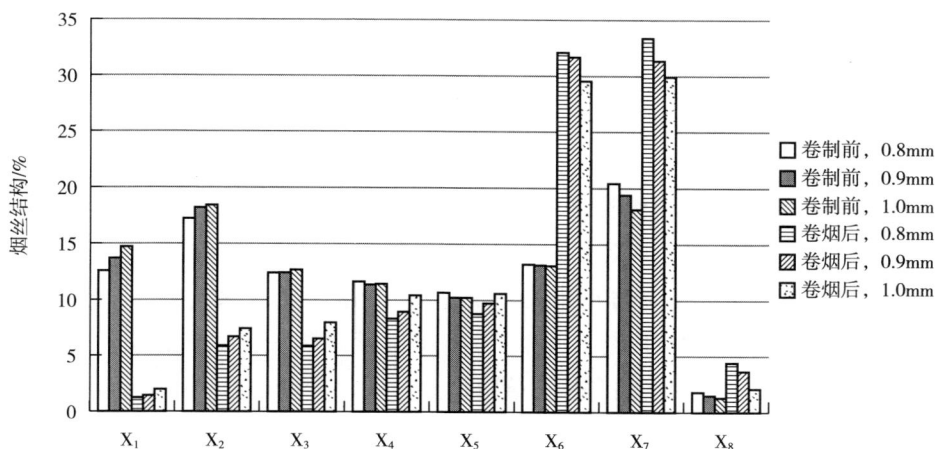

图 3-39　各层烟丝结构

计算卷制前后烟丝结构，如表 3-23 所示，卷制后烟丝整丝率均下降 10% 以上，碎丝率明显上升。

表 3-23　计算后的烟丝结构

工序	切丝宽度/mm	烟丝结构区间分布/%			
		长丝率	中丝率	短丝率	碎丝率
卷制前	0.8	77.77	13.21	20.43	1.8
	0.9	79.09	13.14	19.41	1.5
	1.0	80.58	13.08	18.12	1.3
卷制后	0.8	60.97	32.09	33.37	4.42
	0.9	63.57	31.68	31.35	3.65
	1.0	66.00	29.56	29.93	2.09

3.2.2.2　烟丝宽度与烟丝结构的相关性分析

将 3 组实验所得的烟丝样品烟丝结构数据进行相关性分析，得到切丝宽度与烟丝结构的相关关系，如表 3-24 所示。

表 3-24　国内主流短支卷烟烟支结构特征

指标	X_1	X_2	X_3	X_4	X_5	X_6	X_7	X_8
相关系数	0.893**	0.818**	0.208	−0.031	−0.119	−0.690**	−0.943**	−0.721*
显著性	0.000	0.000	0.270	0.870	0.531	0.000	0.000	0.000
N	30	30	30	30	30	30	30	30

注　*表示显著相关（$P<0.05$），**表示极显著相关（$P<0.01$）。

从上表可以看出，切丝宽度对中丝（X_6）、短丝（X_7）和碎丝（X_8）的影响显著，对长丝中的 X_1 和 X_2 影响显著，对其他尺寸的烟丝含量影响不显著。其中切丝宽度与 X_1、X_2 呈显著正相关，即随着切丝宽度的增大，X_1、X_2 尺寸的烟丝含量显著增多；切丝宽度与 X_6、X_7、X_8 呈显著负相关，即随着切丝宽度的增大，X_6、X_7、X_8 尺寸的烟丝含量显著降低。

3.2.2.3　烟丝宽度与烟丝结构的回归分析

为进一步探究切丝宽度与短支卷烟烟丝结构之间的关系，以切丝宽度为自变量 X，以各层烟丝含量（$X_1>10.00$ mm、7.00 mm$<X_2\leqslant10.00$ mm、5.00 mm$<X_3\leqslant7.00$ mm、4.00 mm$<X_4\leqslant5.00$ mm、3.35 mm$<X_5\leqslant4.00$ mm、2.50 mm$<X_6\leqslant3.35$ mm、1.00 mm$<X_7\leqslant2.50$ mm、$X_8\leqslant1.00$ mm）为因变量 Y，使用统计

软件进行回归分析，得到回归方程及显著性检验结果如表 3-25 和表 3-26 所示。

表 3-25　切丝宽度与短支卷烟烟丝结构的回归分析结果

被解释变量	X_1	X_2	X_3	X_4	X_5	X_6	X_7	X_8
常量	4.637	7.425	—	—	—	16.173	29.459	4.612
切丝宽度	9.945	11.326	—	—	—	-3.44	-11.25	-3.455
R^2	0.797	0.669				0.476	0.889	0.520

表 3-26　切丝宽度与短支卷烟烟丝结构回归分析的显著性检验

变量	变异来源	平方和	自由度	均方差	F 值	P 值
X_1	回归	19.781	1	19.781	109.885	0.000
	残差	5.04	28	0.18	—	—
	总回归	24.821	29	—	—	—
X_2	回归	11.026	1	11.026	56.508	0.000
	残差	5.464	28	0.195	—	—
	总回归	16.49	29	—	—	—
X_6	回归	2.367	1	2.367	25.436	0.000
	残差	2.605	28	0.093	—	—
	总回归	4.972	29	—	—	—
X_7	回归	25.313	1	25.313	224.5	0.000
	残差	3.157	28	0.113	—	—
	总回归	28.47	29	—	—	—
X_8	回归	2.387	1	2.387	30.317	0.000
	残差	2.205	28	0.079	—	—
	总回归	4.592	29	—	—	—

回归分析的结果表明：切丝宽度与 X_1 呈显著的正相关关系，即随着切丝宽度增加，烟丝中 X_1 层（大于 10.00 mm）的烟丝含量也随之增加，线性回归方程为 $X_1 = 4.637 + 9.945 *$ 切丝宽度（$P = 0.000 < 0.01$，极显著）；切丝宽度与 X_2 呈

显著的正相关关系，线性回归方程为 $X_2 = 7.425 + 11.326 *$ 切丝宽度（$P = 0.000 < 0.01$，极显著）；切丝宽度与 X_6 呈显著的负相关关系，线性回归方程为 $X_6 = 16.173 - 3.44 *$ 切丝宽度（$P = 0.000 < 0.01$，极显著）；切丝宽度与 X_7 呈显著的负相关关系，线性回归方程为 $X_7 = 29.459 - 11.25 *$ 切丝宽度（$P = 0.000 < 0.01$，极显著）；切丝宽度与 X_8 呈显著的负相关关系，线性回归方程为 $X_8 = 4.612 - 3.455 *$ 切丝宽度（$P = 0.000 < 0.01$，极显著）；对回归方程的决定系数 R^2 进行排序，烟丝结构各层间与切丝宽度的相关关系由强到弱依次为：$X_7 > X_1 > X_2 > X_8 > X_6$；切丝宽度主要影响烟丝结构层的 X_7（1.00～2.50 mm）、X_1（> 10.00 mm）、X_2（7.00～10.00 mm）、X_8（≤ 1.00 mm）、X_6（2.50～3.35 mm），与相关分析结果一致。

3.2.3　碎片量对短支卷烟质量的影响

碎片主要产生在打叶复烤、醇化、转运及制丝生产加工过程，且碎片的含量较大（3%以上），由于碎片的外形呈不规则形状，与烟丝的差别较大，在加工过程中，3 mm 以下的碎片易在制丝及风送过程中被除尘系统带走，且在制丝过程中，碎片容易黏附在筒壁上形成损耗或湿团，不利于产品质量的控制，因此，制丝过程一般将 3 mm 以下的碎片筛除，3～6 mm 的烟丝绕过回潮、加料、切丝工序，以提高烟叶的利用率，减少湿团。一般认为，碎片仅仅是生产过程烟片形态发生了变化，其化学成分及感官质量与烟叶差别不大。但随着烟草行业打叶复烤技术研究的深入，对烟叶不同部位化学成分进行了分析，烟叶不同部位化学成分差异较大，且认为碎片主要由叶基部分打叶造成，其品质较低，利用价值不大，因此，开展制丝生产过程碎片结构及处理方式的研究具有重要意义。由于切丝可调控碎片的尺寸，因此，本部分主要研究切丝前筛网规格、碎片处理方式对产品质量的影响，提出适宜的筛网规格和碎片处理方法。

3.2.3.1　筛出物重量分析

表 3-27 为各工序筛出碎片的重量。从表 3-27 可知，随工序的后移，筛分比例逐步降低，批次筛分总量为 280.5 kg，筛分比例约为 2.78%，碎片主要在松散回潮和加料工序筛出，3 mm 以下碎片占比较小；碎片含水率与烟片含水率差异较大，且随着工序的后移，碎片含水率呈增加趋势，说明预混与贮叶工序中烟片与碎片水分平衡可有效缩小水分差异。

表 3-27 各工序筛出碎片质量

工序	规格	质量/kg	碎片含水率/%	烟片含水率/%	比例/%
松散	3.0~6.0 mm	124.7	13.81	17.85	1.28
	3.0 mm 以下	26.3	13.62		0.21
加料	6.0 mm 以下	113.3	15.12	19.32	1.13
	3.0 mm 以下	16.2	14.31		0.16
累计	—	280.5	—	—	2.78

3.2.3.2 烟片与碎片化学成分

图 3-40 为切丝前后化学成分检测结果。

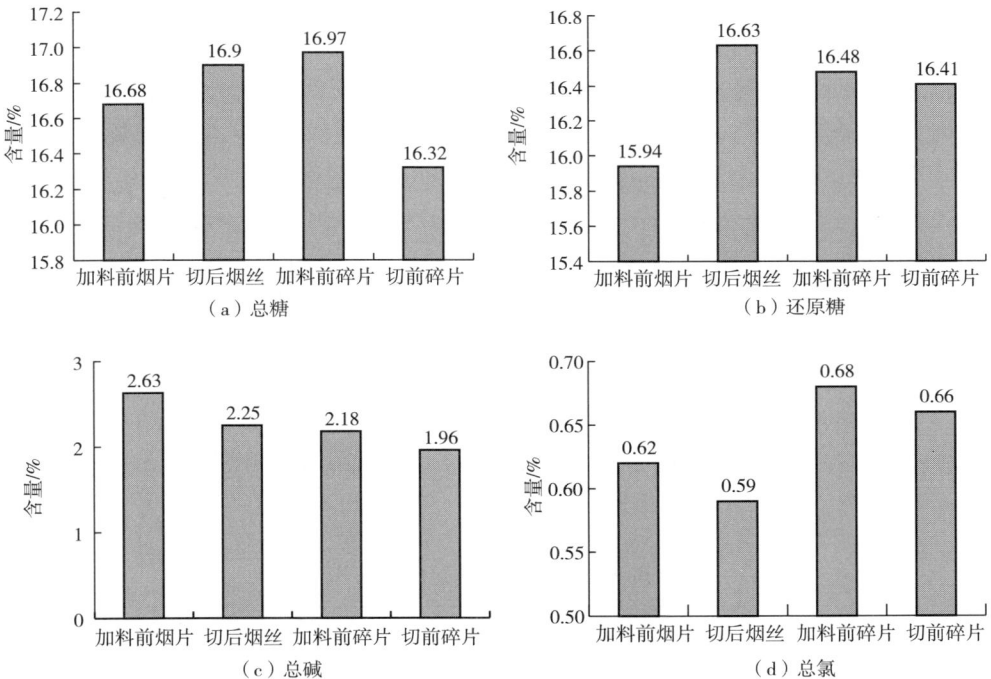

图 3-40 烟片与碎片化学成分

从图 3-40 可知，LT 卷烟加料前碎片与烟片的总糖、还原糖对比差异不明显，随工序的流转，烟片总糖、还原糖呈增加趋势，碎片总糖、还原糖呈减小趋势；总碱对比，烟片明显高于碎片，随工序的流转，烟片及烟丝烟碱含量都呈下降趋势；总氮对比，烟片低于碎片；随工序的流转，烟片及烟丝总氮含量都呈下降趋势。

3.2.3.3 切丝前筛网网孔直径对碎片筛除量的影响

切丝进料振槽（一级筛网）规格选用 4.0 mm、6.0 mm 的筛网，二级振槽筛网选用 2.0 mm 的规格，在振槽上设置落料口，可将一级筛网筛出碎片直接接出或一定规格的碎片绕过切丝机与切后烟丝混合。表 3-28 为不同规格筛网筛除碎片的检测结果。

从表 3-28 可知，随着筛网网孔直径的增加筛除烟片的量显著增加，筛除的 2 mm 以下烟末占比较低，不超过投料量的 0.16%，筛除碎片主要为 2 mm 以上的碎片，说明控制筛网规格对制丝线消耗具有重要作用。

表 3-28 不同筛网规格筛除碎片测试结果

项目	2.0 mm 筛网	4.0 mm 筛网	6.0 mm 筛网
2 mm 以上烟片/kg	66.0	114.0	222.0
2 mm 以下烟末/kg	3.65	15.48	12.54
合计/kg	69.65	129.48	234.54
损耗比例/%	0.66	1.29	2.33

3.2.3.4 切丝前筛网网孔直径对加香后烟丝结构的影响

表 3-29 为 LT 卷烟加香后烟丝结构。从表 3-29 可知，切丝工序筛网直径增大，整丝率变化不明显，碎丝率有降低的趋势，4.0 mm、6.0 mm 网孔直径筛网碎丝率差异不大，主要原因可能在于加香前设置有筛网，1 mm 以下的碎丝被筛除。

表 3-29 烟丝结构检测数据

批次	2 mm		4 mm		6 mm	
	整丝率/%	碎丝率/%	整丝率/%	碎丝率/%	整丝率/%	碎丝率/%
1	82.99	1.13	83.19	0.23	84.11	0.31
2	82.35	1.07	83.34	0.23	83.43	0.27
3	83.05	1.04	83.97	0.22	82.39	0.41
4	83.09	0.99	83.35	0.23	83.63	0.27

批次	2 mm		4 mm		6 mm	
	整丝率/%	碎丝率/%	整丝率/%	碎丝率/%	整丝率/%	碎丝率/%
5	83.81	1.02	82.97	0.27	82.06	0.44
6	83.67	1.03	82.43	0.25	83.63	0.27
7	83.65	1.06	82.58	0.28	84.84	0.24
8	83.63	0.99	83.02	0.29	84.01	0.28
9	83.25	1.07	82.81	0.25	83.51	0.31
平均值	83.28	1.04	83.07	0.25	83.51	0.31

3.2.3.5 切丝前筛网网孔直径对烟支质量的影响

表 3-30 为 LT 卷烟物理指标检测结果。从表 3-30 可知，随着筛网孔经的增加，卷烟单支质量、吸阻和硬度标偏呈增大趋势，总通风率均值呈降低趋势，标偏变化不大。可能的原因是碎片与烟丝差异较大。

表 3-30 LT 卷烟物理指标检测结果

筛网规格	单支质量/mg		吸阻/Pa		总通风率/%		硬度/%		端部落丝/(mg·支$^{-1}$)
	平均值	标偏	平均值	标偏	平均值	标偏	平均值	标偏	
2 mm	0.798	0.020	1030	40.710	14.500	1.411	72.320	1.943	5.1
4 mm	0.807	0.020	1020	43.194	14.000	1.140	72.190	2.859	5.0
6 mm	0.801	0.021	1025	41.709	14.000	1.398	72.620	3.208	6.4

3.2.3.6 卷烟感官质量

卷烟感官质量评价采用三点评价和对比评价两种方法。三点评价结果如表 3-31 所示，同质化率分别为 73.33%、73.33%、66.7%，说明产品感官质量差异不明显。对比评价结果表明：各个样品微有差异，各有特点。

表 3-31 感官质量评价结果

样品	同质化率/%	感官描述
正常产品	—	烟气较饱满，口感细腻柔和，杂气刺激较小，余味较干净

样品	同质化率/%	感官描述
筛除 2 mm 以下碎片	73.3	浓度稍高，回甜较好、刺激、杂气稍大
筛除 4 mm 以下碎片	73.3	香气质好，烟气透发性较好，刺激稍大，烟气甜润度好，余味较干净
筛除 6 mm 以下碎片	66.7	烟气较饱满，烟气透发性较好，刺激稍大，烟气甜润度好，余味较干净

3.2.3.7　消耗对比

消耗测试结果如表 3-32 所示。综合考虑筛网直径对质量指标及消耗的影响，一级筛网直径采用 4.0 mm，二级筛网直径采用 2.0 mm。

表 3-32　消耗测试结果

生产牌号	2019 年 8~9 月产量/箱	2019 年 8~9 月批次/批	剔除质量累计/kg	折合每批剔除量/kg	约影响单耗/（kg·箱$^{-1}$）
HJY（LT）	35800.00	110.00	1315	11.96	0.04

3.2.4　纯净度对短支卷烟质量的影响

3.2.4.1　风选对烟丝纯净度、温度及含水率的影响

表 3-33 为风选对烟丝纯净度的影响检测结果。从表 3-33 可知，采用一级风选剔除梗签效果较差，梗签剔除率为 0.13%，烟丝纯净度较差；采用两级风选可有效提高烟丝的纯净度。

表 3-33　风选设计值对烟丝纯净度的影响检测结果

项目	设计风选量/%	一级风选实际落丝率/%	二级风选梗签率/%	烟丝纯净度/%
试验 1	1	0.93	0.1	96.83
试验 2	5	5.12	0.52	97.52
试验 3	10	9.98	0.89	98.15

表 3-34 为风选对烟丝纯净度的影响检测结果。随着风选比例的增加，一级风选后烟丝水分降低约 0.17%，温度降低约 17.0 ℃；二级风选后烟丝含水率降低约 0.85 个百分点，温度降低约 19 ℃。

表 3-34 风选对烟丝含水率及温度的影响

项目	含水率降低/%		温度降低/℃	
	一级风选	二级风选	一级风选	二级风选
试验 1	0.51	—	15	—
试验 2	0.48	0.81	17	19
试验 3	0.43	0.87	16	19

3.2.4.2 风选对烟丝结构的影响

表 3-35 为烟丝质量指标,从表中可知,①风选工艺对烟丝的结构有比较明显的改善作用。主要表现为,烟丝的中、短丝率分别提高了 3.2%、0.8%;烟丝的长、碎丝率分别下降了 3.8%、0.2%。这种变化更有利于烟丝整体结构均匀性的提高,提升了烟丝的包容性,为烟支卷接各项物理指标稳定性的控制创造了条件。②风选工艺能够有效地柔性分离出叶丝中的结团物(丝团、湿团等)、焦片及少部分梗签。③采用柔性风选工艺,对提高烟丝的填充性能有一定的效果,填充值提高 $0.1 \ cm^3/g$。

表 3-35 风选对烟丝质量指标的影响(一级风选落丝比例 10%)

检测指标	检测点		
	薄板干燥		
	风选前	风选后	风选前后对比
长丝率/%	63.4	59.6	-3.8
中丝率/%	15.47	18.67	+3.2
短丝率/%	19.73	20.53	+0.8
碎丝率/%	1.4	1.2	-0.2
整丝率变化率/%	78.87	78.27	-0.6
填充值/($cm^3 \cdot g^{-1}$)	4.1	4.2	+0.1

3.2.4.3 烟丝纯净度对卷烟质量的影响

如表 3-36 所示,在烟支质量接近的情况下,单支质量标偏无明显变化;随着一级风选烟丝比例的增加,吸阻呈增加趋势,吸阻标偏无明显变化;硬度与总通风率的均值及标偏无明显变化趋势。

表 3-36 卷烟物理指标检测结果

序号	单支质量/ （g·cig⁻¹）	标偏/ （g·cig⁻¹）	吸阻/Pa	标偏/Pa	硬度/%	标偏/%	总通风率/%	标偏/%
试验 1	0.7939	0.0190	1022.5	39.9	71.2	2.6	14.7	1.50
试验 2	0.7925	0.0190	1038.9	39.6	70.9	2.6	15.2	1.58
试验 3	0.8017	0.0185	1043.6	38.6	71.3	2.4	15	1.48

3.2.4.4 烟丝纯净度对烟气指标的影响

表 3-37 是烟气指标检测结果。

表 3-37 烟气指标检测结果

序号	抽吸口数/ （口·支⁻¹）	总粒相物/ （mg·支⁻¹）	焦油/ （mg·支⁻¹）	烟碱/ （mg·支⁻¹）	CO/ （mg·支⁻¹）
试验 1	5.8	12.05	9.9	0.88	8.7
试验 2	5.6	11.63	9.7	0.87	8.8
试验 3	5.6	11.80	9.6	0.83	9.1

对检测结果做直方图，如图 3-41 所示，随着纯净度的增加，卷烟抽吸口数有所减少，总粒相物无明显变化趋势，烟气烟碱量、焦油量、一氧化碳量等都有不同程度的降低趋势。

3.2.5 烟丝结构的优化

采用灰色关联法，以下一工序烟丝尺寸分布比例为母序列、上一工序烟丝尺寸分布比例为子序列，计算关联度，按下式计算。

$$\gamma = 1/N \sum_{j=1}^{N} K_{ij}$$

式中：γ 为关联度；K_{ij} 为第 i 个子序列的第 j 个参数和母序列（0 序列）的第 j 个参数之间的关联系数；N 为样本数。

根据 γ 表示关联程度，进而确定影响烟丝结构均匀性的具体烟丝尺寸，通过在切丝后安装烟丝截短设备对其切短，根据切短前后烟丝结构变化情况考察其优化效果。

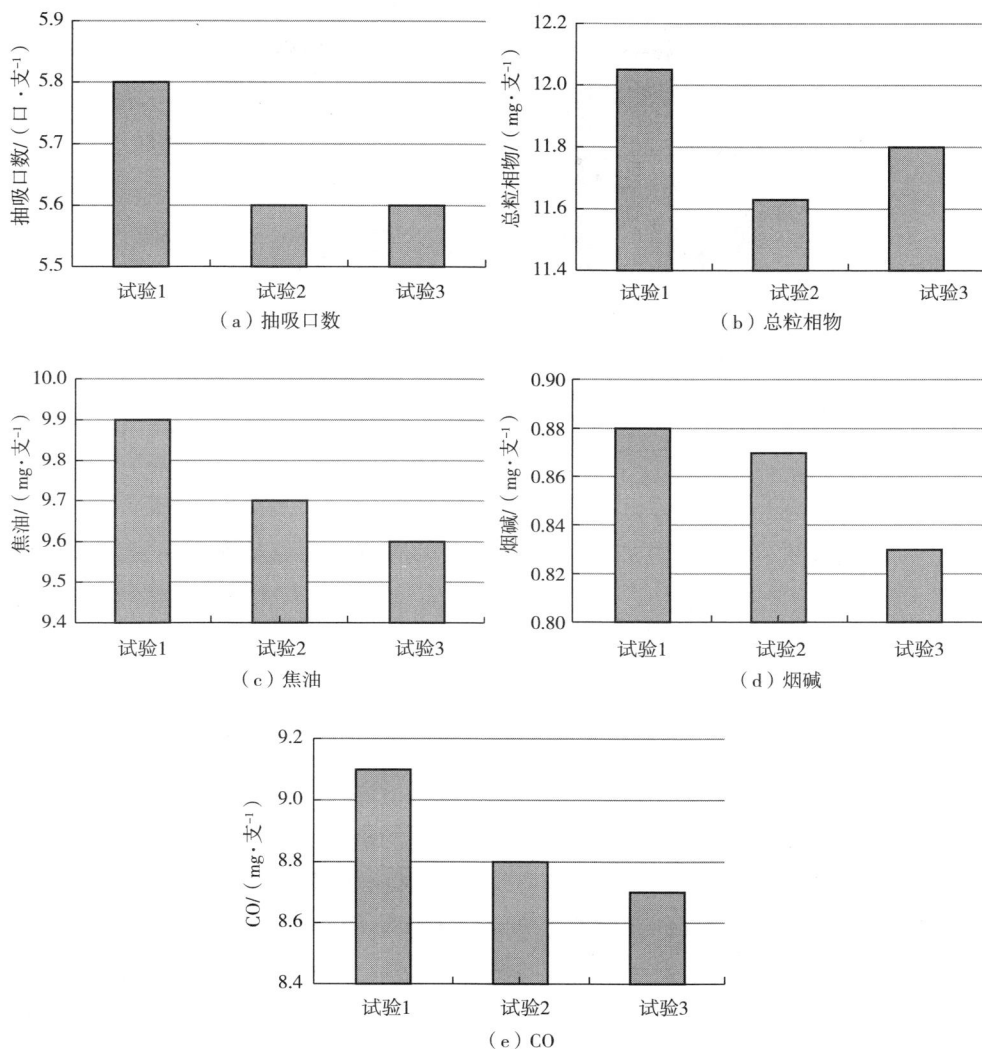

图 3-41 烟丝纯净度对烟气指标的影响

3.2.5.1 不同工序的烟丝结构分析

取切丝后、烘丝后、加香后卷烟机料斗处烟丝样品进行在线振动分选，得到各工序的烟丝结构，即整丝（>2.50 mm）率、长丝（>3.35 mm）率、中丝（2.50~3.35 mm）率和碎丝（<1.00 mm）率。以烟丝尺寸为横坐标，尺寸分布比例为纵坐标，绘制不同工序的烟丝结构图（图 3-42）。

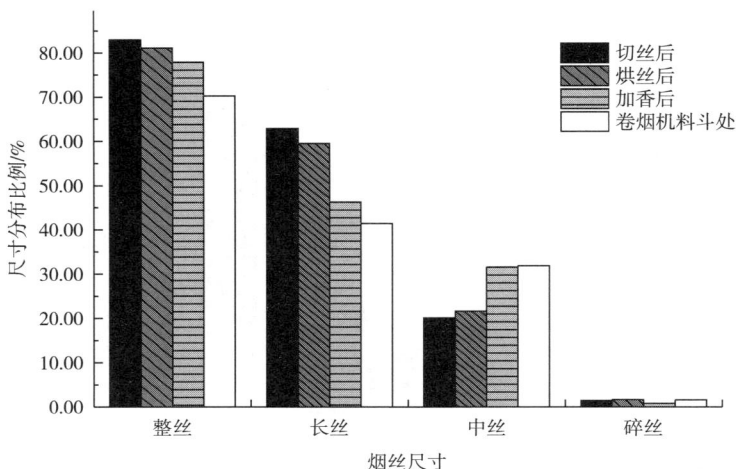

图 3-42　不同工序的烟丝结构

由图 3-42 可知，不同工序的烟丝结构各有差异，但整体来看，整丝率分布在 70.00%~80.00%；长丝率有很大比重，占 40.00% 以上；中丝率次之，占 20.00%~30.00%；碎丝率波动较小，在 2.00% 以下。在短支卷烟烟丝的加工过程中，烟丝结构变化较大，整丝率和长丝率都在逐渐下降，中丝率上升，短丝率比较稳定。

3.2.5.2　不同工序间烟丝尺寸分布的关联性

为进一步改善烟丝结构，查找影响卷制质量的烟丝尺寸，将各工序的烟丝样品按照同样的方法进行筛分，通过获得的 10 层烟丝分布，计算各尺寸烟丝分布比例。采用 MATLAB 软件计算两两工序之间烟丝结构的灰色关联度（表 3-38），并按照关联度大小将其分为微关联、弱关联、较强关联和强关联 4 个作用强度，采用最短距离法对关联度进行聚类分析。

由表 3-38 可知，切丝后 6.50~8.00 mm 尺寸的烟丝与烘丝后 3.35~8.00 mm 尺寸的烟丝有较强关联性，其中切丝后 4.00~5.00 mm 的烟丝与烘丝后 3.35~4.00 mm 的烟丝关联性最强，关联度为 0.7843；切丝后 4.00~10.00 mm 尺寸的烟丝与烘丝后 2.50~3.35 mm 尺寸的中丝有较强关联性。烘丝后的中长丝主要受切丝后长丝的影响，切丝后的烟丝与同尺寸或下一尺寸烟丝关系密切，原因是切丝后烟丝经烘丝工序后都有不同程度的造碎，但烘丝后烟丝水分增加，长丝由于烟丝较长，容易卷曲粘连，故中长丝关联性更强。因此，控制好切丝后 6.50~8.00 mm 的烟丝可以调整烘丝后 3.35~8.00 mm 的烟丝。

表3-38 切丝后烟丝结构与烘丝后烟丝结构的关联度

烘丝后烟丝区间分布/mm	切丝后烟丝区间分布/mm									
	>10.00	9.00~10.00	8.00~9.00	6.50~8.00	5.00~6.50	4.00~5.00	3.35~4.00	2.50~3.35	1.00~2.50	<1.00
>10.00	-0.2719[a]	+0.3023[b]	+0.3026[b]	+0.3601[b]	-0.4142[c]	-0.4408[c]	+0.2400[a]	+0.3067[b]	+0.3929[b]	+0.4344[c]
9.00~10.00	-0.3195[b]	+0.3821[b]	+0.3827[b]	+0.4393[c]	-0.6331[d]	-0.5405[c]	+0.2215[a]	+0.3186[b]	+0.4102[c]	+0.5313[d]
8.00~9.00	-0.3195[b]	+0.3806[b]	+0.3812[b]	+0.4376[c]	-0.6291[d]	-0.5385[c]	+0.2209[a]	+0.3169[b]	+0.4116[c]	+0.5346[c]
6.50~8.00	-0.3460[b]	+0.4479[c]	+0.4479[c]	+0.5225[d]	+0.4933[c]	+0.6657[c]	+0.2300[a]	+0.4087[c]	+0.4386[c]	+0.5689[c]
5.00~6.50	+0.2010[a]	+0.5076[c]	+0.5121[c]	+0.5863[d]	+0.4287[c]	+0.7110[d]	+0.2700[a]	+0.273[a]	+0.4351[c]	-0.5002[c]
4.00~5.00	+0.2326[a]	+0.5459[c]	+0.5470[c]	+0.5967[d]	+0.4128[c]	+0.7470[d]	+0.3001[b]	+0.3103[b]	+0.5133[d]	-0.5918[d]
3.35~4.00	+0.2420[a]	+0.5384[c]	+0.5395[c]	+0.5641[c]	+0.4931[c]	+0.7873[d]	-0.2332[a]	-0.3103[b]	-0.5481[c]	+0.6398[d]
2.50~3.35	+0.1975[a]	-0.6203[d]	-0.6212[d]	+0.6164[d]	+0.5978[c]	+0.7003[b]	-0.2614[a]	-0.2788[a]	-0.4705[c]	-0.5489[c]
1.00~2.50	+0.1766[a]	-0.6412[d]	-0.6478[d]	+0.7135[d]	+0.4634[c]	+0.5716[b]	-0.3439[b]	-0.2934[a]	-0.5363[c]	-0.5581[c]
<1.00	+0.2084[a]	-0.6473[d]	-0.6503[d]	-0.7471[d]	-0.4941[c]	-0.5456[c]	+0.3462[b]	+0.3551[b]	+0.5706[c]	+0.5086[c]

注 关联度数值的正负表示影响趋势，正值表示增进，负值表示削弱；a、b、c、d分别对应为微关联、弱关联、较强关联和强关联。

由表 3-39 可知，烘丝后 3.35~6.50 mm、5.00~10.00 mm 尺寸的长烟丝分别与加香后 3.35~4.00 mm、5.00~6.50 mm 尺寸的长烟丝有较强正关联性，其中，烘丝后 5.00~6.50 mm 与加香后 3.35~4.00 mm 的烟丝关联性最强，关联度达到 0.4455；烘丝后 3.35~8.00 mm 尺寸的烟丝与加香后 2.50~3.35 mm 尺寸的中丝呈强正关联性。说明烘丝后的长丝比例影响加香后的中长丝比例，烘丝后的烟丝输送入加香滚筒后，由于滚筒内壁上齿钉的作用，使烟丝有了一定的造碎，中丝由于吸湿性更快，不易造碎，关联性更强。故调整烘丝后 3.35~10.00 mm 烟丝可以更好地改善加香后 2.50~6.50 mm 烟丝。

由表 3-40 可知，加香后 3.35~8.00 mm 尺寸的烟丝与卷烟机料斗处 3.35~8.00 mm 尺寸的长烟丝有较强关联性；加香后 2.50~8.00 mm 尺寸的烟丝与卷烟机料斗处 2.50~3.35 mm 尺寸的中丝有强关联性。加香后到卷制前，烟丝贮存于贮丝柜中，烟丝中各组分充分混合均匀，水分和温度得到了平衡，并未经过强加工，故加香后的烟丝与料斗处同尺寸烟丝关联性较强。影响卷制质量稳定性的长丝的主要来源是加香后 3.35~8.00 mm 尺寸的烟丝，对卷制前卷烟机料斗处的中丝有着正关联作用的是加香后的中长丝。

3.2.5.3　烟丝结构优化

因切丝后长丝率最高，且烟丝柔软，分切不易造碎，故在切丝后安装烟丝截短设备对烟丝结构进行改善。由表 3-38 分析可知，切丝后 6.50~8.00 mm 的烟丝对卷制前即卷烟机料斗处 3.35 mm 以上的烟丝影响最大，调整设备打辊参数以便于截取 10.00 mm 以下的烟丝，安装设备待卷烟加工线稳定生产后，检测卷烟机料斗处的烟丝结构和成品短支卷烟物理质量，并与优化前对比（表 3-41~表 3-43）。

由表 3-41、表 3-42 可知，优化后，短支卷烟卷制前整丝率略有降低，长丝率显著降低，中丝率显著增加，碎丝率有所增加。与优化前相比，长丝率降低 6.24 个百分点，降低了 10.79%；中丝率增加 3.55 个百分点，增加了 15.13%。说明在切丝后对 6.5~8.0 mm 的长丝进行截短，使卷制前的烟丝结构得到了明显改善。

由表 3-43 可知，优化后，吸阻标偏为 40.5 Pa，降低了 6.25%；通风率标偏为 1.831%，降低了 15.91%；烟支硬度标偏为 1.84%，降低了 22.03%；端部落丝量为 8.5 mg/支，降低了 23.21%。经烟丝截断设备优化烟丝结构后，短支卷烟各项物理质量指标均有改善，有力保障了卷烟质量的稳定。

表3-39 烘丝后烟丝结构与加香后烟丝结构的关联度

加香后烟丝区间分布/mm	烘丝后烟丝区间分布/mm									
	>10.00	9.00~10.00	8.00~9.00	6.50~8.00	5.00~6.50	4.00~5.00	3.35~4.00	2.50~3.35	1.00~2.50	<1.00
>10.00	+0.3120[c]	+0.3084[c]	+0.3058[c]	+0.3320[c]	-0.2473[b]	+0.2459[b]	+0.2623[b]	-0.2423[b]	-0.2202[a]	-0.2143[a]
9.00~10.00	-0.4270[d]	-0.2455[b]	-0.2400[b]	-0.3057[c]	-0.3272[c]	-0.2789[b]	+0.3483[c]	+0.3865[c]	+0.2268[b]	-0.3202[c]
8.00~9.00	-0.4231[d]	-0.2433[b]	-0.2380[b]	-0.3097[c]	-0.3294[c]	-0.2810[b]	+0.3526[c]	+0.3854[c]	+0.2277[b]	-0.3246[c]
6.50~8.00	-0.4463[b]	-0.2397[b]	-0.2337[b]	+0.2853[b]	+0.3422[c]	+0.2600[b]	+0.3257[c]	+0.3367[c]	+0.1993[a]	-0.2844[b]
5.00~6.50	+0.3642[c]	+0.3445[c]	+0.3429[c]	+0.4047[c]	+0.4288[d]	+0.2226[b]	-0.2993[c]	-0.3103[c]	-0.1759[a]	+0.2338[b]
4.00~5.00	+0.1971[a]	+0.2276[b]	+0.2238[b]	+0.3110[c]	-0.2942[b]	-0.3065[c]	+0.6355[d]	-0.4625[d]	-0.3262[c]	-0.4276[d]
3.35~4.00	-0.2074[b]	-0.2209[b]	-0.2192[b]	-0.2955[d]	+0.4455[d]	+0.4118[c]	+0.3394[c]	+0.3222[c]	+0.3324[c]	-0.4158[c]
2.50~3.35	-0.2373[b]	-0.2904[b]	-0.2892[b]	+0.4552[d]	+0.5416[d]	+0.5259[d]	+0.4962[d]	+0.3980[c]	+0.3700[c]	+0.3307[c]
1.00~2.50	+0.2195[b]	+0.2502[b]	+0.2496[b]	+0.3365[c]	0.4376[c]	0.4125[c]	-0.3738[c]	-0.4402[c]	-0.4589[c]	+0.3280[c]
<1.00	-0.1759[a]	-0.3091[b]	-0.3060[b]	+0.3638[c]	+0.2912[b]	+0.3451[c]	-0.3338[c]	+0.3114[c]	+0.3393[c]	-0.3810[c]

注 关联度数值的正负表示影响趋势，正值表示增进，负值表示削弱；a，b，c，d分别对应为微关联、弱关联、较强关联和强关联。

表3-40 加香后烟丝结构与卷烟机料斗处烟丝结构的关联度

卷烟机料斗处烟丝区间分布/mm	加香后烟丝区间分布/mm									
	>10.00	9.00~10.00	8.00~9.00	6.50~8.00	5.00~6.50	4.00~5.00	3.35~4.00	2.50~3.35	1.00~2.50	<1.00
>10.00	+0.2522[a]	+0.5142[c]	+0.5177[c]	+0.4417[c]	-0.4041[c]	+0.4030[c]	+0.3171[b]	-0.4027[c]	-0.3762[b]	+0.4364[c]
9.00~10.00	-0.2797[a]	+0.4760[c]	+0.4770[c]	+0.5817[d]	-0.5218[c]	+0.5228[c]	+0.4001[c]	+0.5878[c]	-0.5808[c]	+0.5047[c]
8.00~9.00	-0.2808[b]	+0.4715[c]	+0.4724[c]	+0.5790[d]	-0.5166[c]	+0.5175[c]	+0.4008[c]	+0.5922[c]	-0.5820[c]	+0.5057[c]
6.50~8.00	-0.2221[a]	+0.3947[b]	+0.3948[b]	+0.4430[c]	-0.6156[c]	+0.5476[c]	+0.4404[c]	+0.5910[c]	-0.6264[d]	+0.6214[c]
5.00~6.50	-0.2096[a]	+0.3992[b]	+0.3985[b]	+0.4293[c]	-0.5453[c]	+0.6743[d]	+0.5028[c]	+0.6416[d]	-0.7228[d]	+0.4970[c]
4.00~5.00	-0.2101[a]	+0.4087[c]	+0.4076[c]	+0.4323[c]	-0.5379[c]	+0.6000[d]	+0.4659[c]	+0.6035[d]	-0.6302[c]	+0.4964[c]
3.35~4.00	-0.2900[b]	+0.3422[b]	+0.3427[b]	+0.3656[b]	-0.4174[c]	+0.4887[c]	+0.8489[d]	+0.5475[c]	-0.5774[c]	+0.4210[c]
2.50~3.35	-0.2303[a]	-0.5221[c]	-0.5239[c]	-0.5724[c]	+0.7048[d]	-0.8418[c]	-0.4760[c]	+0.8188[d]	+0.7027[d]	-0.5555[d]
1.00~2.50	+0.2838[b]	-0.4282[c]	-0.4260[c]	-0.4856[c]	+0.6807[d]	-0.7242[d]	-0.4556[c]	-0.5494[c]	+0.4906[c]	-0.3893[c]
<1.00	+0.2576[a]	-0.4064[c]	-0.4067[c]	-0.5110[c]	+0.4509[c]	-0.5235[c]	-0.3498[c]	-0.6213[d]	+0.5718[c]	-0.4901[c]

注 关联度数值的正负表示影响趋势，正值表示增进，负值表示削弱；a、b、c、d分别对应为微弱关联、弱关联、较强关联和强关联。

表 3-41 烟丝截短设备处理前后烟丝结构检测结果　　　　单位：%

序号	优化前				优化后			
	整丝率	长丝率	中丝率	碎丝率	整丝率	长丝率	中丝率	碎丝率
1	72.88	40.67	32.21	1.82	71.39	35.49	35.90	2.02
2	71.53	39.03	32.50	1.96	69.59	33.08	36.51	2.07
3	70.76	41.35	32.41	1.59	72.59	35.9	36.69	1.73
4	70.97	38.41	32.56	1.81	71.92	37.69	34.23	1.46
5	71.88	45.92	30.83	1.27	70.81	35.54	35.27	1.67
6	73.36	41.82	31.54	1.54	67.77	33.56	34.21	2.33
7	71.37	43.84	30.79	1.38	72.53	36.72	35.81	1.38
8	72.29	40.20	32.09	1.60	68.38	33.89	34.49	1.67
9	69.72	42.46	32.26	1.80	71.36	35.67	35.69	2.52
10	72.65	39.76	32.89	1.77	68.33	34.32	34.01	1.89
11	71.16	40.66	30.50	1.16	70.36	33.57	36.79	0.87
均值	71.68	41.28	31.87	1.61	70.46	35.04	35.42	1.78
标偏	1.06	2.17	0.82	0.25	1.72	1.47	1.04	0.46

表 3-42 烟丝结构变化结果　　　　单位：%

烟丝结构	长丝率	中丝率	碎丝率	整丝率
变化量	-6.24	3.55	0.17	-1.22
变化率	10.79	15.13	11.13	1.71

表 3-43 优化前后卷烟物理质量检测结果

指标	质量/g	质量标偏/g	吸阻/Pa	吸阻标偏/Pa	通风率/%	通风率标偏/%	密度/[mg·(cm³)⁻¹]	密度标偏/[mg·(cm³)⁻¹]	硬度/%	硬度标偏/%	圆周/mm	含末率/%	端部落丝量/(mg·支⁻¹)
优化前	0.791	0.021	1026	43.2	12.1	2.156	225.34	5.51	70.33	2.36	24.29	1.63	11.2
优化后	0.801	0.02	1040	40.5	12.5	1.813	226.08	6.49	70.25	1.84	24.33	1.62	8.6
变化量	0.01	-0.001	14	-2.7	0.4	-0.343	0.74	0.98	-0.08	-0.52	0.04	-0.01	-2.6
变化率/%	1.25	-4.76	1.36	-6.25	3.31	-15.91	0.33	17.79	-0.11	-22.03	0.16	-0.61	-23.21

3.2.6 小结

（1）开展了切丝宽度、烟丝长度、碎片筛分及烟丝纯净度对卷烟质量影响的研究。①烟丝长度和烟丝宽度对烟丝结构有重要的影响，烟丝宽度变化对卷烟质量指标的影响与烟丝长度变化试验具有相同的趋势。②烟丝结构对短支卷烟物理指标稳定性的影响由强到弱依次为：吸阻>含末率>吸阻标偏>端部落丝量>硬度。③对短支卷烟物理质量及其稳定性产生主要影响的烟丝结构是 3.35～10 mm 的中长烟丝和 2.25 mm 以下的短、碎丝，其中 3.35～5.00 mm 和 2.25 mm 以下的烟丝与烟支物理质量呈负相关，5.00～10.00 mm 的烟丝与烟支物理质量呈正相关。在短支卷烟实际生产中可针对波动较大的物理指标，通过适当增加中长烟丝，减少短、碎丝的比例，提升短支卷烟的物理质量及其稳定性。

（2）随着筛网网孔直径的增加，筛除烟片的量显著增加，筛除的 2 mm 以下烟末占比较低，不超过投料量的 0.16%，筛除碎片主要为 2 mm 以上的碎片，说明控制筛网规格对制丝线消耗具有重要作用。随着筛网孔经的增加，卷烟单支质量、吸阻和硬度标偏呈增大趋势，总通风率均值呈降低趋势，标偏变化不大；筛分对烟气和感官质量的影响不明显。为便于调整烟丝，改进了切丝前筛分装置，并申报了实用新型专利——《一种可选择式震动筛分装置》。

（3）风选风量对烟丝纯净度有显著影响，烟丝纯净度对卷烟物理指标影响不显著，主要原因可能与卷烟机梗签剔除有关；随着纯净度的增加，卷烟抽吸口数有所减少，总粒相物无明显变化趋势，烟气烟碱量、焦油量、一氧化碳量等都有不同程度的降低。

（4）加工过程对烟丝结构有重要影响。切丝后 6.50～8.00 mm 烟丝与烘丝后 3.35～8.00 mm 烟丝、烘丝后 3.35～10.00 mm 烟丝与加香后 2.50～6.50 mm 烟丝、加香后 3.35～8.00 mm 烟丝与卷烟机料斗处 3.35～8.00 mm 烟丝均存在较强正关联性。

（5）不同工序的烟丝结构各有差异，但整体来看，整丝率分布在 70.00%～80.00%；长丝率有很大比重，占 40.00% 以上；中丝率次之，占 20.00%～30.00%；碎丝率波动较小，在 2.00% 以下。在短支卷烟烟丝的加工过程中，烟丝结构变化较大，整丝率和长丝率都在逐渐下降，中丝率上升，短丝率比较稳定。

（6）短支卷烟长丝率降低 10.79%，中丝率增加 15.13%，吸阻标偏为 40.5 Pa，降低了 6.25%；通风率标偏为 1.831%，降低了 15.91%；烟支硬度标偏为

1.84%，降低了22.03%；端部落丝量为8.5 mg/支，降低了23.21%。经烟丝截断设备优化烟丝结构后，短支卷烟各项物理质量指标均有改善。

（7）烟丝形态的控制主要通过制丝生产线工序工艺参数进行合理控制，从而得到较好的烟丝结构，满足卷制和加工技术要求。

3.3 短支卷烟质量稳定性

上一部分对烟丝形态结构对卷烟质量的影响进行了研究分析，明确了较为适宜的烟丝结构，并分析了工序对烟丝结构的影响，优化了烟丝结构，改善了产品质量。河南卷烟工业企业针对常规卷烟，对贮丝时间、针辊转速、工艺风力负压、抛丝辊转速、平准盘滞后、积分系数、轻烟端限度7个参数开展了正交试验研究，每个参数均设定3个水平，进行了18组试验，并采用基本统计分析、方差分析、多重比较与一元回归分析、多元回归分析及BP网络拟合分析等多重分析方法对试验结果进行了统计分析，结果表明：贮丝时间对烟丝物理性能有显著影响，在一定时间范围内，贮丝时间越长，则烟丝整丝率会增大，碎丝率会减小，含水率会增加，而填充值的变化不明显。同时，随着贮丝时间的增加，烟支单支质量会减小，硬度也会降低。另外，烟支空头率会随着贮丝时间的增加而增大，端部落丝量则会随着贮丝时间的增加而减少。质量剔除率和总废品率在贮丝时间较短时会较低；随着贮丝时间的增加，质量剔除率和总废品率会稍有增大；如果进一步增加贮丝时间，质量剔除率和总废品率反而会下降至更低水平，根据正交实验确定了7个参数最佳组合。

行业和中烟公司研究表明，卷烟机工艺参数对烟支物理指标也存在显著影响，尤其是工艺风负压对卷烟单支质量标偏、圆周均值及标偏、吸阻标偏的影响均达到显著水平。风力负压在10 kPa附近的适中水平时，烟支单支质量标偏、吸阻标偏最小，有利于保持产品性能稳定；同时，适中的风力负压会使烟支圆周均值最小。平准盘滞后增大则会使烟支单支质量减小。影响烟支缺陷率的因素除了贮丝时间外，还有针辊转速和平准盘滞后等工艺参数。在一定范围内，随着针辊转速的提高，烟支质量剔除率和总废品率均逐渐降低，而烟支含末率则逐渐增大。平准盘滞后在中间水平时，烟支含末率最高。

项目组经过分析，在固定贮丝时间、针辊转速、抽丝辊转速、平准盘滞后、积分系数、轻烟端限度6个参数后，针对短支卷烟质量稳定性提升要求，进一步围绕风室负压、回丝量、吸丝带规格进一步开展正交优化试验，研究卷烟机主要工艺参数对卷烟质量的影响，完善卷烟机参数控制。

3.3.1 卷烟机参数对短支卷烟物理指标的影响

按照 2.5 试验方法对 9 组试验后的成品烟支取样检测，结果如表 3-44 所示。

表 3-44 卷烟机参数对短支卷烟物理指标的影响

试验号	A 风室负压/Pa	B 吸丝带规格/(根·吋$^{-1}$)	C 回丝量/%	单支质量标偏/mg	硬度/%	吸阻/Pa	吸阻标偏/Pa	通风率/%	端部落丝量/(mg·支$^{-1}$)
1	A$_1$（9000）	B$_1$（25）	C$_1$（22.1）	25	71.3	1024.3	44.3	13.7	5.8
2	A$_1$	B$_2$（28）	C$_2$（27.1）	29	70.2	1023.1	38.9	13.7	5.7
3	A$_1$	B$_3$（32）	C$_3$（32.2）	25	67.9	1019.7	40.3	13.2	6.6
4	A$_2$（10000）	B$_1$	C$_2$	23	66.1	1031.3	37.2	13.0	5.2
5	A$_2$	B$_2$	C$_3$	23	66.3	1032.1	40.6	14.4	6.5
6	A$_2$	B$_3$	C$_1$	22	66.4	1030.7	43.6	14.0	6.5
7	A$_3$（11000）	B$_1$	C$_3$	20	66.9	1041.7	41.0	14.6	5.9
8	A$_3$	B$_2$	C$_1$	21	71.9	1042	43.0	14.9	6.7
9	A$_3$	B$_3$	C$_2$	20	66.0	1050.7	36.9	14.4	5.8

注 表中所列数据为 3 次取样检测的平均值。

对表中检测结果进行方差分析，结果如表 3-45 所示。

表 3-45 短支卷烟物理指标检测结果方差分析

来源		Ⅲ类平方和	df	均方	F	P 值
风室负压	单支质量标偏	54.889	2	27.444	35.286	0.028*
	硬度	18.836	2	9.418	15.327	0.061
	吸阻	764.709	2	382.354	20.265	0.047*
	吸阻标偏	1.269	2	0.634	0.841	0.543
	通风率	0.042	2	0.021	0.110	0.901
	端部落丝	0.016	2	0.008	0.437	0.696

来源		Ⅲ类平方和	df	均方	F	P 值
吸丝带规格	单支质量标偏	6.889	2	3.444	4.429	0.184
	硬度	10.936	2	5.468	8.899	0.101
	吸阻	3.296	2	1.648	0.087	0.920
	吸阻标偏	0.642	2	0.321	0.426	0.701
	通风率	1.016	2	0.508	2.657	0.273
	端部落丝	0.889	2	0.444	25.000	0.038 *
回丝量	单支质量标偏	3.556	2	1.778	2.286	0.304
	硬度	14.109	2	7.054	11.481	0.080
	吸阻	23.602	2	11.801	0.625	0.615
	吸阻标偏	53.402	2	26.701	35.392	0.027 *
	通风率	0.202	2	0.101	0.529	0.654
	端部落丝	1.176	2	0.588	33.062	0.029 *

注 * 表示 $P<0.05$。

由表3-45可以看出，风室负压对卷烟单支质量标偏和吸阻存在显著影响，吸丝带规格对卷烟端部落丝量存在显著影响，回丝量对吸阻标偏和端部落丝量存在显著影响，风室负压、吸丝带规格和回丝量对卷烟其他物理质量指标的影响不显著。

3.3.2 正交试验极差分析

根据正交试验结果，对卷烟机不同参数设置下卷烟物理质量进行极差分析，如表3-46所示。

表3-46 卷烟机工艺参数对卷烟物理质量影响的极差分析

项目	因素	A	B	C	各因素主次顺序	优水平
单支质量标偏/mg	K_1	26.33	22.67	22.67	ABC	望 XMB $A_3B_3C_1$&$A_3B_3C_2$
	K_2	22.67	24.33	24.00		
	K_3	20.33	22.33	22.67		
	R	6.00	2.00	1.33		

续表

项目	因素	A	B	C	各因素主次顺序	优水平
吸阻/Pa	K_1	1022.37	1032.43	1032.33	ACB	望目目标 $A_3C_2B_3$
	K_2	1031.37	1032.40	1035.03		
	K_3	1044.80	1033.70	1031.17		
	R	22.43	1.30	3.87		
吸阻标偏/Pa	K_1	41.17	40.83	43.63	CAB	望XMB $C_2B_3A_1$
	K_2	40.47	40.83	37.67		
	K_3	40.30	40.27	40.63		
	R	0.87	0.57	5.97		
端部落丝量/(mg·支$^{-1}$)	K_1	6.03	5.63	6.33	CBA	望XMB $C_2B_1A_1$
	K_2	6.07	6.30	5.57		
	K_3	6.13	6.30	6.33		
	R	0.10	0.67	0.77		

注　表中 K_1、K_2、K_3 是指各因素每个水平的平均值，R 表示极差，其大小反映了各影响因素的强弱。

从表3-46可知，对于单支质量标偏的影响由强到弱排序为风室负压>吸丝带规格>回丝量，对于吸阻标偏的影响由强到弱排序为回丝量>风室负压>吸丝带规格；对于端部落丝的影响由强到弱排序为回丝量>风室负压>吸丝带规格；根据各指标下的 $K1$、$K2$、$K3$ 确定各因素的最优水平组合如表3-47所示。

表3-47　最优水平组合

单支质量标偏/mg	$A_3B_3C_1\&A_3B_3C_2$
吸阻/Pa	$A_3C_2B_3$
吸阻标偏/Pa	$C_2B_3A_1$
端部落丝量/（mg·支$^{-1}$）	$C_2B_1A_1$

综合平衡以上最优水平组合并考虑到各参数对相关指标的影响程度，本试验的较优条件选择为：$A_3B_1C_2$，即风室负压为 11000 Pa、吸丝带规格为 25 根/吋、回丝量为 27.1%。

3.3.3 最优组合验证试验

极差分析选择的最优参数组合不在正交试验的 9 组试验中，因此追加最优组合试验作为验证，以优化前卷烟机生产卷烟物理质量为对照（优化前卷烟机工艺参数设置：风室负压为 10000 Pa，吸丝带规格为 28 根/吋，回丝量为 22.1%），结果如表 3-48 所示。

表 3-48　最优参数组合验证试验

样品	单支质量标偏/mg	吸阻/Pa	吸阻标偏/Pa	通风率/%	通风率标偏/%	端部落丝量/(mg·支$^{-1}$)
最优组合	19	1043.5	38.23	15.2	1.813	5.8
正常	22	1031.7	42.53	15.3	1.864	6.3

注　各项检测取样点为卷烟机出口处；表中所列数据为 5 次取样检测平均值。

验证实验结果显示，优化后参数组合生产的烟支在单支质量标偏、吸阻、吸阻标偏、端部落丝量上都有明显提升，其中单支质量标偏降低 3 mg，吸阻提高 11.8 Pa（更接近设计中值 1040 Pa），吸阻标偏降低 4.3 Pa，端部落丝量降低 0.5 mg/支，通风率标偏变化不明显，因此该参数组合应用效果较好。对检测效果进行方差分析，结果见表 3-49。

表 3-49　优化前后烟支质量检测结果的方差分析

检测项目		平方和	df	均方	F	P 值
单支质量标偏	组间	22.500	1	22.500	10.227	0.013
	组内	17.600	8	2.200	—	—
	总计	40.100	9	—	—	—
吸阻	组间	348.100	1	348.100	13.872	0.006
	组内	200.744	8	25.093	—	—
	总计	548.844	9	—	—	—

续表

检测项目		平方和	df	均方	F	P 值
吸阻标偏	组间	46.225	1	46.225	66.715	0.000
	组内	5.543	8	0.693	—	—
	总计	51.768	9	—	—	—
端部落丝	组间	0.625	1	0.625	28.409	0.001
	组内	0.176	8	0.022	—	—
	总计	0.801	9	—	—	—

方差分析结果显示，优化前后各项指标差异均达到了显著水平，优化后的参数组合下生产的烟支质量较好。

3.3.4 小结

（1）围绕风室负压、回丝量、吸丝带规格开展正交优化试验。结果表明，风室负压对卷烟单支质量标偏和吸阻有显著影响，吸丝带规格对卷烟端部落丝量有显著影响，回丝量对吸阻标偏和端部落丝量有显著影响，风室负压、吸丝带规格和回丝量对卷烟其他物理质量指标的影响不显著。

（2）在试验范围内，确定了较优条件为 $A_3B_1C_2$，即风室负压为 11000 Pa、吸丝带规格为 25 根/吋、回丝量为 27.1%。

（3）优化前后验证结果表明：单支质量标偏降低 3 mg，吸阻提高 11.8 Pa（更接近设计中值 1040 Pa），吸阻标偏降低 4.3 Pa，端部落丝量降低 0.5 mg/支，因此该参数组合应用效果较好。

（4）围绕卷烟加工质量稳定，测剔梗量、回丝量、烟丝结构，调卷烟机针辊转速、梗签剔除比例、工艺风力负压、抛丝辊转速、平准盘滞后、积分系数、轻烟端限度等参数，定平准器型号、吸丝带规格，控卷烟物理指标均值、温标偏的工艺控制技术，并形成了相应的控制路线图与技术要求，如图 3-43 和表 3-50 所示。总结研究成果，项目组申报了发明专利《一种控制卷烟机卷烟质量一致性的方法》。

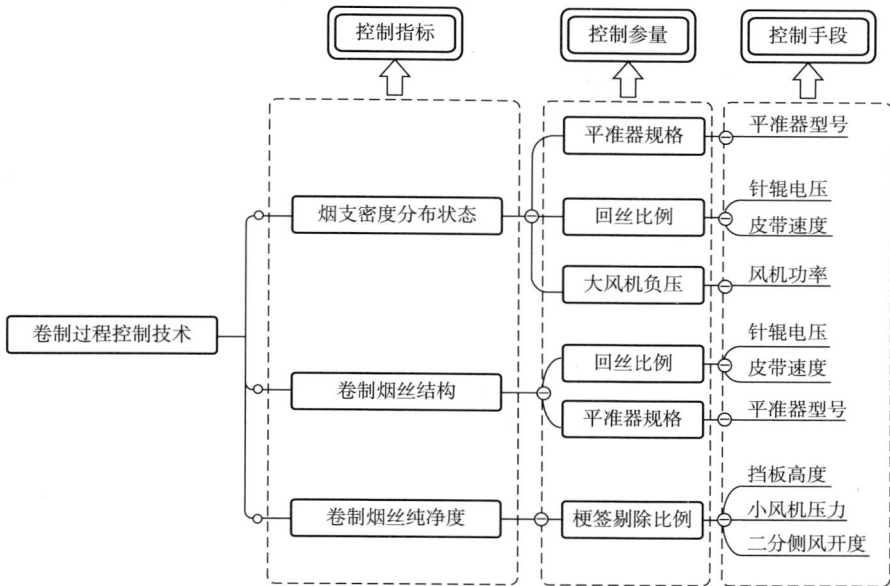

图 3-43　卷制过程工艺控制路线图

表 3-50　卷烟机技术要求

工序	项目	单位	技术要求	类别
风送	风送风速	m/s	20~22	A 类
卷制（VE）	大风机负压左	Pa	11000（7000~12000）	B 类
	大风机负压右	Pa	11000（8000~11000）	B 类
	小风机负压	Pa	1400（1600~2000）	B 类
	平准器规格	—	槽深 3.8/2.0 mm，弧长 16 mm	A 类
	吸丝带规格	根/吋	25	B 类
	烙铁一温度	℃	250±20	A 类
	烙铁二温度	℃	250±20	A 类
	短期标准偏差	mg	≤25	B 类
	吸丝带张力	bar	3~5（2.4~5.9）	B 类
	紧头位置	mm	0±3	B 类
	修整器滞后	mg	3	B 类
	短期标准偏差（平均）	mg	74（25）	B 类
	紧头偏差（压实端位置）	mm	4.5	B 类
	空头灵敏度	%	≥4	B 类

3.4 通风率影响因素的研究

卷烟总通风率对采用通风技术的卷烟的理化和感官质量有直接影响，行业对影响通风率的研究较多，但大都集中于通过实验分析相关因素对卷烟通风率的影响。根据前面 HJY（LT）产品质量稳定性分析发现，通风率存在年度、月度和机台间差异，且通风率均值差异较大，且针对短支卷烟的研究较少。由于在前面重点开展了烟丝形态和加工参数对卷烟质量稳定性的影响研究，因此，本部分重点工作围绕通风率，一是分析和确定对通风率影响较大的关键因素；二是通过对关键因素的试验设计来找出控制通风率的关键技术和方法；三是通过固化流程将研究具体成果应用于生产过程，确保总通风率制表达到既定的控制目标。

对于打孔卷烟而言，卷烟抽吸过程如图 3-44 所示，烟支总的通风量 $v = v_1 + v_2 + v_0$，则通风率用 $\dfrac{v_1 + v_2}{v} \times 100\%$ 表示，而通过气流的卷烟材料包含了滤棒、接装纸、和卷烟纸 3 种，这 3 种材料对通风率影响最为直接，因此首先对这 3 个因素开展综合实验。需要说明的是滤棒其实又包含了成形纸和丝束两种材料，而且丝束又涉及到了和三乙酸甘油酯增塑剂结合状态对后续的影响。为便于开展试验，我们不再把滤棒的细节因素分别研究，而是直接把滤棒的最终指标作为卷烟通风率的终端变量因子来进行研究，并把滤棒最终指标作为质量要求进行控制。

图 3-44　烟支通风率概念示意图

3.4.1 卷烟纸透气度对短支卷烟通风率的影响

3.4.1.1 不同透气度卷烟纸对卷烟通风率的影响

HJY（LT）所用接装纸处于研究范围，虽然烟支的长度变短，但总的变化趋势是相同的，因此，不同卷烟接装纸透气度对卷烟通风率的影响直接引用相关的研究成果，将研究的重点放在在用卷烟纸对卷烟通风率的影响。

如图 3-45 所示，河南卷烟工业企业研究结果表明：①卷烟纸透气度变化对卷烟的纸端通风率影响较大，并且具有较强的线性，随着卷烟纸透气度的增加，卷烟的纸端通风率呈增加的变化趋势；②随着卷烟纸透气度的增加，卷烟总通风率稍有增加，滤棒端通风率稍有降低。其回归方程为纸通风率 $=0.6822+0.1217\times$ 卷烟纸透气度（$R^2=0.93$）。

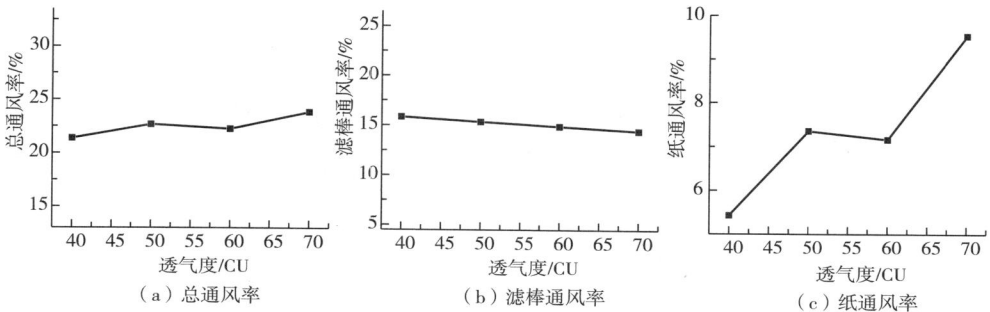

图 3-45　卷烟纸透气度对通风率的影响

3.4.1.2　在用卷烟纸透气度对卷烟通风率的影响分析

（1）卷烟纸透气度指标检测数据统计。HJY（LT）在用卷烟纸为 26.5 mm× 29 g/m^2 A60CU 木浆横纹卷烟纸，生产厂商主要为民丰特种纸股份有限公司（以下简称民丰）、杭州华丰纸业有限公司（以下简称华丰）、牡丹江恒丰纸业股份有限公司（以下简称恒丰）、郑州科丰纸业有限责任公司（以下简称科丰），统计 3 个月的卷烟纸透气度指标检测数据见表 3-51。

表 3-51　HJY（LT）在用卷烟纸透气度检测统计表

序号	透气度平均值 1/CU	透气度平均值 2/CU	透气度平均值 3/CU
平均值	59.40	60.10	59.83
标准偏差	2.14	1.99	2.36
最大值	63	63	65
最小值	56	56	55

根据数据汇制单值移动极差控制图，如图 3-46 所示。

图 3-46 表明，卷烟纸透气度在标准范围内有波动，与标准值相比最大值可达到 65 CU、最小值为 55 CU，都在（60±6）CU 的标准范围内。

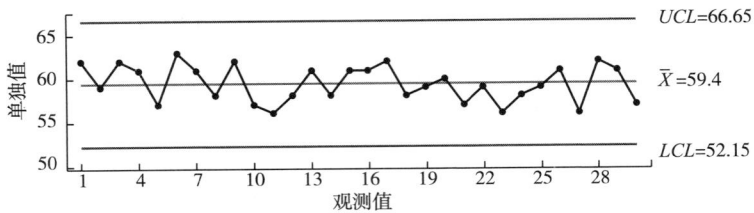

（a）透气度平均值1（CU）的 I-MR 控制图

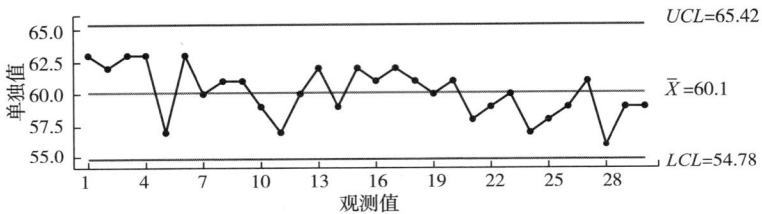

（b）透气度平均值2（CU）的 I-MR 控制图

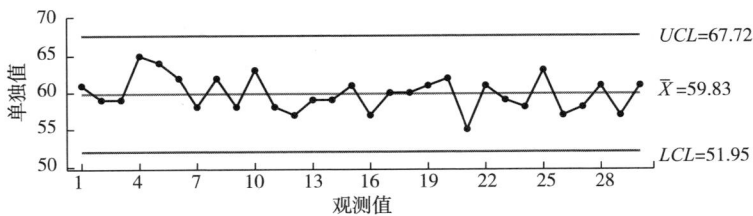

（c）透气度平均值3（CU）的 I-MR 控制图

图 3-46　HJY（LT）卷烟纸透气度检测 I-MR 控制图

（2）在用卷烟纸透气度的单因素试验。为进一步验证卷烟纸对卷烟通风率的影响，项目组对卷烟纸进行单因素方差分析，从在用卷烟纸中挑选最大值、标准值和最小值透气度的卷烟纸，进行上机卷制，试验条件：B6 卷烟机（PASSIM 机型），速度为 6000 支/分，烟丝采用 HJY（LT）烟丝，接嘴胶采用长沙乐远化工科技有限公司生产的普通接嘴胶 2600（黏度系数实测值为 2803.4 mPa·s），检测密度仪器为微波烟支测量仪（仪器型号 MW3220，德国 TWS 公司），综合测试台（仪器型号 QTMOPC835U7Le，英国斯茹林公司），测试结果见表 3-52。

表 3-52　HJY（LT）在用卷烟纸不同梯度透气度通风率测试统计表

项目	试验 1		试验 2		试验 3	
卷烟纸透气度/CU	55		60		65	
总通风率/%	15.6	11.9	11.9	12.2	13.8	15.7
	9.1	14.9	15	12	16	13.1
	13.9	8.4	12.8	13.2	12.6	12.6
	8.2	12.7	13.9	14	11.8	11.3
	15.8	14.5	13	10.1	11.3	10.7
	13.1	13.8	13.1	10.3	11.4	13.1
	10.2	8.9	14.4	11.5	13.4	12.8
	12.9	12.5	12.4	14.4	15.2	16.5
	10.2	13.9	15.1	12	11.8	13.2
	15.3	13.6	10	13.1	10.6	14.2
	13.2	13.2	12.7	16.7	13.9	13.9
	12.8	10.9	14.5	10.3	14	13.8
	12.8	11.1	12.5	13.9	9.9	12.1
	16.3	12	13.5	13.7	15.3	13
	11.4	14.5	13.4	10	10.6	11.2
平均值	12.58	—	12.85	—	12.96	平均值
最大值	16.30	—	16.70	—	16.50	最大值
最小值	8.20	—	10.00	—	9.90	最小值
极差	8.10	—	6.70	—	6.60	极差

（3）在用卷烟纸不同透气度条件下烟支总通风率的正态性检验。将试验结果做正态性检验，由图 3-47 可知：3 组数据的 P 值都大于 0.05，即 3 组数据都符合正态分布。

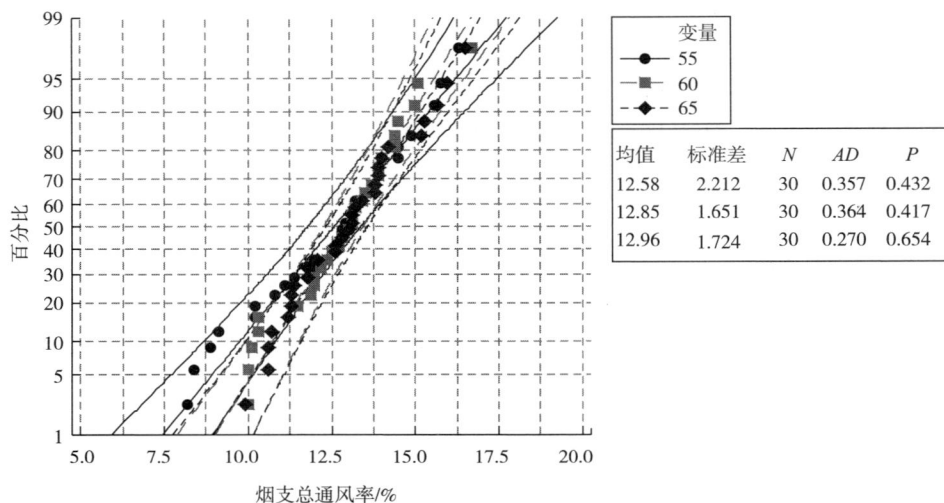

图 3-47 在用卷烟纸不同透气度条件下烟支总通风率正态性检验图

（4）在用卷烟纸不同透气度条件下烟支总通风率等方差检验。由图 3-48 可知：数据等方差检验的 $P=0.225$，大于 0.05，即 3 组数据的方差相等。

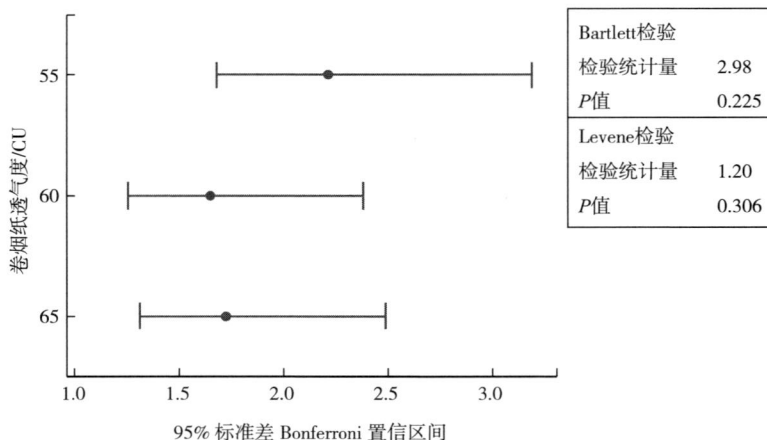

图 3-48 在用卷烟纸不同透气度条件下烟支总通风率等方差检验

（5）在用卷烟纸不同透气度条件下烟支总通风率均值检验。将 3 组数据做箱线图，如图 3-49 所示，3 组数据差异较小。

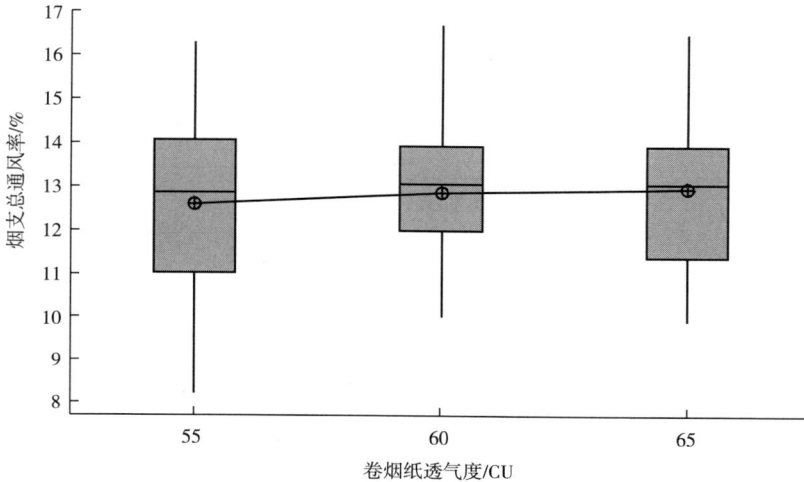

图 3-49 箱线图

对 3 组数据做方差分析，如图 3-50 所示，$P = 0.727 > 0.05$，即在试验范围内（标准范围），不同卷烟纸透气度对卷烟总通风率平均值无显著影响，与不同透气度卷烟纸对通风率的影响研究结果一致。

单因子方差分析：烟支总通风率与卷烟纸透气度

来源	自由度	SS	MS	F	P
卷烟纸透气度	2	2.26	1.13	0.32	0.727
误差	87	307.21	3.53		
合计	89	309.47			

$S = 1.879$ $R\text{-}Sq = 0.73\%$ $R\text{-}Sq（调整）= 0.00\%$

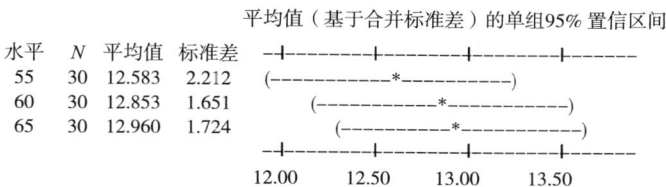

平均值（基于合并标准差）的单组 95% 置信区间

水平	N	平均值	标准差
55	30	12.583	2.212
60	30	12.853	1.651
65	30	12.960	1.724

```
          -+---------+---------+---------+-------
           (------------*-----------)
                 (------------*-------------)
                  (-----------*-----------)
          -+---------+---------+---------+-------
         12.00     12.50     13.00     13.50
```

合并标准差=1.879

图 3-50 在用卷烟纸不同透气度条件下烟支总通风率均值检验

3.4.2 接装纸透气度对短支卷烟通风率的影响

3.4.2.1 接装纸透气度对短支卷烟通风率的影响

LT 卷烟纸透气度为 100 CU，双排孔预打孔接装纸，利用现有检测设备，透气度检测面积为 10 mm×20 mm，激光打孔间距为 1.0 mm，分别测试同一区域内不同孔数的接装纸透气度，测试结果显示透气度与孔数呈线性关系，如图 3-51 所示。

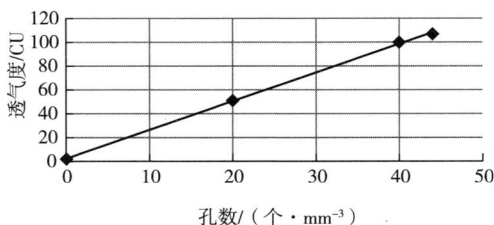

图 3-51　透气度与孔数

图 3-52 为接装纸透气度对总通风率的影响，结果表明：接装纸透气度对卷烟物理指标影响较大，并且具有较强的相关性，随着接装纸透气度的增加，卷烟总通风率和嘴通风率显著增加，卷烟的纸端通风率有所降低，卷烟吸阻降低。

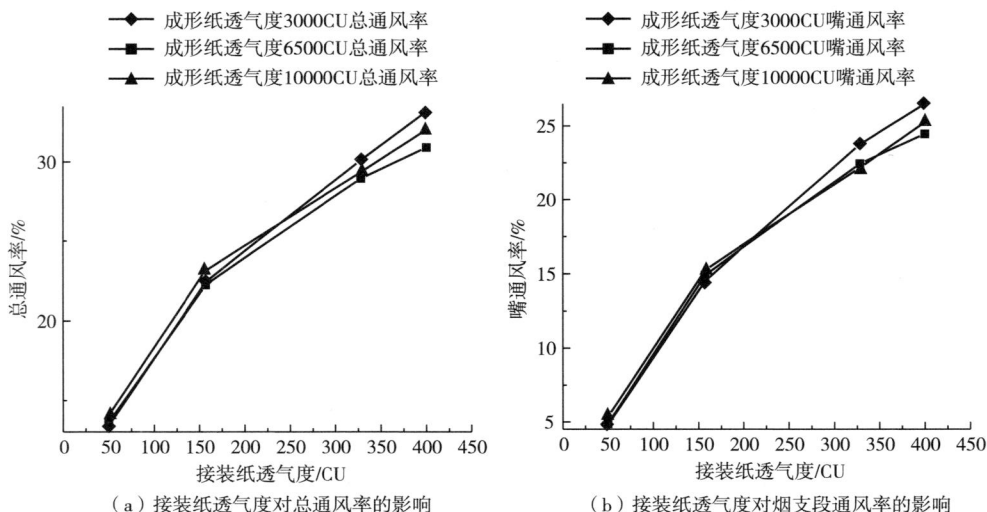

（a）接装纸透气度对总通风率的影响

（b）接装纸透气度对烟支段通风率的影响

图 3-52　接装纸透气度对总通风率的影响

做接装纸透气度对总通风率的影响回归分析，其回归方程见表 3-53，从回归方程可知，接装纸透气度每增加 10 CU，总通风率约增加 0.5%，纸段通风率基本无变化。

表 3-53   接装纸透气度与卷烟物理指标回归分析结果

项目	成形纸透气度 6500 CU
总通风率	$12.7+0.048×X$（R^2=95.9%）
滤棒通风率	$3.96+0.0543×X$（R^2=95.3%）
纸通风率	$8.64-0.00508×X$（R^2=72.5%）

3.4.2.2   在用接装纸透气度对卷烟通风率的影响

（1）在用接装纸透气度检测数据统计。接装纸前期供应商为南京金陵金箔股份有限公司（以下简称金陵），后期逐步有河南华港印务有限公司（以下简称华港）、长葛市大阳纸业有限公司（以下简称大阳）、许昌帝豪实业公司（以下简称帝豪）等供应商提供 HJY（LT）接装纸［规格为"HJY（LT）64 mm100 CU 烫印接装纸"］。4 家供应商所提供的在用接装纸透气度检测结果统计如表 3-54 所示。

表 3-54   HJY（LT）在用接装纸透气度检测统计表

序号	样品名称	生产企业	左1/CU	左2/CU	左3/CU	右1/CU	右2/CU	右3/CU	收样日期	判定结果
1	烫印接装纸	华港	100	100	98	97	99	97.3	2017/8/2	合格
2	烫印接装纸	帝豪	100	93	99	96	99	102	2017/7/31	合格
3	烫印接装纸	华港	95	100	98	96	96	102	2017/7/17	合格
4	烫印接装纸	大阳	103	97	104	100	100	100	2017/7/17	合格
5	烫印接装纸	华港	101	100	101	99	99	97	2017/7/11	合格
6	烫印接装纸	华港	90	92	96	94	94	102	2017/6/28	合格
7	烫印接装纸	大阳	99	92	94	98	93	94	2017/6/20	合格
8	烫印接装纸	华港	106	99	105	107	99	108	2017/6/12	合格
9	烫印接装纸	华港	100	96	99	97	101	105	2017/6/5	合格
10	烫印接装纸	大阳	104	92	98	104	98	99	2017/5/26	合格

序号	样品名称	生产企业	左1/CU	左2/CU	左3/CU	右1/CU	右2/CU	右3/CU	收样日期	判定结果
11	烫印接装纸	大阳	98	98	96	100	98	103	2017/5/25	合格
12	烫印接装纸	华港	101	97	99	98	94	97	2017/5/25	合格
13	烫印接装纸	华港	96	101	100	101	102	104	2017/5/25	合格
14	烫印接装纸	金陵	101	95	100	99	95	102	2017/5/18	合格
15	烫印接装纸	金陵	106	108	106	104	108	105	2017/5/9	合格
16	烫印接装纸	金陵	105	102	106	104	104	103	2017/5/5	合格
17	烫印接装纸	金陵	105	103	104	100	105	105	2017/4/10	合格
18	烫印接装纸	金陵	110	106	103	107	103	101	2017/4/7	合格
19	烫印接装纸	金陵	99	111	105	111	108	103	2017/4/7	合格
20	烫印接装纸	金陵	101	102	98	103	102	98	2017/4/7	合格
21	烫印接装纸	金陵	105	106	105	102	104	102	2017/4/7	合格
22	烫印接装纸	金陵	105	106	105	102	104	102	2017/3/24	合格
23	烫印接装纸	金陵	106	102	106	104	104	106	2017/3/16	合格
24	烫印接装纸	金陵	103	106	105	102	102	107	2017/3/10	合格
25	烫印接装纸	金陵	110	110	101	109	109	104	2017/3/3	合格
26	烫印接装纸	金陵	102	100	103	103	105	107	2017/2/20	合格
27	烫印接装纸	金陵	100	101	100	102	99	104	2017/2/7	合格
28	烫印接装纸	金陵	99	101	107	100	106	104	2017/1/24	合格
29	烫印接装纸	金陵	102	110	99	105	107	101	2017/1/13	合格
30	烫印接装纸	金陵	103	104	107	106	102	107	2017/1/11	合格
31	烫印接装纸	金陵	102	108	104	105	107	105	2017/1/9	合格
32	烫印接装纸	金陵	100	103	107	101	106	105	2017/1/6	合格
33	烫印接装纸	金陵	104	106	103	103	107	107	2017/1/5	合格
34	烫印接装纸	金陵	99	98	102	98	100	101	2017/1/3	合格
35	烫印接装纸	金陵	104	105	108	104	105	108	2017/1/3	合格

序号	样品名称	生产企业	左1/CU	左2/CU	左3/CU	右1/CU	右2/CU	右3/CU	收样日期	判定结果
36	烫印接装纸	金陵	101	101	99	100	102	104	2016/12/20	合格
37	烫印接装纸	金陵	104	106	108	105	107	109	2016/12/9	合格
38	烫印接装纸	金陵	103	102	99	103	101	102	2016/12/2	合格
39	烫印接装纸	金陵	107	106	109	109	105	108	2016/11/25	合格
40	烫印接装纸	金陵	101	105	107	102	103	110	2016/11/25	合格
41	烫印接装纸	金陵	107	104	102	108	109	104	2016/11/24	合格
42	烫印接装纸	金陵	103	106	106	102	106	105	2016/11/7	合格
43	烫印接装纸	金陵	107	108	105	109	108	105	2016/11/4	合格
44	烫印接装纸	金陵	104	99	101	103	97	102	2016/10/25	合格
45	烫印接装纸	金陵	107	104	108	106	105	103	2016/10/19	合格
46	烫印接装纸	金陵	100	97	96	101	97	103	2016/10/10	合格
47	烫印接装纸	金陵	101	106	98	108	108	103	2016/10/9	合格
48	烫印接装纸	金陵	104	104	100	103	103	107	2016/9/7	合格
49	烫印接装纸	金陵	103	100	100	104	101	104	2016/9/6	合格
50	烫印接装纸	金陵	100	101	101	99	105	102	2016/9/6	合格
51	烫印接装纸	金陵	92	97	94	94	96	96	2016/8/15	合格
52	烫印接装纸	金陵	98	96	97	95	100	96	2016/8/15	合格
53	烫印接装纸	金陵	98	97	94	99	95	95	2016/8/15	合格
54	烫印接装纸	金陵	96	94	95	95	104	98	2016/7/20	合格
55	烫印接装纸	金陵	98	97	94	102	96	94	2016/6/30	合格
平均值			101.78	101.45	101.53	101.96	102.04	102.68	—	—
标准偏差			3.94	4.85	4.25	4.07	4.35	3.86		
最大值			110	111	109	111	109	110		
最小值			90	92	94	94	93	94		

HJY（LT）接装纸设计标准：透气度 100 CU，双排孔，每排 10 个/cm，圆形孔，孔带宽度 1.0 mm，孔线距边宽度 15.5 mm，当设计值≤150CU 时，上下限范围为（设计值±设计值）×12%，图示表明在用 LT 接装纸透气度检测每批均在标准范围之内，但在标准范围内有一定幅度的波动，最大值可达到 110 CU，最小值为 90 CU，与设计值相差 10 CU。

取 HJY（LT）接装纸分别进行两侧激光打孔透气度检测，连续测试 50 个数据，两侧透气度数据如表 3-55 所示。

表 3-55　不同厂家接装纸入厂检验数据

厂家	透气度/CU		左右差值/CU	透气度变异系数/%	
	左	右		左	右
大阳	98.13	99.87	1.74	3.71	3.51
华港	103.67	102.58	1.09	3.94	4.24
三环	96.67	96.61	0.06	2.89	3.06
帝豪	100.4	100.8	0.4	2.5	2.53
发时达	99.11	98.94	0.17	3.22	3.13

从表 3-55 可以看出，左侧：平均值为 98.7 CU、最大值为 105.3 CU、最小值为 94.2 CU，标准偏差为 2.4 CU、变异系数为 2.43%。右侧：平均值为 103.8CU、最大值为 109.4CU、最小值为 100.2 CU，标准偏差为 2.2 CU、变异系数为 2.12%。接装纸两侧的透气度略有差异，但都在标准范围内。

统计 5 个 HJY（LT）接装纸厂家，2019 年 1~7 月供应的接装纸检测数据，做控制图分析，如图 3-53 所示，接装纸左右排透气度均值差值最大为 1.74 CU，最小为 0.17 CU，左右排透气度差距不大。

（2）在用接装纸透气度单因素试验分析。基于以上检测结果，接装纸透气度均值波动范围为±10 CU，为探明在用接装纸是否对卷烟通风率波动造成较大影响，对正常检测的接装纸进行筛选，选取透气度在标准范围内波动的在用接装纸，在同一卷烟机、同一时段、同一盘卷烟纸、同一参数条件下进行卷制、取样和测试。试验仪器与设备：B6 卷烟机（PASSIM 机型），速度为 6000 支/分，烟丝采用 HJY（LT）烟丝，接嘴胶采用长沙乐远化工科技有限公司生产的普通接嘴胶 2600（黏度系数实测值为 2803.4 mPa·s），测试结果如

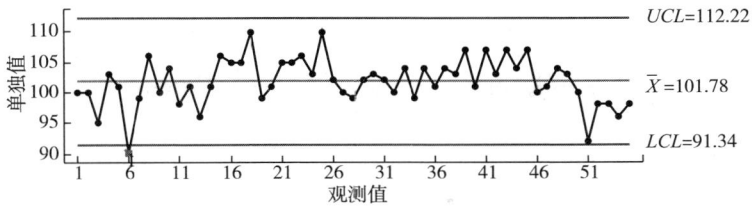

（a）左1（CU）的 I-MR 控制图

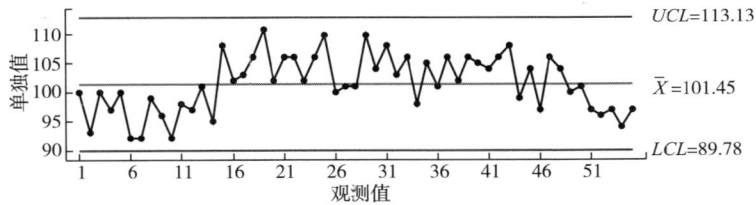

（b）左2（CU）的 I-MR 控制图

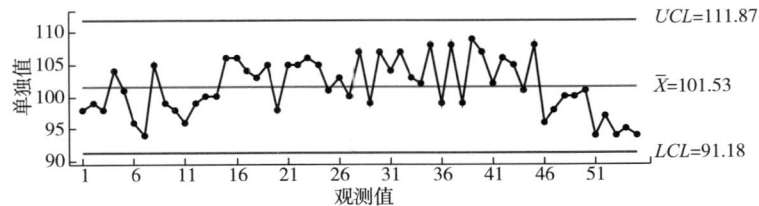

（c）左3((CU）的 I-MR 控制图

图 3-53

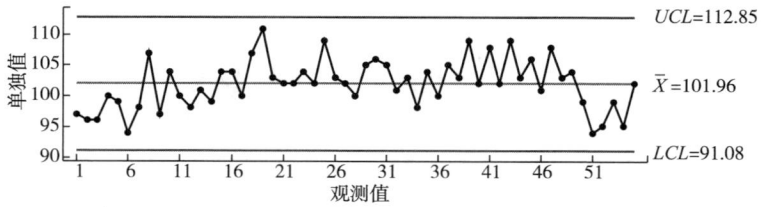

（d）右1（CU）的 I-MR 控制图

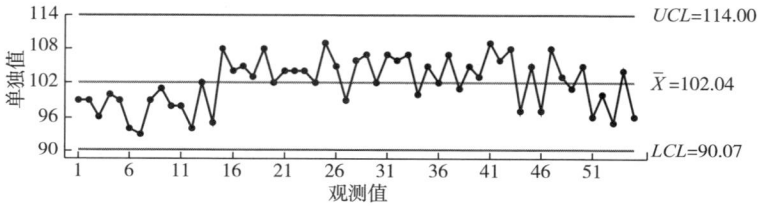

（e）右2（CU）的 I-MR 控制图

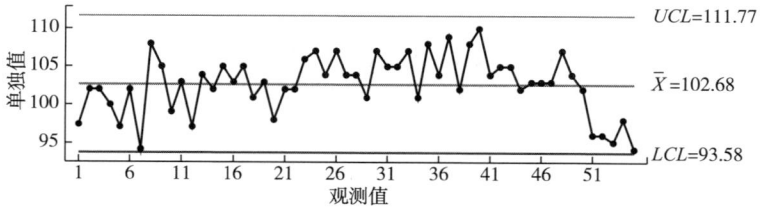

（f）右3（CU）的 I-MR 控制图

图 3-53　HJY（LT）在用接装纸透气度 I-MR 控制图

表 3-56 所示。

表 3-56 HJY（LT）在用接装纸不同梯度透气度通风率测试统计表

接装纸透气度/CU	90		100		110	
烟支总通风率/%	11.9	15.1	15.2	11.5	13	15.2
	13	12.1	12.3	11.7	11.3	14.8
	10.5	10.8	14.1	11.2	10.7	10
	9.6	11.4	12.6	10.7	13.6	10.9
	10.4	11	12.6	11.5	13.5	11.5
	11.8	12.2	14.4	11.8	14.9	13.6
	13.2	13	13.4	14	12.9	14.7
	10.5	12.4	11.3	11.4	12.2	12.6
	12.3	11.5	11	9.6	10.9	13.5
	14.8	15.1	16.4	10.1	13.4	13.7
	12.1	10.8	11.2	13.4	11.7	14.2
	12.7	11.8	9.7	14.3	13.8	11.5
	12	11.3	12.8	12.7	14.1	14
	12.3	12.6	10.5	12.4	9.5	12.3
	11.9	13.3	16.8	11.1	14.5	13.2
平均值/%	12.11	—	12.39	—	12.86	—
最大值/%	15.1	—	16.8	—	15.2	—
最小值/%	9.6	—	9.6	—	9.5	—

从表 3-56 可知，随着接装纸透气度的增加，卷烟透气度有增加的趋势，但变化较小。

（1）烟支总通风率正态性检验。图 3-54 为在用接装纸不同透气度条件下烟支总通风率的正态性检验图。由图可知：3 组数据的正态性检验的 P 值都大于 0.05，即 3 组数据都符合正态。

（2）在用接装纸不同透气度条件下烟支总通风率等方差检验。由图 3-55 可知：3 组数据的等方差检验的 $P=0.229$，大于 0.05，即 3 组数据的方差相等。

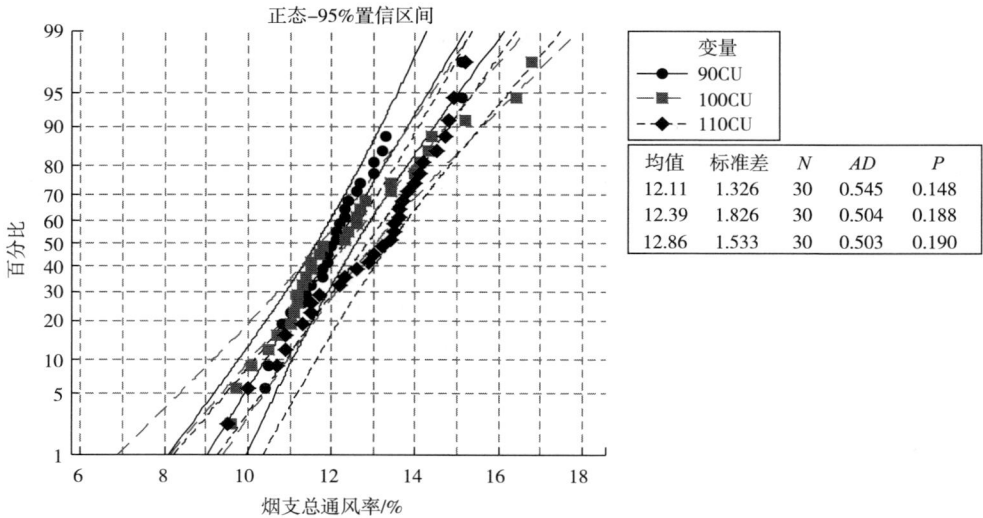

图 3-54　烟支总通风率正态性检验图

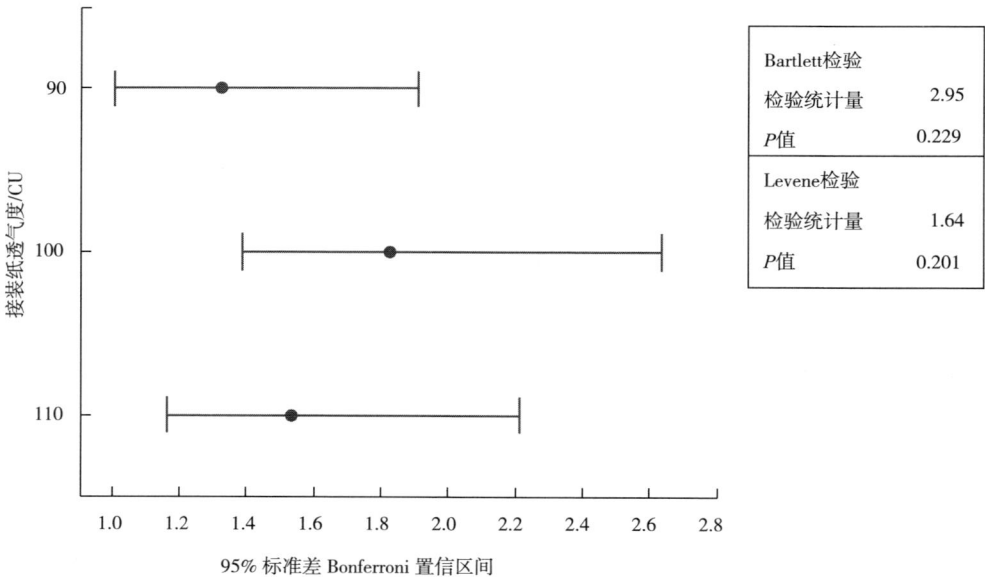

图 3-55　在用接装纸不同透气度条件下烟支总通风率等方差检验图

（3）在用接装纸不同透气度条件下烟支总通风率均值检验。将 3 组数据做箱线图，如图 3-56 所示，3 组数据差异较小。由图 3-57 可知：$P = 0.187 > 0.05$，在试验条件下（即标准范围内），不同接装纸透气度的卷烟总通风率平均值无显著差异，与不同通风率接装纸对通风率的影响研究结果一致。

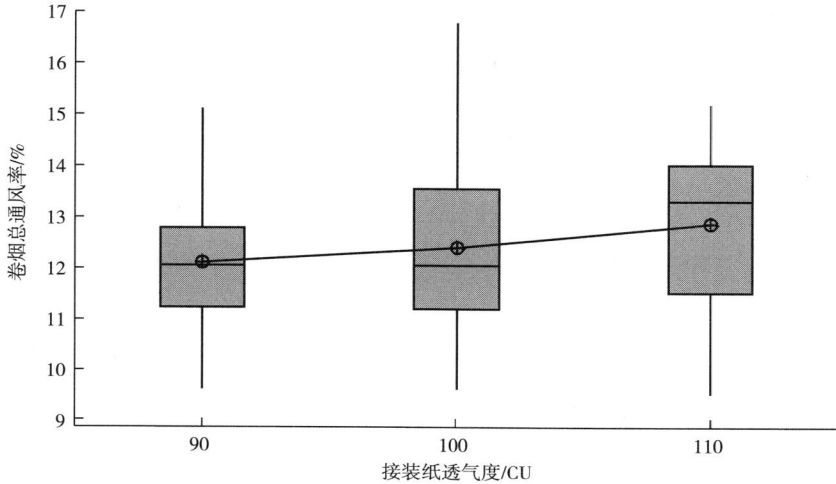

图 3-56　箱线图

单因子方差分析：卷烟总通风率与接装纸透气度

来源	自由度	SS	MS	F	P
接装纸透气度	2	8.47	4.23	1.71	0.187
误差	87	215.84	2.48		
合计	89	224.30			

$S=1.575$　$R-Sq=3.78\%$　$R-Sq$（调整）$=1.56\%$

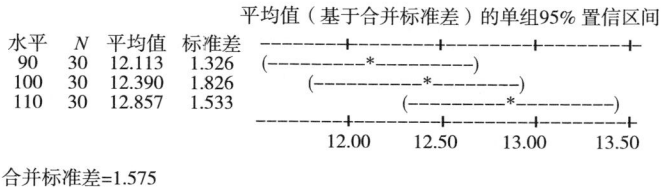

平均值（基于合并标准差）的单组95% 置信区间

水平	N	平均值	标准差
90	30	12.113	1.326
100	30	12.390	1.826
110	30	12.857	1.533

```
                  平均值（基于合并标准差）的单组95% 置信区间
水平  N  平均值  标准差  -------+---------+---------+---------+
90   30  12.113  1.326   (----------*---------)
100  30  12.390  1.826        (----------*---------)
110  30  12.857  1.533            (----------*---------)
                          -------+---------+---------+---------+
                          12.00    12.50    13.00    13.50
```

合并标准差=1.575

图 3-57　烟支总通风率均值检验

3.4.3　滤棒吸阻对短支卷烟通风率的影响

3.4.3.1　不同滤棒吸阻对卷烟通风率的影响

图 3-58 是滤棒压降对卷烟通风率的影响，随着滤棒压降的增加，卷烟总通风率、滤棒端通风率和纸通风率无明显变化。

（a）滤棒压降对总通风率的影响

（b）滤棒压降对嘴通风率的影响

（c）滤棒压降对纸通风率的影响

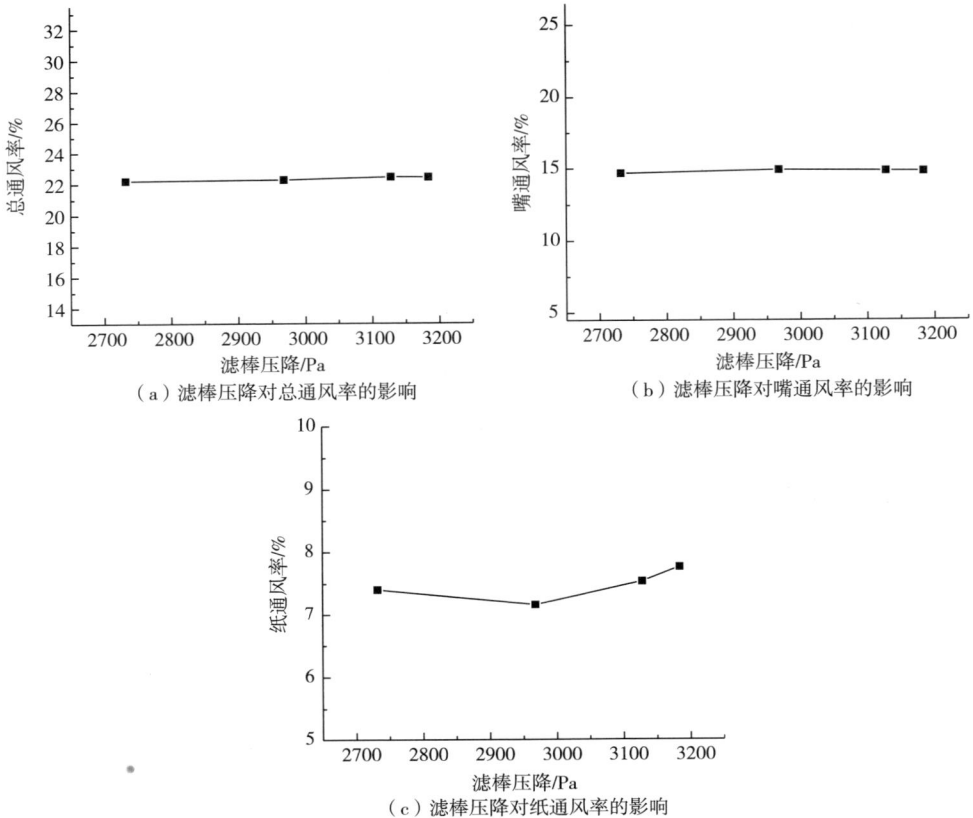

图 3-58 滤棒压降对卷烟通风率的影响

3.4.3.2 在用滤棒吸阻对卷烟通风率的影响

统计 2019 年 1～6 月滤棒检测报表，如表 3-57 所示，HJY（LT）使用的 24.1 mm×100 mm×3000 Pa 高透（6500）醋纤滤棒，共检测 216 个批次，检测平均值为 2992.32 Pa，标偏为 38.57 Pa；滤棒吸阻符合标准要求。

表 3-57 HJY（LT）在用滤棒压降检测统计表

参数	平均值	CPK	CV	最大值	最小值
	2997.3	1.27	1.5561	3076	2903
	3063.8	0.74	1.7142	3217	2969
吸阻/Pa	3040.4	1.12	1.3719	3139	2951
	3018.5	1.39	1.2871	3102	2958

参数	平均值	CPK	CV	最大值	最小值
吸阻/Pa	3059.2	0.71	1.8551	3169	2899
	2958.8	1.05	1.4949	3058	2877
	3007.2	1.43	1.3365	3098	2947
	3054.3	0.99	1.3803	3127	2936
	……	……	……	……	……
	2986	0.99	2.3751	3131	2835
	2971.3	0.95	2.3084	3118	2827
	3003.2	1.18	2.0948	3156	2868
	3026.2	0.84	2.5927	3134	2813
	2967.1	1.16	1.8587	3099	2857
	3012.5	2.3	1.0217	3059	2949
	3003.5	2.31	1.0621	3051	2937
平均值	2992.32	—	—	—	—
最大值	3112.50	—	—	—	—
最小值	2883.20	—	—	—	—
标偏	38.57	—	—	—	—

为进一步分析滤棒压降对通风率的影响，项目组对在用滤棒的实际压降进行了统计分析。如图 3-59 所示，$P=0.213>0.05$，证明滤棒压降数据在标准范围内成正态性分布；滤棒压降的波动范围<试验范围，在用滤棒对卷烟总通风率波动影响不显著。

如图 3-60 所示，滤棒吸阻均值均在标准控制范围内，但个别批次标准偏差超出控制范围，需要加强控制。

3.4.4　卷烟接装状态对通风率的影响

从以上分析和研究可知，滤棒对卷烟通风率有显著影响，需要进一步深入研究。接装纸上胶原理及工作过程是接装纸由上胶器对其进行涂胶，再与烟支段进行接装。上胶器的核心是上胶辊和下胶辊（图 3-61），下胶辊的直径为 60 mm，

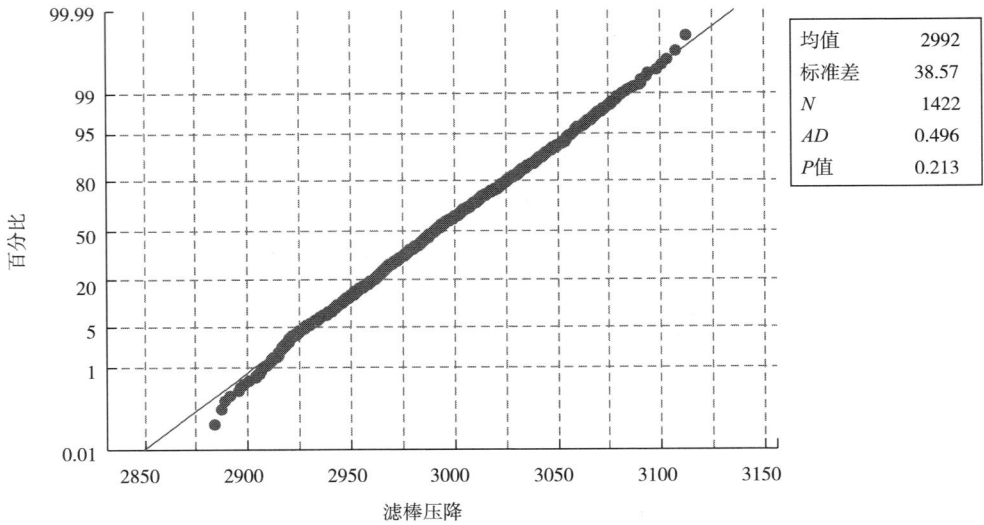

均值	2992
标准差	38.57
N	1422
AD	0.496
P值	0.213

图 3-59　在用滤棒压降的正态性检验图

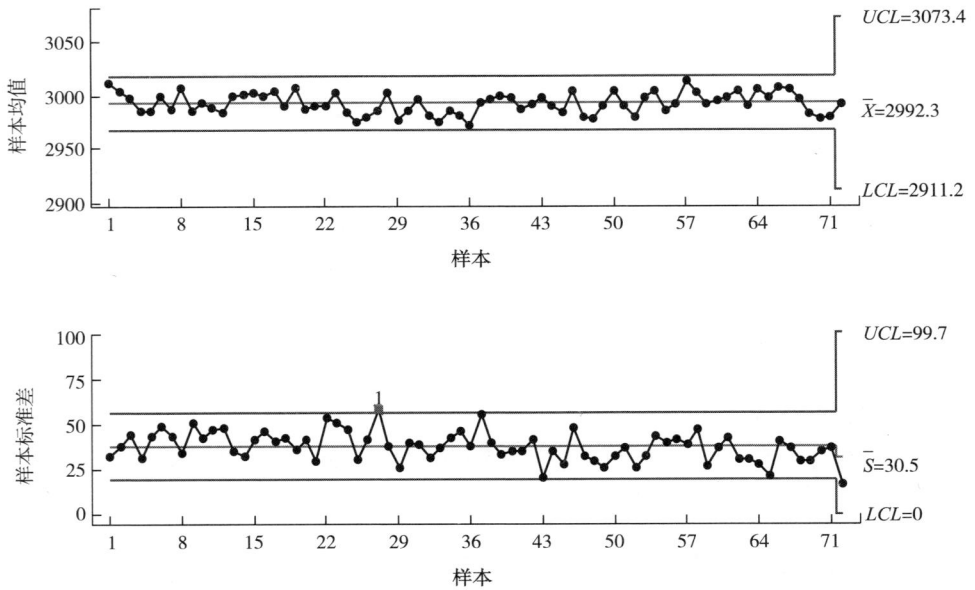

使用不相等样本量进行的检验。

图 3-60　在用滤棒压降正态性检验与均值标准差控制图

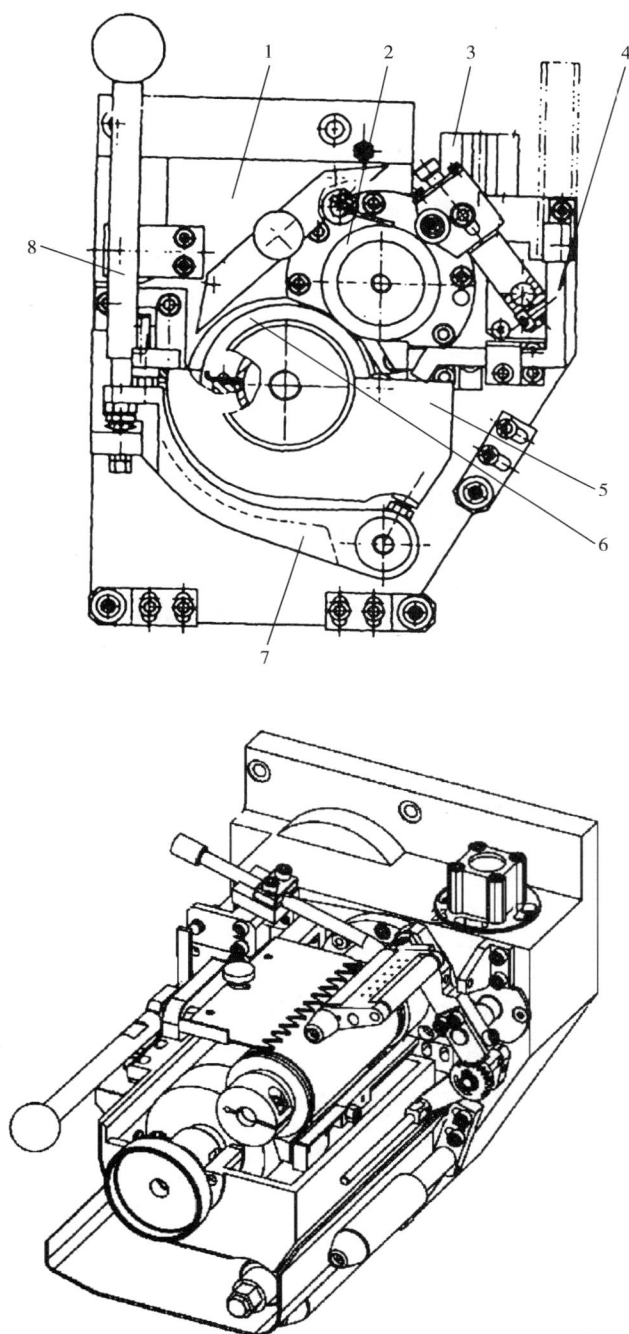

图 3-61　Passim 胶辊总成

1—箱体　2—上胶辊　3—气缸　4—胶管　5—胶缸　6—下胶辊　7—弯臂　8—调节手柄

上胶辊的直径为 90 mm，下胶辊的外圆表面磨 0.025~0.030 mm 的凹槽，此为上胶区，上胶量的多少由上胶区的深度决定。如图 3-62 所示，凹槽的中间有凸起部分，此为无胶区，凹槽及凸起的总宽度等于水松纸宽度。由于胶辊转动过程中两胶辊之间有一定压力，胶液又有一定的黏性，所以胶液在两胶辊之间不能流向胶辊下部，只能形成薄膜而附着于胶辊表面，因为下胶辊表面不是一个完整的平面，在与上胶辊之间作向相运动时，凸出的部分与上胶辊表面接触，凹下的部分与上胶辊表面不接触，此外胶液不会被挤出，从而由下胶辊表面的形状决定了胶膜的形状，凹面深决定了上胶的厚度，当水松纸在控胶辊的表面接触时，这一胶膜就被吸附于水松纸上，在水松纸表面形成规则涂胶区。

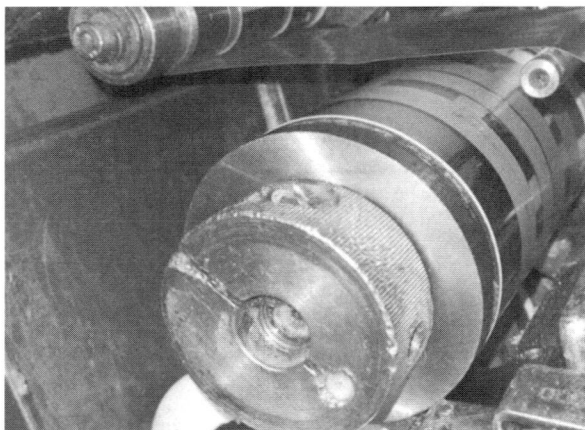

图 3-62　胶辊总成及花胶辊图片

因此，影响滤棒通风率的主要因素有接嘴胶性能、施胶量、搭接状态。本部分将对这些因素逐一进行研究。

3.4.4.1　接嘴胶对通风率的影响

（1）接嘴胶的浸润性能与黏度。接触角指在液滴、固体、气体接触的三相界面点，作液滴曲面的切线与固体表面的夹角，用以表征液体对固体表面的润湿程度。一般来说，液体在固体表面上的接触角越小，润湿程度越好。润湿性能好，胶的渗透性就越好，即纸张的吸胶能力强，如图 3-63 所示。

项目组通过接触角测试，研究接嘴胶、接装纸对烟支接装施胶量的影响因素。材料为 HJY（LT）接装纸：64 mm，150 CU；接嘴胶为驻马店发时达、许昌帝豪实业、河南华港、长葛大阳生产；测试仪器为接触角系统，OCA20，data-

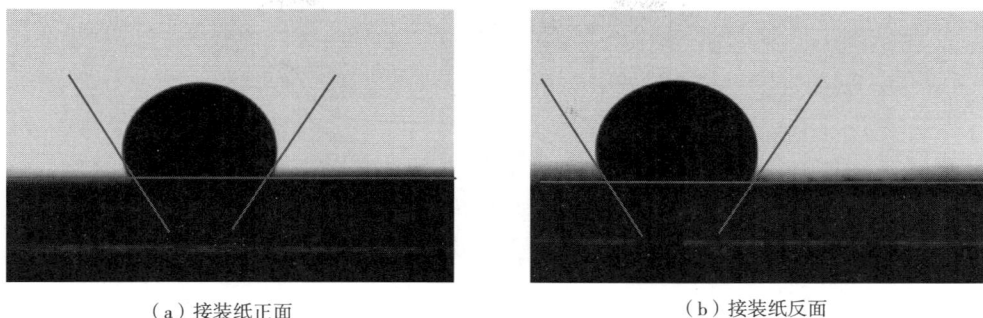

（a）接装纸正面	（b）接装纸反面

图 3-63 接装纸接触角示意图

physics 公司生产。

表 3-58 为接嘴胶对接装纸的接触角检测结果。从表 3-58 可知，不同厂家接嘴胶接触角差异较大，说明浸润性能有一定差异。连云港接嘴胶与接装纸的接触角明显高于其他厂家，润湿性能好，向纸张渗透较快；新郑接触角最小，浸润性能最差。

表 3-58 接嘴胶对接装纸的接触角检测结果

供货厂家	黏度／（mPa·s）	帧数（5 fps）／（°）	帧数（10 fps）／（°）
新郑	2471.5	85.801	82.793
郑州神火	3232.3	88.021	84.927
乐远	4158.0	75.654	70.038
连云港	4411.3	94.775	92.24

如图 3-64 所示，接装胶黏度越高，则接装胶的接触角越大，即浸润性能越低；黏度最高的是连云港（11.3 mPa·s），黏度最低的是新郑（2471.5 mPa·s）。

（2）接装胶黏度对卷烟通风率的影响。直观分析。为进一步探究接装胶黏度对短支卷烟通风率的影响，选用同一批 HJY（LT）烟丝及同一台卷烟机，保证卷烟机及接装机参数不变，接装纸采用长葛大阳（稳定性较好），分别选用新郑（2.471 Pa·s）、郑州神火（3.232 Pa·s）、连云港（4.411 Pa·s）三家生产的接嘴胶上机卷制，每个试验间隔 5 min 取样一次，每次取样 150 支，检测卷烟通风率，检测结果如表 3-59 所示。

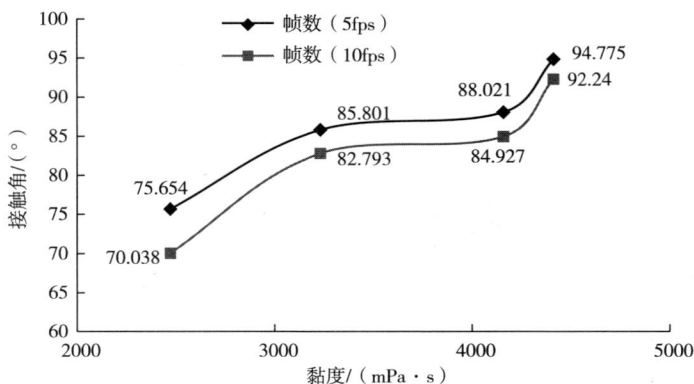

图 3-64　接嘴胶黏度与接触角

表 3-59　HJY（LT）总通风率检测结果

厂家	黏度/（Pa·s）	平均值/%	标偏/%	变异系数/%	最小值/%	最大值/%
新郑	2.471	13.8	1.97	14.73	11	18.7
		13.2	1.42	11.22	10	15.1
		14.2	1.49	10.32	12	17.5
平均		13.73	1.63	12.09	—	—
郑州神火	3.232	15	1.57	10.74	11.7	17.8
		14	1.67	12.14	10.8	16.8
		14	1.19	8.7	11.1	16.3
平均		14.33	1.48	10.53	—	—
连云港	4.411	15.3	1.67	10.88	10.7	18.3
		17.1	1.24	7.48	13.9	19
		16.2	1.73	10.83	12.0	19.4
平均		16.2	1.55	9.73	—	—

　　从表 3-59 可知，随着接装胶黏度的增加，卷烟通风率呈降低趋势，通风率标偏和变异系数变化无规律。

　　相关分析。为进一步得出接嘴胶黏度与卷烟通风率的的关系，采用 MINT-AB15 软件进行单因素相关性分析，结果如表 3-60 所示。

表 3-60 相关性分析结果

项目		通风率	通风率标偏	通风率变异系数
黏度	相关系数	−0.810**	0.167	0.510
	显著性	0.008	0.667	0.160
	N	9	9	9

注 ＊＊表示极显著相关（$P<0.01$）。

从表 3-60 可以看出：接嘴胶黏度与烟支通风率有显著的负相关关系，与通风率标偏和通风率变异系数没有显著的相关关系。

接嘴胶黏度与卷烟通风率的回归分析。对接嘴胶黏度对卷烟通风率的影响做回归分析，如表 3-61、表 3-62 和图 3-65 所示，二次曲线模型的拟合程度较好，回归方程为通风率 = $30.264 − 8.168 \times$ 黏度 $+ 1.002 \times$ 黏度^2。

表 3-61 接嘴胶黏度与卷烟通风率的回归分析结果

因变量：通风率

方程式	模型摘要					参数评估		
	R^2	F	df_1	df_2	显著性	常数	b_1	b_2
线性	0.655	13.307	1	7	0.008	18.821	−1.206	
二次曲线模型	0.780	10.663	2	6	0.011	30.264	−8.168	1.002

自变量为黏度

表 3-62 接嘴胶黏度与卷烟通风率的回归分析的显著性检验

指标	平方和	df	均方	F	P 值
回归	9.929	2	4.964	10.663	0.011
残差	2.793	6	0.466		
总计	12.722	8			

自变量为黏度

从以上分析可知，接装胶与卷烟通风率的相关性显著。说明胶浸润性能好时，如果车速过低，胶渗透过多而用以表面粘接的胶少，会造成粘接不牢；润湿性能差，纸张表面粘接胶量多，施胶量过大时会造成胶不能被纸及时吸收而溢

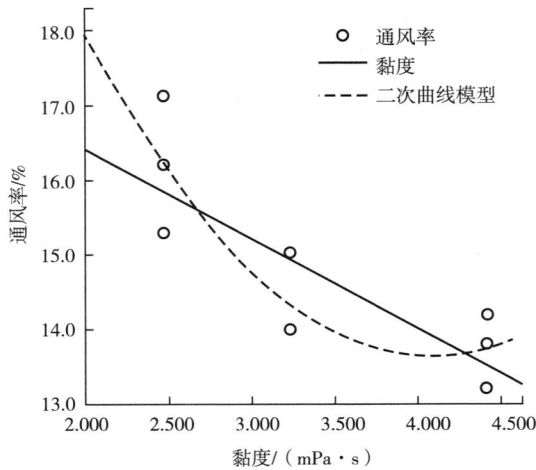

图 3-65　黏度与通风率拟合曲线

胶，从而导致通风率降低，因此，适度控制施胶量对提高通风率的符合性十分重要。

3.4.4.2　施胶量对通风率的影响

接装纸涂胶流程是影响卷烟机卷接效果的一个重要环节，打孔卷烟主要通过通风孔对烟气进行稀释（图 3-66），通风率对卷烟烟气指标和感官质量有直接影响，施胶量过少容易造成烟支翘边、漏气、黏结不牢等现象；涂胶量过多，会造成无胶区面积变化，影响通风效果，因此，控制施胶量对卷烟质量十分重要。

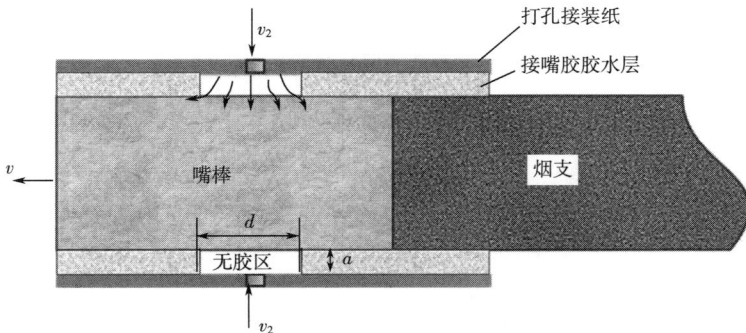

图 3-66　接装纸粘接示意图

影响施胶量大小的因素之一是供胶辊凹槽深度，由于正常生产过程中，胶辊的各种尺寸参数是不变的，正常生产过程中一般不会对胶辊进行更换，因此实际操作过程是经常利用两辊之间的间隙来调整施胶量大小，但是从设计角度讲，两辊凸起面之间应为紧挨的接触面，调整两辊间隙来调节供胶量，尤其是增大供胶量时，容易造成两辊间隙过大，造成无胶区也被涂胶的现象，进而影响通风效果，对通风率的稳定造成不利影响。因此，通过更换胶辊、调整胶辊间隙来调整施胶量大小都是不够理想。

通过查阅资料，项目组通过调整接装纸包角，利用接装纸与胶粘结过程中的"机械投锚"效应和分子间的"二次结合力"效应的变化，间接调整施胶量大小，避免由于调胶辊间隙造成的无胶区涂胶问题，并通过试验找出稳定通风率条件下的包角角度。设计试验如下：先固定供胶辊与控胶辊间隙，以无胶区两面贴合无涂胶为准，卷烟机速度为 6000 支/min，供胶辊凹槽深度为 0.025 mm，设置接装纸不同的包角角度，测试卷烟总通风率，试验数据及分析结果如表 3-63 所示。

表 3-63　HJY（LT）接装纸包角试验

梯度	接装纸包角/（°）	通风率组内标偏/%
1	13	4.125
2	14	2.672
3	15	1.638
4	16	1.685
5	17	2.236
6	18	2.815

如图 3-67 所示，随着包角角度的增加，包角角度与通风率组内标偏呈先减小后增加的趋势，包角角度在 15°~17°时，标偏稳定性较好。

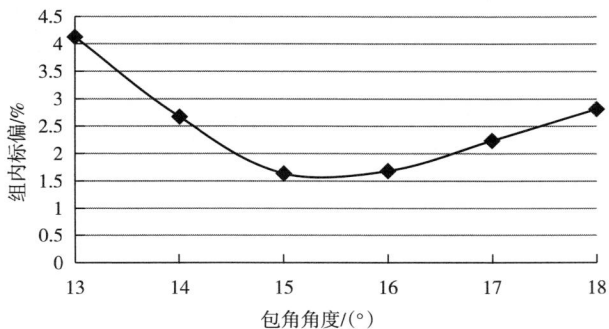

图 3-67　包角角度与通风率组内标偏

为进一步评价烟支通风率标准偏差与接装纸和涂胶辊包角间的关系，以烟支总通风率标准偏差为评价指标 $f(a)$，利用 minitab 软件对所得数据进行回归分析（表 3-64），对比烟支通风率标准偏差与接装纸和涂胶辊包角间的函数关系，如图 3-68 所示。其中二次函数所对应的决定系数 R^2 最大，为 0.970，即二次函数所表示的烟支通风率标准偏差与接装机和涂胶辊间的包角函数关系最为显著。得到拟合方程：

$$f(a) = 75.916 - 9.357a + 0.295 \times a^2$$

表 3-64 模型汇总和参数估计值

方程	模型汇总					参数估计值		
	R^2	F	df_1	df_2	$Sig.$	常数	b_1	b_2
线性	0.205	1.035	1	4	0.367	5.988	−0.223	
二次	0.970	47.874	2	3	0.005	75.916	−9.357	0.295

注　因变量为烟支通风率标准偏差，自变量为接装纸包角。

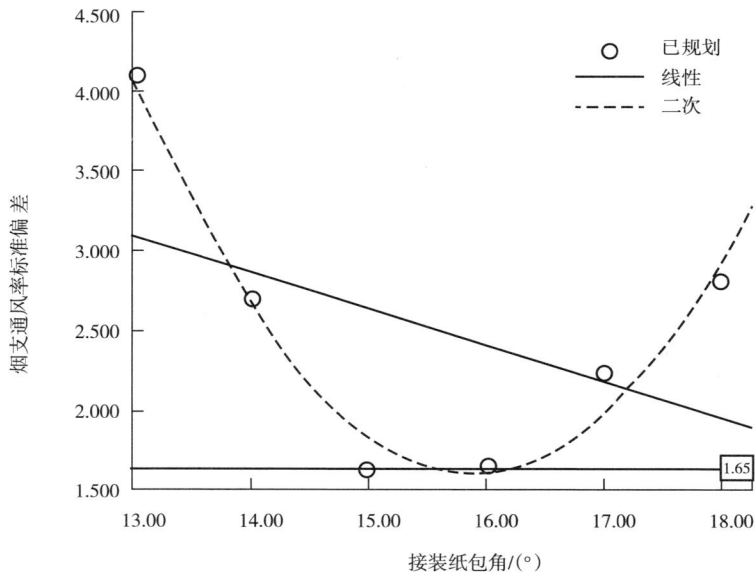

图 3-68 接装纸包角拟合曲线

根据拟合曲线，得知 $a = 15.85$ 时，组内标偏达到最小，说明此条件下烟支通风率最为稳定。

调整接装纸包角以调节接装纸涂胶量，设置合理的接装纸包角有利于接装纸透气度及烟支滤棒通风率稳定。

针对实验结果，对各机台接装纸包角角度进行优化，尽量较少地依靠供胶辊与控胶辊间隙来调整控胶量，减少因二者间隙过大带来的通风率不稳定问题。表 3-65 为调节方法，利用调节方法对不同机台包角角度进行了调整，保证包角角度在（16±1）°。

表 3-65　接装纸包角角度调整方法

1. 水松纸与小胶辊接触包角大（接触面弧长），水松纸上胶量大，易造成部分激光孔堵塞，从而影响通风率合格率。	2. 通过调节抬纸辊和胶后导纸辊的位置来调节水松纸与小胶辊的接触弧面长。	3. 调节方法：把抬纸辊调节到最低位置，接着再往右调节胶后导纸辊。
4. 使水松纸在小胶辊 15° 方向形成切线，保证水松纸与小胶辊接触弧面长为 2.7 cm。	5. 以后如果出现无胶区的问题，尽量不调节抬纸辊。	6. 通过调节机身后面的齿轮来解决无胶区的问题，保证抬纸辊和胶后导纸辊的相对位置不变。

7. 调整前：偶尔出现通风率超出标准范围［(17±10)%］的缺陷烟支。	8. 调整后：烟支通风率合格率明显提高。	
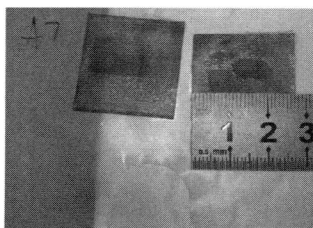	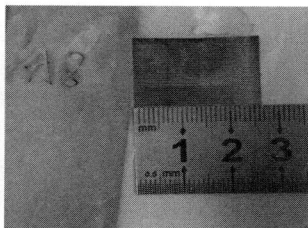	

3.4.4.3 接装纸搭接状态对通风率的影响

接装纸经涂胶后，在其表面形成固定形状的胶膜，经切纸鼓分切成长方形的纸片，然后和滤棒、烟支进行搓接，从理论上讲，一旦花胶辊的尺寸参数固定，则接装纸涂胶的部位和无胶区面积就会固定。实际接装过程中，如切纸位置处于径向搭缝涂胶区正中线位置，正常搓接状态下，则接装纸与滤棒黏合宽度（简称内黏结搭缝宽度）、接装纸与接装纸黏合宽度（简称外黏结搭缝宽度）应该重叠一致（等于1/2的接缝涂胶面积），则搭接后内外搭缝胶区侵占无胶区的面积最小，此时通风效果最为理想。但是如果切纸位置没有处于搭缝涂胶正中线位置或搓接效果较差，使接装纸内外搭接宽度不均匀，内外搭缝重叠后胶黏区域变大（大于1/2的接缝涂胶面积），侵占了可以通风的无胶区面积，导致实际无胶区面积发生变化，如果外搭扣较窄，还容易出现接装纸搭扣开口现象（图3-69）。

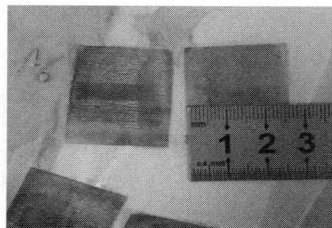

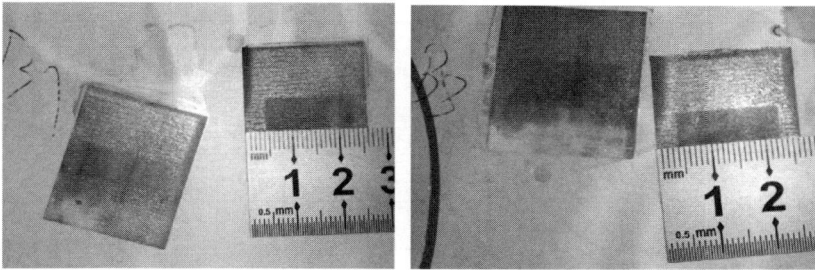

图 3-69 接装纸涂胶区域检测

对不同机台搭接状态进行检测，如表 3-66 所示，不同机台内外搭接宽度有明显差异，不同机台通风率均值及通风率标偏均具有较大差异。

表 3-66 不同机台搭接宽度测试结果

机台	接装纸宽度/mm	无胶区长度/mm	内搭扣胶区宽度/mm	外搭口胶区宽度/mm	总通风率/%	通风率标偏/%
A6	26	19	5	2	12.907	1.279
A7	26	19	4	3	15.627	2.192
A8	26	19	5	2	11.760	1.343
B7	26	18.5	4.5	3	13.923	2.474
B8	26	19	3	4	14.137	2.642

对此，我们开展了接装纸内外搭扣宽度差对通风率影响的试验：通过调整接装纸裁切位置，使接装纸内外搭扣出现不同宽度差，然后取样进行通风率测试，测试结果及分析如表 3-67 所示。

表 3-67 接装纸内外搭扣宽度差与通风率测试数据统计表

接装纸内外搭接口涂胶宽度差值	0 mm			0.7 mm		
烟支总通风率/%	14.8	13.4	16.8	12.1	13.7	13.6
	15.8	17.7	16.1	14.6	14.4	10.7
	16.2	14.9	16	12	11.9	16
	17.2	13.3	16.8	15	14.4	13.1
	17.3	15.3	14.2	12.8	14.2	13.8

续表

接装纸内外搭接口 涂胶宽度差值	0 mm			0.7 mm		
烟支总通风率/%	15.1	14.3	16.3	13	12.9	11.9
	14.5	14.5	18.4	13.6	14	12.9
	16.5	15	17.4	15.6	14.7	11.6
	15.2	15.6	16.1	11.9	12.3	10.3
	16.2	15.2	16.7	13.4	16.9	14

对检测数据进行正态性验证，由图 3-70 可知：两组数据正态性检验的 P 值都大于 0.05，即两组数据都符合正态。

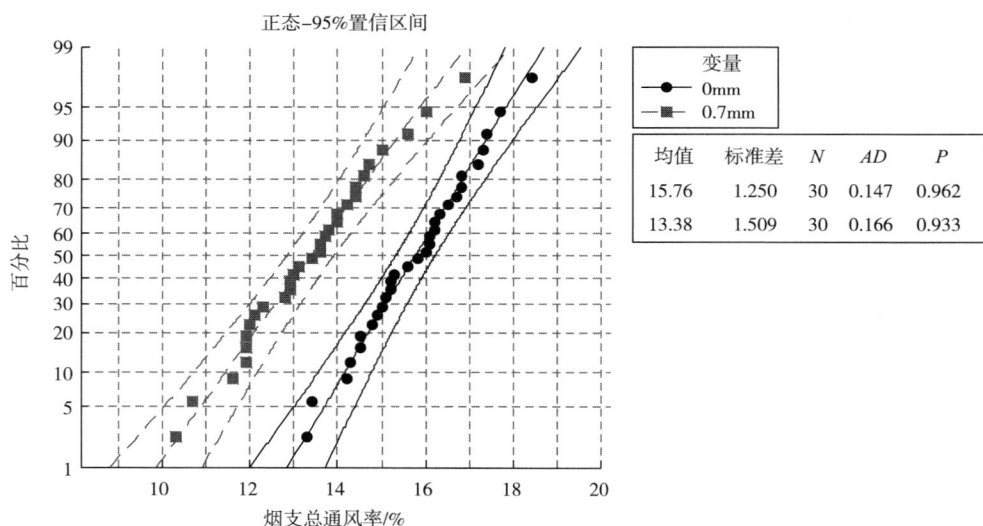

图 3-70 烟支总通风率正态性检验

对两组数据进行等方差检验，由图 3-71 可知：两组数据等方差检验的 $P = 0.516$，大于 0.05，即两组数据的方差相等。

对两组数据进行均值检验，如图 3-72 所示，根据双样本 T 检验的结果可知：$P < 0.05$，即接装纸内外搭接口涂胶宽度差值在 0 mm 和 0.7 mm 时，卷烟通风率是有显著差异的。

根据试验结果，对正常生产过程中的 HJY（LT）进行抽样检验，随机抽取

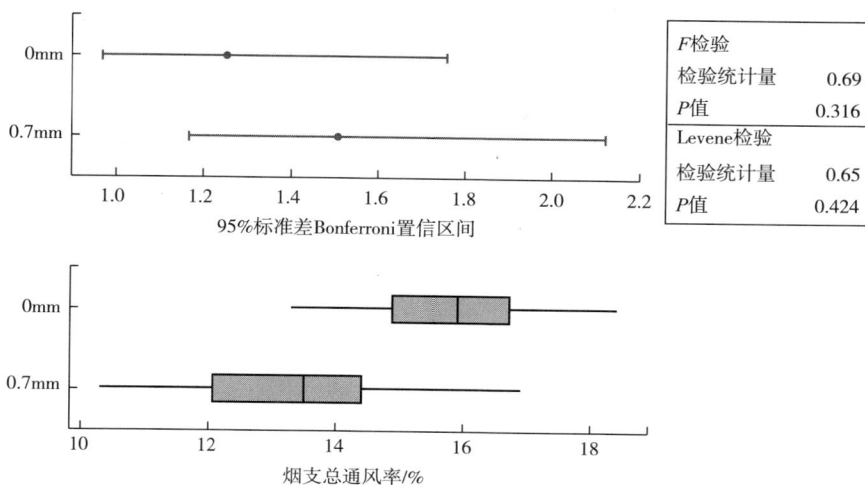

F检验	
检验统计量	0.69
P值	0.316
Levene检验	
检验统计量	0.65
P值	0.424

图 3-71　通风率方差检验

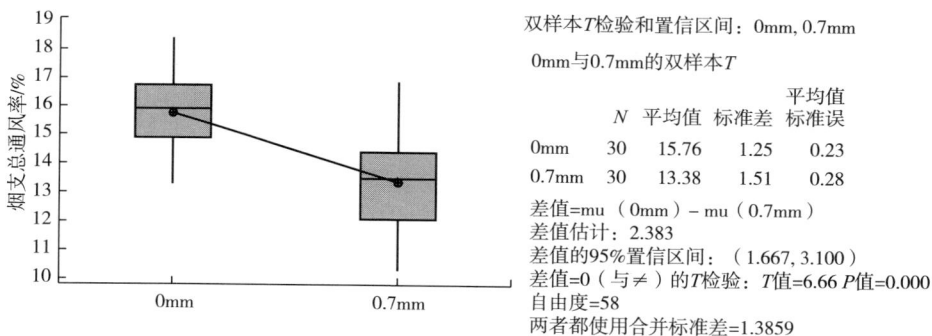

双样本T检验和置信区间：0mm, 0.7mm

0mm与0.7mm的双样本T

	N	平均值	标准差	平均值标准误
0mm	30	15.76	1.25	0.23
0.7mm	30	13.38	1.51	0.28

差值=mu（0mm）- mu（0.7mm）
差值估计：2.383
差值的95%置信区间：（1.667, 3.100）
差值=0（与≠）的T检验：T值=6.66 P值=0.000
自由度=58
两者都使用合并标准差=1.3859

图 3-72　箱线图与双样本 T 检验结果

不同日期的 HJY（LT）样品，共测试 30 组样品（表 3-68），每组样品经综合测试台后对烟支进行标记，挑出通风率偏离平均值较大的烟支进行剥解，并测量接装纸内外搭接胶黏宽度。

表 3-68　HJY（LT）抽检总通风率统计表

序号	平均值/%	标偏/%	变异系数/%	最小值/%	最大值/%
1	15.46	1.34	8.69	11.5	18.9
2	17.24	1.85	10.71	13.4	21.1
3	14.9	1.42	9.51	12.4	17.9

续表

序号	平均值/%	标偏/%	变异系数/%	最小值/%	最大值/%
4	18.45	1.59	8.63	15.2	21.4
5	17.13	1.6	9.34	14.8	20.2
6	17.52	1.28	7.33	15.1	20.2
7	16.51	1.27	7.68	14.4	18.7
8	16.35	1.82	11.12	13	20.3
9	16.27	2.05	12.58	11.8	19.4
10	16.68	1.53	9.18	14.4	20.3
11	18.14	1.24	6.83	16.1	20.5
12	16.53	1.55	9.4	13.7	20.2
13	18.42	1.24	6.72	16	20.6
14	16.89	2.02	11.97	12.6	20.6
15	17.39	1.58	9.11	15.1	21.1
16	19.22	1.58	8.24	16.3	22
17	16.68	1.6	9.58	13.9	21.3
18	17.95	1.36	7.6	14.7	20.6
19	16.31	1.91	11.71	12.7	20.2
20	15.95	1.61	10.12	12.9	19
21	17.59	2.1	11.93	12.1	20.4
22	18.17	2.18	12.01	12.8	22.6
23	17.01	1.72	10.1	13	20
24	16.28	1.74	10.7	12.9	19.2
25	18.07	1.75	9.67	12.8	21
26	15.06	1.41	9.36	13	18.3
27	17.55	1.62	9.23	13.7	19.8
28	17.22	1.83	10.63	13	20.7
29	15.12	1.95	12.92	10.7	19
30	16.62	2.54	15.3	12.3	21.4

30 组样品中通风率小于组平均值 3.5% 以上的烟支共 78 支，通过对这 78 支烟的接装纸进行剥解，并用游标卡尺测量内外搭缝宽度，其中差值在 0.2 mm 以上的有 29 支、0.4 mm 以上的有 14 支、0.5 mm 以上的有 2 支。并观察实际通风孔被堵状况，内外搭接口不一致的烟支占比达到了 57.69%，占比较高，这是影响通风率不稳定的一个重要因素，需要加以控制。

对此，我们对车间制定临时标准，开机过程和生产过程每隔 1 h 就要对接装纸内外搭口进行监测，要求内外搭接涂胶宽度均匀一致，否则必须停机调整设备，一是调整抬纸辊调节螺母，改变从控胶辊到切纸辊之间的行程，确保接装纸切口在接装纸搭缝胶区中线位置；二是保证搓板间隙，确保搓接后烟支搭接良好，无漏气和搭扣不严现象。最终，本项目申报了发明专利《一种基于图像检测法的卷烟无胶区符标率检测方法》。

3.4.4.4 单支质量对总通风率的影响

烟支填充状态影响卷烟抽吸气流状态，如果烟支紧头密度控制较大，烟支抽吸时从烟支端口进入气流受阻，短支卷烟平整器的劈刀盘规格为"16 mm，三深三浅 3.8/2.0"，通过对烟支质量调整，来改变烟支调整烟支填充状态，测试不同条件下烟支填充状态对通风率的影响。

3.4.4.5 结果与分析

表 3-69 为卷烟通风率检测结果。从表 3-69 可知，设定质量与实际质量有一定偏差，但基本可实现试验目的。

表 3-69 物理指标检测结果

班次	设定	项目	实测单支质量/g	总通风率/%	滤棒通风率/%	烟支通风率/%
甲班	16.2	平均值	0.8068	15.883	9.117	6.733
		标偏	0.02	1.877	1.047	0.914
		变异系数	2.464	11.819	11.487	13.574
乙班	16.0	平均值	0.7992	15.32	9.507	6.413
		标偏	0.016	1.14	0.755	0.708
		变异系数	1.94	7.439	7.939	11.039

班次	设定	项目	实测单支质量/g	总通风率/%	滤棒通风率/%	烟支通风率/%
丙班	15.8	平均值	0.7912	14.517	8.687	6.08
		标偏	0.016	1.186	0.79	0.64
		变异系数	2.465	8.169	9.088	10.531

对卷烟通风率均值做直方图分析，从图 3-73 可知，随着烟支单支质量的减少，总通风率与烟支段通风率均呈降低趋势，滤棒通风率无明显变化趋势；在试验范围内，总通风率与烟支段通风率分别变化 1.366% 和 0.726%。

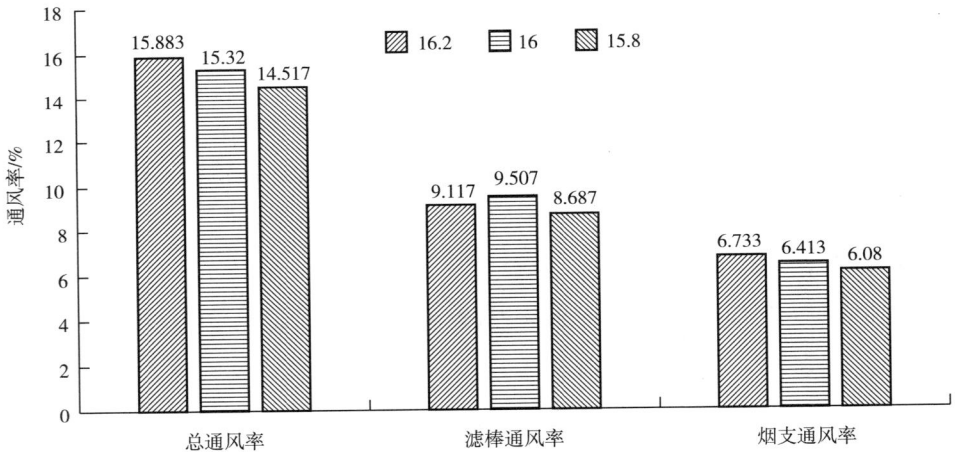

图 3-73　单支质量与通风率

对卷烟通风率变异系数做直方图分析，从图 3-74 可知，随着烟支单支质量的减少，总通风率、滤棒、烟支段通风率标偏呈降低趋势，说明烟丝单支质量的变化对通风率稳定性有一定的影响。

为进一步检验烟支质量与通风率的相关性，对一组样品 30 支卷烟单支质量与通风率的相关性进行分析。

从图 3-75 散点图可以看出：烟支单支质量和总通风率有一定的正相关关系，即烟支总通风率随烟支质量的增大而增大，与实验结果变化趋势相同。

对单支质量与通风率指标做两两相关性检验，如图 3-76 所示，得出相关性

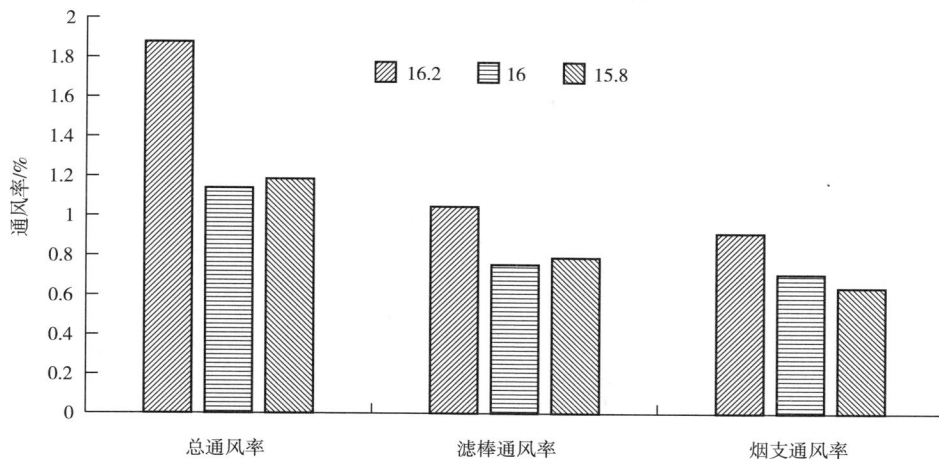

图 3-74　不同单支质量与通风率变异系数

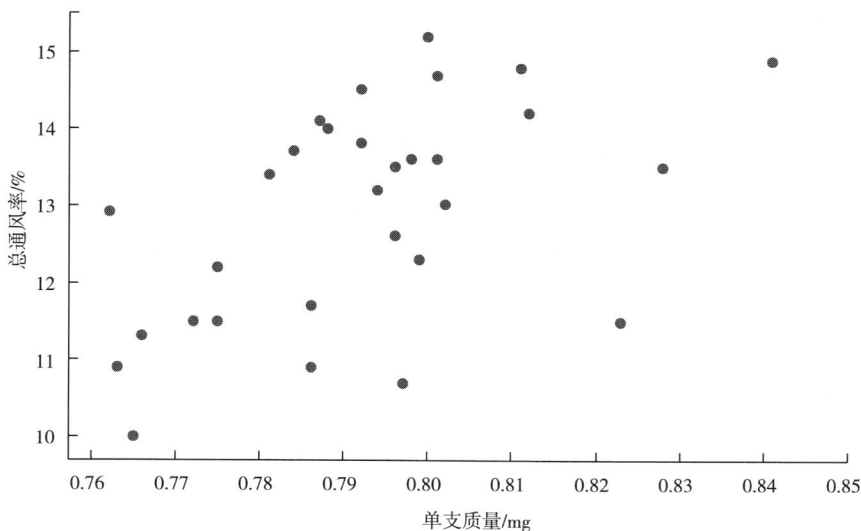

图 3-75　烟支质量与总通风率散点图

如下：单支质量和总通风率的相关系数 $r = 0.476$，同时观察 P 值小于 0.05，因此，烟支单支质量和总通风率有一定的相关性，呈正相关，即烟支总通风率随烟支质量的增大而增大。可以推断，在烟支内部，随着卷烟质量的提升，烟丝填充更实，使空气从烟支端面流动受阻，增加了从烟支滤棒和卷烟纸通风的比率。

相关：单重，圆周，Length，开吸阻，硬度，总通风率

	单重	圆周	Length	开吸阻	硬度
圆周	0.000				
	0.999				
Length	−0.050	−0.175			
	0.793	0.355			
开吸阻	0.638	−0.078	0.084		
	0.000	0.682	0.660		
硬度	0.365	−0.157	0.136	0.550	
	0.047	0.408	0.475	0.002	
总通风率	0.476	0.092	0.103	0.609	0.189
	0.008	0.628	0.588	0.000	0.318

单元格内容：Pearson相关系数
P值

图 3-76　烟支物测指标与总通风率相关性分析图

项目组提出将卷烟机单支质量作为控制点之一，在卷制过程优先保证单支质量稳定，在一个班次之内且设备稳定的情况下，保持单支质量为恒定值。并根据统计数据绘制 HJY（LT）单支质量均值—极差控制图，如图 3-77 所示。

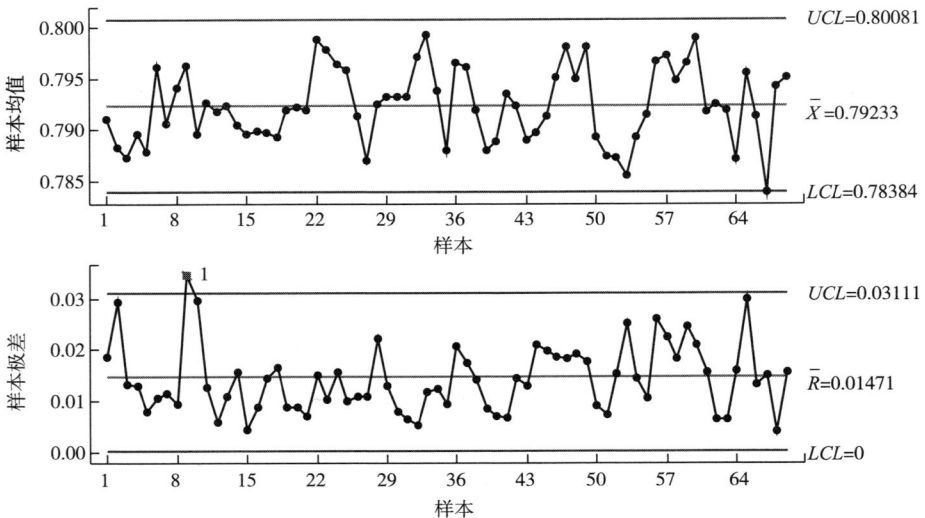

图 3-77　卷烟单支质量均值—标准差控制图

3.4.5　效果验证

综合运用数理统计分析找出影响通风率的关键因素并加以控制，制定管理措施。一是卷烟厂应严格控制卷烟材料入厂检验，做到批批检验，其次在条件允许

的情况下，增加批内检验，确保接装纸、卷烟纸透气度严格符标，避免原材料对总通风率波动造成影响。二是加强运行检查。三是开机过程中每隔 1 h 就要监测接装纸搭缝宽度，若发现实际搭接效果不理想，要立即调整设备，确保接装纸内外搭接口宽度均匀一致，保证最佳通风效果；四是优化接装纸包角角度，针对不同机台寻找最佳包角角度，在调整施胶量时优先通过调整角度的方法进行调整；四是加强卷烟重量控制，运用 SPC 技术把脉过程诊断，争取保证对通风率影响显著的重量因素控制稳定；五是加强设备保养，保证设备运行稳定可靠，确保烟支实际卷接效果。六是对不同机台每周定期进行对比分析，查看通风率差异是否显著，如有差异应及时进行分析、调整，确保机台间的稳定性。

采取以上措施后，以 HJY（LT）为代表的短支卷烟总通风率指标取得了明显改善。如表 3-70 所示，HJY（LT）总通风率组内标偏≤1.8%的占比逐步提高，组内波动值逐步降低。HJY（LT）标偏进一步趋势向好，HJY（LT）组内总通风率标偏小于 1.8%的占比分别为 95%、90.24%，组内波动值分别为 5.84%、5.64%，达到<6.00%的目标。

表 3-70　HJY（LT）通风率标偏及波动统计表

时间	总通风率组内标偏≤1.8%占比/%	总通风率组内/%
2018 年	60.22	7.55
2019 年	66.37	6.94
2020 年	95.00	5.84
2021 年 1 月 1~4 日	90.24	5.64

3.4.6　小结

（1）实验范围内接装纸透气度、卷烟纸透气度、滤棒压降对通风率有影响，但对卷烟通风率的影响不显著。

（2）不同机组间总通风率差异显著，需要高度关注不同机台通风率的稳定性。

（3）接嘴胶黏度与烟支段通风率有显著的负相关关系，与通风率标偏和通风率变异系数没有显著的相关关系。

（4）接装纸包角角度对通风率稳定性影响显著；调整接装纸包角可调节接装纸涂胶量，设置合理的接装纸包角有利于接装纸透气度及烟支滤棒通风率稳定；包角角度在 15°~17°时，通风率标偏稳定性较好。

（5）烟支单支质量和总通风率有一定的相关性，呈正相关，即烟支总通风率随烟支质量的增大而增大。推断结论：在烟支内部，随着卷烟质量的提升，烟丝填充更实，使空气从烟支端面流动受阻，增加了从烟支滤棒和卷烟纸通风的比率。

（6）制定了短支卷烟通风率稳定性管控措施。HJY（LT）总通风率组内标偏≤1.8%的占比逐步提高，组内波动值逐步降低，HJY（LT）组内总通风率标偏小于1.8%的占比分别为95%、90.24%，组内波动值分别为5.84%、5.64%（<6.00%）。

（7）通过对烟丝形态、烟丝物理指标、卷制参数对短支卷烟加工质量及稳定性影响的研究分析，分别形成了烟丝形态、烟丝物理指标、卷制和接装过程控制技术（图3-78），确定了4个方面的控制指标、控制参量和控制手段，形成了"测、调、控"短支卷烟质量稳定性关键工艺控制技术，为短支卷烟质量稳定性提升提供了控制分析方法。

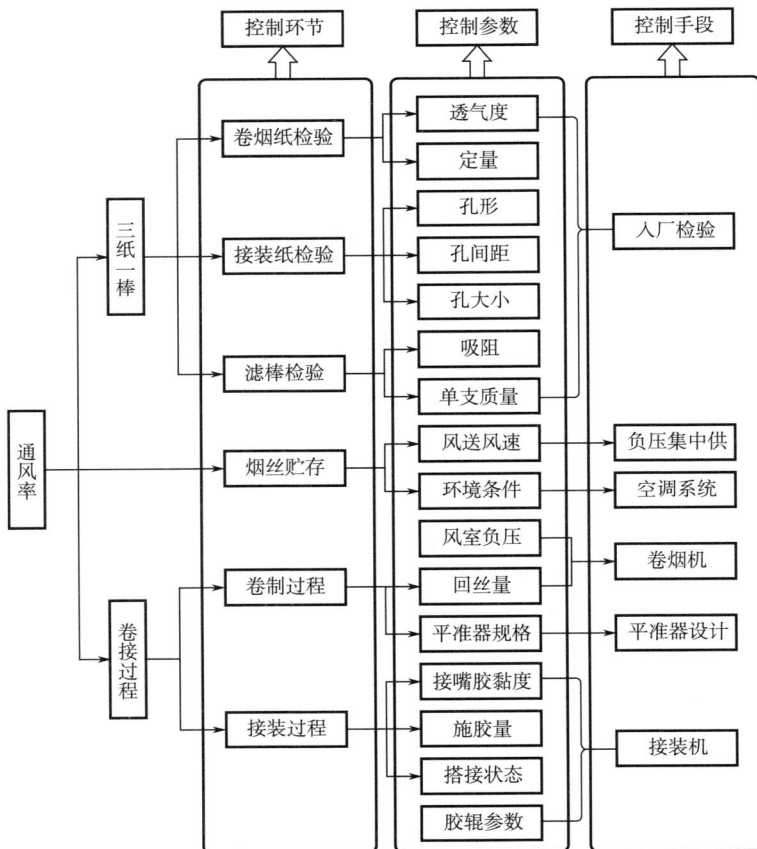

图3-78 通风率控制图

4 制丝工艺参数对卷烟感官质量的影响

通过以上研究，确定了影响短支卷烟物理指标稳定性的关键环节，制定了管控措施，有效提升了短支卷烟物理质量的稳定性。针对卷烟感官质量，项目组从制丝过程关键加工环节入手，确定关键加工参数，开展正交优化试验。

4.1 感官评价结果的基本统计

对 18 组试验的烟支样品的感官质量数据进行基本统计分析，结果见表 4-1。

表 4-1 烟支样品评吸质量基本统计分析

指标	均值	中位数	最小值	最大值	极差	标准差	变异系数	峰度	偏度
香气质	5.92	5.93	5.71	6.14	0.43	0.11	0.02	-0.43	-0.19
香气量	6.02	6.00	5.71	6.29	0.57	0.17	0.03	-0.60	-0.51
丰满	6.18	6.14	6.00	6.57	0.57	0.18	0.03	0.00	0.87
杂气	5.84	6.00	5.00	6.29	1.29	0.35	0.06	0.26	-1.18
浓度	6.10	6.00	5.43	6.71	1.29	0.30	0.05	0.32	0.34
劲头	5.98	6.00	5.86	6.00	0.14	0.04	0.01	4.13	-2.47
细腻	5.62	5.57	4.86	6.14	1.29	0.30	0.05	0.30	-0.34
成团性	5.87	5.86	5.71	6.00	0.29	0.12	0.02	-1.44	-0.20
刺激性	5.79	5.71	5.00	6.57	1.57	0.38	0.07	-0.40	0.16
干燥感	6.20	6.21	5.57	7.00	1.43	0.35	0.06	-0.13	0.29
干净	5.97	6.00	5.57	6.14	0.57	0.15	0.02	0.92	-1.07
甜度	6.02	6.00	5.57	6.43	0.86	0.22	0.04	-0.23	0.38
回味	5.98	6.00	5.43	6.29	0.86	0.18	0.03	2.45	-1.36
综合	13.67	14.00	0.00	22.00	22.00	5.80	0.42	-0.35	-0.59
总分	77.49	77.42	71.42	82.57	11.15	0.85	0.01	-0.48	-0.77

可以看出，烟支样品的大多数感官质量指标得分分布基本符合正态分布，只有劲头和回味两个指标的得分分布不太均衡。

将18组试验所得到的烟支样品的评吸质量得分制成折线图，以作直观比较，如图4-1所示。

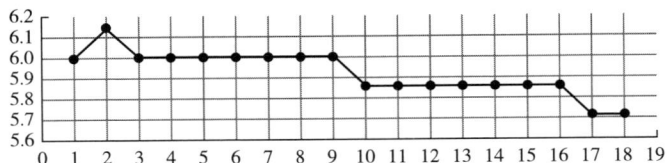

（a）香气质

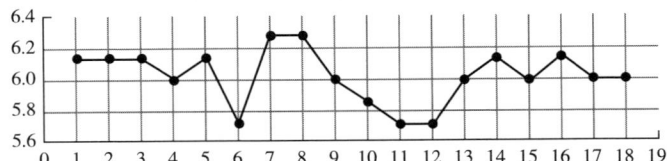

（b）香气量

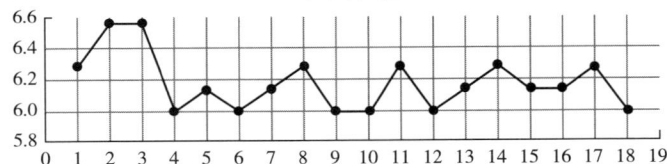

（c）丰满

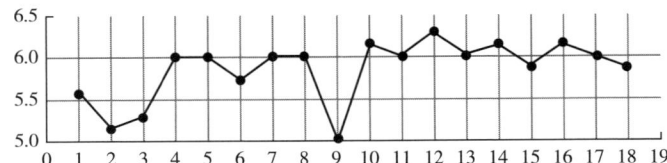

（d）杂气

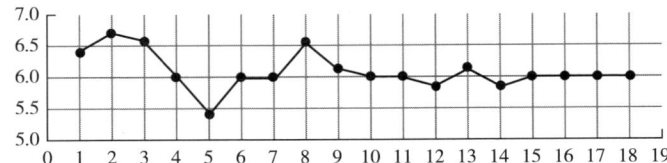

（e）浓度

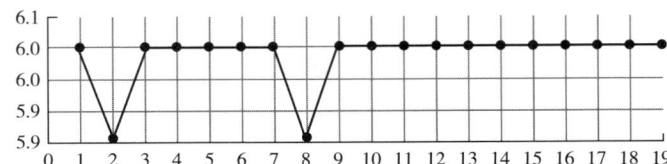

（f）劲头

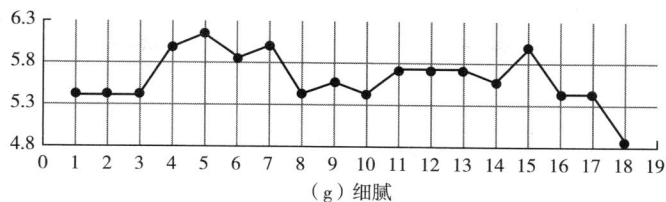

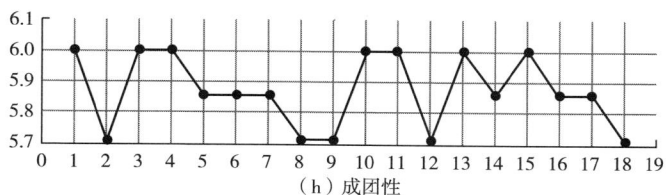

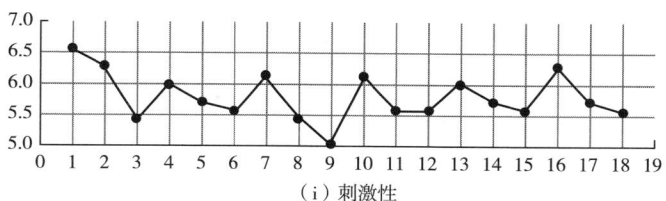

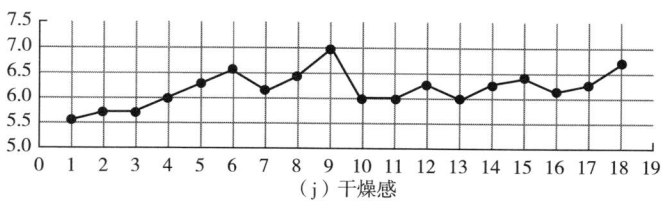

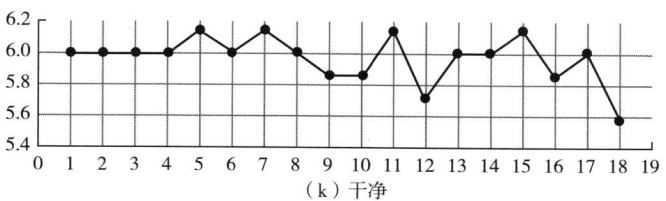

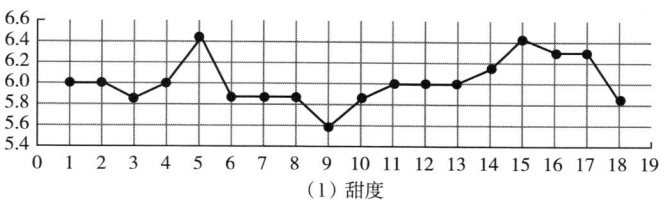

（g）细腻

（h）成团性

（i）刺激性

（j）干燥感

（k）干净

（l）甜度

图 4-1

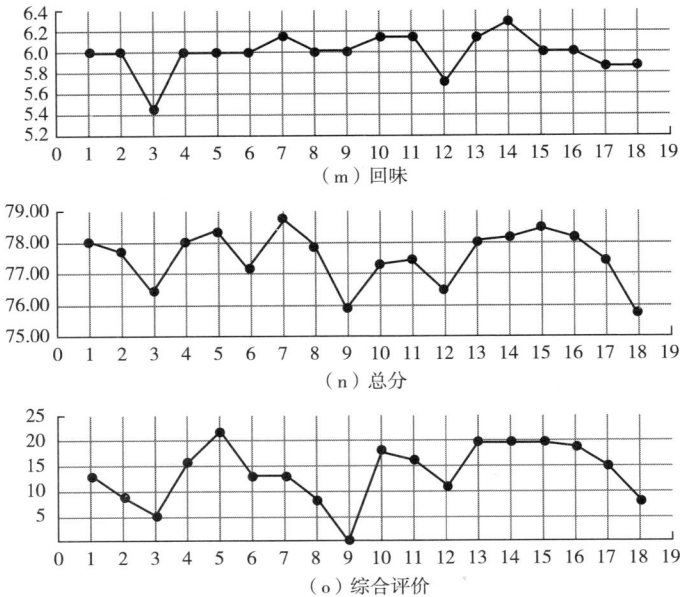

图 4-1　不同试验参数下的烟支样品评吸质量得分

从各评吸指标得分的总分可以看出，7 号试验样品的评吸总分最高，其次为 15 号和 5 号试验样品；总分较低的为 3 号和 12 号试验样品，总分最低的为 18 号和 9 号试验样品。

从综合评价得分来看，则是 5 号烟支样品得分最高，其次为 13、14、15 号试验的烟支样品得分较高，然后为 16、10 号试验样品；综合评价得分较低的是 3 号和 18 号试验样品，最低的是 9 号试验样品。

将综合评价得分与评吸总分两者相比较，可以看出，除少数几个样品的排序有所变化外，两者的总体情况是非常相近的。另外，计算两者的皮尔森相关系数，其结果为 0.7175，也说明了综合评价得分与评吸总分之间具有较高的相关性，评吸总分也可以作为烟支感官质量的一种综合性评价方法。

综合这两项得分的情况，可以大致得出结论：在 18 组试验中，5、15 号试验样品感官质量表现良好，13、14 号较好，而 9、3、18 号试验样品表现较差。

4.2　感官评价结果的方差分析

为了分析不同工艺参数下，所得到的烟支感官质量是否有显著不同，对 18

组试验的数据进行单因素方差分析。其中，烟支感官质量得分作为方差分析对象，工艺试验的 7 个工艺参数分别作为分类变量。方差分析的结果用假设检验的概率 P 值来表示，较小的 P 值说明差异显著，见表 4-2。

表 4-2　烟支感官质量与工艺参数的单因素方差分析的概率 P 值

工序	松散回潮	叶片加料		增温增湿	叶丝干燥		
工艺参数	回风温度	回风温度	出口含水率	蒸汽流量	壁温	热风温度	排潮负压
香气质	0.560	0.923	0.923	0.722	0.923	0.923	0.722
香气量	0.262	0.293	0.749	0.909	0.679	0.909	0.501
丰满	0.241	0.107*	0.885	0.970	0.668	0.807	0.807
杂气	0.620	0.338	0.716	0.716	0.591	0.970	0.366
浓度	0.123*	1.000	0.745	0.674	0.651	0.344	0.796
劲头	0.616	0.116*	0.616	0.116*	0.616	0.616	0.616
细腻	0.025**	0.882	0.659	0.882	0.227	0.659	0.751
成团性	0.075*	0.133*	0.227	0.599	0.375	0.599	0.931
刺激性	0.583	0.000**	0.813	0.648	0.993	0.595	0.955
干燥感	0.010**	0.061*	0.992	0.970	0.748	0.863	0.823
干净	0.264	0.163*	0.555	0.957	0.081*	0.555	0.957
甜度	0.247	0.351	0.869	0.560	0.184*	0.524	0.678
回味	0.328	0.045**	0.972	0.398	0.630	0.689	0.437
综合	0.036**	0.095*	0.988	0.988	0.531	0.768	0.850

注　** 表示在 $\alpha=0.05$ 水平上差异显著；* 表示在 $\alpha=0.2$ 水平上差异显著。

方差分析的显著性检验水平一般设定为 $\alpha=0.05$。从表中数据可见，松散回潮工序的回风温度对感官质量中的细腻、干燥感和综合得分有显著影响；叶片加料工序的回风温度对感官质量中的刺激性、回味有显著影响。

另外，如果将显著性检验水平降低为 $\alpha=0.2$，则浓度和成团性表现也会在松散回潮工序回风温度不同时有较为显著的差异；丰满、劲头、成团性、干燥感、干净和综合评价得分均会在叶片加料工序回风温度不同时有较为显著的差异；而劲头表现在蒸汽流量不同时也有较为显著的差异；并且，叶丝干燥工序的壁温会对烟丝干净和甜度有较为明显的影响。

4.3 感官评价结果的多重比较与一元回归分析

为进一步明确工艺参数对烟支感官质量的影响趋势，在方差分析的基础上，选择对感官质量有显著影响的工艺参数因子，对18组试验数据进行多重比较分析；然后，对工艺参数与感官质量之间的关系进行一元回归分析，并画出回归曲线，以便于较为直观地观察其影响的变化趋势。根据试验数据的特点，本文选择二次多项式作为回归方程。

图4-2为前述影响显著的工艺参数和烟支感官质量之间的多重比较与回归分析结果。可见，松散回潮回风温度、叶片加料回风温度、增温增湿蒸汽流量和叶

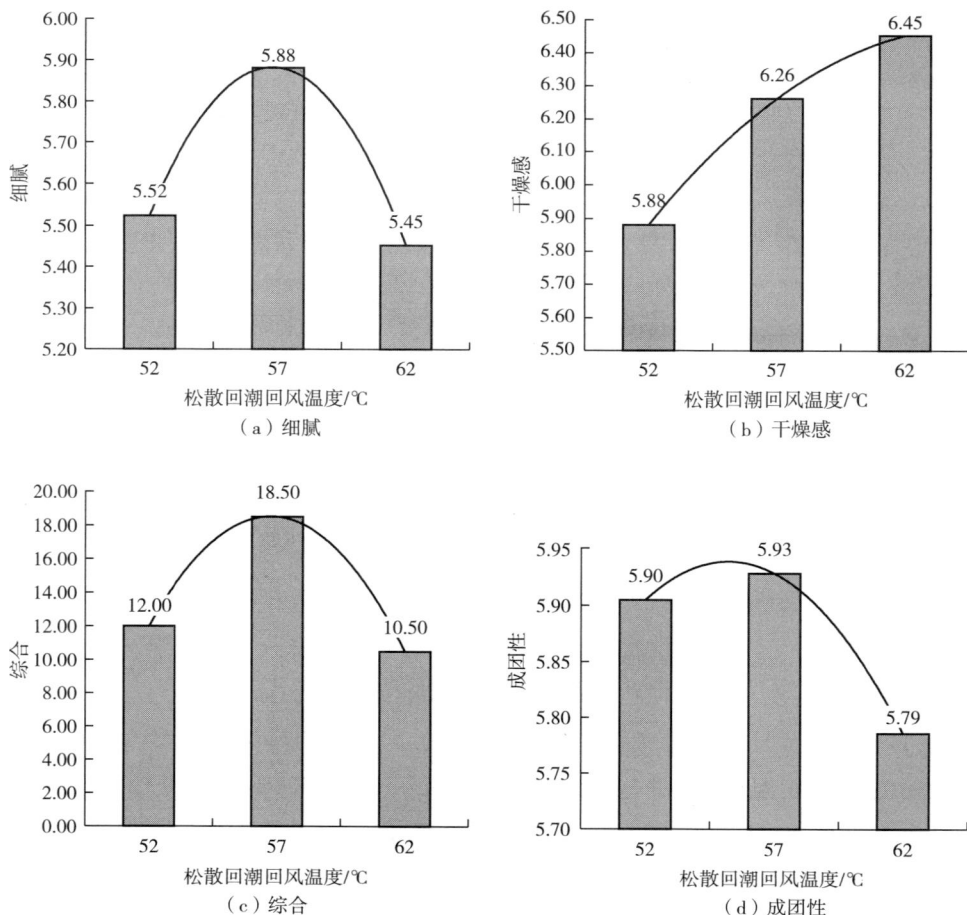

（a）细腻

（b）干燥感

（c）综合

（d）成团性

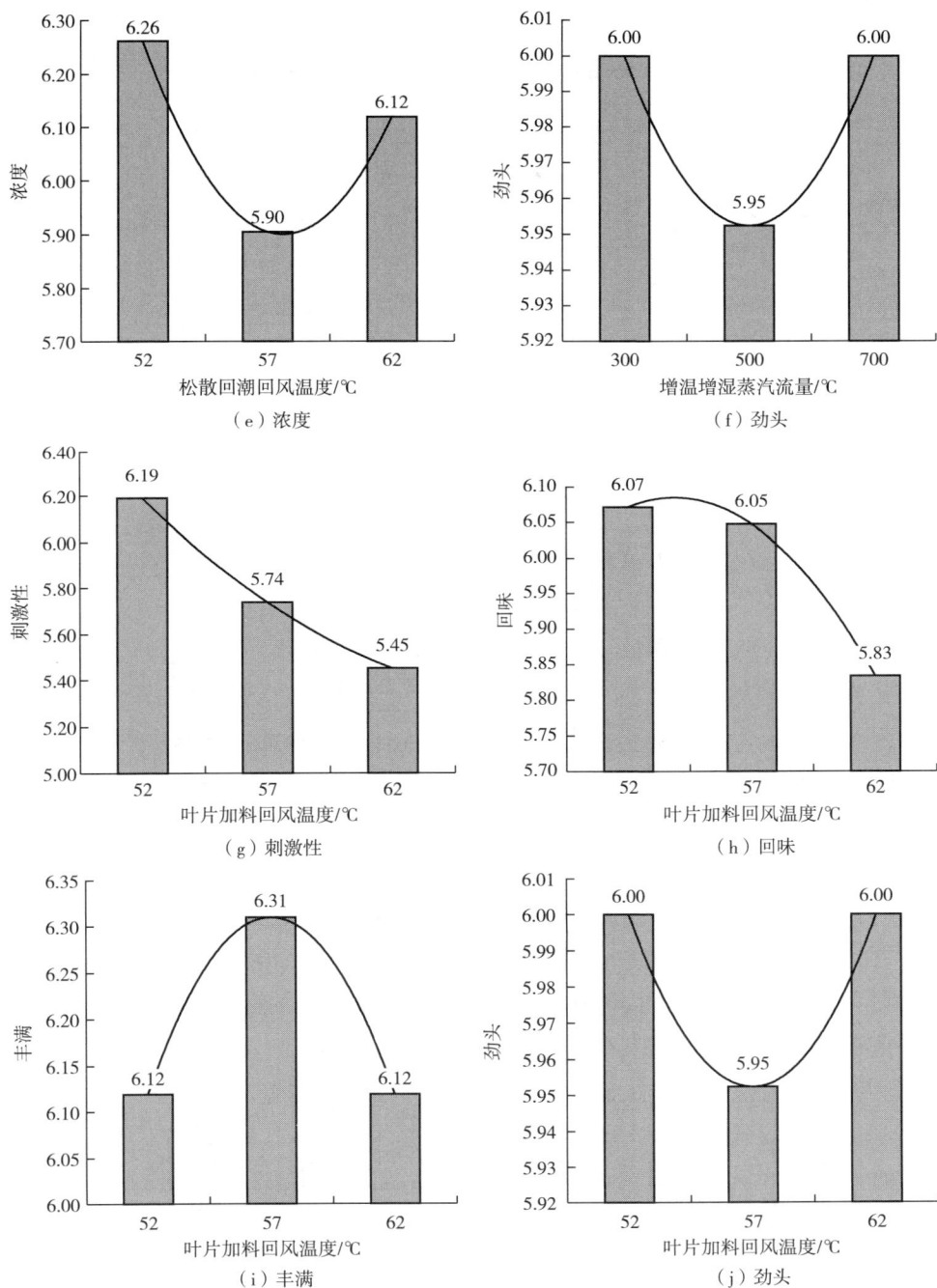

图 4-2

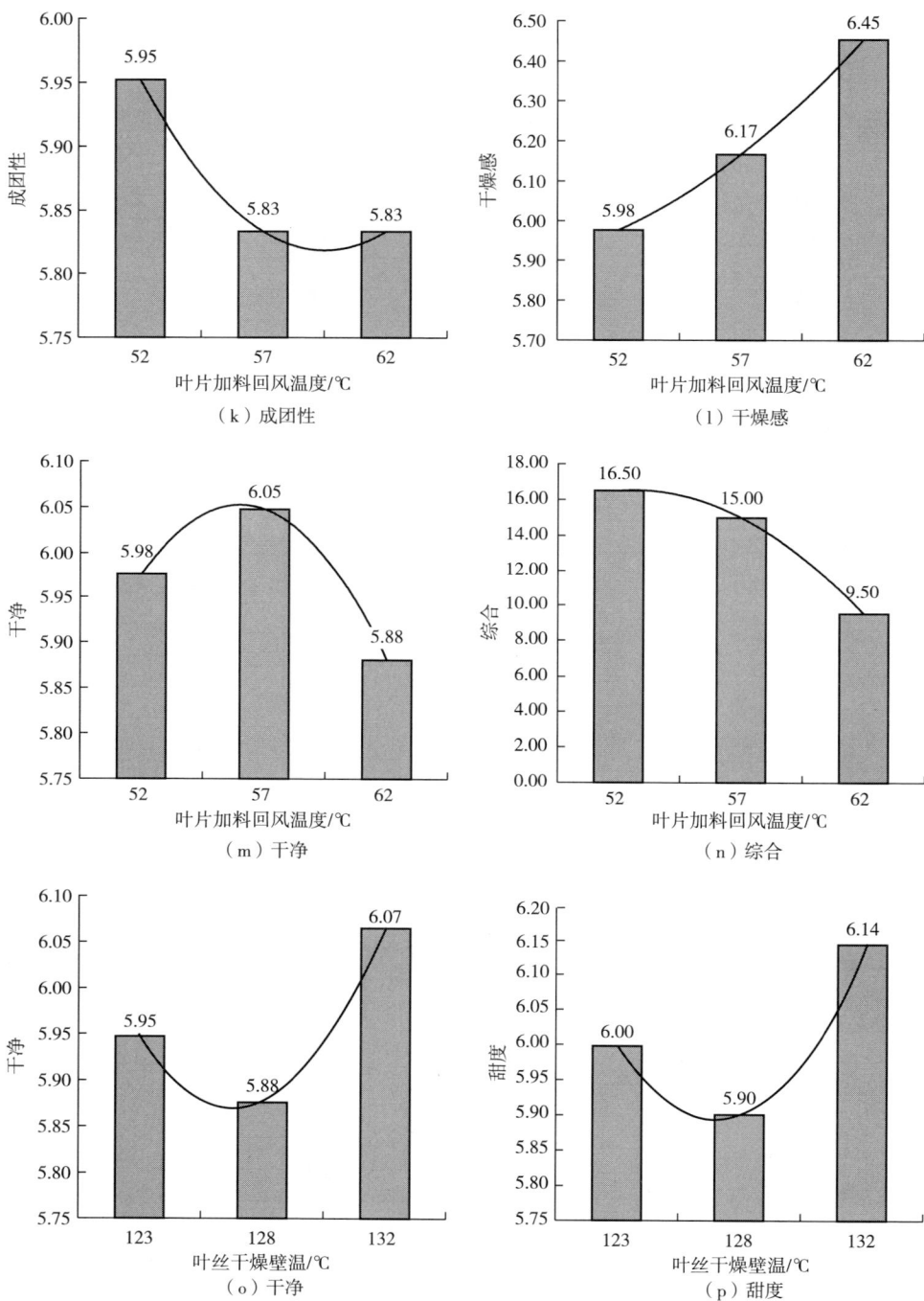

（k）成团性

（l）干燥感

（m）干净

（n）综合

（o）干净

（p）甜度

图4-2　感官评价结果多重比较与一元回归分析

丝干燥壁温分别对感官质量的不同方面有影响。譬如，从趋势上来看，松散回潮回风温度在 57 ℃附近时，细腻、成团性和综合得分最好，但浓度得分最差；松散回潮回风温度升高时，有利于干燥感的表现，但不利于成团性。叶片加料回风温度越低（在试验的数值范围内），则刺激性、回味、成团性和综合得分就越高，但干燥感得分就越低；适中的叶片加料回风温度也有利于丰满和干净度的表现。叶丝干燥壁温对干净和甜度有影响，较高的干燥壁温有利于烟丝干净和甜度的表现。

4.4 感官评价结果的多元回归分析

为综合考察多个因素对某一对象的影响，可以采用多元回归方法建立对象的预测模型。根据回归方程的不同，大致可以将多元回归分析分为多元线性回归和多元非线性回归两类。在实际运用中，应根据要解决的实际问题的不同进行选择。相对来说，多元线性回归具有模型相对简单，物理意义较为明确的优点，有更为广泛的应用。根据本部分所要研究的问题要求，采用线性回归方法可以得到物理意义较为明确的模型，便于进一步根据模型进行分析和研究，所以本文的回归分析均采用了线性回归方法。

多元线性回归的基本公式为

$$Y = \beta_0 + \beta_1 x_1 + \beta_2 x_2 + \cdots + \beta_n x_n$$

式中：Y 为响应变量；$x_i (i = 1, 2, \cdots, n)$ 为各预测变量；$\beta_i (i = 1, 2, \cdots, n)$ 为各预测变量的回归系数，β_0 为常系数，也是回归方程的截距。另外，还可以在上述基本公式中加入一些变量交叉项，以适应变量之间存在相互影响的情况。

在对烟支感官质量与工艺参数之间的关系进行回归分析时，本文采用带有交叉项的多元线性回归模型，并利用逐步回归方法，筛选出对感官质量影响显著的预测变量，建立烟支感官质量的多元线性回归模型。其中，模型的响应变量为烟支感官质量的香气质、香气量、丰满、杂气、浓度、劲头、细腻、成团性、刺激性、干燥感、干净、甜度、回味、综合得分和简单总分 15 个指标得分，分别用 y_1、y_2、$\cdots$、y_{15} 来表示；模型的预测变量为考察的松散回潮回风温度、叶片加料回风温度、叶片加料出口含水率、增温增湿蒸汽流量、叶丝干燥筒壁温度、叶丝干燥热风温度、叶丝干燥排潮负压 7 个工艺参数，分别用 x_1、x_2、$\cdots$、x_7 来表示。

在对 18 组试验数据进行分析和多元回归建模时发现，如果直接利用所有 7

个工艺参数作为自变量，则建模时容易发生"秩亏"，并导致所建模型出现"过拟合"现象。其表现如图4-3所示（以香气量为例）。其中，左边数据给出了所建模型的各项系数及各系数的 T-检验概率 P 值，显然大多数的 P 值小于 0.05；右边给出了感官质量预测值与实际评吸值的对照图，两者结果也非常接近。总之，从表面上来看，所建模型的性能非常好；但是，当给出不同于这 18 组试验数据的工艺参数组合时，所建模型的预测值经常会偏出正常结果的范围，使利用该模型进行质量评价和预测的结果往往是错误的。

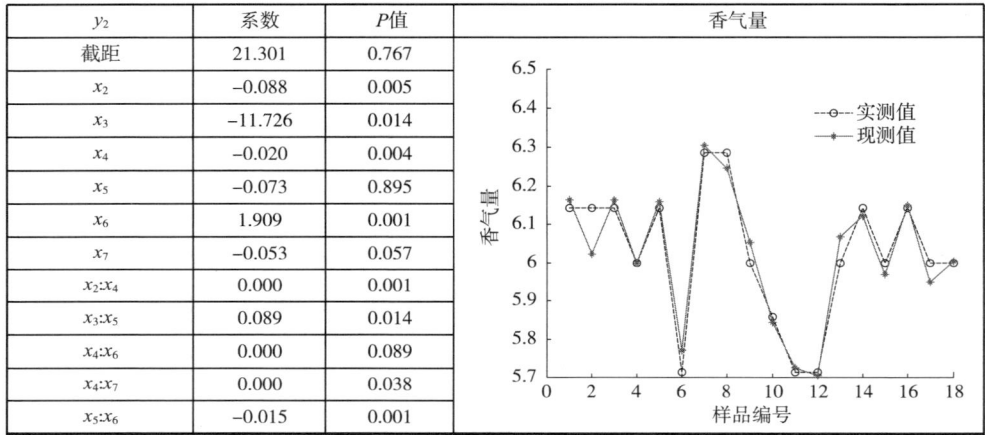

y_2	系数	P值	香气量
截距	21.301	0.767	
x_2	−0.088	0.005	
x_3	−11.726	0.014	
x_4	−0.020	0.004	
x_5	−0.073	0.895	
x_6	1.909	0.001	
x_7	−0.053	0.057	
$x_2{:}x_4$	0.000	0.001	
$x_3{:}x_5$	0.089	0.014	
$x_4{:}x_6$	0.000	0.089	
$x_4{:}x_7$	0.000	0.038	
$x_5{:}x_6$	−0.015	0.001	

图 4-3　多元回归分析的"过拟合"现象

为避免出现"过拟合"现象，在多元回归分析和建模过程中，在试验样品数据量一定的情况下，应尽量采用较少的参数作为自变量，并减少回归模型中的拟合项。本文通过大量的数据建模试验，最后决定将 7 个工艺参数分为两组分别进行建模。即松散回潮回风温度、叶片加料回风温度、叶片加料出口含水率 3 个参数作为第一组自变量；增温增湿蒸汽流量、叶丝干燥筒壁温度、叶丝干燥热风温度、叶丝干燥排潮负压 4 个工艺参数作为第二组自变量，分别对烟支感官质量各个指标进行多元回归分析和建模。这样的分组也符合烟丝加工过程中，工序参数控制的实际情况。并且，在多元线性回归模型中，只包含常数项、一次项、任意两变量之间的交叉项，而不包含二次方项和其他高次项。

表 4-3 中给出了第一组变量的建模结果，表中数据为各个感官质量指标回归模型的项系数。其中，短横线"—"表示未得到有效模型或该项不是有效项。

表 4-3　烟支感官质量第一组多元回归模型

因变量	常量	x_1	x_2	x_3	$x_1 \times x_2$	$x_1 \times x_3$	$x_2 \times x_3$
y_1	—	—	—	—	—	—	—
y_2	—	—	—	—	—	—	—
y_3	—	—	—	—	—	—	—
y_4	—	—	—	—	—	—	—
y_5	—	—	—	—	—	—	—
y_6	—	—	—	—	—	—	—
y_7	—	—	—	—	—	—	—
y_8	7.230	−0.012	−0.012	—	—	—	—
y_9	11.358	−0.024	−0.074	—	—	—	—
y_{10}	16.472	−0.228	−0.237	—	0.005	—	—
y_{11}	—	—	—	—	—	—	—
y_{12}	—	—	—	—	—	—	—
y_{13}	7.341	—	−0.024	—	—	—	—
y_{14}	53.567	—	−0.700	—	—	—	—
y_{15}	85.236	—	−0.136	—	—	—	—

　　第一组变量所建模型的诊断分析如图 4-4 所示。其中，左边图为各有效模型的增加变量图，可以根据它直观地考察回归模型的有效性；右边图为模型的交叉影响图，即模型各预测变量单独改变取值，而其余变量保持均值不变时，模型输出的变化情况。可以利用交叉影响图进一步分析各工艺参数的变化对模型输出的影响。另外，对于只有一个变量的回归模型，不再需要给出交叉影响图，可以直接在增加变量图上得出变量值发生变化时对模型输出结果的影响。

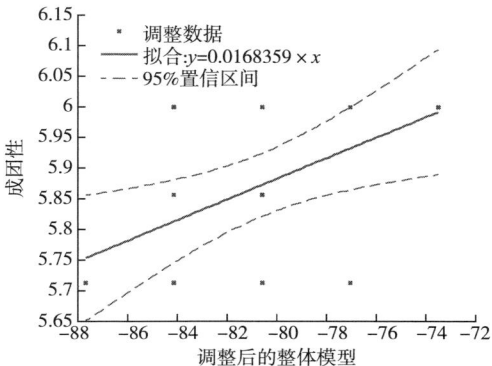

（a）成团性—增加变量图　　　（b）成团性—交叉影响图
图 4-4

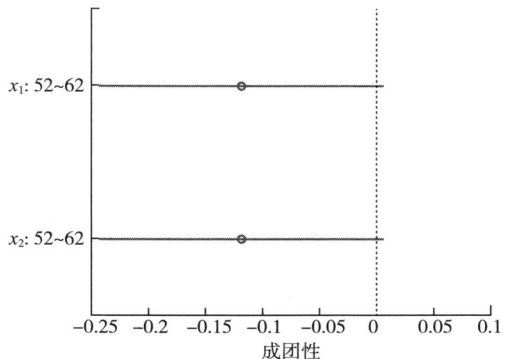

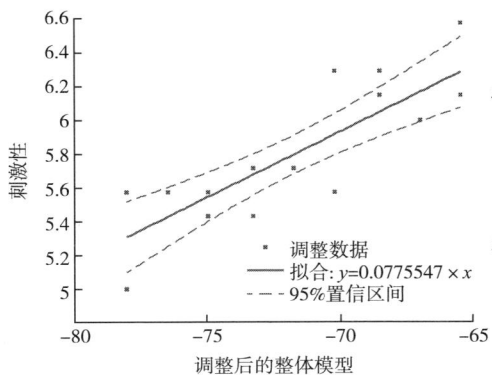

（c）刺激性—增加变量图

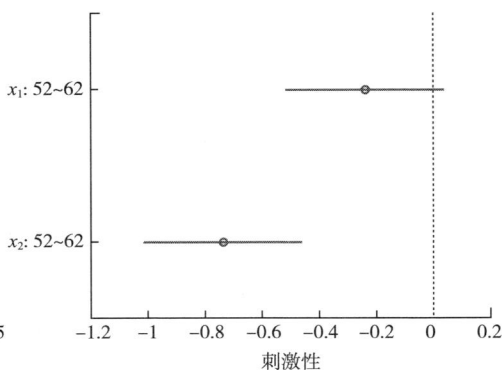

（d）刺激性—交叉影响图

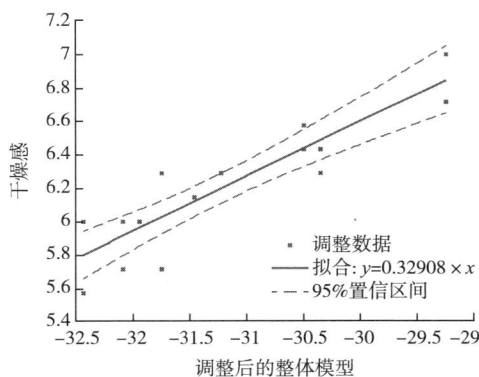

（e）干燥感—增加变量图

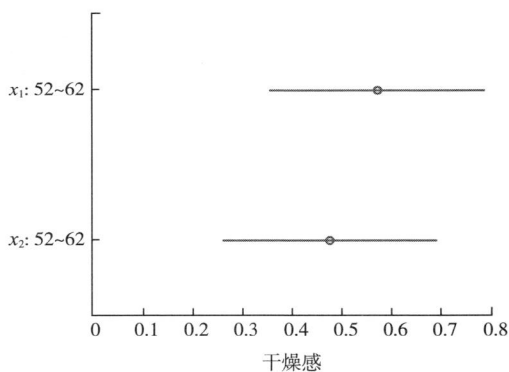

（f）干燥感—交叉影响图

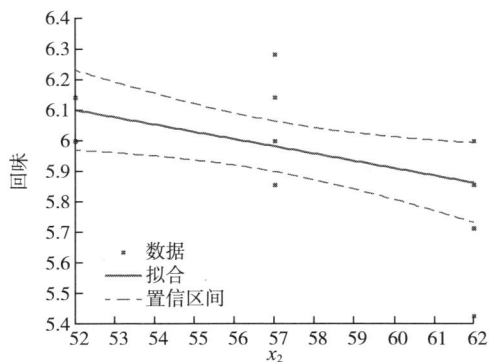

（g）回味—增加变量图

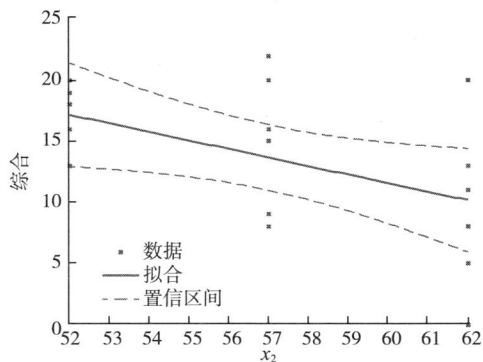

（h）综合—增加变量图

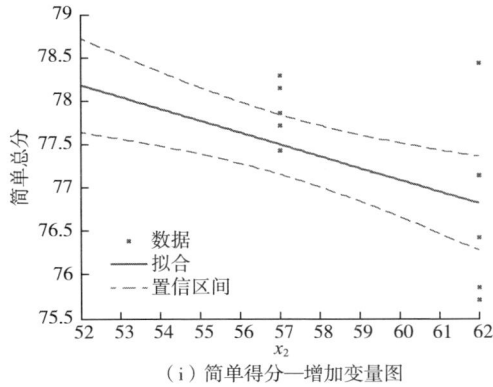

（i）简单得分—增加变量图

图 4-4 烟支感官质量第一组多元回归模型分析图

表 4-4 中给出了第二组变量的建模结果，表中数据为各个感官质量指标的回归模型的项系数。其中，短横线"—"表示未得到有效模型或该项不是有效项。

表 4-4 烟支感官质量第二组多元回归模型

因变量	常量	x_4	x_5	x_6	x_7	$x_4 \times x_5$	$x_4 \times x_6$	$x_4 \times x_7$	$x_5 \times x_6$	$x_5 \times x_7$	$x_6 \times x_7$
y_1	13.254	-0.016	-0.056	—	—	0.000	—	—	—	—	—
y_2	-116.135	—	0.934	1.183	0.886	—	—	—	-0.009	-0.007	—
y_3	—										
y_4	—										
y_5	37.743	-0.001	-0.234	—	1.663	—	—	0.000	—	-0.012	—
y_6	—										
y_7	2.201	0.003	0.119	-0.121	-0.260	—	—	0.000	—	0.008	-0.007
y_8	14.231	-0.007	—	-0.072	0.302	—	0.000	—	—	—	-0.003
y_9	11.538	0.032	0.244	-0.323	0.974	-0.001	0.000	—	—	—	-0.008
y_{10}	-21.750	0.032	—	0.241	-0.742	—	0.000	—	—	—	0.006
y_{11}	11.436	0.001	—	-0.052	0.347	—	—	0.000	—	—	-0.003
y_{12}	-16.285	-0.023	0.258	-0.100	-1.586	—	0.000	—	—	0.012	—
y_{13}	-4.073	0.037	0.113	-0.047	0.218	0.000	—	0.000	—	—	-0.002
y_{14}	-436.540	-0.660	5.662	-2.686	-38.058	—	0.006	0.002	—	0.281	—
y_{15}	-637.578	0.063	6.020	5.554	1.971	-0.001	0.001	—	-0.047	—	-0.017

第二组变量建模所得模型的诊断分析如图4-5所示。其中，左边图为各有效模型的增加变量图，可以根据它直观地考察回归模型的有效性；右边图为模型的交叉影响图，即模型各预测变量单独改变取值，而其余变量保持均值不变时，模型输出的变化情况。

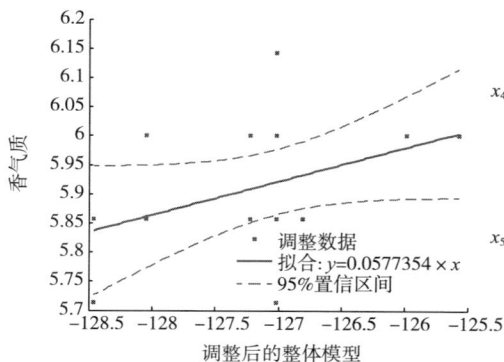

（a）香气质—增加变量图

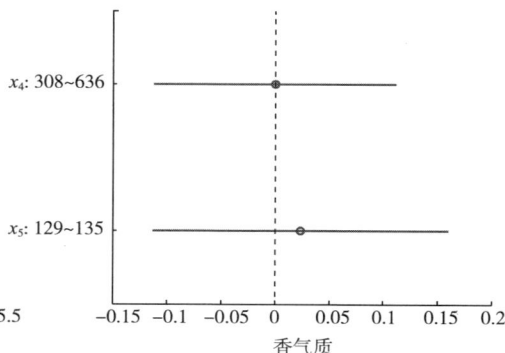

（b）香气质—交叉影响图

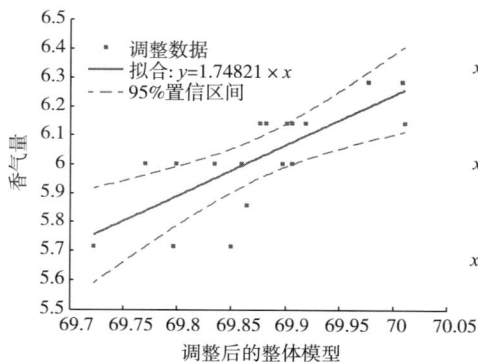

（c）香气量—增加变量图

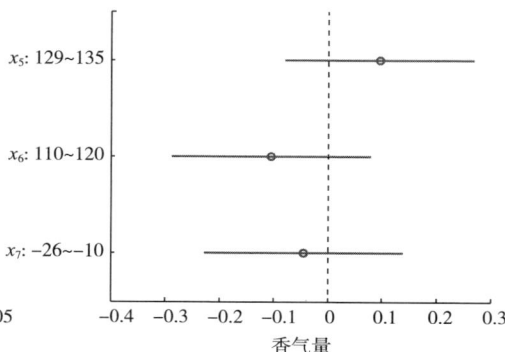

（d）香气量—交叉影响图

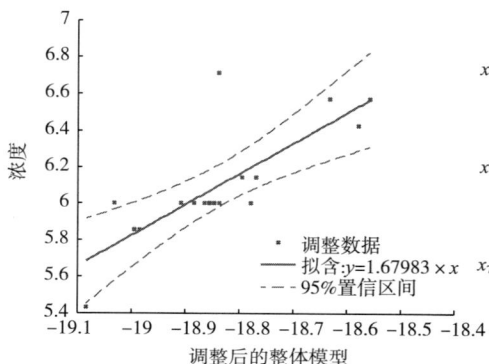

（e）浓度—增加变量图

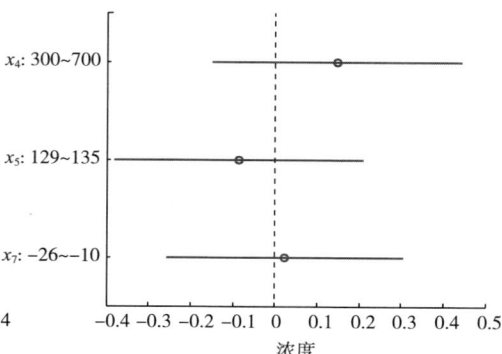

（f）浓度—交叉影响图

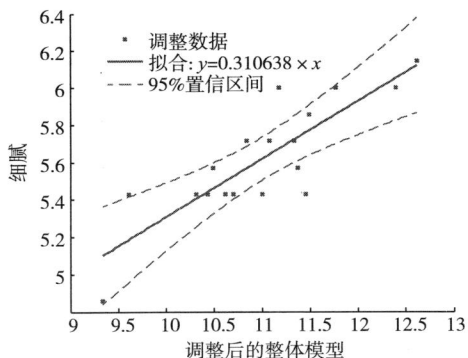

（g）细腻—增加变量图

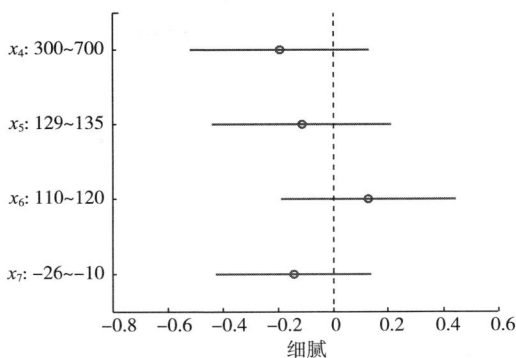

（h）细腻—交叉影响图

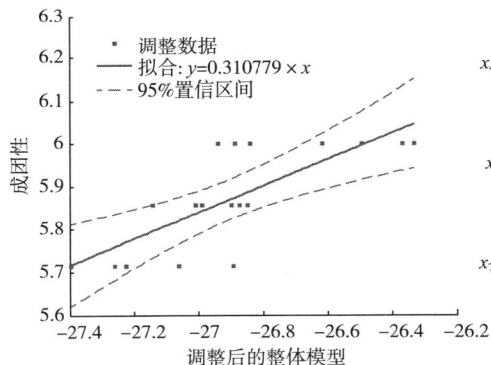

（i）成团性—增加变量图

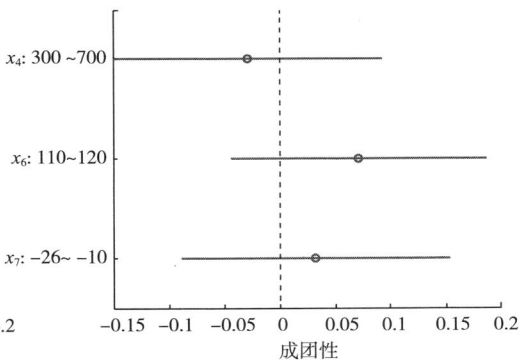

（j）成团性—交叉影响图

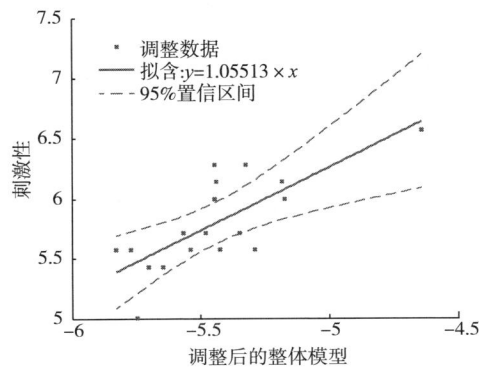

（k）刺激性—增加变量图

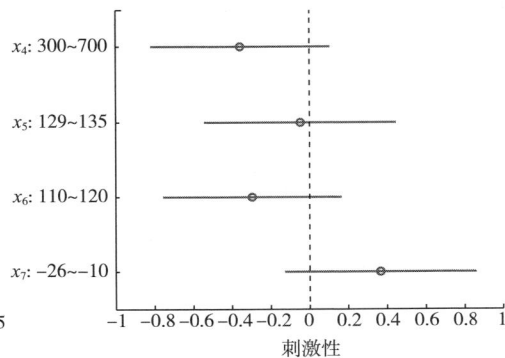

（l）刺激性—交叉影响图

图 4-5

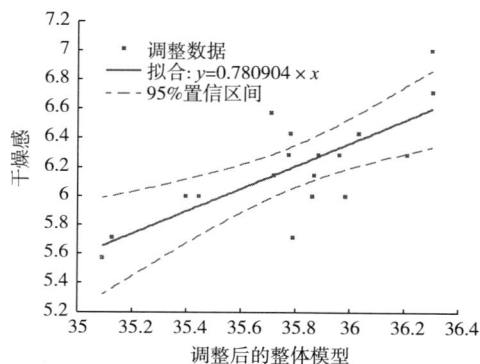

（m）干燥感—增加变量图

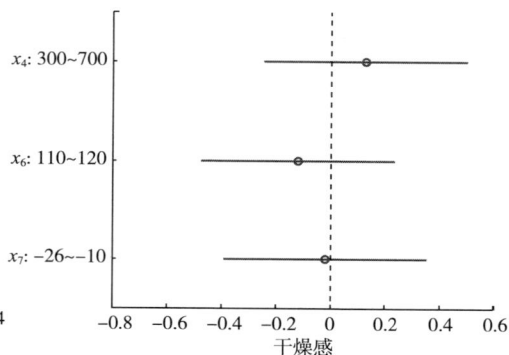

（n）干燥感—交叉影响图

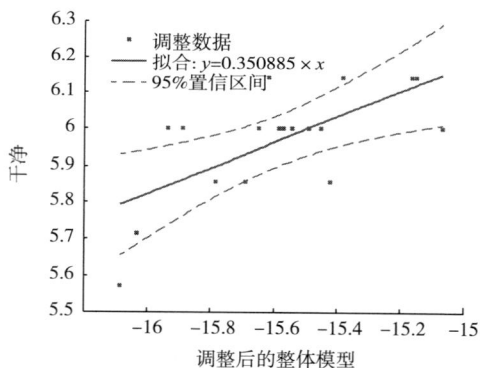

（o）干净—增加变量图

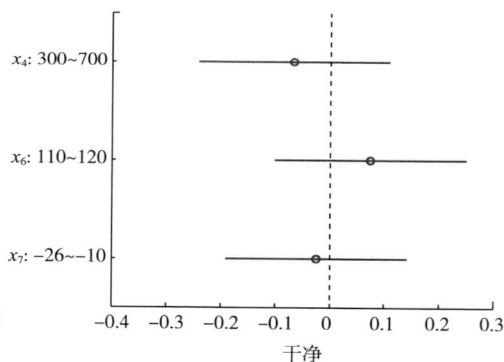

（p）干净—交叉影响图

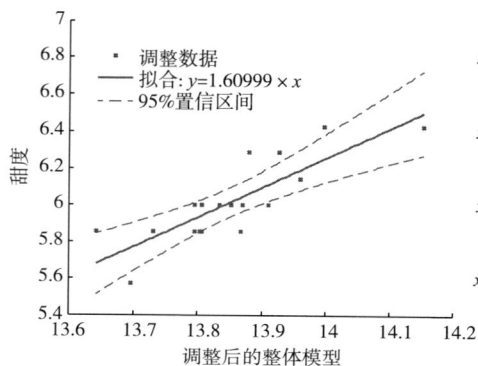

（q）甜度—增加变量图

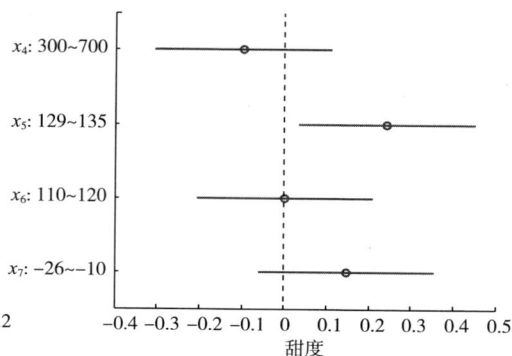

（r）甜度—交叉影响图

（s）回味—增加变量图

（t）回味—交叉影响图

（u）综合—增加变量图

（v）综合—交叉影响图

（w）简单总分—增加变量图

（x）简单总分—交叉影响图

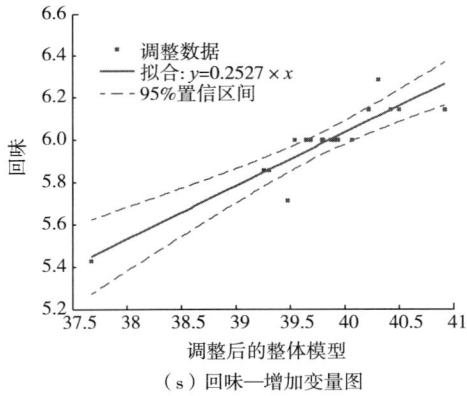

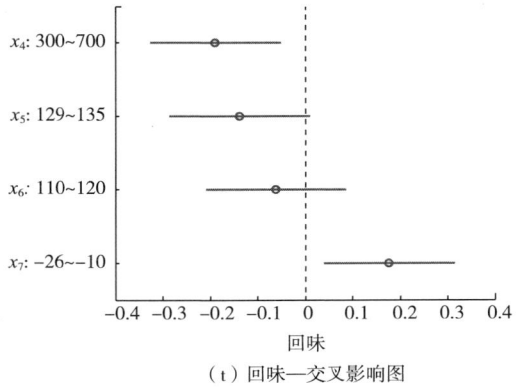

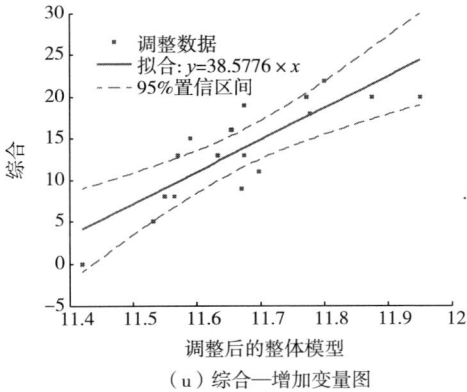

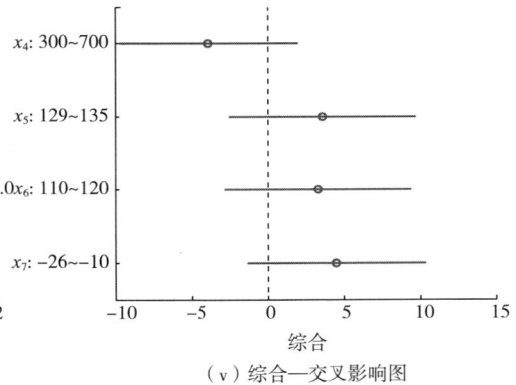

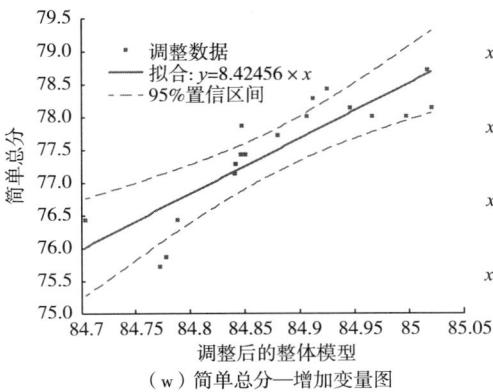

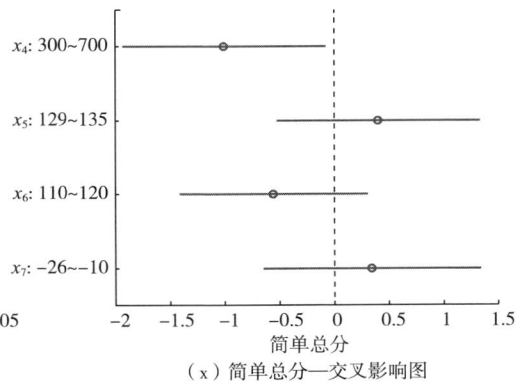

图 4-5　烟支感官质量第二组多元回归模型分析图

根据多元回归分析结果，可以得出：叶片加料出口含水率对所有感官质量指标均没有显著影响；松散回潮回风温度与成团性、刺激性、干燥感之间存在回归关系；叶片加料回风温度与成团性、刺激性、干燥感、回味、综合得分和总分之间存在回归关系；并且，两个回风温度参数均表现出相同的影响特征，即较低的回风温度有利于成团性、刺激性、回味、综合得分和总分表现，而不利于干燥感表现。

从回归分析结果还可以得出：感官质量的丰满、杂气和劲头 3 个指标与增温增湿蒸汽流量、叶丝干燥筒壁温度、叶丝干燥热风温度、叶丝干燥排潮负压 4 个工艺参数之间不存在回归关系，而其他感官质量指标均与这 4 个工艺参数之间存在一定的回归关系。其中，增温增湿蒸汽流量与香气质、浓度、细腻、成团性、刺激性、干燥感、干净、甜度、回味、综合得分和简单总分 11 个指标有关，并且与回味和简单总分之间存在显著的负回归关系，即较高的蒸汽流量会降低回味和简单总分的得分，而较低的蒸汽流量有利于提升回味和总分；叶丝干燥筒壁温度与香气质、香气量、浓度、细腻、刺激性、甜度、回味、综合得分和简单总分 9 个指标有关，并且仅与甜度之间存在显著的正回归关系，即较高的筒壁温度会提升甜度表现；叶丝干燥热风温度与香气量、细腻、成团性、刺激性、干燥感、干净、甜度、回味、综合得分和简单总分 10 个指标有关，但均没有表现出显著的影响关系，而只是表现出不同的影响趋势；叶丝干燥排潮负压与香气量、浓度、细腻、成团性、刺激性、干燥感、干净、甜度、回味、综合得分和简单总分 11 个指标有关，并且仅与回味之间存在显著的回归关系，即较低的排潮负压会提升回味得分。

4.5　参数优化

结合 HJY（LT）产品风格特点及优化改进方向，根据对工艺参数影响烟支感官质量的方差分析、回归分析的结果，松散回潮回风温度、加料回风温度、干燥热风温度和干燥筒壁温度 4 个工艺控制参数对烟支感官质量有较为明显的影响，

根据以上分析，较低的松散回潮和叶片加料回风温度有利于成团性、刺激性、回味、综合得分和总分表现，而不利于干燥感的表现。从综合评价得分来看，松散回潮回风温度在 52 ℃附近时，烟支感官质量综合评价得分最高，加料回风温度为 57 ℃时，烟支感官质量综合评价得分较高，因此，松散回潮回风温度采用 52 ℃，加料回风温度采用 57 ℃；较高的蒸汽流量会降低回味和简单总分的得分，而较低的蒸汽流量有利于提升回味和总分，干燥热风温度在 110 ℃附近

时，烟支感官质量综合评价得分较好，因此，干燥热风温度选择 110 ℃；随着干燥排潮负压的增大，烟支感官质量综合评价得分有下降趋势，因此，排潮负压选择−1 Pa；叶丝干燥筒壁温度与香气质、香气量、浓度、细腻、刺激性、甜度、回味、综合得分和简单总分 9 个指标有关，并且仅与甜度之间存在显著的正回归关系，即较高的筒壁温度会提升甜度表现，由于干燥温度与叶丝干燥出口含水率密切相关，128 ℃时出口烟丝水分较为合适，因此，筒壁温度选择 128 ℃。确定优化的工艺控制参数组合：松散回潮回风温度 52 ℃，加料回风温度 57 ℃，加料出口含水率 19.3%，干燥热风温度 110 ℃，干燥排潮负压−1 Pa。

利用优化后参数进行试验验证，优化前后产品感官质量结果如表 4-5 所示，HJY（LT）产品卷烟感官质量提升 0.8 分，其中香气和余味提升明显，香气得分提高 0.22 分，余味得分提高 0.53 分。

表 4-5 卷烟样品感官质量

产品规格	样品	光泽	香气	谐调	杂气	刺激性	余味	总分	变化
LT	优化前	5.00	28.89	5.00	10.98	17.94	22.03	89.8	0.8
	优化后	5.00	29.11	5.00	10.99	17.93	22.56	90.6	

4.6 小结

（1）在作为试验变量的 7 个工艺参数中，除加料出口含水率外，其余 6 个工艺参数均对烟支样品的感官质量有一定程度的影响，而且各自的影响趋势不尽相同。

（2）在感官质量关键指标中，成团性主要受到松散回潮回风温度和加料回风温度的影响，较低的回风温度有利于成团性表现；刺激性主要受加料回风温度的影响，较低的回风温度也有利于刺激性表现；干燥感同时受松散回潮回风温度和加料回风温度的影响，较高的回风温度有利于干燥感表现；甜度主要受干燥筒壁温度的影响，较高的壁温会提升甜度表现；回味与综合得分主要受加料回风温度的影响，较低的加料回风温度也有利于回味和烟丝综合表现。

（3）优化了制丝工艺参数，即：松散回潮热风温度 52.0 ℃，加料回潮热风温度 57 ℃，加料回潮出口含水率 19.3%，烘丝机壁温 128 ℃，排潮负压−1 Pa，热风温度 110 ℃。

5 成果应用

5.1 制订技术标准

5.1.1 制丝技术要求

针对工艺参数对卷烟质量的影响进行分级控制，一级指标为对产品质量有重大影响的指标，二级指标为对产品质量、消耗等有明显影响的指标。HJY（LT）制丝工艺要求如图 5-1 所示。

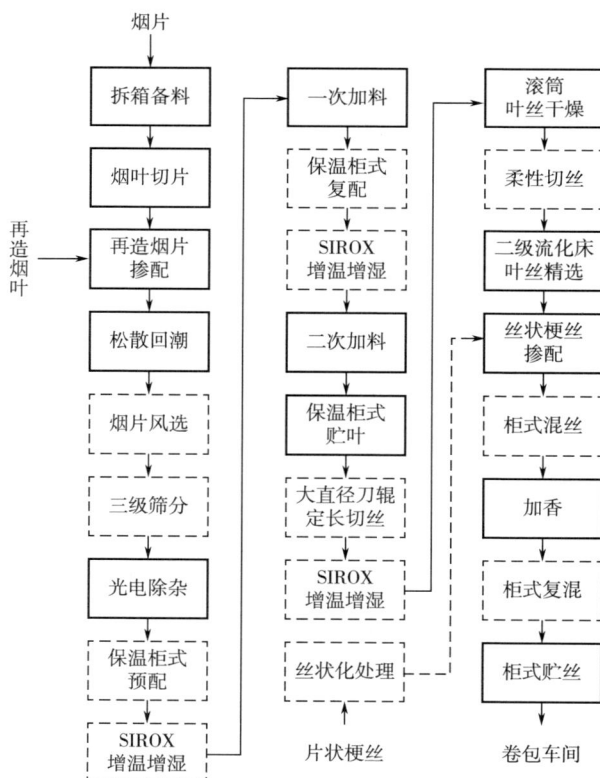

图 5-1 优化后的制丝过程工艺流程

5.1.2　卷包技术要求

制定了卷烟机各项工艺参数，如表 5-1 所示。

表 5-1　卷烟机技术要求

工序	项目	单位	技术要求	类别
风送	风送风速	m/s	17~22	A 类
卷制（VE）	大风机负压左	Pa	11000	B 类
	大风机负压右	Pa	11000	B 类
	小风机负压	Pa	1400	B 类
	平准器规格	—	槽深 3.8/2.0 mm，弧长 16 mm	A 类
	烙铁一温度	℃	250±20	A 类
	烙铁二温度	℃	250±20	A 类
	短期标准偏差	mg	≤25	B 类
	紧头位置	mm	0±3	B 类
	修整器滞后	mg	3	B 类
	短期标准偏差（平均）	mg	74	B 类
	紧头偏差（压实端位置）	mm	4.5	B 类
接装（MAX）	搓板温度	℃	225±20	A 类
	胶前温度	℃	70±20	A 类
	胶后温度	℃	90±20	B 类
	空头灵敏度	级	≥4	B 类
	超重设定	mg	50~95	B 类
	超轻设定	mg	50~95	B 类
	稀释度剔除高限	%	20~80	B 类
	稀释度剔除底限	%	0	B 类
	空头内/外排最大值	—	120	B 类
	空头内/外排最小值	—	25	B 类

5.2　应用效果

5.2.1　烟丝质量指标

分别测试卷烟机从风送前、风送后到跑条烟丝的指标变化情况，检测数据如表5-2所示。由表5-2可知，风送前后整丝率变化不大，跑条烟丝整丝率下降约17个百分点；风送前后烟丝填充值略有增加，跑条烟丝填充值明显下降；含水率在风送卷制过程降低0.34%。

表5-2　烟丝质量指标

检测项目		编号			平均值
		01	02	03	
风送前烟丝	含水率/%	12.28	12.27	12.35	12.30
	整丝率/%	79.8	79.2	79.5	79.5
	碎丝率/%	1.1	1.4	1.2	1.2
	填充值/（$cm^3 \cdot g^{-1}$）	4.29	4.23	4.29	4.30
风送后烟丝	含水率/%	12.24	12.21	12.25	12.23
	整丝率/%	78.5	79.0	78.8	78.8
	碎丝率/%	2.9	2.8	2.9	2.9
	填充值/（$cm^3 \cdot g^{-1}$）	4.07	4.09	4.14	4.32
跑条烟丝	含水率/%	11.89	11.92	11.87	11.89
	整丝率/%	61.1	60.9	61.4	61.1
	碎丝率/%	3.9	3.9	3.7	3.8
	填充值/（$cm^3 \cdot g^{-1}$）	4.06	4.02	4.07	4.1

5.2.2　卷制物理质量指标

在MES系统中分机台收集一月烟支物理指标数据（表5-3、表5-4），分析机台差异。统计数据如表5-3所示。由表中数据对比可知，各机台卷烟物理指标均达到了较高的控制水平，控制稳定；机台间通风率均值略微存在差异，极差为1.94%；其他指标各机台基本一致，达到目标要求。

表 5-3 机台烟支物理指标（机组号：A6）

质量指标	单位	平均值	标准偏差	CPK	目标	完成情况
质量	g	0.7974	0.019	1.04	≤20 mg	完成
圆周	mm	24.29	0.059	0.93	—	—
长度	mm	74.90	0.171	0.82	—	—
吸阻	Pa	1052.2	37.32	1.23	≤40 Pa	完成
硬度	%	71.65	2.67	0.81	—	—
端部落丝量	mg/支	5.98	—	—	—	—
含水率	%	12.06	—	—	—	—
含末率	%	1.49	—	—	—	—
通风率	%	15.71	1.66	1.86	±6%	完成

表 5-4 机台烟支物理指标（机组号：A8）

参数	单位	平均值	标准偏差	CPK	目标	完成情况
质量	g	0.795	0.018	1.13	≤20 mg	完成
圆周	mm	24.32	0.057	0.93	—	—
长度	mm	74.86	0.186	0.68	—	—
吸阻	Pa	1056.1	37.40	1.22	≤40 Pa	完成
硬度	%	72.93	2.59	0.67	—	—
端部落丝量	mg/支	5.58	—	—	—	—
含水率	%	12.02	—	—	—	—
含末率	%	1.48	—	—	—	—
通风率	%	17.65	1.55	1.99	±6%	完成

5.2.3 烟气指标

从表 5-5、表 5-6 可知，焦油批内极差为 0.58 mg/支，平均值为 9.38 mg/支；焦油批间极差为 0.7 mg/支，平均值为 9.47 mg/支，卷烟焦油批内、批间偏差均得到较好控制，达到项目目标。

表 5-5　批内烟气指标检测结果

序号	抽吸口数/ （口·支$^{-1}$）	总粒相物/ （mg·支$^{-1}$）	水分/ （mg·支$^{-1}$）	焦油量/ （mg·支$^{-1}$）	烟碱量/ （mg·支$^{-1}$）	一氧化碳量/ （mg·支$^{-1}$）
1	5.0	11.80	1.46	9.45	0.89	10.0
2	5.0	11.46	1.30	9.28	0.88	10.0
3	5.0	11.56	1.36	9.31	0.89	10.0
4	5.1	11.81	1.50	9.41	0.90	10.0
5	5.1	11.92	1.50	9.50	0.92	10.1
6	5.1	11.48	1.32	9.26	0.90	9.9
7	5.2	11.73	1.27	9.54	0.92	10.2
8	5.3	11.70	1.40	9.38	0.92	9.9
9	5.2	11.54	1.37	9.27	0.90	10.0
10	5.3	11.56	1.36	9.28	0.92	9.9
11	5.2	11.74	1.36	9.44	0.94	9.9
12	5.4	12.04	1.52	9.58	0.94	10.3
13	5.4	11.94	1.42	9.63	0.89	10.3
14	5.1	11.54	1.43	9.25	0.86	10.0
15	5.1	11.60	1.43	9.31	0.86	10.0
16	5.2	11.50	1.32	9.32	0.86	10.1
17	5.3	11.79	1.36	9.54	0.89	10.3
18	5.4	11.83	1.38	9.56	0.89	10.2
19	5.2	11.93	1.52	9.52	0.89	10.3
20	5.2	11.86	1.48	9.50	0.88	10.2
21	5.2	11.76	1.48	9.40	0.88	10.0
22	5.3	11.70	1.40	9.40	0.90	9.8
23	5.1	11.72	1.38	9.48	0.86	10.1
24	5.1	11.21	1.30	9.05	0.86	9.8

续表

序号	抽吸口数/ （口·支⁻¹）	总粒相物/ （mg·支⁻¹）	水分/ （mg·支⁻¹）	焦油量/ （mg·支⁻¹）	烟碱量/ （mg·支⁻¹）	一氧化碳量/ （mg·支⁻¹）
25	5.1	11.44	1.31	9.27	0.86	9.8
26	5.2	11.46	1.42	9.16	0.88	10.3
27	5.2	11.68	1.48	9.31	0.89	10.3
28	5.3	11.64	1.43	9.31	0.90	10.3
29	5.2	11.54	1.44	9.22	0.88	10.0
30	5.3	11.86	1.36	9.56	0.94	10.1
最大值	5.4	12.04	1.52	9.63	0.94	10.3
最小值	5.0	11.21	1.27	9.05	0.86	9.8
平均值	5.2	11.68	1.40	9.38	0.89	10.1
极差	0.4	0.83	0.25	0.58	0.08	0.5

表 5-6　不同月份烟气指标检测结果

收样日期	平均口数/ （口·支⁻¹）	总粒相物/ （mg·支⁻¹）	水分/ （mg·支⁻¹）	焦油量/ （mg·支⁻¹）	烟气烟碱/ （mg·支⁻¹）	一氧化碳/ （mg·支⁻¹）
2020 年 5 月	5.6	11.29	1.16	9.3	0.86	8.7
	5.7	11.05	0.98	9.2	0.86	8.5
	5.9	11.97	1.33	9.8	0.87	9.3
2020 年 6 月	5.4	10.94	0.97	9.1	0.84	8.8
	5.5	10.97	1.02	9.1	0.82	8.7
	5.4	11.25	1.26	9.1	0.86	8.8
	5.5	11.4	1.17	9.4	0.86	8.8
2020 年 7 月	5.8	12.1	1.32	9.8	0.94	9.9
	5.5	10.97	1.08	9.1	0.82	8.8
	5.8	11.67	1.21	9.5	0.94	9.4
	5.6	11.16	1.04	9.2	0.88	8.6

续表

收样日期	平均口数/ (口·支⁻¹)	总粒相物/ (mg·支⁻¹)	水分/ (mg·支⁻¹)	焦油量/ (mg·支⁻¹)	烟气烟碱/ (mg·支⁻¹)	一氧化碳/ (mg·支⁻¹)
2020 年 8 月	5.5	11.65	0.94	9.8	0.89	9.1
	5.6	11.33	0.81	9.6	0.88	9
	5.6	11.43	0.82	9.7	0.89	9.3
	5.6	11.54	0.82	9.8	0.9	9.3
2020 年 9 月	5.8	11.64	0.92	9.8	0.94	9.4
	5.6	11.78	1.22	9.6	0.92	9.3
	5.7	11.68	1.12	9.6	0.91	9
	5.7	11.66	1.26	9.5	0.92	9.1
2020 年 10 月	5.7	11.39	1.08	9.4	0.9	9.2
	5.6	10.96	0.93	9.2	0.85	9
	5.6	11.38	1	9.5	0.88	9.7
	5.6	11.4	1.08	9.5	0.86	9.3
2020 年 11 月	5.8	11.37	1.06	9.5	0.82	9.2
	5.6	11.72	1.02	9.8	0.91	9.8
	5.6	11.58	1.13	9.6	0.88	10
	5.5	11.45	1.06	9.5	0.9	9.2
2020 年 12 月	5.6	11.7	1.27	9.6	0.88	9.7
	5.5	11.35	1.18	9.3	0.88	9.1
	5.7	11.33	1.1	9.3	0.9	9
最大值	—	—	—	9.8	0.94	10
最小值	—	—	—	9.1	0.82	8.5
极差	—	—	—	0.7	0.12	1.5
平均值	—	—	—	9.47	0.88	9.17

5.2.4 感官质量

组织公司评委对优化前后卷烟感官质量进行评价（表 5-7），结果表明：卷烟刺激性、甜润感、余味等方面得到改善，达到优化目的。

表 5-7　优化前后感官质量

样品	优点	缺点
优化前	烟气透发 4 人，甜润好 5 人，香气饱满 6 人，余味较舒适 7 人，柔和 1 人	略有刺激 1 人、稍有残留 2 人，透发稍欠 1 人，稍粗糙 1 人
优化后	烟气透发 4 人，甜润好 2 人，香气好 1 人，余味较舒适 1 人，柔和 1 人	略有刺激 4 人，饱满度欠 2 人，杂气 2 人、稍干燥、烟气浑浊、余味稍欠各 1 人

5.2.5　消耗测试

短支卷烟关键技术研究项目通过烟丝形态结构对卷烟质量的影响研究，提高了烟丝的纯净度，减少了剔除梗签中的烟丝含量，降低了消耗；同时通过卷烟机参数优化，降低了不合格烟支的产生，原料有效利用率得到提升，LT 单箱原料消耗从 2018 年的 31.7 kg 降低到 31.2 kg，达到了项目目标。

6 结论及创新点

6.1 结论

（1）短支卷烟特征分析。收集了国内 13 个市场销售的主流短支卷烟，并从物理指标、烟气指标范围及稳定性、烟丝组分及结构、烟支结构、三纸一棒和感官质量方面进行了剖析，结论如下。

从卷烟物理指标标偏分析来看，河南卷烟工业企业控制水平处于行业平均水平，通风率控制的稳定性比常规卷烟差，硬度率控制的稳定性差于常规卷烟。

从卷烟物理指标均值分析来看，短支卷烟密度普遍较高，BNNX 和 LT 相比行业短支卷烟的烟丝密度低、平均水平高，LT 及 BNNX 卷烟硬度处于行业平均水平。

从烟丝组分及结构来看，国内短支卷烟烟丝组分含有叶丝、梗丝、膨胀丝和薄片丝，个别品牌短支卷烟仅含有叶丝，烟丝宽度范围在 0.9~1.1 mm，部分高档烟也加有梗丝，说明少量使用梗丝并未对产品品质造成不利影响，反而可以增加烟丝填充值，改善卷烟质量的稳定性。

行业短支卷烟产品卷烟纸透气度在 55~70 CU，豫产卷烟品牌产品卷烟纸透气度处于行业平均水平；行业短支卷烟产品卷烟纸定量普遍为 30 g/m²，豫产卷烟品牌产品卷烟纸定量与行业相当。

短支卷烟滤棒采用 4 种结构类型；说明各个中烟为吸引消费者，对卷烟滤棒进行了多样化的设计和应用。

在接装纸方面，接装纸长度平均值为 31.5 mm，最长 37 mm，最短 27 mm；接装纸长度与滤棒长度之差的平均值为 7.7 mm，差值最大 12 mm，最小 5 mm。各中烟接装纸普遍采用预打孔工艺，有利于产品质量的控制，同时带打孔设计方面差异较大，呈现多样性，说明不同中烟在通风率设计方面存在不同的思考和认识。

烟气烟碱量方面：常规>短支，短支及常规卷烟的烟气烟碱平均值分别为 0.86 mg/cig 和 0.87 mg/cig。BNNX 和 LT 的烟碱释放水平高于行业平均水平。卷烟焦油量水平方面：常规>短支，BNNX 和 LT 的焦油量水平高于行业平均水平。烟气一氧化碳量水平方面：常规>短支，BNNX 和 LT 的一氧化碳释放水平高于行业平均水平。卷烟抽吸口数方面：常规卷烟的抽吸口数略高，短支及常规卷烟的抽吸口数平均值分别 5.5 口/cig 和 6.2 口/cig；BNNX 和 LT 的抽吸口数低于行业平均水平。

13 个卷烟样品的感官质量表现较好，本香突出，满足感强，风格特征差异明显；但均存在烟支后半段烟气浓度偏高、刺激性和余味有待提升的问题。

从批次数据看，HJY（LT）烟丝结构、填充值均处于稳定状态，差异不大，但不同批次数据有一定差异，这可能是影响卷烟质量的重要因素。

不同机台卷烟单支质量、吸阻差异较小，均在标准控制范围内，但不同机台也有一定差异。机组间总通风率均值差异 5.3%。其中滤棒通风率均值差异 6.6%，烟支段通风率差异 2.9%，滤棒通风率对总通风率的影响高于烟支段；通风率均值变化与标偏变化趋势不一致，说明均值与通风率标偏无明显的相关性；3 台卷烟机总通风率标偏>烟支段通风率标偏>滤棒通风率标偏，呈现同样的规律，说明对于通风率标偏来讲，烟支段对卷烟通风率的稳定性造成了更大的影响。

（2）适用于短支卷烟的烟丝形态特征研究。从切丝、筛分、风选工序研究了切丝宽度和长度、碎片规格、烟丝纯净度对烟丝结构及卷烟质量的影响，优化了烟丝结构。

烟丝长度和烟丝宽度对烟丝结构有重要的影响，烟丝宽度变化对卷烟质量指标的影响与烟丝长度变化试验具有相同的趋势。烟丝结构对短支卷烟物理指标的稳定性影响由强到弱依次为吸阻>含末率>吸阻标偏>端部落丝量>硬度；对短支卷烟物理质量及其稳定性产生主要影响的烟丝结构分布为 3.35~10 mm 的中长烟丝和 2.25 mm 以下的短、碎丝，其中 3.35~5.00 mm 和 2.25 mm 以下的烟丝对烟支物理质量呈负影响，5.00~10.00 mm 的烟丝对烟支物理质量呈正影响。在短支卷烟实际生产中可针对波动较大的物理指标，通过适当增加中长烟丝，减少短、碎丝的比例，提升短支卷烟的物理质量及其稳定性。

随着筛网网孔直径的增加，筛除烟片的量显著增加，筛除的 2 mm 以下烟末占比较低，不超过投料量的 0.16%，筛除碎片主要为 2.0 mm 以上的碎片，说明控制筛网规格对制丝线消耗具有重要作用。随着筛网孔经的增加，卷烟单支质量、吸阻和硬度标偏呈增大趋势，总通风率均值呈降低趋势，标偏变化不大；筛分对烟气和感官质量的影响不明显。

　　风选风量对烟丝纯净度有显著影响，烟丝纯净度对卷烟物理指标影响不显著，主要原因可能与卷烟机梗签剔除有关；随着纯净度的增加，卷烟抽吸口数有所减少，总粒相物无明显变化趋势，烟气烟碱量、焦油量、一氧化碳量等都有不同程度的降低。

　　加工过程对烟丝结构有重要影响。切丝后 6.50～8.00 mm 烟丝与烘丝后 3.35～8.00 mm 烟丝、烘丝后 3.35～10.00 mm 烟丝与加香后 2.50～6.50 mm 烟丝、加香后 3.35～8.00 mm 烟丝与卷烟机料斗处 3.35～8.00 mm 烟丝均存在较强正关联性。

　　不同工序的烟丝结构各有差异，但整体来看，整丝率分布在 70.00%～80.00%；长丝率有很大比重，占 40.00% 以上；中丝率次之，占 20.00%～30.00%；碎丝率波动较小，在 2.00% 以下。在短支卷烟烟丝的加工过程中，烟丝结构变化较大，整丝率和长丝率都在逐渐下降，中丝率上升，短丝率比较稳定。

　　短支卷烟长丝率降低 10.79%，中丝率增加 15.13%，吸阻标偏为 40.5 Pa，降低了 6.25%；通风率标偏为 1.831%，降低了 15.91%；烟支硬度标偏为 1.84%，降低了 22.03%；端部落丝量为 8.5 mg/支，降低了 23.21%。

　　（3）通风率控制技术研究。采用文献调研、历史数据统计分析、试验验证的方法研究了三纸一棒对通风率的影响，明确了标准的适宜性及管控措施。

　　研究了接嘴胶黏度、浸润性能与烟支通风率的关系，结果表明均值有显著的负相关关系，与通风率标偏和通风率变异系数没有显著的相关关系。

　　研究了接装纸包角角度对通风率的影响，包角角度在 15～17° 时，通风率标偏稳定性较好。

　　研究了烟支单支质量和总通风率的关系，烟支总通风率随烟支质量的增大而增大。

　　制定了短支卷烟通风率稳定性管控措施。HJY（LT）总通风率组内标偏 ≤1.8% 的占比逐步提高，组内波动值逐步降低，HJY（LT）组内中通风率标偏小于 1.8% 的占比分别为 95%、90.24%，组内波动值分别为 5.84%、5.64%（<6.00%）。

　　形成了烟丝形态、烟丝物理指标、卷制和接装过程控制技术，确定了 4 个方面的控制指标、控制参量和控制手段，形成了"测、调、控"短支卷烟质量稳定性关键工艺控制技术，为短支卷烟质量稳定性提升提供了控制分析方法。

　　（4）制丝工艺参数对感官质量的影响。研究了制丝过程 7 个关键工艺参数对感官质量的影响，除加料出口含水率外，其余 6 个工艺参数均对烟支样品的感官质量有一定程度的影响，而且各自的影响趋势不尽相同。

在感官质量关键指标中，成团性主要受到松散回潮回风温度和加料回风温度的影响，较低的回风温度有利于成团性表现；刺激性主要受加料回风温度的影响，较低的回风温度也有利于刺激性表现；干燥感同时受松散回潮回风温度和加料回风温度的影响，较高的回风温度有利于干燥感表现；甜度主要受干燥筒壁温度的影响，较高的壁温会提升甜度表现；回味与综合得分主要受加料回风温度的影响，较低的加料回风温度也有利于回味和烟丝综合表现。

优化了制丝工艺参数：松散回潮热风温度 52.0 ℃，加料回潮热风温度 57 ℃，加料回潮出口含水率 19.3%，烘丝机壁温 128 ℃，排潮负压−1 Pa，热风温度 110 ℃。

6.2 创新点

（1）创新点一：揭示了短支卷烟烟丝长度分布在加工过程的变化规律，建立了基于烟丝填充系数的卷制适用性评价方法。

运用灰色关联法对关键工序的烟丝结构进行关联，采用最短距离法对关联度进行聚类分析，明确烟丝长度分布在切丝、烘丝、风选、加香及卷制工序中的变化，以及对卷制质量的影响，提出了烟丝结构适宜的控制区间。

结合烟丝尺寸分布、烟丝弹性、填充值等关键指标对卷烟质量的影响，建立了利用烟丝填充系数评价烟丝适用性的方法。烟丝的填充系数越高，卷烟质量指标越稳定。

$$S = 1.01 \times \lambda \times \theta \times \frac{H}{H_1} + 0.97 \times \frac{A - A_1}{A} + 1.04 \frac{B_1 - B}{B} +$$

$$1.02 \frac{C_1 - C}{C} + 0.98 \frac{D - D_1}{D} + 0.21 \frac{E - E_1}{E}$$

（2）创新点二：开发了筛分、风选与断丝相结合的烟丝结构调控技术。

烟丝结构调控技术采用先选（筛分、风选）后断（烟丝打断）再筛分的创新工艺，通过优化松散回潮、加料、切丝和加香工序筛网规格，调控碎丝含量；利用风选工序一级风选将干燥后的中长烟丝分离，在二级风选设置断丝装置将烟丝打短，实现烟丝结构的定向调控。

（3）创新点三：开发了预打孔卷烟无胶区检测及通风稳定性控制技术。

烟支无胶区检测是利用机器视觉提取接装纸的上胶区域图像信息，检测施胶位置、面积、搭接情况，用于判定接装纸施胶状态及分切位置是否准确，指导调整接装纸包角及纠偏系统，进而提高卷烟通风率的稳定性。

（4）创新点四：集成研究成果，进行系统参数优化，形成了"测、定、调、控"短支卷烟关键工艺控制技术。

综合应用制丝精准投料、低温加料、烟丝调控、加香加料瞬时精度控制和卷制通风率调控等技术，形成"测"烟丝形态、"定"工艺参数、"调"烟丝结构、"控"质量指标的短支卷烟关键加工技术，构建了一套短支卷烟工艺技术标准体系，使产品质量显著提升。

参考文献

［1］余娜，申晓锋，徐大勇，等．基于分形理论的烟丝尺寸分布表征方法［J］．烟草科技，2012，45（4）：5-8．

［2］余娜．片烟结构与叶丝结构关系研究［D］．郑州烟草研究院，2012．

［3］申晓锋，李华杰，李善莲，等．烟丝结构表征方法研究［J］．中国烟草学报，2010，16（2）：20-25．

［4］罗登山，曾静，刘栋，等．叶片结构对卷烟质量影响的研究进展［J］．郑州轻工业学院学报（自然科学版），2010，25（2）：13-17．

［5］夏营威，冯茜，赵砚棠，等．基于计算机视觉的烟丝宽度测量方法［J］．烟草科技，2014，47（9）：10-14．

［6］堵劲松，申晓锋，李跃峰，等．烟丝结构对卷烟物理指标的影响［J］．烟草科技，2008（8）：6．

［7］李善莲，申晓锋，李华杰，等．烟丝结构对卷烟端部落丝量的影响［J］．烟草科技，2010，43（2）：5-7，10．

［8］Shen J，Li J，Qian X，et al．A review on engineering of cellulosic cigarette paper to reduce carbon monoxide delivery of cigarettes［J］．Carbohydrate Polymers，2014，101：769-775．

［9］Li B，H R Pang，J Xing，et al．Effect of reduced ignition propensity paper bands on cigarette burning temperatures［J］．Thermochimica Acta，2014，579：93-99．

［10］谢卫，黄朝章，苏明亮，等．辅助材料设计参数对卷烟7种烟气有害成分释放量及其危害性指数的影响［J］．烟草科技，2013，46（1）：31-38．

［11］李斌，庞红蕊，谢国勇，等．卷烟纸助燃剂含量与定量对卷烟燃吸温度分布特征的影响［J］．烟草科技，2013，46（12）：45-49．

［12］赵乐，彭斌，于川芳，等．辅助材料设计参数对卷烟7种烟气有害成分释放量的影响［J］．烟草科技，2012，45（10）：46-50，84．

［13］庞永强，黄春晖，陈再根，等．通风稀释对卷烟燃烧温度及主流烟气中主要有害成分释放量的影响［J］．烟草科技，2012，45（11）：29-32．

［14］黄朝章，李桂珍，连芬燕，等．卷烟纸特性对卷烟主流烟气7种有害成分释放量的影响［J］．烟草科技，2011，44（4）：29-32．

［15］常纪恒，赵荣，余振华，等．滤嘴成型工艺参数与质量稳定性的关系［J］．烟草科技，2007，40（1）：5-9，14．

[16] 常纪恒，阮晓明，赵荣，等．滤嘴物性参数之间的相关关系 [J]．烟草科技，2003，36（10）：9-12.

[17] 邓国栋，堵劲松，张玉海，等．不同卷烟机型对烟丝造碎的影响 [J]．烟草科技，2012，45（8）：8-11.

[18] 沈晓晨，刘献军，庄亚东，等．烟丝分布对卷烟主流烟气中氨和焦油释放量的影响 [J]．烟草科技，2013，46（6）：37-39.

[19] 李斌，孔臻，冯志斌，等．测定卷烟机剔除梗签物中含烟丝量的仪器：中国，10168642.9 [P]．2011.

[20] 曾静，李斌，冯志斌，等．卷烟机剔除梗签物中含丝量的检测 [J]．烟草科技，2012，45（8）：5-7，11.

[21] 江威，张国智，冯志斌，等．利用烟丝含签率检测仪研究加工工艺对烟支含签率的影响 [J]．食品与机械，2014，30（5）：161-166，228.

[22] Li B, H R Pang, L C Zhao, et al. Quantifying Gas-Phase Temperature inside a Burning Cigarette [J]. Industrial & Engineering Chemistry Research, 2014, 53 (18): 7810-7820.

[23] Li B, L Zhao, C Yu, et al. Effect of Machine Smoking Intensity and Filter Ventilation Level on Gas-Phase Temperature Distribution Inside a Burning Cigarette [J]. Beiträge zur Tabakforschung International/Contributions to Tobacco Research, 2014, 26 (4): 13.

[24] 李少平，范磊，王秋领，等．YJ19 卷烟机紧头位置自动调整机构的改进 [J]．烟草科技，2012，45（8）：5-7，11.

[25] 李少平，赵红霞，范磊，等．PASSIM 卷接机组风室导轨的改进 [J]．烟草科技，2012，45（9）：28-30.

[26] 游激，颜邦民，胡伦明．卷烟胶生产中黏度的控制 [J]．化学与粘合，2009，31（4）：54-56.

[27] 何平生，蒋浩，文化．接嘴胶贮存环境温度对烟支总通风率的影响 [J]．轻工科技，2017，33（2）：96-97.

[28] 谷春亮．ZJ17 生产预打孔卷烟通风率影响因素研究 [J]．机械工程师，2014（10）：257.

[29] 岳晓，凤张寅．预打孔卷烟通风率控制技术研究 [J]．山东工业技术，2018（2）：50.

[30] 周诗伟．ZJ112 型卷接机组异步上胶方式适应预打孔水松纸的研究 [J]．湖南文理学院学报（自然科学版），2018，24（2）：54-56.

[31] 赵龙，李忱臻，余宇文．预打孔水松纸间隔涂胶位置偏移故障分析及对策 [J]．中国科技信息，2013（23）：52-54.

[32] 郭妮，杨维平，李明．PASSIM 卷接机组供丝量的统计分析 [J]．烟草科技，2014（3）：5.

[33] 菅威，杨时政，宋金华，等．PROTOS70 卷烟机工艺参数与烟支重量控制稳定性的关系研究 [J]．安徽农学通报，2013（20）：95-96.

[34] 吕祥敏，赵朋贤，李秋彤，等．控制图在卷烟质量稳定性中的应用［J］．安徽农业科学，2012，40（10）：3．

[35] 陈智鸣，吴敬华，杜媚，等．卷接机回丝量与卷烟卷制质量的相关性研究［J］．大众科技，2011（11）：3．

[36] 叶侠英，刘娟娟．卷烟端部落丝量与烟丝含末率关系研究［J］．江西食品工业，2009（2）：2．

[37] 贺万华，曹兴洪，范康君，等．卷烟制丝和卷制过程中主要质量指标与消耗指标的关系及评价方法［J］．中国烟草学报，2007．

[38] 孙宇，初杰．卷接机组烟丝最佳回丝量的确定［J］．烟草科技，2000（10）：2．

[39] 魏玉玲，阴耕耘，李绍臣，等．几个重要制丝工序对烤烟烟丝填充值和碎丝率的影响［J］．云南大学学报（自然科学版），2010，32（1）：183-186．

[40] 王晓燕，郑利锋，吴金凤，等．不同卷烟机卷制对配方烟丝结构与卷制质量的影响［J］．轻工科技，2012，28（9）：126-127．

[41] 申晓锋，李华杰，李善莲，等．烟丝结构表征方法研究［J］．中国烟草学报，2010，16（2）：26-31．

[42] 姚二民，邵宁，李晓，等．基于回归分析方法的烟丝结构与卷烟物理指标关系研究［J］．食品工业科技，2017，38（20）：27-30．

[43] 智德纯，夏正林，魏剑．卷烟工艺［M］．北京：北京出版社，1993．

[44] 李善莲，申晓锋，李华杰，等．烟丝结构对卷烟端部落丝量的影响［J］．烟草科技，2010，43（2）：5．

[45] 姚光明，石国强，尹献忠，等．烟丝结构对烟丝填充值和卷接质量的影响［J］．郑州轻工业学院学报：自然科学版，2003，18（4）：62-64．

[46] 刘德强，贾洋，王乐军，等．烟丝结构对烟支卷制质量的影响［J］．安徽农业科学，2010，38（32）：18589-18590．

[47] 邵宁，徐秀峰，万永华，等．卷烟烟丝结构分布及其与物理质量的关系［J］．南方农业学报，2017，48（5）：883-888．

[48] 李兴波，姚光明，邢优诚，等．制丝过程中筛净率对烟叶造碎的影响［J］．烟草科技，2000，33（3）：12-14．

[49] 李兴波，姚光明，邢优诚，等．柔性就地风选机的循环风应用［J］．科技创新导报，2012，9（4）：59．

[50] 柏世绣，付保，张东甫．ZJ17卷接机组二次风选漂浮室的改进［J］．烟草科技，2012，45（8）：26-28．

[51] 顾亮，邰海民，刘文博，等．搭口胶施胶量对卷烟品质的影响［J］．食品与机械，2016，32（10）：183-188．

[52] 熊安言，邰海民，张爱忠，等．不同搭口胶施胶量对卷烟质量的影响［J］．科技通报，

2015, 31 (9): 120-122, 126.

[53] 赵乐, 彭斌, 于川芳, 等. 基于卷烟辅助材料参数的卷烟烟气有害成分预测模型 [J]. 烟草科技, 2012 (5): 35-39.

[54] 董浩, 刘锋, 荆熠, 等. 不同类型烟用接装纸表面性能及其对卷接效果的影响 [J]. 烟草科技, 2011 (4): 5.

[55] 孙斌, 赵朝阳, 杜国锋. 新型接装纸上胶装置的设计应用 [J]. 烟草科技, 2009 (12): 2.

[56] 魏玉玲, 徐金和, 胡群, 等. 卷烟材料组合搭配对主流烟气量及过滤效率的影响 [J]. 数学的实践与认识, 2008, 38 (23): 10.

[57] 于川芳, 罗登山, 王芳, 等. 卷烟"三纸一棒"对烟气特征及感官质量的影响 (一) [J]. 中国烟草学报, 2001 (2): 7.

第二部分
短支卷烟的加香与加料

1 概述

本研究围绕短支卷烟的烟气释放特性，从主流烟气常规成分、焦甜香成分、烟熏香成分、有机酸类香味成分等方面开展了短支卷烟与常规卷烟的逐口分析及其差异对比，为短支卷烟的产品设计提供了数据参考。

筛选了 50 种在增香、改善舒适性方面有较好作用的代表性香料单体作为评价对象，并建立了相应的评价方法，考察了 50 种代表性香料单体在短支卷烟与常规卷烟中作用特征的差异；建立了香料单体转移行为分析方法，并按官能团筛选了 50 余种合成香料单体，研究了 50 余种合成香料单体在短支卷烟中的转移行为，分析了香料单体在短支卷烟和常规卷烟中转移行为的差异，同时，为分析引起香料单体在短支卷烟和常规卷烟中转移行为差异的原因，还对常规卷烟和短支卷烟的滤棒温度进行测试，为短支卷烟加香、加料的单体选择及合理应用提供了依据。

本研究分别从香气重构和香基调配两个角度，开展香气创制研究，形成了基于感官组学的天然香料香气重构技术，以及香料单体的配伍与修饰技术，重构出了桂花浸膏特征香气，调配出了果香、花香、烘焙香、焦甜香、奶香、辛香、青滋香等 7 种香韵香基，为短支卷烟产品的风格塑造提供了技术支撑和物质基础。

从加料单体评价、配方设计、烘丝条件影响等方面开展了短支卷烟的针对性加料技术研究，形成了以分组加料为思路，包括掩盖杂气、提升香气、改善舒适性功能模块的加料配方设计以及配套关键工艺参数的针对性加料技术，为短支卷烟的品质提升、风格强化提供了技术支撑。

1.1 背景和意义

面对日益严峻的卷烟消费形势，卷烟工业企业积极探索，不断创新，大力开展供给侧结构性改革，丰富市场供给，激活品类细分，满足多样需求。短支卷烟作为卷烟创新品类应运而生，市场规模快速增长，逐渐成为了企业品牌发展的重要支撑。短支卷烟的推出以 2005 年 HHL（R1916）为始，早期主要定位于高端产品，市场培育不够理想。2015 年以来，随着 HS（JY）、HJY（LT）等大众产品的推出以及卷烟消费个性化、理性化的不断增强，短支卷烟呈现出爆发式增长态势，到 2017 年底已达到 30 万箱的市场规模。在国内卷烟市场竞争加剧、传统卷烟销量下滑的背景下，短支卷烟已是继细支烟、爆珠烟之后的又一发展态势迅猛的细分品类，已成为卷烟工业企业产品创新、品牌培育的重要方向。河南卷烟工业企业研发推出的 HJY（LT）上市以来发展迅速，已成为市场规模居全国第一的短支卷烟产品，初步奠定了河南烟草在短支卷烟方面的竞争优势。

为更好地适应河南经济新时期的发展需求，河南烟草产业亟待转型发展。在河南烟草业转型发展专题调研中，河南省省长明确指示，要优结构、育品牌、抓创新、促营销，以品牌带动、创新驱动、效益提升，加快企业转型升级，实现河南卷烟品牌向一线品牌跨越，促进河南由烟草大省向烟草强省转变。在此背景下，河南烟草在短支卷烟产品创新与市场培育方面取得的初步成效，显示出了短支卷烟品类创新在河南卷烟品牌升级、河南烟草转型发展中重要的引导推动作用。因此，在现有基础上，河南烟草要以短支卷烟为切入点，深入开展针对性的关键技术研究，进一步加强技术创新，既强化产品在生理层面的满足感，又在心理层面提供更高的契合度，让消费者切实感受到河南卷烟品牌短支卷烟产品短得不一样、短得有道理的特点，从而进一步巩固河南烟草在短支卷烟细分品类上的市场优势地位，进一步体现短支卷烟细分品类对河南卷烟品牌升级、河南烟草转型发展的重要支撑作用。

1.2 研究进展

要强化短支卷烟的技术创新，必须实现相应的关键技术突破。与常规卷烟一致，短支卷烟的关键技术也主要涉及叶组配方、辅材材料、加工工艺以及香精香料四大要素。针对香精香料这一要素的加香加料技术是构建中式卷烟的核心技术，是改善产品品质、塑造产品风格的关键技术，长期以来一直是烟草行业的重大战略课题。21 世纪初以来，烟草行业围绕卷烟加香加料技术，从基础理论、功能评价、应用技术、特色技术等方面开展了大量研究。基础理论方面，开展了热裂解机理、香味学基础研究，探索了卷烟化学成分、理化指标与感官指标之间的相关性，进而指导卷烟补香、增香、创香等方面的技术实践，科学把握香精香料配方设计的理论和技术。功能评价方面，深入研究了香精香料稳定性、有效成分、转移率、作用阈值等理化评价指标，以及香气、谐调、刺激、余味等感官评价指标；建立并完善了烟草化学与感官评价相结合的功能性评价方法，形成了系统的评价指标、评价方法以及相关系列标准；系统地进行了各类香原料的功能性评价。应用技术方面，深入开展了香精香料调配技术、施加技术以及香精香料与烟叶原料、工艺、材料等之间的适配性研究，提高了香精香料的调配技能和技巧。特色技术方面，结合企业品牌特色，重点开展了利用调香技术赋予卷烟产品香气风格与口味特征的研究，并通过研究卷烟补香、增香、创香等方面的技术强化卷烟产品特色。加香加料核心技术的系统研究对于近 20 年来中式卷烟的快速发展，竞争优势的形成、巩固，烟草行业自主创新能力的提升，核心技术的自主掌控具有重要的战略性意义。

虽然烟草行业前期对卷烟加香加料核心技术进行了系统研究，取得了系列技术创新成果，但是相关研究均是围绕常规卷烟开展，而短支卷烟由于烟支长度与常规卷烟不同，二者燃吸过程中烟气释放以及香味物质吸附、解吸、转移行为存在明显差异，因此，常规卷烟的加香加料核心技术创新成果不能完全适用于短支卷烟的开发设计，需要借鉴常规卷烟相关研究的方法和思路，围绕短支卷烟开展针对性、系统性的加香加料技术研究，为短支卷烟的产品研发与创新提供有力的技术支撑。

1.3　研究内容

从烟气释放特性、功能评价、转移行为、香基模块设计、加料技术等方面系统开展短支卷烟加香加料核心技术研究，形成适用于卷烟工业企业短支卷烟的加香加料特色技术，支撑烟草企业短支卷烟细分品类的持续发展，巩固河南烟草在短支卷烟细分品类中的市场优势地位，促进河南卷烟品牌升级。

（1）短支卷烟烟气释放特性分析。从烟丝逐口燃烧量、烟气常规成分逐口释放量、烟气香味成分逐口释放量和单位焦油释放量等方面对比分析短支卷烟与常规卷烟烟气释放特性的差异。

（2）香料单体在短支卷烟中作用效果的评价。筛选考察 50 种代表性香料单体在短支卷烟与常规卷烟中作用效果差异。

（3）香料单体在短支卷烟中转移行为的研究。建立相应的定量分析方法和转移行为分析方法，对比分析 50 种代表性香料在短支卷烟与常规卷烟中转移行为的差异。

（4）短支卷烟香基模块设计技术研究。根据短支卷烟烟气释放特性以及香料单体在短支卷烟中的作用特征与转移行为，从功能角度研究短支卷烟香基模块设计技术，形成具有彰显醇香风格、丰富香韵、提质增量、改善舒适性、增强甜感、调节烟气平衡的功能性香基模块设计技术。

（5）短支卷烟加料技术研究。根据短支卷烟烟叶原料特点与配方结构特征，系统考察加料物质的种类、配方、用量以及配套加料工艺参数对产品品质的影响，形成能够有效改善产品品质的短支卷烟加料技术。

（6）产品应用验证。以短支卷烟烟气释放特性、香料单体作用特征与转移行为、香基模块设计技术以及精准加料技术为基础，综合运用研究结果，在产品改造或新产品开发中开展应用验证，形成自主掌控的河南卷烟品牌短支卷烟加香加料特色技术。

2　实验及检测方法

由于烟支长度变短，短支卷烟抽吸中烟气化学成分的生成、过滤、扩散与常规卷烟相比，可能存在一定差异。因此，研究短支卷烟的烟气释放特性，对于短支卷烟的产品研发和技术创新具有重要的指导作用。但是目前对于短支卷烟的基础研究还相当薄弱，与其产品发展态势极不匹配，仅在卷烟加工工艺方面开展了一些研究，烟气释放特性方面的研究尚未见报道。逐口分析作为研究卷烟烟气释放特性的重要技术手段，在常规卷烟、细支卷烟、爆珠卷烟等产品的烟气分析中均有广泛应用。Adam 等采用单光子电离飞行时间质谱分析不同类型单料烟主流烟气化学成分的逐口释放情况。余晶晶等建立了卷烟主流烟气单口气粒相物中中性和碱性香味成分的 GC-MS 定量分析方法，采用该分析方法考察了香味成分逐口递送规律及卷烟纸透气度、接装纸透气度对其的影响。刘琪等对同一烤烟型配方烟丝的细支卷烟和常规卷烟主流烟气中焦油、烟碱、CO、NNK、B［a］P、苯酚、巴豆醛、HCN 和 NH_3 9 种主要成分逐口释放量进行了量化分析。杨松等建立了测定 5 种烤甜香味成分逐口释放量的分析方法，考察了相同烟丝配方的细支和常规卷烟主流烟气中 5 种关键烤甜香味成分逐口释放量的差异。马驰等考察了常规、中支以及细支爆珠卷烟中的薄荷醇、顺式柠檬醛和反式柠檬醛在主流烟气中的逐口释放趋势。黄延俊等研究了树苔特征成分在不同圆周卷烟中的逐口递送规律。鉴于此，本文围绕短支卷烟的烟气释放特性，从主流烟气常规成分、焦甜香成分、烟熏香成分、有机酸类香味成分等方面开展了短支卷烟与常规卷烟的逐口分析及其差异对比，旨在为短支卷烟的产品设计提供数据参考。

2.1　材料与方法

2.1.1　试验卷烟、试剂与仪器

2.1.1.1　试验卷烟

采用相同的叶组配方和辅助材料卷制短支和常规卷烟。卷制后测得的烟支参

数见表 2-1。

表 2-1　试验卷烟烟支物理参数

卷烟样品	质量/mg	开式吸阻/Pa	总通风率/%	滤棒通风率/%	烟支长度/mm	圆周/mm
短支卷烟	791	1008	14.4	9.6	75.1	24.5
常规卷烟	901	1028	15.2	10.1	84.3	24.4

2.1.1.2　试剂

正丙醇（色谱纯，Chemicell 公司），二氯甲烷（色谱纯，Chemicell 公司），烟碱（AR，TRC 公司），丙酸苏合香酯（内标，97%，Acros Organics 公司），4-氯苯酚（内标，99%，J&K 公司），反-3-己烯酸（内标，99%，TCI 公司），糠醛（99%）、5-甲基糠醛（99%）、糠醇（98%）等 14 种焦甜香成分标样（Sigma-Aldrich 公司），愈创木酚（99%）、2,6-二甲基苯酚（99%）、4-甲基愈创木酚（95%）等 18 种烟熏香成分标样（Acros Organics 公司、TCI 公司），正丁酸（99.5%），2-甲基丁酸（99.5%），巴豆酸（97%）等 23 种有机酸类香味成分标样（Sigma-Aldrich 公司）。

2.1.1.3　仪器

安捷伦 7895A/5957C 气质联用仪，Cerulean X200AH 转盘吸烟机（英国 Cerulean 公司），SODIMAX 全功能综合测试台（SODIM Instrumentation 公司），AL-204-IC 电子天平（感量 0.0001 g，瑞士 Mettler Toledo 公司），HY-5 型振荡器（金坛中大仪器厂）。

2.1.2　方法

2.1.2.1　逐口抽吸方法

按照文献的方法，将卷烟样品置于温度为（22±1）℃、相对湿度为（60±2）%的恒温恒湿环境平衡 48 h 后，按平均质量±0.015 g、平均吸阻±30 Pa 进行分选。然后分别取 20 支分选后的短支卷烟和常规卷烟在 Cerulean X200AH 转盘吸烟机上进行抽吸，采用剑桥滤片分别捕集短支卷烟的第 1、2、3、4、5、6 口烟气和常规卷烟的第 1、2、3、4、5、6、7 口烟气。

2.1.2.2　烟气常规成分测试

按照国家标准测试逐口烟气的 TPM、焦油、烟碱和水分释放量。

2.1.2.3 烟气香味成分分析

（1）焦甜香成分分析。

提取液配制：正丙醇为溶剂，丙酸苏合香酯为内标，浓度为 10 μg/mL。

工作曲线绘制：用提取液溶解糠醛、5-甲基糠醛、糠醇等 14 种焦甜香化合物标样，配制 7 级标准溶液，以丙酸苏合香酯为内标，面积积分定量，绘制标准曲线，见表 2-2。

表 2-2　焦甜香成分工作曲线

焦甜香成分	工作曲线	浓度范围/（μg/mL）	R^2
糠醛	$y=0.07959\,x-0.006039$	0.1142~11.42	0.9998
糠醇	$y=0.01743\,x-0.001854$	0.0876~8.76	0.9997
当归内酯	$y=0.04504\,x-0.00003290$	0.0113~1.13	1.0000
2-环戊烯-1，4-二酮	$y=0.02597\,x^2+0.1923\,x-0.007878$	0.0290~2.90	0.9999
5-甲基糠醛	$y=0.1092\,x-0.01462$	0.0967~9.67	0.9996
3-甲基-2-环戊烯-1-酮	$y=0.09328\,x-0.006496$	0.0989~9.89	0.9999
3-甲基-2（5H）-呋喃酮	$y=0.04760\,x-0.0004553$	0.0107~1.07	0.9998
环己二酮	$y=0.01081\,x^2+0.09989\,x-0.003836$	0.0427~4.27	1.0000
甲基环戊烯醇酮	$y=0.001362\,x^2+0.05806\,x-0.007170$	0.102~10.2	0.9997
4-甲基-2（5H）-呋喃酮	$y=0.002972\,x^2+0.05101\,x-0.001869$	0.0232~2.32	0.9996
4-羟基-2，5-二甲基-3（2H）-呋喃酮	$y=0.006086\,x^2+0.02053\,x-0.0001800$	0.0242~2.42	0.9998
3，4-二甲基环戊烯醇酮	$y=0.004376\,x^2+0.02559\,x+0.0003548$	0.0212~2.12	1.0000
麦芽酚	$y=0.003462\,x^2+0.01648\,x-0.002093$	0.1022~10.22	1.0000
乙基环戊烯醇酮	$y=0.0009774\,x^2+0.05554\,x-0.008454$	0.1004~10.04	0.9995

烟气样品萃取：将收集了逐口烟气粒相物的滤片置于 50 mL 具塞锥形瓶中，加入 20 mL 提取液，室温下振荡 30 min，静置后取 1 mL 上清液，进行 GC/MS 分析。

仪器条件：色谱柱：DB-5MS（60 m×0.25 mm×0.25 μm）；载气：He；柱流量：1 mL/min；进样口温度：250 ℃；程序升温：50 ℃（1 min），5 ℃/min→

160 ℃（1 min）；分流比：2：1；GC/MS 传输线温度：250 ℃，EI 离子源温度：230 ℃，四级杆温度：150 ℃；EI 电离能量：70 eV；扫描模式：选择离子监测（SIM）。待测化合物保留时间、定性及定量离子如表 2-3 所示。

表 2-3　14 种焦甜香成分及内标保留时间和选择离子

焦甜香成分	保留时间/min	定量离子	定性离子
糠醛	10.067	96	95，67
糠醇	10.451	98	97，81
当归内酯	10.900	98	55，70
2-环戊烯-1，4-二酮	11.270	96	68，54
5-甲基糠醛	13.467	110	109，53
3-甲基-2-环戊烯-1-酮	13.570	96	67，81
3-甲基-2（5H）-呋喃酮	13.821	98	69，53
环己二酮	14.650	112	83，55
甲基环戊烯醇酮	15.296	112	69，55
4-甲基-2（5H）-呋喃酮	15.832	69	98，41
4-羟基-2，5-二甲基-3（2H）-呋喃酮	16.008	128	85，129
3，4-二甲基环戊烯醇酮	16.773	126	111，83
麦芽酚	17.960	126	71，97
乙基环戊烯醇酮	18.111	126	83，97
丙酸苏合香酯（内标）	22.871	105	178，122

（2）烟熏香成分分析。

提取液配制：正丙醇为溶剂，4-氯苯酚为内标，浓度为 10 μg/mL。

工作曲线绘制：用提取液溶解愈创木酚、2，6-二甲基苯酚、4-甲基愈创木酚等 18 种烟熏香化合物标样，配制 7 级标准溶液，以 4-氯苯酚为内标，面积积分定量，绘制标准曲线，如表 2-4 所示。

表 2-4　烟熏香成分工作曲线

烟熏香成分	工作曲线	浓度范围/（μg/mL）	R^2
愈创木酚	$y = 0.01415\,x + 0.0004914$	0.0585～5.85	0.9982

续表

烟熏香成分	工作曲线	浓度范围/（μg/mL）	R^2
2，6-二甲基苯酚	$y = 0.01576\,x + 0.0002767$	0.0252~2.52	0.9977
4-甲基愈创木酚	$y = 0.01470\,x + 0.0002402$	0.0289~2.89	0.9983
邻甲酚	$y = 0.01574\,x + 0.0006118$	0.0532~5.32	0.9979
2，4，6-三甲基苯酚	$y = 0.01899\,x + 0.0001720$	0.0101~1.01	0.9977
苯酚	$y = 0.08772\,x + 0.01880$	0.4288~8.576	0.9987
4-乙基愈创木酚	$y = 0.02748\,x + 0.0003968$	0.0283~2.83	0.9986
2，5-二甲基苯酚	$y = 0.01359\,x + 0.0002294$	0.0260~2.60	0.9986
2，4-二甲基苯酚	$y = 0.01644\,x + 0.0007287$	0.0549~5.49	0.9969
对甲酚	$y = 0.01608\,x + 0.002662$	0.1954~19.54	0.9974
2-丙基苯酚	$y = 0.03413\,x + 0.0006386$	0.0268~2.68	0.9979
2，3-二甲基苯酚	$y = 0.01564\,x + 0.001810$	0.0157~1.57	0.9974
丁香酚	$y = 0.01186\,x + 0.0002238$	0.0297~2.97	0.9984
3，4-二甲基苯酚	$y = 0.01774\,x + 0.0003162$	0.0299~2.99	0.9979
2，6-二甲氧基苯酚	$y = 0.009658\,x - 0.00008250$	0.1036~10.36	0.9995
异丁香酚	$y = 0.01170\,x + 0.0008734$	0.083~8.30	0.9985
3，4，5-三甲酚	$y = 0.02349\,x + 0.0003267$	0.0101~1.01	0.9979
2-（4-羟基苯基）乙醇	$y = 0.01547\,x + 0.001193$	0.1494~14.94	0.9998

烟气样品萃取：将收集了逐口烟气粒相物的滤片置于 50 mL 具塞锥形瓶中，加入 20 mL 提取液，室温下振荡 30 min，静置后取 1 mL 上清液，进行 GC/MS 分析。

仪器条件：DB-WAXetr（60 m×0.25 mm×0.25 μm）；载气：He；柱流量：1 mL/min；进样口温度：250 ℃；程序升温：50 ℃（1 min），10 ℃/min→160 ℃（1 min），3 ℃/min→240 ℃（20 min）；分流模式：不分流；GC/MS 传输线温度：250 ℃，EI 离子源温度：230 ℃，四级杆温度：150 ℃；EI 电离能量：70 eV；扫描模式：选择离子监测（SIM）。待测化合物保留时间、定性及定量离子如表 2-5 所示。

表 2-5　18 种烟熏香成分及内标保留时间和选择离子

烟熏香成分	保留时间/min	定量离子	定性离子
愈创木酚	20.276	109	124
2，6-二甲基苯酚	21.274	122	107
4-甲基愈创木酚	22.46	138	123
邻甲酚	23.354	108	107
2，4，6-三甲基苯酚	23.418	121	136
苯酚	23.454	94	66
4-乙基愈创木酚	24.243	137	152
2，5-二甲基苯酚	25.225	107	122
2，4-二甲基苯酚	25.311	122	107
对甲酚	25.365	108	107
2-丙基苯酚	26.781	107	136
2，3-二甲基苯酚	27.044	107	122
丁香酚	27.714	164	149
3，4-二甲基苯酚	28.993	107	122
2，6-二甲氧基苯酚	30.186	154	139
异丁香酚	32.436	164	149
3，4，5-三甲酚	32.887	121	136
2-（4-羟基苯基）乙醇	52.37	107	138
4-氯苯酚（内标）	34.641	128	130

（3）酸性香味成分分析。

提取液配制：二氯甲烷为溶剂，反-3-己烯酸为内标，浓度为 100 μg/mL。

标准溶液配制：用提取液溶解正丁酸、2-甲基丁酸、巴豆酸等 23 种有机酸标样，配制 7 级标准溶液。

标准溶液衍生化：取 1 mL 溶液于 2 mL 色谱瓶中，加入 100 μL N，O-双（三甲基硅基）三氟乙酰胺，密封，在 30 ℃水浴中反应（衍生化）90 min，取出，冷却至室温，取样进行 GC/MS 分析，以反-3-己烯酸为内标，面积积分定量，绘制标准曲线，如表 2-6 所示。

表 2-6　有机酸工作曲线

有机酸成分	工作曲线	浓度范围/（µg/mL）	R^2
正丁酸	$y=0.06352\,x+0.001944$	0.0278~2.78	0.9996
丙酮酸	$y=0.0006867\,x-0.0003189$	0.4356~21.78	0.9997
2-甲基丁酸	$y=0.09390\,x+0.002558$	0.0272~2.72	0.9996
巴豆酸	$y=0.07957\,x+0.001585$	0.0352~3.52	0.9994
异戊酸	$y=0.01074\,x+0.0002984$	0.0999~9.99	0.9984
4-戊烯酸	$y=0.03434\,x+0.00005373$	0.0117~1.17	0.9995
正戊酸	$y=0.05171\,x+0.0002147$	0.0091~0.91	0.9994
惕格酸	$y=0.007714\,x+0.0005581$	0.0128~1.28	0.9995
3-甲基戊酸	$y=0.05968\,x+0.0001090$	0.0068~0.68	0.9995
4-甲基戊酸	$y=0.05151\,x+0.0001600$	0.0081~0.81	0.9995
正己酸	$y=0.04348\,x+0.001858$	0.0200~1.00	0.9992
乳酸	$y=0.02840\,x+0.08296$	4.56~91.2	0.9962
2-羟基乙酸	$y=0.01928\,x+0.007439$	0.7096~35.48	0.9996
2-羟基丁酸	$y=0.02344\,x+0.001771$	0.069~3.45	0.9991
乙酰丙酸	$y=0.01950\,x+0.001180$	0.0471~2.355	0.9999
3-羟基丙酸	$y=0.02953\,x-0.004728$	0.717~14.34	0.9994
3-甲基-2-羟基丁酸	$y=0.06799\,x+0.0006928$	0.0113~0.565	0.9989
正庚酸	$y=0.04375\,x-0.0004721$	0.0187~1.87	0.9987
4-甲基-2-羟基戊酸	$y=0.04904\,x+0.0003311$	0.0123~0.615	0.9995
丁二酸	$y=0.02866\,x+0.006491$	0.0626~3.13	0.9999
衣康酸	$y=0.008504\,x-0.0005682$	0.0915~1.83	0.9991
苹果酸	$y=0.04706\,x-0.01968$	0.3606~9.015	0.9994
肉桂酸	$y=0.02314\,x-0.00007797$	0.0101~0.505	0.9999

烟气样品萃取与衍生化：将收集了逐口烟气粒相物的滤片置于 50 mL 具塞锥形瓶中，加入 20 mL 提取液，超声波萃取 20 min，静置 5 min。取上清液，用 0.22 µm 尼龙滤膜过滤，取 1.5 mL 滤液于 2 mL 色谱瓶中，加入 100 µL BSTFA，

密封，在 30 ℃ 水浴中反应（衍生化）90 min，取出，冷却至室温，取样进行
GC/MS 分析。

仪器条件：DB - 5MS（60 m×0.25 mm×0.25 μm）；载气：He；柱流量：
1 mL/min；进样口温度：250 ℃；程序升温：50 ℃（1 min），5 ℃/min→200 ℃
（1 min）；分流比：不分流；GC/MS 传输线温度：250 ℃，EI 离子源温度：230 ℃，
四级杆温度：150 ℃；EI 电离能量：70 eV；扫描模式：选择离子监测（SIM）。
待测化合物保留时间、定性及定量离子如表 2-7 所示。

表 2-7 23 种有机酸及内标保留时间和选择离子

有机酸成分	保留时间/min	定量离子	定性离子
正丁酸	10.907	145	75，117，132
丙酮酸	11.100	145	75
2-甲基丁酸	11.994	159	73，117，146
巴豆酸	12.283	143	75，99，191
异戊酸	12.311	159	117
4-戊烯酸	13.334	157	75，117，128
正戊酸	13.657	159	75，117，132
惕格酸	14.628	157	75，83，113
3-甲基戊酸	15.331	173	117，132，143
4-甲基戊酸	15.519	173	117，145，129
正己酸	16.548	173	174
乳酸	16.016	147	117
2-羟基乙酸	16.548	147	73，177，205
2-羟基丁酸	18.08	131	147，73，205
乙酰丙酸	18.436	173	145，75
3-羟基丙酸	18.652	177	147
3-甲基-2-羟基丁酸	19.229	145	147，73，219
正庚酸	19.477	187	132，188
4-甲基-2-羟基戊酸	21.286	159	147，103
丁二酸	23.611	147	247，73

有机酸成分	保留时间/min	定量离子	定性离子
衣康酸	24.37	259	215
苹果酸	28.129	147	73, 233
肉桂酸	29.951	205	161, 131, 103
反-3-己烯酸（内标）	16.651	171	73, 117, 186

2.2 主流烟气常规成分逐口释放情况

短支卷烟和常规卷烟主流烟气常规成分逐口释放量测试结果如图 2-1 所示。由于短支卷烟的第 6 口和常规卷烟的第 7 口抽吸不完全，测试结果不能真实反映烟气成分的释放情况，因此只将短支卷烟前 5 口和常规卷烟前 6 口的常规成分逐口释放量进行对比。由图 2-1 可以看出，短支和常规卷烟主流烟气 TPM、焦油、烟碱和水分的逐口释放量均随抽吸口数的增加而升高，短支卷烟 TPM、焦油、烟

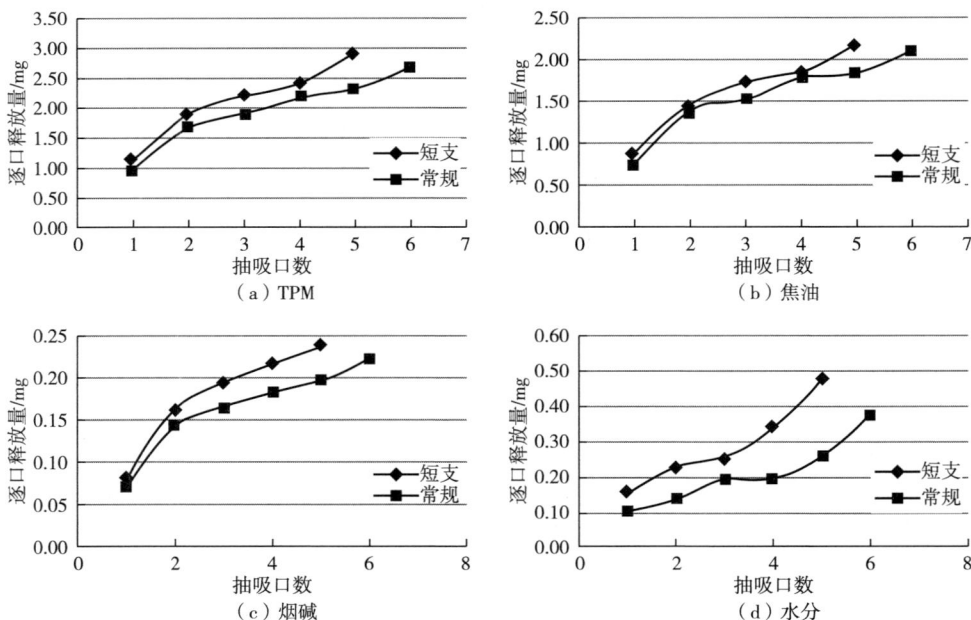

图 2-1　短支与常规卷烟主流烟气常规成分逐口释放量

碱和水分的逐口释放量均明显高于常规卷烟对应口数的逐口释放量。两种卷烟主流烟气常规成分逐口释放量的差异，可能主要是由于烟支长度不同，烟气传递过程中的吸附、过滤效果不同。在相同叶组和辅材的条件下，短支卷烟与常规卷烟相比，烟气浓度和生理强度更大。这种感官特征上的差异与主流烟气常规成分逐口释放量的差异基本一致。因此，在短支卷烟的产品开发中，需要针对性地进行叶组配方和辅助材料设计，以达到对烟气常规化学指标以及感官指标的有效调控。

2.3 主流烟气香味成分逐口释放情况

2.3.1 焦甜香成分

短支卷烟和常规卷烟主流烟气焦甜香成分逐口释放量的定量分析结果如表2-8、表2-9所示。由表可以看出，释放量相对较高的焦甜香成分依次为糠醇、甲基环戊烯醇酮、麦芽酚、4-羟基-2，5-二甲基-3（2H）-呋喃酮。各焦甜香成分的逐口释放量随抽吸口数的增加几乎均呈现出先增加后减少的变化趋势，其中短支卷烟在第4口中的释放量最大，常规卷烟在第4口或第5口中的释放量最大。从焦甜香成分的定量分析结果来看，短支卷烟与常规卷烟的逐口释放存在一定差异，但未呈现出明显规律。为了进一步分析二者焦甜香成分逐口释放的差异，根据焦甜香成分逐口释放量和焦油逐口释放量，计算了焦甜香成分的逐口单位焦油释放量，结果如图2-2所示。

表2-8 短支卷烟焦甜香成分逐口释放量　　　　单位：μg/口

抽吸口数	1	2	3	4	5
糠醛	0.199	0.314	0.414	0.438	0.402
糠醇	1.140	2.449	3.236	3.573	3.516
当归内酯	0.06	0.086	0.101	0.103	0.104
2-环戊烯-1，4-二酮	0.302	0.283	0.286	0.307	0.295
5-甲基糠醛	0.227	0.353	0.451	0.487	0.448
3-甲基-2-环戊烯-1-酮	0.155	0.319	0.447	0.475	0.449
3-甲基-2（5H）-呋喃酮	0.056	0.128	0.16	0.159	0.136

续表

抽吸口数	1	2	3	4	5
环己二酮	0.063	0.09	0.097	0.097	0.086
甲基环戊烯醇酮	0.625	1.982	2.653	2.869	2.363
4-甲基-2（5H）-呋喃酮	0.108	0.232	0.271	0.282	0.235
4-羟基-2，5-二甲基-3（2H）-呋喃酮	0.416	1.428	1.962	2.21	1.852
3，4-二甲基环戊烯醇酮	0.065	0.206	0.317	0.396	0.327
麦芽酚	0.527	1.629	2.262	2.478	2.081
乙基环戊烯醇酮	0.257	0.619	0.831	0.893	0.726
总量	4.20	10.118	13.488	14.767	13.02

表 2-9　常规卷烟焦甜香成分逐口释放量　　　　　单位：$\mu g/$口

抽吸口数	1	2	3	4	5	6
糠醛	0.201	0.302	0.343	0.385	0.392	0.386
糠醇	1.308	2.611	2.89	3.371	3.527	3.625
当归内酯	0.055	0.08	0.088	0.088	0.095	0.098
2-环戊烯-1，4-二酮	0.250	0.246	0.251	0.256	0.267	0.254
5-甲基糠醛	0.247	0.340	0.379	0.430	0.439	0.430
3-甲基-2-环戊烯-1-酮	0.180	0.294	0.349	0.421	0.430	0.450
3-甲基-2（5H）-呋喃酮	0.057	0.114	0.126	0.143	0.140	0.134
环己二酮	0.063	0.090	0.090	0.092	0.090	0.084
甲基环戊烯醇酮	0.816	2.204	2.484	2.872	2.781	2.489
4-甲基-2（5H）-呋喃酮	0.108	0.236	0.247	0.255	0.256	0.238
4-羟基-2，5-二甲基-3（2H）-呋喃酮	0.68	1.975	2.047	2.262	2.237	1.899
3，4-二甲基环戊烯醇酮	0.088	0.238	0.301	0.356	0.376	0.335
麦芽酚	0.704	1.946	2.268	2.566	2.47	2.184
乙基环戊烯醇酮	0.304	0.679	0.788	0.899	0.855	0.753
总量	5.061	11.355	12.651	14.396	14.355	13.359

（a）焦甜香成分总量

（b）糠醇

（c）甲基环戊烯醇酮

（d）麦芽酚

（e）4-羟基-2,5-二甲基-3（2H）-呋喃酮

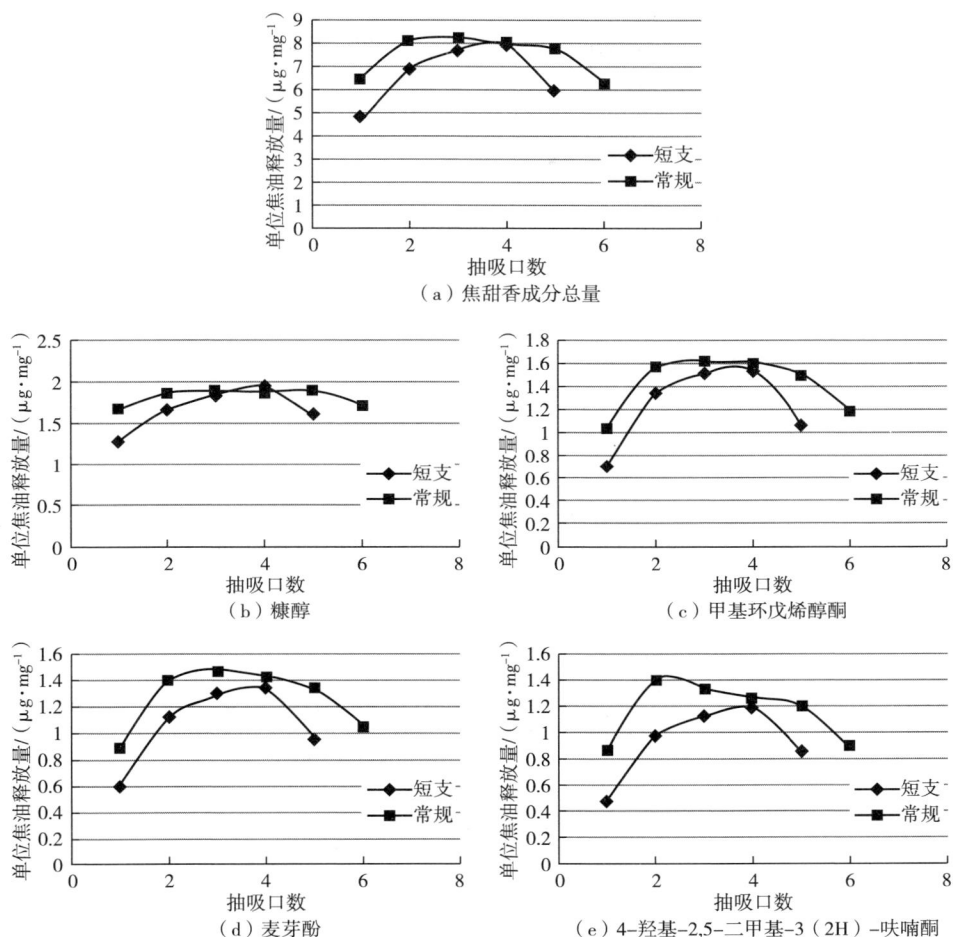

图 2-2 短支与常规卷烟主流烟气焦甜香成分逐口单位焦油释放量

　　无论是从总体，还是分别从糠醇、甲基环戊烯醇酮、麦芽酚、4-羟基-2，5-二甲基-3（2H）-呋喃酮4种释放量最高的具体成分来看，焦甜香成分的逐口单位焦油释放量同样也是随抽吸口数的增加呈先增加后减少趋势，并且短支卷烟焦甜香成分的逐口单位焦油释放量普遍低于常规卷烟，二者表现出了明显的差异。香味成分的单位焦油释放量表示的是焦油中香味成分所占的比例。短支卷烟的焦油逐口释放量整体高于常规卷烟，但焦甜香成分的逐口释放量没有明显差异，相应地单位焦油释放量也就更低，这说明短支卷烟烟气中焦甜香成分的相对比例更低，从而可能造成二者香气特征方面的感官差异。

2.3.2 烟熏香成分

短支卷烟和常规卷烟主流烟气烟熏香成分逐口释放量定量分析结果见表2-10、表2-11。由表可以看出，释放量相对较高的烟熏香成分依次为对甲酚、2-（4-羟基苯基）乙醇、邻甲酚、2，6-二甲氧基苯酚、苯酚。除2-（4-羟基苯基）乙醇外，各烟熏香成分的逐口释放量随抽吸口数的增加几乎均呈现出先增加后减少的变化趋势，其中短支卷烟在第3口或第4口中的释放量最大，常规卷烟在第4口中的释放量最大。2-（4-羟基苯基）乙醇的逐口释放量随抽吸口数的增加而增大，但在第4口以后趋于平缓。从烟熏香成分的定量分析结果来看，短支卷烟与常规卷烟的逐口释放存在明显差异。短支卷烟第1口至第4口的烟熏香成分逐口释放量明显高于常规卷烟对应口数的逐口释放量，而第5口明显低于常规卷烟。短支卷烟和常规卷烟主流烟气烟熏香成分单位焦油逐口释放量见图2-3。由图可以看出，两种卷烟烟熏香成分的单位焦油逐口释放量随抽吸口数的增加均呈现出先增加后减少的变化趋势。短支卷烟与常规卷烟相比，第5口的烟熏香成分单位焦油释放量明显较低。

表2-10 短支卷烟烟熏香成分逐口释放量　　　　　单位：μg/口

抽吸口数	1	2	3	4	5
愈创木酚	0.534	1.744	2.454	2.526	1.888
2，6-二甲基苯酚	0.057	0.311	0.450	0.452	0.322
4-甲基愈创木酚	0.115	0.553	0.821	0.839	0.567
邻甲酚	1.034	4.159	5.076	4.999	3.680
2，4，6-三甲基苯酚	0.020	0.163	0.254	0.271	0.204
苯酚	0.873	4.209	4.926	4.553	3.245
4-乙基愈创木酚	0.052	0.315	0.475	0.485	0.332
2，5-二甲基苯酚	0.230	1.063	1.350	1.464	1.013
2，4-二甲基苯酚	0.423	2.037	2.700	2.766	2.077
对甲酚	2.425	8.592	10.339	10.107	7.318
2-丙基苯酚	0.029	0.221	0.303	0.318	0.250
2，3-二甲基苯酚	0.042	0.554	0.760	0.764	0.534
丁香酚	0.095	0.278	0.391	0.406	0.289

续表

抽吸口数	1	2	3	4	5
3，4-二甲基苯酚	0.280	1.025	1.316	1.377	1.089
2，6-二甲氧基苯酚	0.921	3.528	4.828	4.781	3.513
异丁香酚	0.399	1.678	2.404	2.501	1.868
3，4，5-三甲酚	0.050	0.219	0.286	0.300	0.243
2-（4-羟基苯基）乙醇	3.060	6.341	7.747	8.392	8.389
总量	10.639	36.99	46.88	47.301	36.821

表 2-11　常规卷烟烟熏香成分逐口释放量　　　单位：μg/口

抽吸口数	1	2	3	4	5	6
愈创木酚	0.614	1.497	1.846	2.246	2.190	1.981
2，6-二甲基苯酚	0.072	0.266	0.342	0.429	0.399	0.351
4-甲基愈创木酚	0.164	0.493	0.668	0.799	0.758	0.623
邻甲酚	1.020	3.837	4.229	4.973	4.475	3.816
2，4，6-三甲基苯酚	0.031	0.141	0.202	0.260	0.251	0.218
苯酚	0.799	3.776	3.973	4.473	4.011	3.366
4-乙基愈创木酚	0.081	0.277	0.378	0.469	0.442	0.362
2，5-二甲基苯酚	0.247	0.983	1.212	1.374	1.283	1.102
2，4-二甲基苯酚	0.445	1.819	2.279	2.666	2.474	2.162
对甲酚	2.279	7.747	8.701	9.862	9.059	7.531
2-丙基苯酚	0.030	0.196	0.255	0.303	0.289	0.255
2，3-二甲基苯酚	0.044	0.513	0.647	0.764	0.695	0.549
丁香酚	0.103	0.257	0.335	0.382	0.379	0.305
3，4-二甲基苯酚	0.273	0.950	1.148	1.320	1.237	1.093
2，6-二甲氧基苯酚	0.968	3.400	4.118	4.526	4.231	3.639
异丁香酚	0.468	1.588	2.086	2.368	2.256	1.980
3，4，5-三甲酚	0.047	0.203	0.250	0.286	0.268	0.245
2-（4-羟基苯基）乙醇	2.682	5.847	6.884	7.264	7.522	7.852
总量	10.367	33.79	39.553	44.764	42.219	37.43

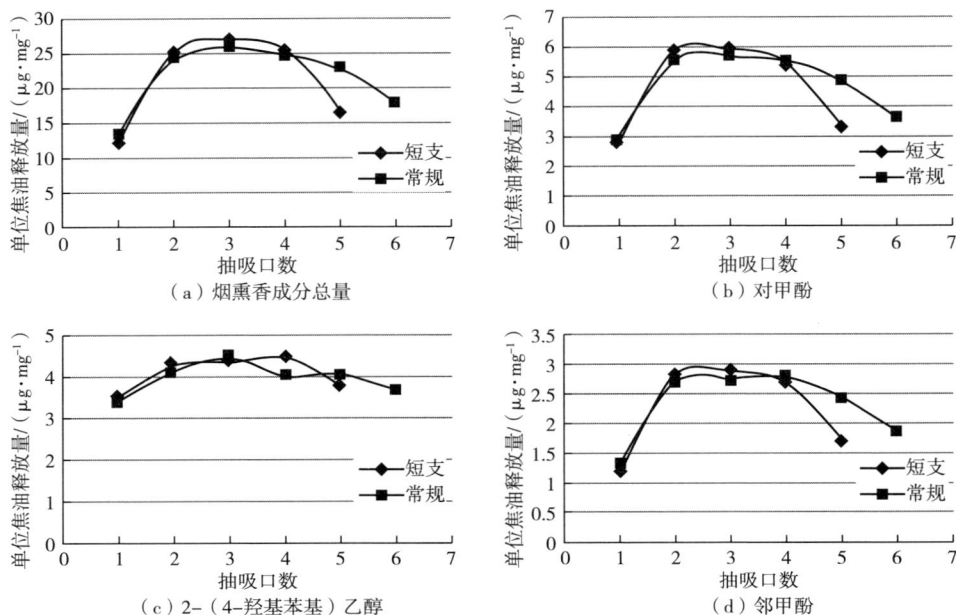

图 2-3　短支与常规卷烟主流烟气烟熏香成分逐口单位焦油释放量

2.3.3　有机酸类香味成分

短支卷烟和常规卷烟主流烟气有机酸类香味成分逐口释放量的定量分析结果见表 2-12、表 2-13。由表可以看出，释放量相对较高的有机酸类香味成分依次为 2-羟基乙酸、乳酸和丙酮酸。除丙酮酸外，各有机酸类香味成分的逐口释放量随抽吸口数的增加几乎均呈上升趋势，并且前 3 口上升速率较快，第 3 口以后上升速率明显变缓。丙酮酸的逐口释放量随抽吸口数的增加呈下降趋势，尤其是第 2 口的释放量明显低于第 1 口的释放量，下降率超过 50%，第 2 口以后下降速率明显趋缓。从有机酸类香味成分的定量分析结果来看，短支卷烟有机酸类香味成分的逐口释放量均明显高于常规卷烟对应口数的逐口释放量。短支卷烟和常规卷烟主流烟气有机酸类香味成分单位焦油逐口释放量见图 2-4。由图可以看出，有机酸类香味成分单位焦油逐口释放总量随抽吸口数的增加变化不明显，2-羟基乙酸和乳酸的单位焦油逐口释放量随抽吸口数的增加呈上升趋势，丙酮酸则呈下降趋势，两种卷烟样品有机酸类香味成分单位焦油逐口释放量差异不明显。

表 2-12　短支卷烟有机酸类香味成分逐口释放量　　　单位：μg/口

抽吸口数	1	2	3	4	5
正丁酸	0.229	0.421	0.526	0.576	0.598
丙酮酸	10.985	4.655	4.560	4.184	3.927
2-甲基丁酸	0.05	0.161	0.199	0.218	0.209
巴豆酸	0.221	0.457	0.697	0.768	0.780
异戊酸	0.979	2.115	2.834	3.100	2.981
4-戊烯酸	0.08	0.153	0.197	0.210	0.199
正戊酸	0.078	0.126	0.197	0.215	0.209
惕格酸	0.085	0.143	0.223	0.230	0.214
3-甲基戊酸	0.027	0.061	0.087	0.092	0.087
4-甲基戊酸	0.047	0.111	0.168	0.178	0.162
正己酸	0.062	0.124	0.213	0.225	0.212
乳酸	2.698	9.874	14.146	15.627	17.201
2-羟基乙酸	4.865	15.233	19.638	22.835	24.043
2-羟基丁酸	0.278	1.089	1.296	1.397	1.475
乙酰丙酸	0.540	1.564	1.904	1.968	2.033
3-羟基丙酸	1.039	2.158	2.799	3.107	3.323
3-甲基-2-羟基丁酸	0.012	0.056	0.068	0.075	0.08
正庚酸	0.110	0.221	0.270	0.285	0.306
4-甲基-2-羟基戊酸	0.022	0.087	0.099	0.109	0.11
丁二酸	0.013	0.765	1.246	1.927	2.743
衣康酸	0.079**	0.128	0.144	0.158	0.168
苹果酸	0.496	0.836	1.013	1.114	1.089
肉桂酸	0.087	0.154	0.195	0.203	0.221
总量	23.082	40.692	52.719	58.801	62.37

注　＊＊表示样品中该成分含量低于检测范围下限。

表 2-13　常规卷烟有机酸类香味成分逐口释放量　　单位：μg／口

抽吸口数	1	2	3	4	5	6
正丁酸	0.201	0.351	0.456	0.492	0.607	0.622
丙酮酸	12.439	4.509	4.425	4.020	4.110	3.608
2-甲基丁酸	0.041	0.127	0.181	0.202	0.23	0.221
巴豆酸	0.182	0.437	0.605	0.654	0.792	0.787
异戊酸	0.867	1.944	2.654	2.901	3.263	3.147
4-戊烯酸	0.067	0.132	0.178	0.189	0.220	0.217
正戊酸	0.069	0.135	0.178	0.194	0.224	0.220
惕格酸	0.074	0.147	0.199	0.215	0.250	0.230
3-甲基戊酸	0.024	0.058	0.082	0.088	0.098	0.090
4-甲基戊酸	0.038	0.107	0.154	0.164	0.183	0.168
正己酸	0.051	0.125	0.178	0.192	0.224	0.226
乳酸	2.250	8.457	12.081	4.000	14.844	16.403
2-羟基乙酸	3.577	13.767	17.277	17.873	22.892	23.891
2-羟基丁酸	0.216	0.865	1.172	1.175	1.448	1.485
乙酰丙酸	0.488	1.303	1.753	1.756	1.968	2.02
3-羟基丙酸	0.944	2.223	2.673	2.766	3.227	3.46
3-甲基-2-羟基丁酸	0.010**	0.045	0.065	0.064	0.081	0.082
正庚酸	0.091	0.175	0.236	0.245	0.291	0.300
4-甲基-2-羟基戊酸	0.020	0.068	0.093	0.089	0.115	0.118
丁二酸	ND*	0.377	0.869	0.742	1.620	2.1
衣康酸	0.073**	0.105	0.123	0.126	0.160	0.163
苹果酸	0.481	0.731	0.889	0.885	1.116	1.093
肉桂酸	0.069	0.135	0.169	0.173	0.207	0.206
总量	22.189	36.323	46.69	39.205	58.170	60.857

注　*表示样品中未测到该成分；**表示样品中该成分含量低于检测范围下限。

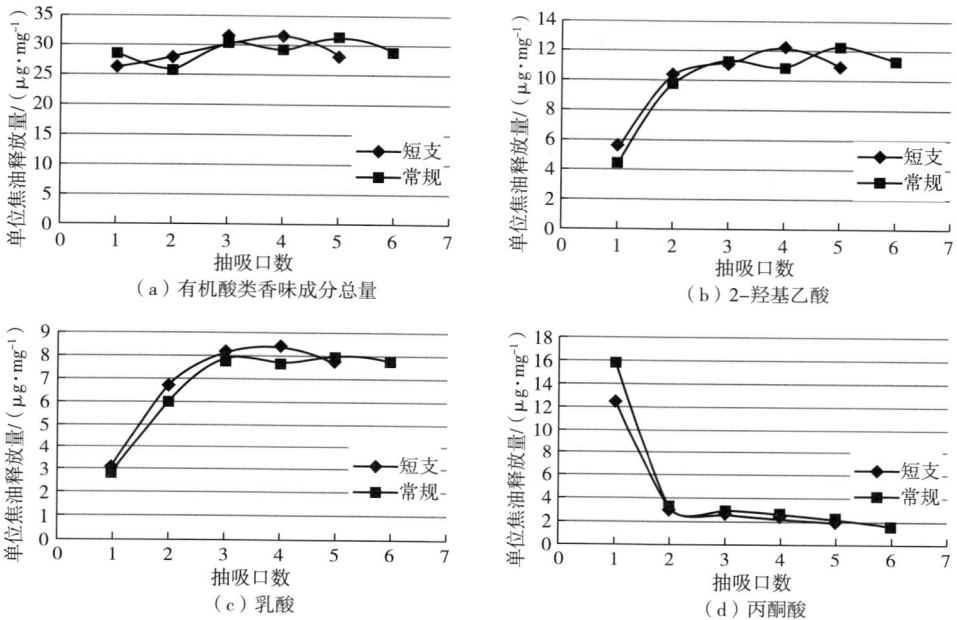

图 2-4 短支与常规卷烟主流烟气有机酸类香味成分逐口单位焦油释放量

　　总体而言，短支卷烟和常规卷烟主流烟气不同香味成分虽然具有一致的逐口释放规律，但是二者香味成分对应口数的逐口释放量或逐口单位焦油释放量存在明显差异，而且不同香味成分表现出不同的差异。对于焦甜香成分，二者的逐口释放量差异不明显，但短支卷烟逐口单位焦油释放量低于常规卷烟；对于烟熏香成分，不同口数的释放量及单位焦油释放量差异不同；对于有机酸类香味成分，短支卷烟的逐口释放量高于常规卷烟，二者单位焦油逐口释放量差异不明显。短支卷烟与常规卷烟香味成分逐口释放的差异，可能与烟草燃烧过程以及不同成分在烟支中的传递特性有关，具体机制有待进一步研究。香味成分逐口释放的差异必将导致相同叶组和辅材条件下短支卷烟与常规卷烟感官品质与风格的差异，因此，在短支卷烟的产品开发中，应该以香味成分释放特征为参考，针对性地进行加香加料技术研究，有效提升短支卷烟的感官品质，以进一步彰显产品风格。

2.4　小结

　　（1）短支卷烟和常规卷烟主流烟气 TPM、焦油、烟碱和水分的逐口释放量均随抽吸口数的增加而升高，短支卷烟 TPM、焦油、烟碱和水分的逐口释放量均明显高于常规卷烟对应口数的逐口释放量。

（2）释放量相对较高的焦甜香成分依次为糠醇、甲基环戊烯醇酮、麦芽酚、4-羟基-2，5-二甲基-3（2H）-呋喃酮；焦甜香成分的逐口释放量随抽吸口数的增加几乎均呈现出先增加后减少的变化趋势；短支与常规卷烟逐口释放量的差异不明显，但短支卷烟逐口单位焦油释放量低于常规卷烟。

（3）释放量相对较高的烟熏香成分依次为对甲酚、2-（4-羟基苯基）乙醇、邻甲酚、2，6-二甲氧基苯酚、苯酚；除2-（4-羟基苯基）乙醇外，各烟熏香成分的逐口释放量随抽吸口数的增加几乎均呈现出先增加后减少的变化趋势，2-（4-羟基苯基）乙醇的逐口释放量随抽吸口数的增加而增大；短支卷烟前4口的烟熏香成分逐口释放量明显高于常规卷烟对应口数的逐口释放量，而第5口明显低于常规卷烟；短支卷烟第5口的烟熏香成分单位焦油释放量明显低于常规卷烟。

（4）释放量相对较高的有机酸类香味成分依次为2-羟基乙酸、乳酸和丙酮酸；除丙酮酸外，各有机酸类香味成分的逐口释放量随抽吸口数的增加几乎均呈上升趋势；丙酮酸的逐口释放量随抽吸口数的增加呈下降趋势；短支卷烟有机酸类香味成分的逐口释放量均明显高于常规卷烟，而单位焦油逐口释放量差异不明显。

（5）短支卷烟的产品开发中，应该以香味成分释放特征为参考，针对性地进行加香加料技术研究，有效提升短支卷烟的感官品质，以进一步彰显产品风格。

3 香料单体在短支卷烟中的作用特征

3.1 香料单体在短支卷烟中的作用评价

引入情感标示量值标度（LAM scale, labeled affective magnitude scale）作为量化方式，参考单体香料在卷烟中作用的评价方法与行业感官评价标准及相关资料，确定了适用于项目的香料单体在卷烟中作用的评价方法。根据卷烟增香保润重大专项项目"300 种烟用香料增香、改善舒适性评价"的研究结果，并结合河南卷烟工业企业短支卷烟产品开发的具体需求，筛选了 50 种在增香、改善舒适性方面有较好作用的代表性香料单体作为评价对象，采用所建立的评价方法，考察了 50 种代表性香料单体在短支卷烟与常规卷烟中作用特征差异。

3.1.1 香料单体作用评价方法建立

3.1.1.1 情感标示量值标度

情感标示量值标度（LAM scale, labeled affective magnitude scale）是由 Schutz 和 Cardello（2001）建立的一种综合了类项标度和比率标度的杂合标度技术，其重点在于量化描述与食品相关的刺激的情感或快感（喜欢/不喜欢）。近年来，LAM 标度（图 3-1）被广泛应用于面包、茶和橘子汁等多种食品和饮料的感官评价中。

在应用于卷烟感官评价时，如图 3-2 所示，LAM 标度的范围从 -100 到 +100，中间点 0.00 表示没有任何变化的标准点。标准点右侧，11.24 表示可以感觉到改善，36.23 表示明显改善，56.11 表示非常明显的改善，74.22 表示极度明显的改善，100 表示明显改善的极限值。标准点左侧，-10.63 表示可以感觉到变差，-31.88 表示明显变差，-55.50 表示非常明显的变差，-75.51 表示极度明显的变差，-100 表示变差的极限值。其中，将 11.24 和 -10.63 分别作为改善和变差的阈值。

100.00 ── 可想象的最大强度的喜欢

74.22 ── 极喜欢

56.11 ── 很喜欢

36.23 ── 喜欢

11.24 ── 有点喜欢
0.00 ── 谈不上喜不喜欢
−10.63 ── 有点不喜欢

−31.88 ── 不喜欢

−55.50 ── 很不喜欢

−75.51 ── 极不喜欢

−100.00 ── 可想象的最大强度的不喜欢

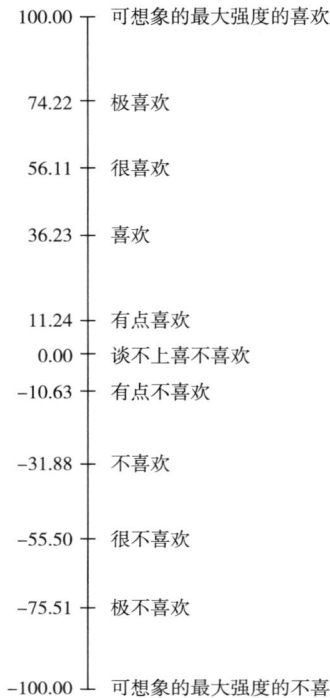

图 3-1　情感标示量值（LAM）标度

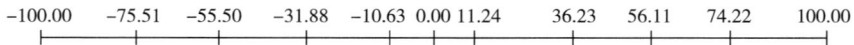

−100.00　　−75.51　　−55.50　　−31.88　　−10.63　0.00 11.24　　　36.23　　56.11　　74.22　　　100.00

图 3-2　横向的 LAM 标度

3.1.1.2　基于情感标示量值标度的烟用香料在卷烟中作用的评价方法

项目组确定的烟用香料在卷烟中的作用评价方法（表 3-1）以情感标示量值标度为量化方式，将评价指标分为香气特性（香气质、香气量、杂气、浓度和透发性）和口感特性（细腻、柔和、刺激和残留）两种类型，同时确定了烟用香料在卷烟评吸时的香韵指标（清香、果香、辛香、木香、青滋香、花香、药草香、豆香、可可香、奶香、膏香、烘焙香和甜香）和判别方式（无、弱、中和强），并要求评价人员对烟用香料在卷烟中作用的总体情况（是否增香、是否增加香韵和是否改善舒适性）进行评价。

表 3-1　香料单体在卷烟中作用的评价表

样品编号：

大类	指标	标度
香气特性	香气质	-100.00　-75.51　-55.50　-31.88　-10.63　0.00　11.24　36.23　56.11　74.22　100.00
	香气量	-100.00　-75.51　-55.50　-31.88　-10.63　0.00　11.24　36.23　56.11　74.22　100.00
	杂气	-100.00　-75.51　-55.50　-31.88　-10.63　0.00　11.24　36.23　56.11　74.22　100.00
	浓度	-100.00　-75.51　-55.50　-31.88　-10.63　0.00　11.24　36.23　56.11　74.22　100.00
	透发性	-100.00　-75.51　-55.50　-31.88　-10.63　0.00　11.24　36.23　56.11　74.22　100.00
口感特性	细腻	-100.00　-75.51　-55.50　-31.88　-10.63　0.00　11.24　36.23　56.11　74.22　100.00
	柔和	-100.00　-75.51　-55.50　-31.88　-10.63　0.00　11.24　36.23　56.11　74.22　100.00
	刺激	-100.00　-75.51　-55.50　-31.88　-10.63　0.00　11.24　36.23　56.11　74.22　100.00
	残留	-100.00　-75.51　-55.50　-31.88　-10.63　0.00　11.24　36.23　56.11　74.22　100.00

香韵表现形式							
清香	弱/中/强	果香	弱/中/强	辛香	弱/中/强	木香	弱/中/强	青滋香	弱/中/强
花香	弱/中/强	药草香	弱/中/强	豆香	弱/中/强	可可香	弱/中/强	奶香	弱/中/强
膏香	弱/中/强	烘焙香	弱/中/强	甜香	弱/中/强	其他	

备注	是否增香	是否增加香韵	是否改善舒适性

3.1.2　香料单体筛选

根据卷烟增香保润重大专项项目"300 种烟用香料增香、改善舒适性评价"的研究结果，并结合河南卷烟工业企业短支卷烟产品开发的具体需求，筛选了 50 种在增香、改善舒适性方面有较好作用的代表性香料单体作为评价对象。所选烟用香料包括天然香料和合成香料两大部分，其中天然香料主要包括浸膏类、酊剂类、精油类等，合成香料主要包括醛酮类、醇类、酯类等，香韵覆盖甜香、烘焙香、花香、辛香、清香、膏香等。香料单体在卷烟中的用量参考重大专项项目的研究结果。所筛选的 50 种单体香料及用量具体见表 3-2。

表 3-2　筛选的 50 种代表性香料单体及用量

序号	香料单体	用量/（mg/kg）	序号	香料单体	用量/（mg/kg）
1	丁酸乙酯	5	26	葡萄提取物	20
2	己酸异戊酯	10	27	黑加仑提取物	20
3	乙酸橙花酯	5	28	菠萝汁浓缩物	20
4	金合欢醇	5	29	咖啡提取物	20
5	香叶醇	5	30	可可提取物	20
6	苯乙醇	5	31	角豆提取物	50
7	D，L-香茅醇	5	32	枫槭浸膏	20
8	肉桂醇	5	33	茉莉浸膏	10
9	γ-丁内酯	10	34	红桔油	20
10	γ-癸内酯	10	35	甜橙油	20
11	γ-庚内酯	10	36	布枯叶油	10
12	γ-十二内酯	10	37	树苔净油	50
13	柠檬醛	10	38	愈创木油	10
14	香茅醛	10	39	芫荽籽油	5
15	2，3-二乙基吡嗪	5	40	树兰花油	5
16	2，5-二甲基吡嗪	5	41	薰衣草油	2
17	2，3，5，6-四甲基吡嗪	5	42	玫瑰精油	5
18	2-乙基-3，5-二甲基吡嗪	5	43	迷迭香油	5
19	3，5-二甲基-1，2-环戊二酮	20	44	格蓬油	5
20	4，5-二甲基-3-羟基-2，5-二氢呋喃-2-酮	20	45	苦橙油	20
21	5-乙基-4-羟基-2-甲基-3（2H）-呋喃酮	20	46	丁香花蕾油	10
22	5-乙基-3-羟基-4-甲基-2（5H）-呋喃酮	20	47	月桂叶油	10
23	β-紫罗兰酮	2	48	肉桂皮油	10
24	乙基麦芽酚	20	49	鼠尾草油	10
25	乙基香兰素	20	50	春黄菊油	10

3.1.3　加香评吸卷烟样品的制备

采用 2.1.1.1 制备的未加香加料的短支和常规卷烟样品作为空白参比卷烟，按照表 3-2 中的香料单体种类和用量进行加香注射，具体步骤如下。

（1）拆开空白参比卷烟的包装，取出烟支。将各烟支在温度为（22±2）℃，相对湿度为（60±5)%的环境条件下平衡48 h。每个样品各挑选出20支［（平均重量±20) mg，吸阻（平均吸阻±5) Pa］烟支。

（2）利用加香注射机，以相对单支卷烟烟丝重量的适宜用量将烟用香料均匀注射，每种样品注射1盒（19~20支）。

（3）将加入烟用香料的参比卷烟样品置于温度为（22±2)℃，相对湿度（60±5)%的环境下密封保存（不开包）。

（4）加香样品卷烟从制备完成到作用评价结束的间隔时间为7~30天。

3.1.4 香料单体在短支卷烟与常规卷烟中作用特征的对比评价

为了考察香料单体在短支卷烟中的作用特征以及与常规卷烟的差异，采用所确定感官评价方法，从香气特性、烟气特性、口感特性以及香韵表现等方面，对50种代表性香料单体在短支和常规空白参比卷烟中的作用进行了感官评价（图3-3~图3-52、表3-3）。

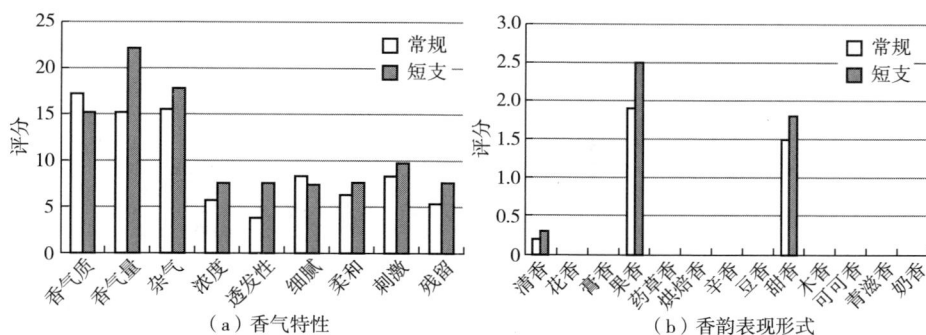

图 3-3 丁酸乙酯在卷烟中的作用特征

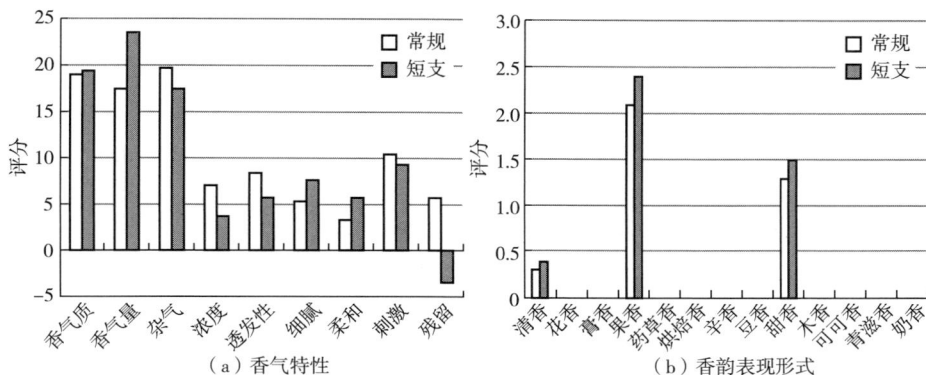

图 3-4 己酸异戊酯在卷烟中的作用特征

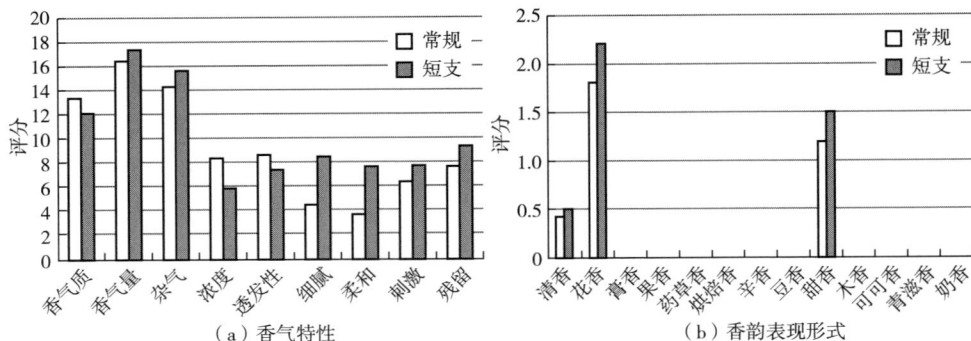

（a）香气特性　　　　　　　　　（b）香韵表现形式

图 3-5　乙酸橙花酯在卷烟中的作用特征

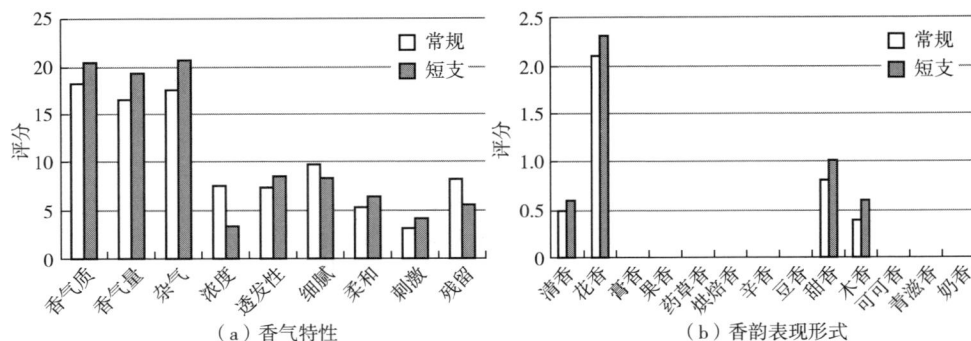

（a）香气特性　　　　　　　　　（b）香韵表现形式

图 3-6　金合欢醇在卷烟中的作用特征

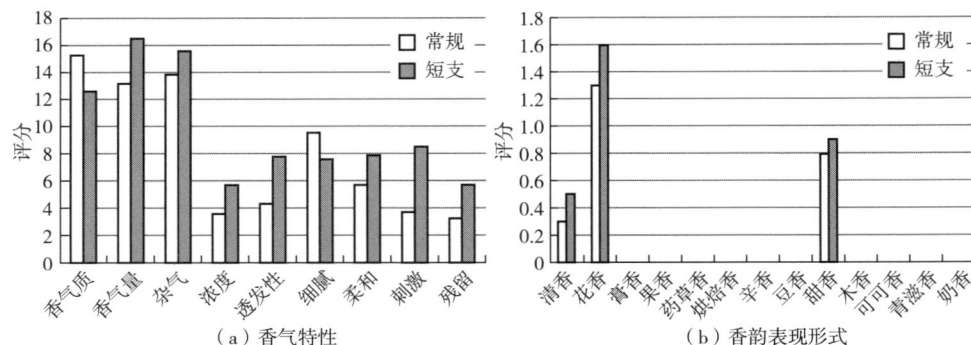

（a）香气特性　　　　　　　　　（b）香韵表现形式

图 3-7　香叶醇在卷烟中的作用特征

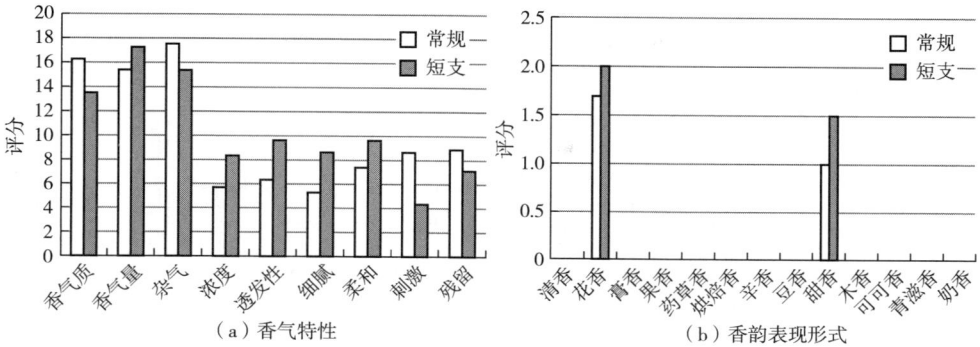

（a）香气特性　　　　　　　　　　（b）香韵表现形式

图 3-8　苯乙醇在卷烟中的作用特征

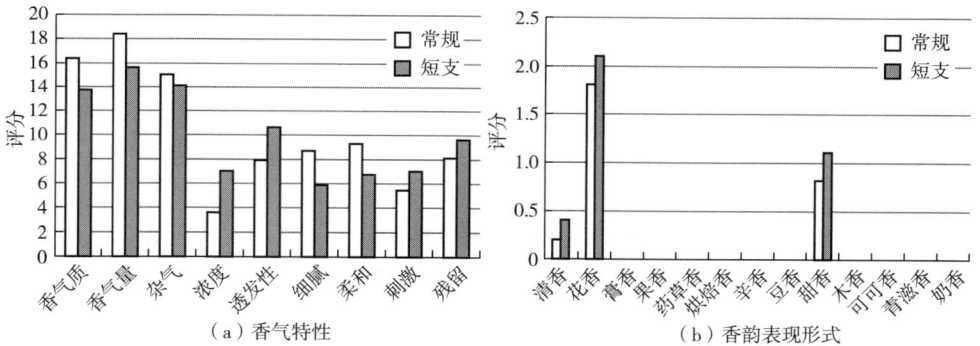

（a）香气特性　　　　　　　　　　（b）香韵表现形式

图 3-9　D，L-香茅醇在卷烟中的作用特征

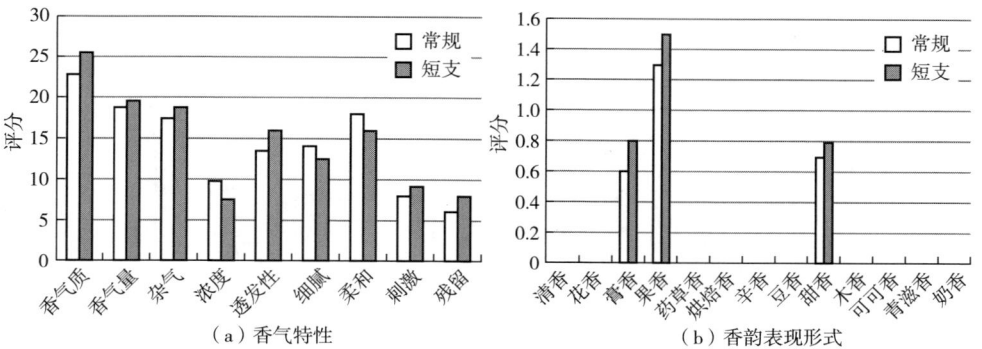

（a）香气特性　　　　　　　　　　（b）香韵表现形式

图 3-10　肉桂醇在卷烟中的作用特征

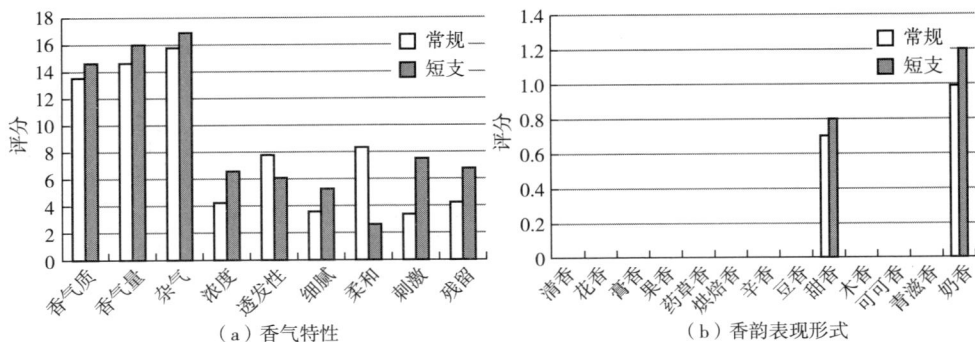

（a）香气特性　　　　　　　　　（b）香韵表现形式

图 3-11　γ-丁内酯在卷烟中的作用特征

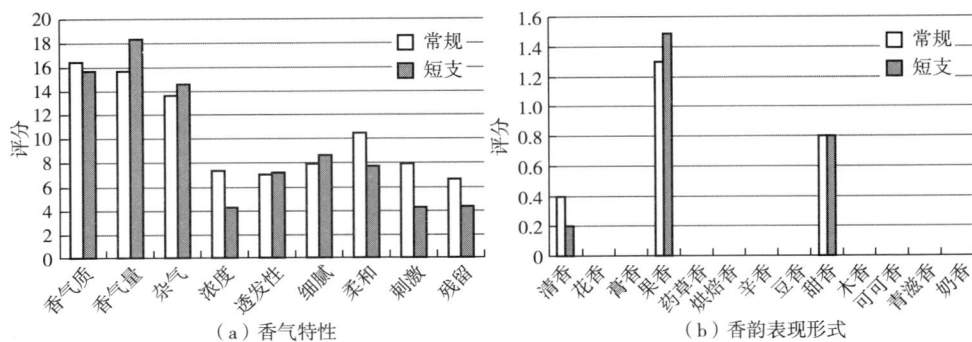

（a）香气特性　　　　　　　　　（b）香韵表现形式

图 3-12　γ-癸内酯在卷烟中的作用特征

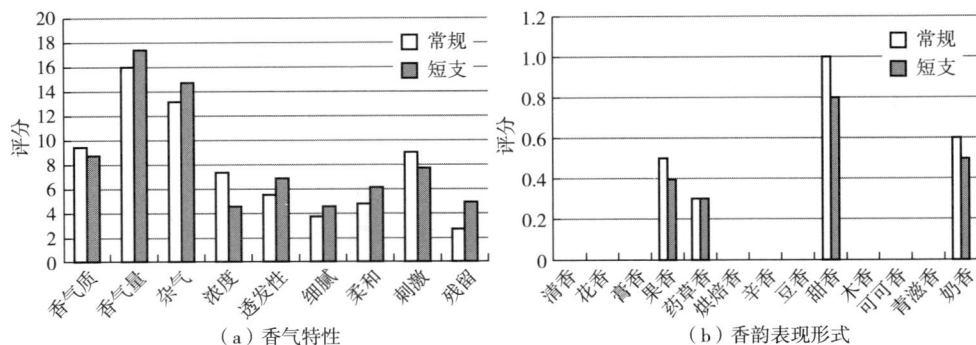

（a）香气特性　　　　　　　　　（b）香韵表现形式

图 3-13　γ-庚内酯在卷烟中的作用特征

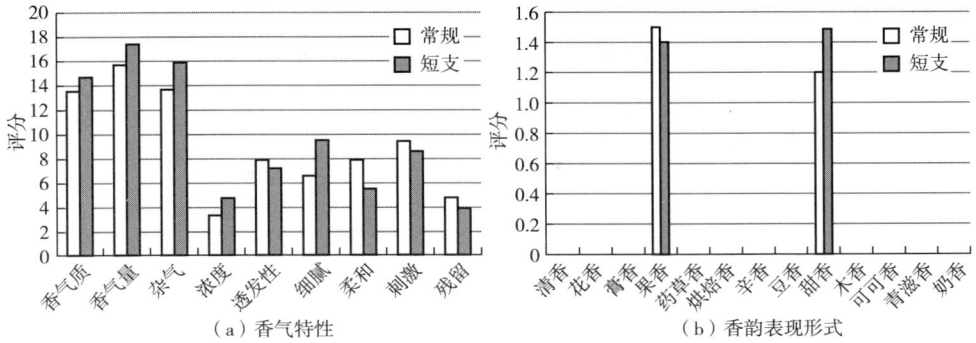

（a）香气特性　　　　　　　　　（b）香韵表现形式

图 3-14　γ-十二内酯在卷烟中的作用特征

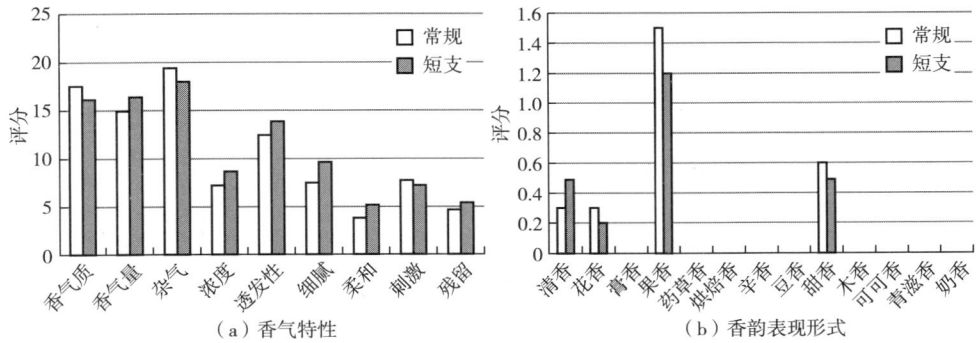

（a）香气特性　　　　　　　　　（b）香韵表现形式

图 3-15　柠檬醛在卷烟中的作用特征

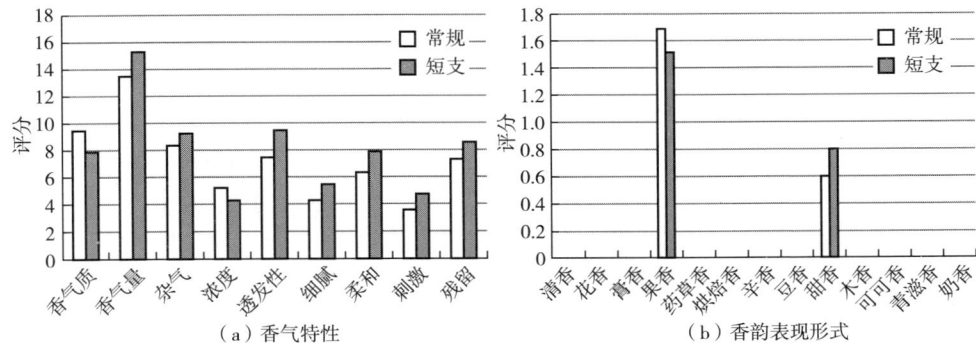

（a）香气特性　　　　　　　　　（b）香韵表现形式

图 3-16　香茅醛在卷烟中的作用特征

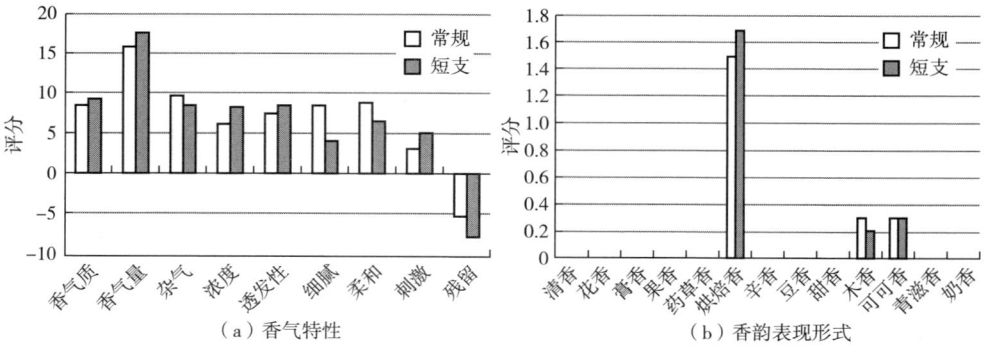

图 3-17　2，3-二乙基吡嗪在卷烟中的作用特征

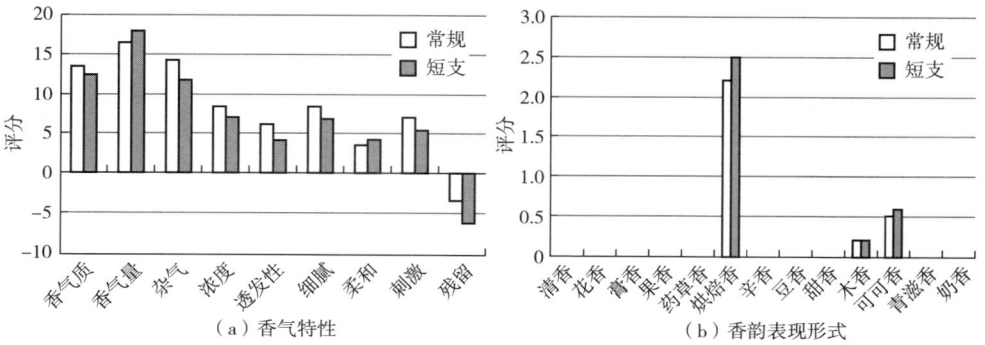

图 3-18　2，5-二甲基吡嗪在卷烟中的作用特征

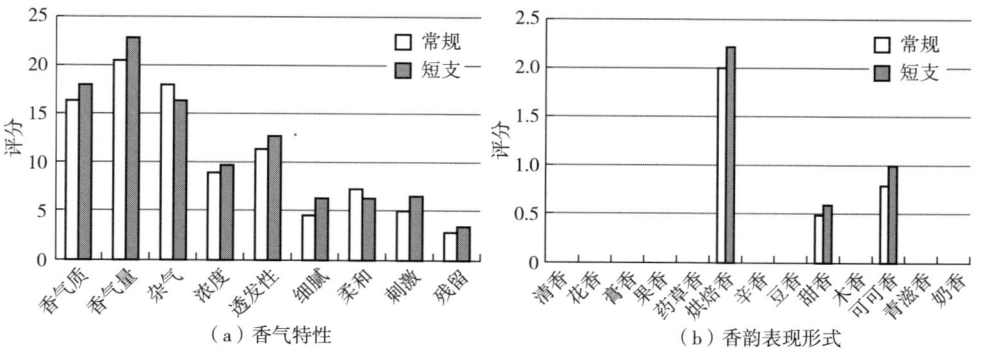

图 3-19　2，3，5，6-四甲基吡嗪在卷烟中的作用特征

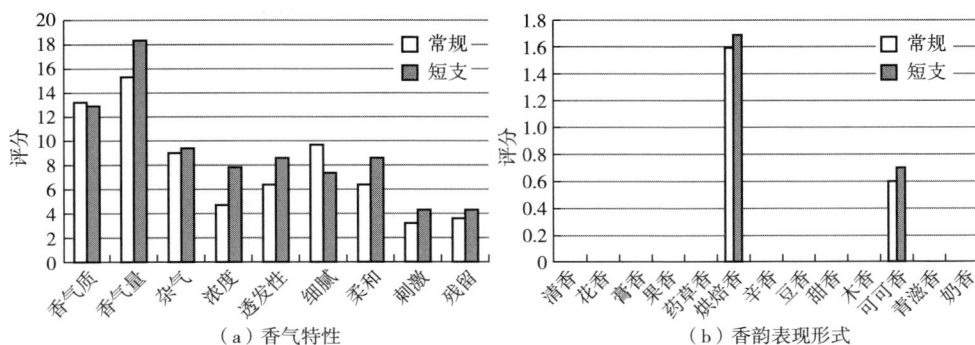

图 3-20　2-乙基-3,5-二甲基吡嗪在卷烟中的作用特征

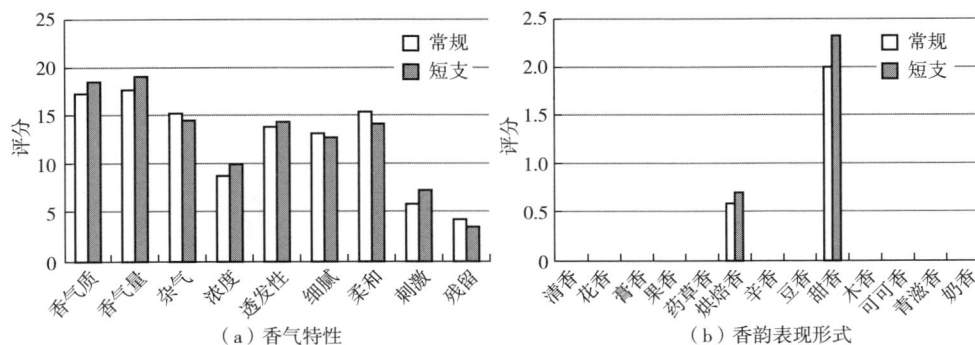

图 3-21　3,5-二甲基-1,2-环戊二酮在卷烟中的作用特征

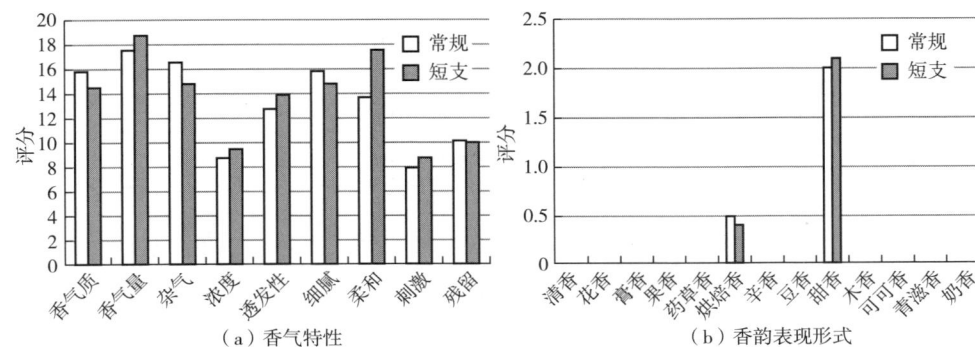

图 3-22　4,5-二甲基-3-羟基-2,5-二氢呋喃-2-酮在卷烟中的作用特征

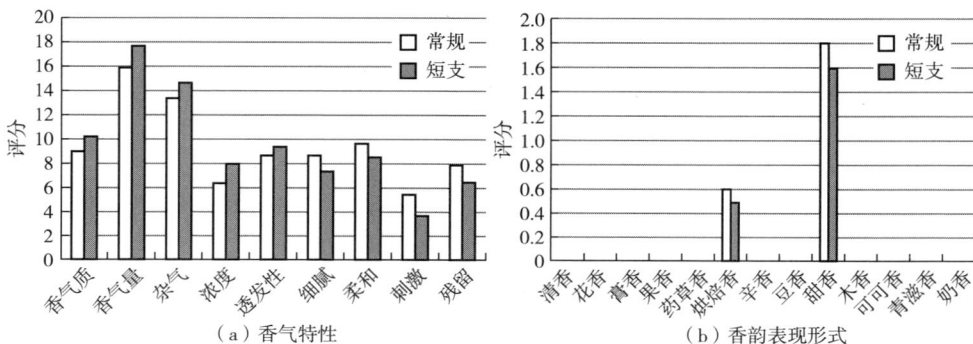

图3-23 5-乙基-4-羟基-2-甲基-3（2H）-呋喃酮在卷烟中的作用特征

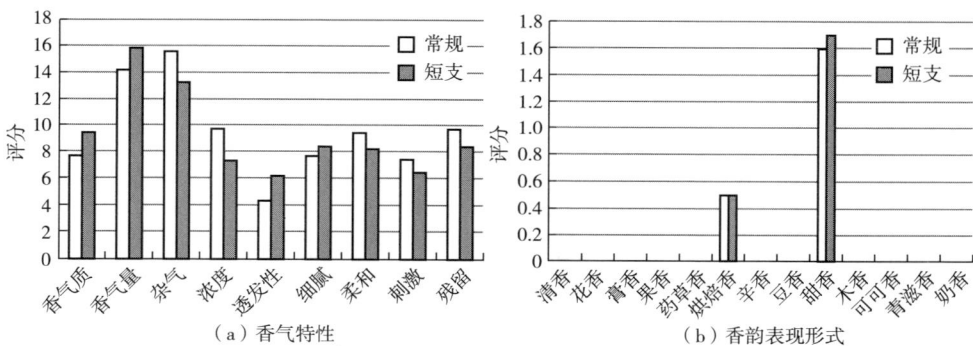

图3-24 5-乙基-3-羟基-4-甲基-2（5H）-呋喃酮在卷烟中的作用特征

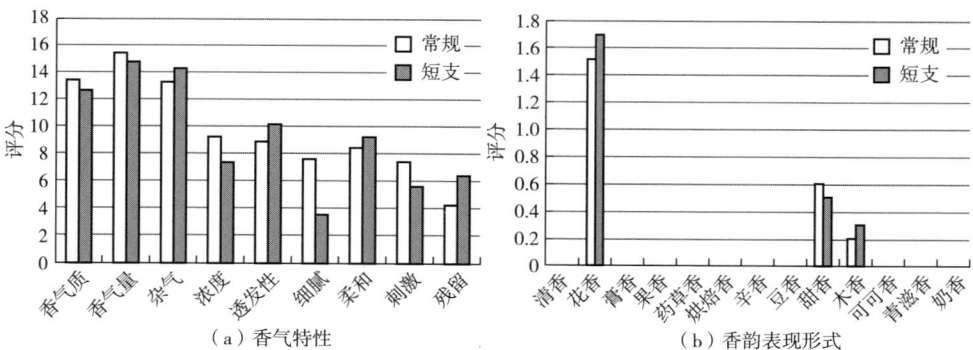

图3-25 β-紫罗兰酮在卷烟中的作用特征

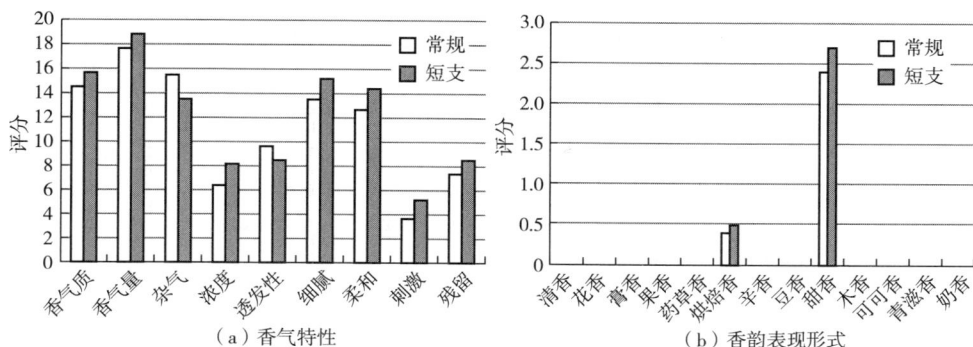

（a）香气特性   （b）香韵表现形式

图 3-26 乙基麦芽酚在卷烟中的作用特征

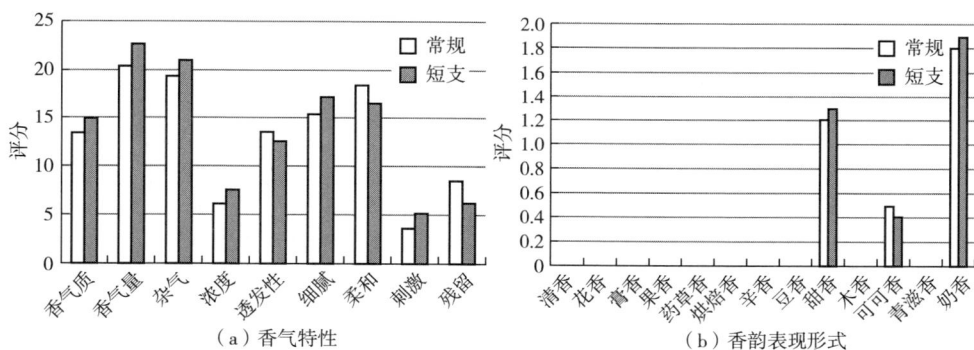

（a）香气特性   （b）香韵表现形式

图 3-27 乙基香兰素在卷烟中的作用特征

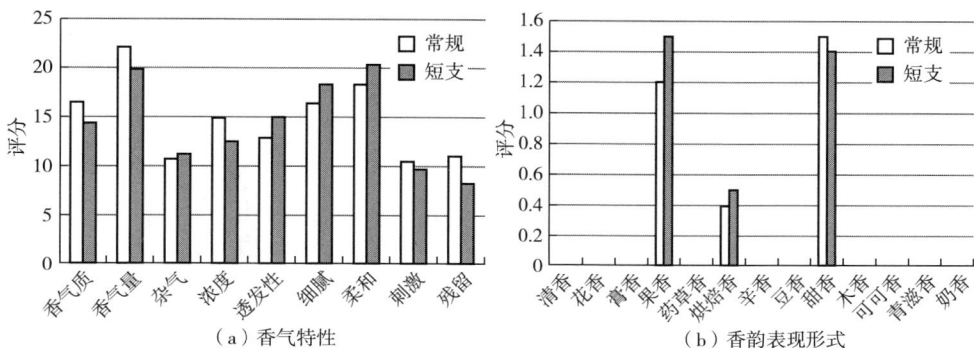

（a）香气特性   （b）香韵表现形式

图 3-28 葡萄提取物在卷烟中的作用特征

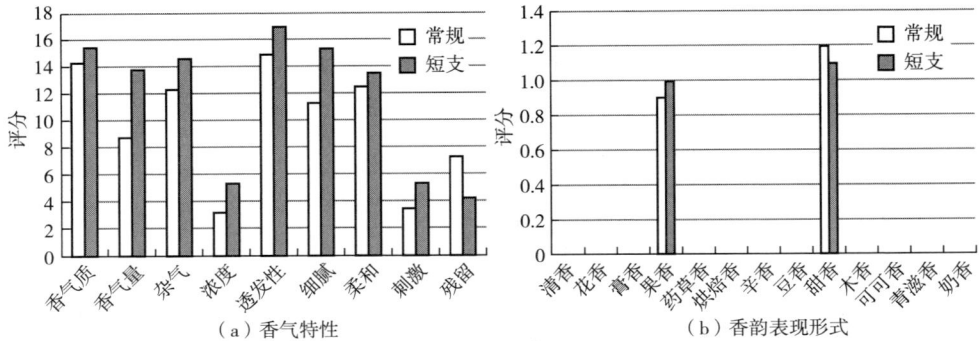

图 3-29 黑加仑提取物在卷烟中的作用特征

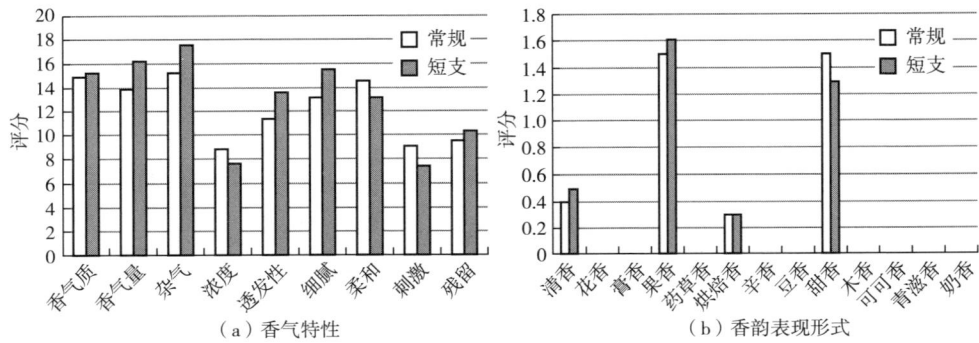

图 3-30 菠萝汁浓缩物在卷烟中的作用特征

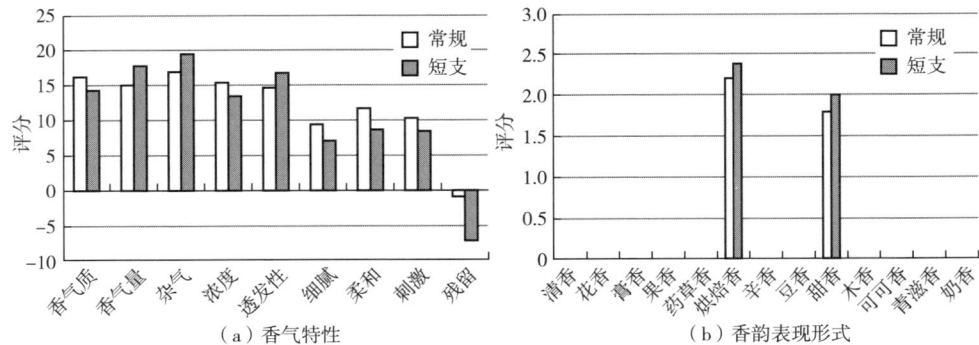

图 3-31 咖啡提取物在卷烟中的作用特征

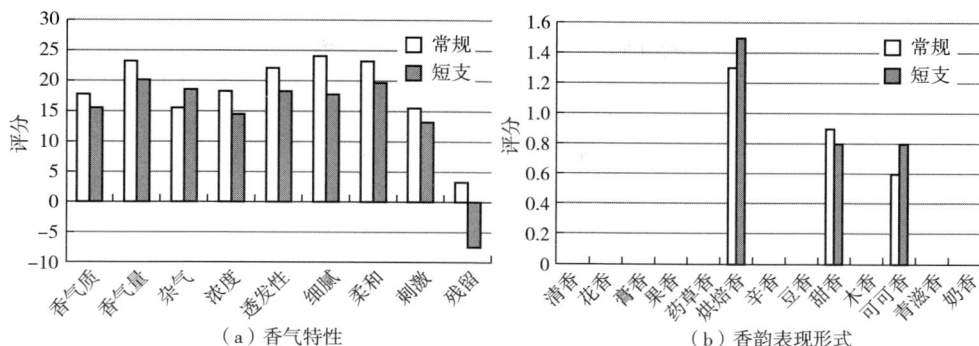

（a）香气特性 　　　　　　　　（b）香韵表现形式

图 3-32　可可提取物在卷烟中的作用特征

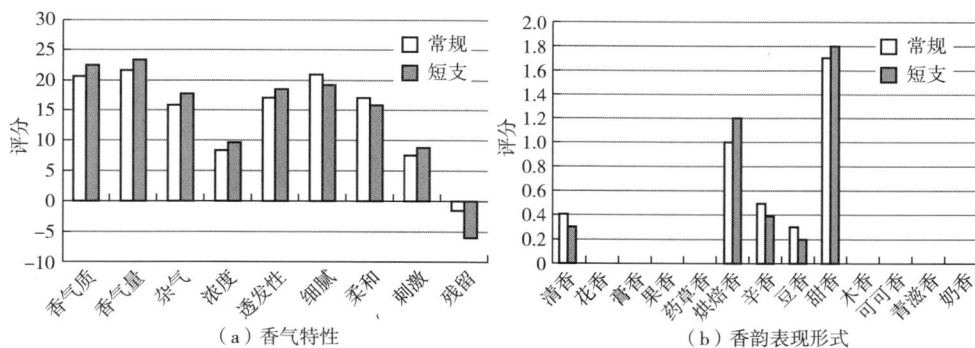

（a）香气特性 　　　　　　　　（b）香韵表现形式

图 3-33　角豆提取物在卷烟中的作用特征

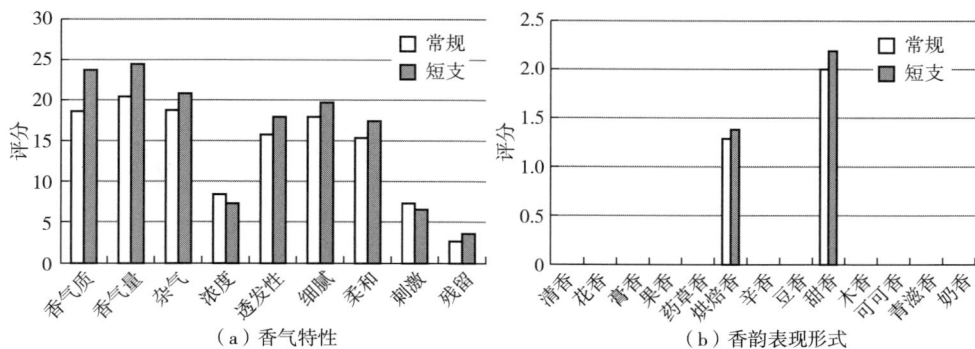

（a）香气特性 　　　　　　　　（b）香韵表现形式

图 3-34　枫槭浸膏在卷烟中的作用特征

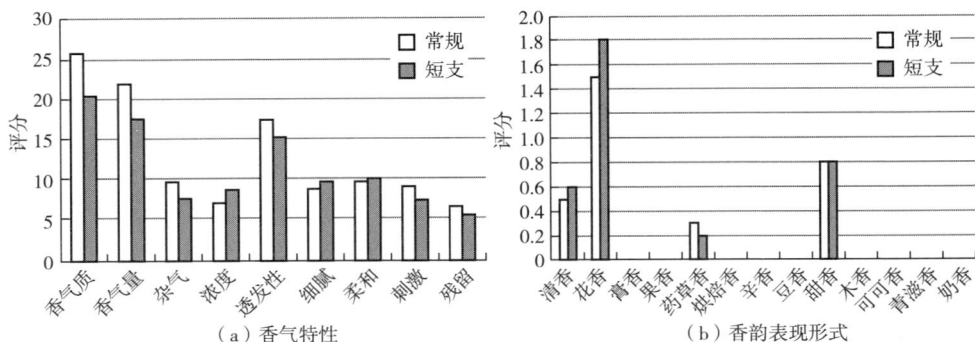

（a）香气特性　　　　　　　　（b）香韵表现形式

图 3-35　茉莉浸膏在卷烟中的作用特征

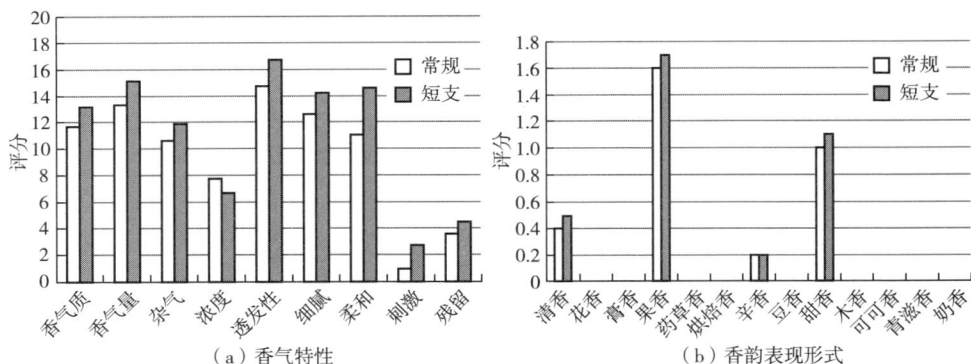

（a）香气特性　　　　　　　　（b）香韵表现形式

图 3-36　红桔油在卷烟中的作用特征

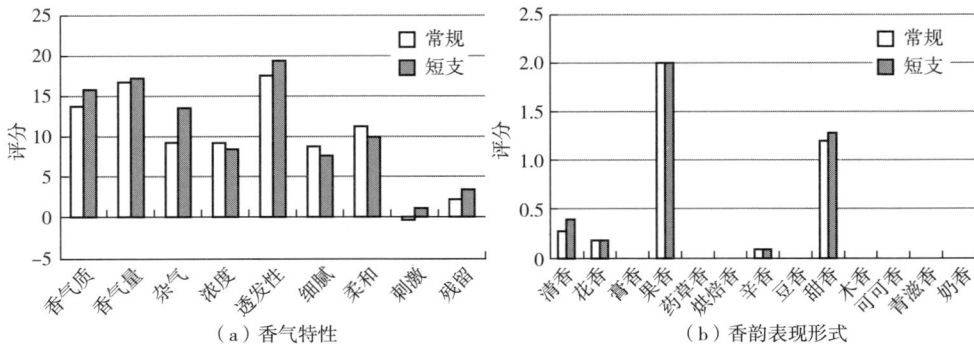

（a）香气特性　　　　　　　　（b）香韵表现形式

图 3-37　甜橙油在卷烟中的作用特征

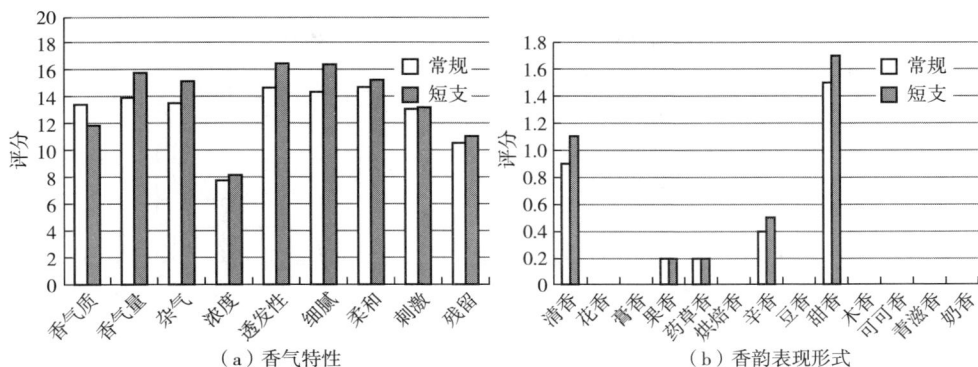

（a）香气特性　　　　　　　　　（b）香韵表现形式

图 3-38　布枯叶油在卷烟中的作用特征

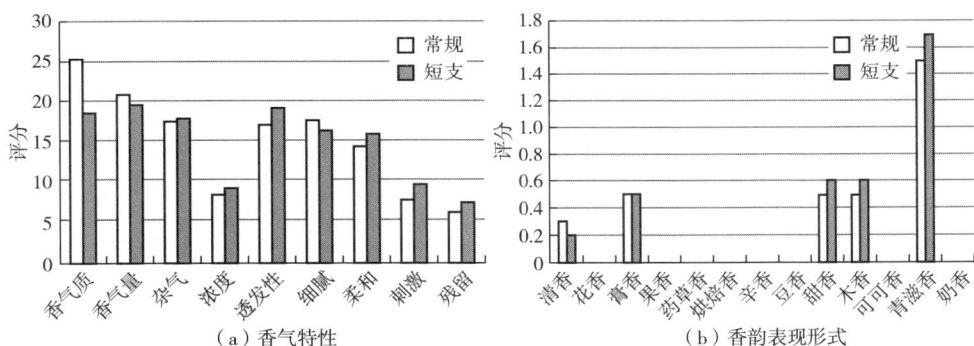

（a）香气特性　　　　　　　　　（b）香韵表现形式

图 3-39　树苔净油在卷烟中的作用特征

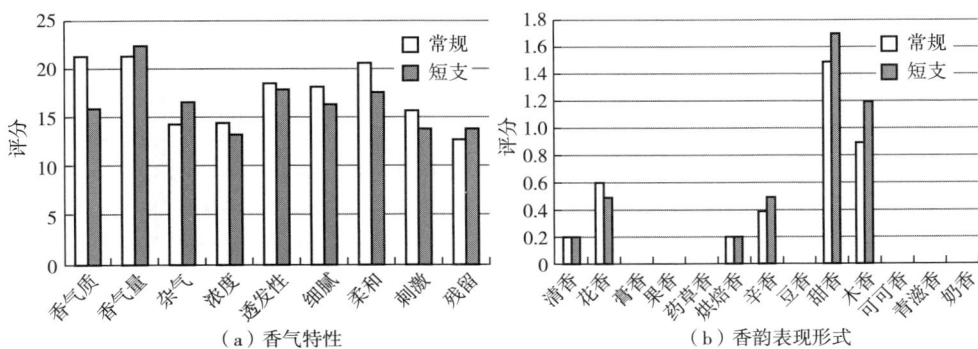

（a）香气特性　　　　　　　　　（b）香韵表现形式

图 3-40　愈创木油在卷烟中的作用特征

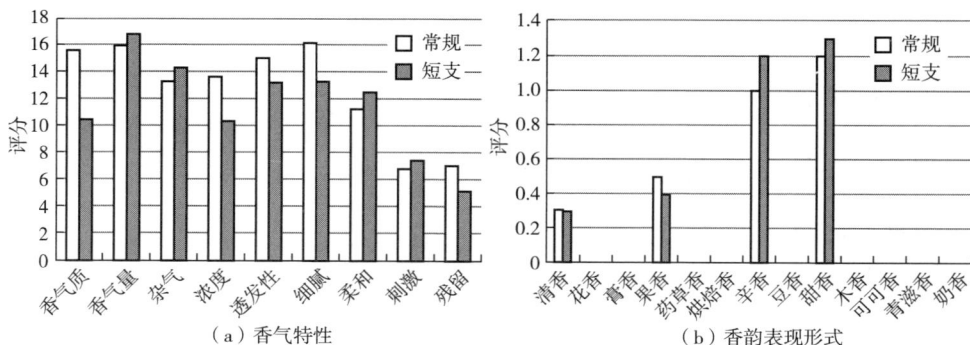

（a）香气特性　　　　　　　　　　　　　（b）香韵表现形式

图 3-41　芫荽籽油在卷烟中的作用特征

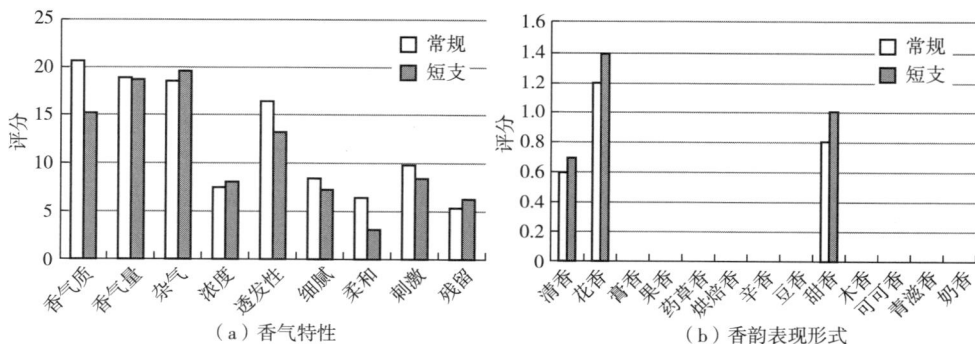

（a）香气特性　　　　　　　　　　　　　（b）香韵表现形式

图 3-42　树兰花油在卷烟中的作用特征

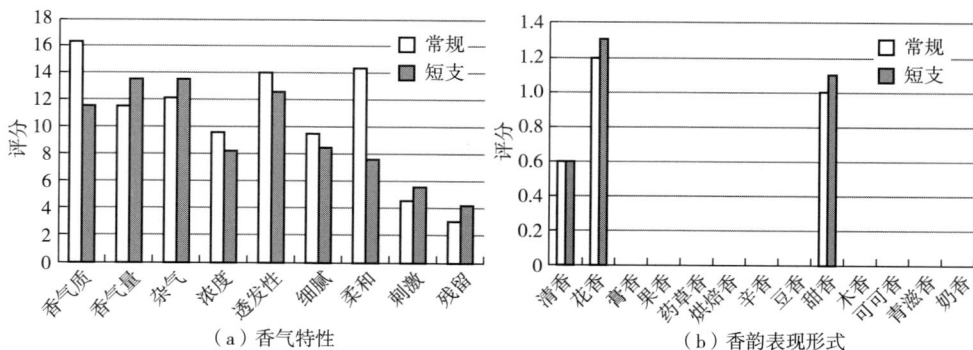

（a）香气特性　　　　　　　　　　　　　（b）香韵表现形式

图 3-43　薰衣草油在卷烟中的作用特征

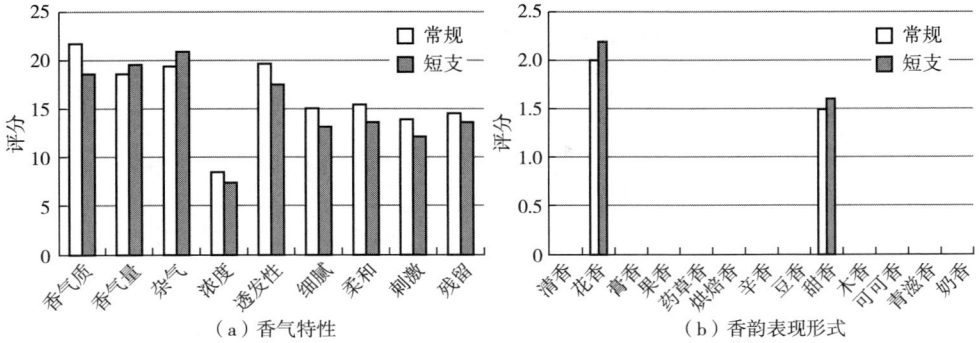

（a）香气特性　　　　　　　　（b）香韵表现形式

图 3-44　玫瑰精油在卷烟中的作用特征

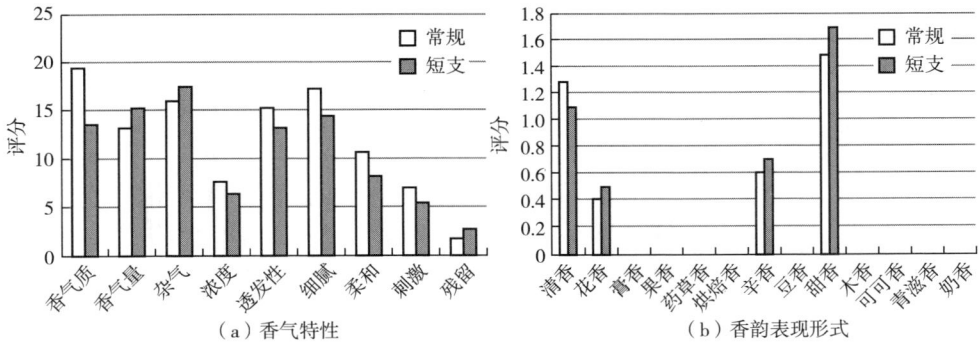

（a）香气特性　　　　　　　　（b）香韵表现形式

图 3-45　迷迭香油在卷烟中的作用特征

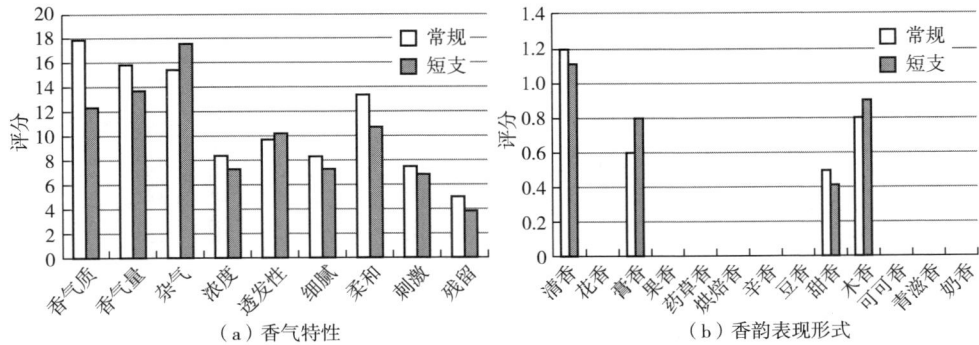

（a）香气特性　　　　　　　　（b）香韵表现形式

图 3-46　格蓬油在卷烟中的作用特征

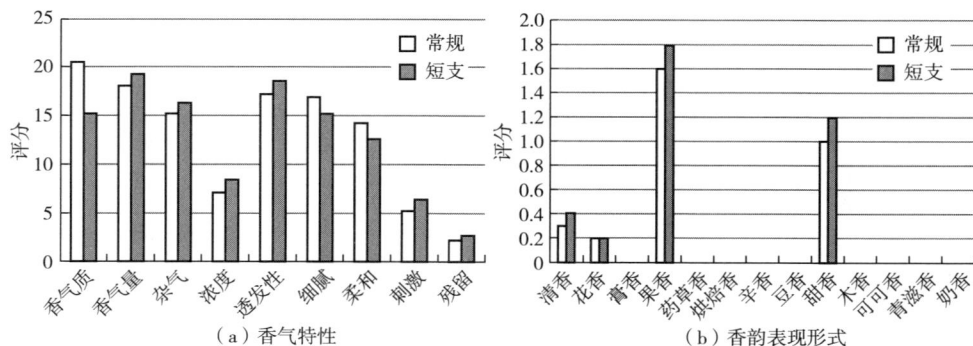

图 3-47　苦橙油在卷烟中的作用特征

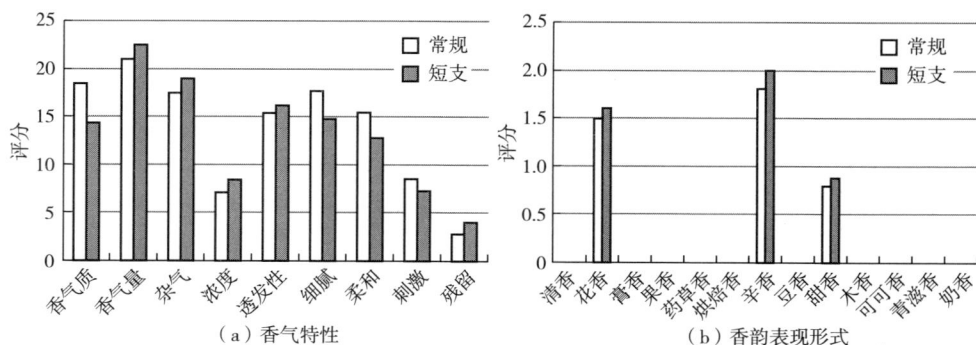

图 3-48　丁香花蕾油在卷烟中的作用特征

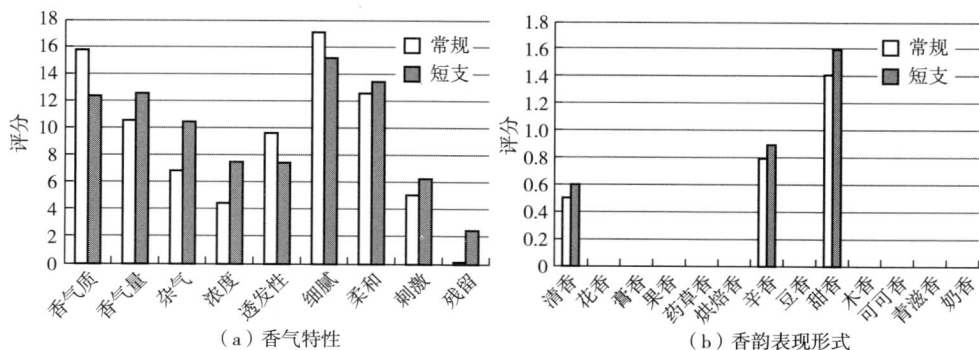

图 3-49　月桂叶油在卷烟中的作用特征

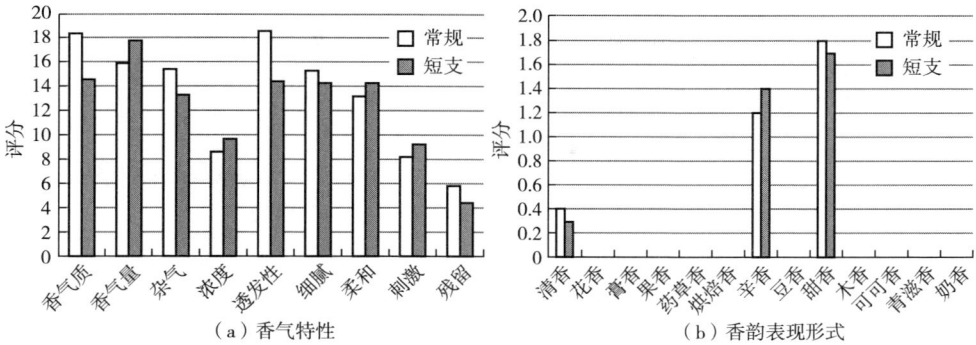

图 3-50 肉桂皮油在卷烟中的作用特征

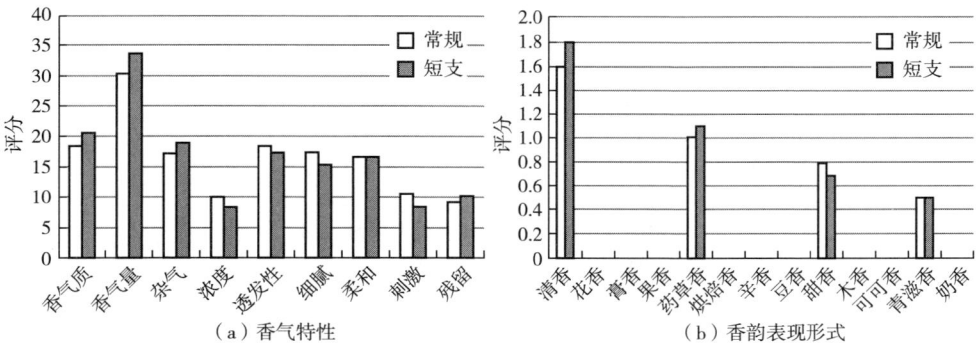

图 3-51 鼠尾草油在卷烟中的作用特征

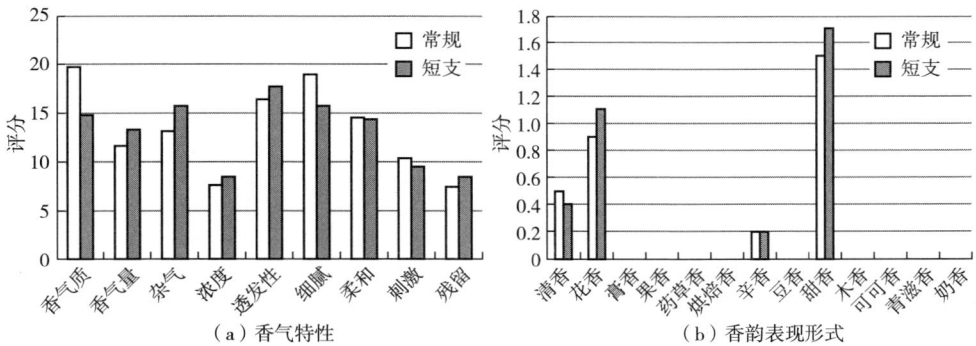

图 3-52 春黄菊油在卷烟中的作用特征

表 3-3　50 种香料单体卷烟作用评价结果

序号	香料单体	作用特征	在短支与常规卷烟中的差异
1	丁酸乙酯	提升香气质和香气量，降低杂气；香韵表现为果香、甜香，略带清香	香气质略差，香韵强度稍大，香气整体谐调性略差
2	己酸异戊酯	提升香气质和香气量，降低杂气；香韵表现为果香、甜香，略带清香	香韵强度稍大，香气整体谐调性略差
3	乙酸橙花酯	提升香气质和香气量，降低杂气；香韵表现为花香、甜香，略带清香	香韵强度稍大，香气整体谐调性略差
4	金合欢醇	提升香气质和香气量，降低杂气；香韵表现为花香、甜香，略带清香、木香	香韵强度稍大，整体作用效果更佳
5	香叶醇	提升香气质和香气量，降低杂气；香韵表现为花香、甜香，略带清香	香气质略差，香韵强度稍大，香气整体谐调性略差
6	苯乙醇	提升香气质和香气量，降低杂气；香韵表现为花香、甜香	香气质略差，香韵强度稍大，香气整体谐调性略差
7	D，L-香茅醇	提升香气质和香气量，降低杂气；香韵表现为花香、甜香，略带清香	香气质略差，香韵强度稍大，香气整体谐调性略差
8	肉桂醇	提升香气质和香气量，降低杂气，增强透发性，提升细腻、柔和；香韵表现为果香、膏香、甜香	香韵强度稍大，整体作用效果更佳
9	γ-丁内酯	提升香气质和香气量，降低杂气；香韵表现为奶香、甜香	香韵强度稍大，整体作用效果差异不明显
10	γ-癸内酯	提升香气质和香气量，降低杂气；香韵表现为果香、甜香，略带清香	香韵强度稍大，整体作用效果差异不明显
11	γ-庚内酯	提升香气量，降低杂气；香韵表现为甜香、奶香，略带果香、药草香	作用效果差异不明显
12	γ-十二内酯	提升香气质和香气量，降低杂气；香韵表现为果香、甜香	香韵强度稍大，整体作用效果差异不明显
13	柠檬醛	提升香气质和香气量，降低杂气，增强透发性，提升细腻、柔和；香韵表现为果香、甜香，略带清香、花香	香气整体谐调性略差
14	香茅醛	提升香气量；香韵表现为果香、花香、甜香	整体作用效果差异不明显

序号	香料单体	作用特征	在短支与常规卷烟中的差异
15	2，3-二乙基吡嗪	提升香气量，香韵表现为烘焙香，略带木香、可可香	香韵强度稍大，整体作用效果差异不明显
16	2，5-二甲基吡嗪	提升香气质和香气量，降低杂气；香韵表现为烘焙香，略带木香、可可香	香韵强度稍大，整体作用效果差异不明显
17	2，3，5，6-四甲基吡嗪	提升香气质和香气量，降低杂气，增强透发性；香韵表现为烘焙香、可可香，略带甜香	香韵强度稍大，整体作用效果更佳
18	2-乙基-3，5-二甲基吡嗪	提升香气质和香气量；香韵表现为烘焙香、可可香，略带甜香	香韵强度稍大，整体作用效果差异不明显
19	3，5-二甲基-1，2-环戊二酮	提升香气质和香气量，降低杂气，增强透发性，提升细腻、柔和；香韵表现为甜香、烘焙香	香韵强度稍大，整体作用效果更佳
20	4，5-二甲基-3-羟基-2，5-二氢呋喃-2-酮	提升香气质和香气量，降低杂气，增强透发性，提升细腻、柔和；香韵表现为甜香、烘焙香	香韵强度稍大，整体作用效果差异不明显
21	5-乙基-4-羟基-2-甲基-3（2H）-呋喃酮	提升香气量，降低杂气；香韵表现为甜香、烘焙香	整体作用效果差异不明显
22	5-乙基-3-羟基-4-甲基-2（5H）-呋喃酮	提升香气量，降低杂气；香韵表现为甜香、烘焙香	整体作用效果差异不明显
23	β-紫罗兰酮	提升香气质和香气量，降低杂气；香韵表现为花香、甜香，略带木香	香韵强度稍大，整体作用效果差异不明显
24	乙基麦芽酚	提升香气质和香气量，降低杂气，提升细腻、柔和；香韵表现为甜香，略带烘焙香	香韵强度稍大，整体作用效果更佳
25	乙基香兰素	提升香气质和香气量，降低杂气，增强透发性，提升细腻、柔和；香韵表现为奶香、甜香，略带可可香	香韵强度稍大，整体作用效果更佳
26	葡萄提取物	提升香气质和香气量，降低杂气，提升浓度，增强透发性，提升细腻、柔和；香韵表现为果香、甜香，略带烘焙香	香韵强度稍大，整体作用效果差异不明显

序号	香料单体	作用特征	在短支与常规卷烟中的差异
27	黑加仑提取物	提升香气质和香气量，降低杂气，增强透发性，提升细腻、柔和；香韵表现为果香、甜香	整体作用效果更佳
28	菠萝汁浓缩物	提升香气质和香气量，降低杂气，增强透发性，提升细腻、柔和；香韵表现为果香、甜香，略带清香和烘焙香	果香香韵强度稍大，甜香香韵强度稍小，整体作用效果更佳
29	咖啡提取物	提升香气质和香气量，降低杂气，提升浓度，增强透发性；香韵表现为烘焙香、甜香	香韵强度稍大，香气整体谐调性稍差，口感稍差
30	可可提取物	提升香气质和香气量，降低杂气，提升浓度，增强透发性，提升细腻、柔和，减小刺激；香韵表现为烘焙香、甜香、可可香	香韵强度稍大，整体作用效果稍差
31	角豆提取物	提升香气质和香气量，降低杂气，增强透发性，提升细腻、柔和；香韵表现为甜香、烘焙香，略带清香、辛香和烘焙香	香韵强度稍大，整体作用效果更佳
32	枫槭浸膏	提升香气质和香气量，降低杂气，增强透发性，提升细腻、柔和；香韵表现为甜香、烘焙香	香韵强度稍大，整体作用效果更佳
33	茉莉浸膏	提升香气质和香气量，增强透发性；香韵表现为花香、甜香，略带清香、药草香	香韵强度稍大，香气整体谐调性略差
34	红桔油	提升香气质和香气量，降低杂气，增强透发性，提升细腻、柔和；香韵表现为果香、甜香，略带清香、辛香	香韵强度稍大，整体作用效果更佳
35	甜橙油	提升香气质和香气量，降低杂气，增强透发性；香韵表现为果香、甜香，略带清香、花香、辛香	对整体香气品质的改善更佳
36	布枯叶油	提升香气质和香气量，降低杂气，增强透发性，提升细腻、柔和，减小刺激；香韵表现为甜香、清香，略带辛香、果香、药草香	香韵强度稍大，香气整体谐调性略差，但口感改善更佳

序号	香料单体	作用特征	在短支与常规卷烟中的差异
37	树苔净油	提升香气质和香气量，降低杂气，增强透发性，提升细腻、柔；香韵表现为青滋香，略带甜香、木香、膏香、清香	香韵强度稍大，香气整体谐调性略差
38	愈创木油	提升香气质和香气量，降低杂气，提升浓度，增强透发性，提升细腻、柔和，减小刺激、残留；香韵表现为甜香、木香，略带花香、辛香、清香、烘焙香	香韵强度稍大，香气整体谐调性略差，整体作用效果稍差
39	芫荽籽油	提升香气量，降低杂气，提升细腻、柔和；香韵表现为甜香、辛香，略带果香、清香	香韵强度稍大，整体作用效果稍差
40	树兰花油	提升香气质和香气量，降低杂气，增强透发；香韵表现为花香、甜香、清香	香韵强度稍大，香气整体谐调性略差
41	薰衣草油	提升香气质和香气量，降低杂气，增强透发；香韵表现为花香、甜香、清香	香韵强度稍大，香气整体谐调性略差
42	玫瑰精油	提升香气质和香气量，降低杂气，增强透发性，提升细腻、柔和，减小刺激、残留；香韵表现为花香、甜香	香韵强度稍大，香气整体谐调性略差，整体作用效果稍差
43	迷迭香油	提升香气质和香气量，降低杂气，增强透发性，提升细腻；香韵表现为甜香、清香，略带花香、辛香	香韵强度稍大，香气整体谐调性略差
44	格蓬油	提升香气质和香气量，降低杂气；香韵表现为清香、木香、膏香，略带甜香	香气整体谐调性略差
45	苦橙油	提升香气质和香气量，降低杂气，增强透发性，提升细腻、柔；香韵表现为果香、甜香，略带清香、花香	香韵强度稍大，香气整体谐调性略差
46	丁香花蕾油	提升香气质和香气量，降低杂气，增强透发性，提升细腻、柔和；香韵表现为辛香、花香、甜香	香韵强度稍大，香气整体谐调性略差
47	月桂叶油	提升香气质和香气量，提升细腻、柔和；香韵表现为甜香、辛香，略带清香	香韵强度稍大，香气整体谐调性略差

序号	香料单体	作用特征	在短支与常规卷烟中的差异
48	肉桂皮油	提升香气质和香气量，降低杂气，增强透发性，提升细腻、柔和；香韵表现为甜香、辛香，略带清香	辛香香韵强度稍大，甜香稍小，香气整体谐调性略差
49	鼠尾草油	提升香气质和香气量，降低杂气，增强透发性，提升细腻、柔和；香韵表现为清香、药草香、甜香，略带青滋香	香韵强度稍大，整体作用效果更佳
50	春黄菊油	提升香气质和香气量，降低杂气，增强透发性，提升细腻、柔和；香韵表现为甜香、花香，略带清香、辛香	香韵强度稍大，香气整体谐调性略差

本项目考察的 50 种香料单体是根据前期增香保润重大专项项目的研究结果确定的，在短支和常规卷烟中基本都具有良好的作用效果。所评价的 25 种合成类香料主要是对香气特性的改善、香气风格的赋予具有明显作用效果，25 种天然类香料总体上作用效果相对更为全面，在香气特性、烟气特性和口感特性等方面具有不同程度的改善效果。

彰显果香香韵的香料单体为丁酸乙酯、己酸异戊酯、肉桂醇、γ-癸内酯、γ-十二内酯、柠檬醛、香茅醛、葡萄提取物、黑加仑提取物、菠萝汁浓缩物、红桔油、甜橙油。

彰显花香香韵的香料单体为乙酸橙花酯、金合欢醇、香叶醇、苯乙醇、D，L-香茅醇、香茅醛、β-紫罗兰酮、茉莉浸膏、树兰花油、薰衣草油、玫瑰精油、春黄菊油、丁香花蕾油。

彰显烘焙香韵的香料单体为 2，3-二乙基吡嗪、2，5-二甲基吡嗪、2，3，5，6-四甲基吡嗪、2-乙基-3，5-二甲基吡嗪、咖啡提取物、可可提取物。

彰显奶香香韵的香料单体为 γ-丁内酯、γ-庚内酯、乙基香兰素。

彰显辛香香韵的香料单体为芫荽籽油、丁香花蕾油、月桂叶油、肉桂皮油。

多数香料都具有增强甜香的作用，只是整体韵调有所差异，如果甜、花甜、辛甜、奶甜、清甜、焦甜等，其中强化焦甜的香料为 3，5-二甲基-1，2-环戊二酮、4，5-二甲基-3-羟基-2，5-二氢呋喃-2-酮、5-乙基-4-羟基-2-甲基-3（2H）-呋喃酮、5-乙基-3-羟基-4-甲基-2（5H）-呋喃酮、乙基麦芽酚、角豆提取物、枫槭浸膏。

从整体品质的提升来看，具有较好作用的香料单体为肉桂醇、柠檬醛、2，3，5，6-四甲基吡嗪、3，5-二甲基-1，2-环戊二酮、4，5-二甲基-3-羟基-2，5-二氢呋喃-2-酮、乙基麦芽酚、乙基香兰素、葡萄提取物、黑加仑提取物、菠萝汁浓缩物、咖啡提取物、可可提取物、角豆提取物、枫槭浸膏、红桔油、布枯叶油、树苔净油、愈创木油、玫瑰精油、迷迭香油、苦橙油、丁香花蕾油、月桂叶油、肉桂皮油、鼠尾草油、春黄菊油。

通过短支与常规卷烟的作用效果对比可以发现：香料单体在短支卷烟中的作用特征与常规卷烟基本一致，香料单体在常规卷烟中的研究结果在短支卷烟开发中具有借鉴价值。多数香料单体在短支卷烟中的香韵强度更大，导致香气整体谐调性略有下降。3，5-二甲基-1，2-环戊二酮、乙基麦芽酚、乙基香兰素、黑加仑提取物、菠萝汁浓缩物、角豆提取物、枫槭浸膏等能强化焦甜香的香料单体对于短支卷烟的作用效果更为突出。

3.1.5　小结

（1）考察的 50 种香料单体在短支和常规卷烟中基本都具有良好的作用效果。25 种合成类香料主要是对香气特性的改善、香气风格的赋予具有明显作用效果，25 种天然类香料总体上作用效果相对更为全面，在香气特性、烟气特性和口感特性等方面具有不同程度的改善效果。

（2）香料单体在短支卷烟中的作用特征与常规卷烟基本一致，香料单体在常规卷烟中的研究结果在短支卷烟的开发中具有借鉴价值。

（3）多数香料单体在短支卷烟中的香韵强度更大，导致香气整体谐调性略有下降。

（4）3，5-二甲基-1，2-环戊二酮、乙基麦芽酚、乙基香兰素、黑加仑提取物、菠萝汁浓缩物、角豆提取物、枫槭浸膏等强化焦甜香的香料单体在短支卷烟中的作用效果更为突出。

（5）尽管香料单体在常规卷烟中的评价结果可以借鉴，但是对于赋予风格的香料单体，在短支卷烟中可能需要调整用量，保证香气的谐调性，而对于强化焦甜香的香料单体可能需要加大关注与应用。

3.2 香料单体在短支卷烟中转移行为的分析

为进一步分析香料单体在短支卷烟中的作用特征，建立了香料单体转移行为分析方法，并按官能团筛选了53种合成香料单体，研究了53种合成香料单体在短支卷烟中的转移行为，分析了香料单体在短支卷烟和常规烟中转移行为的差异，同时，为分析引起香料单体在短支卷烟和常规卷烟中转移行为差异的原因，还对常规卷烟和短支卷烟的滤棒温度进行测试。转移行为的分析旨在为香料单体在短支卷烟中的合理应用提供进一步的参考依据。

3.2.1 材料与方法

3.2.1.1 材料、试剂与仪器

卷烟注射加香仪：高速加香注射仪（型号规格 HRH-186K，北京慧荣和科技有限公司）。

20孔道抽烟机（英国 CERULEAN SM450），剑桥滤片（英国 Whatman 44 mm），气相色谱-质谱联用仪（安捷伦 7895A/5975C），卷烟燃吸温度检测采集系统（郑州烟草研究院研制），分析天平（德国 Sartorius 公司，感量 0.0001 g），HY-5型振荡器（金坛中大仪器厂），超滤膜（0.22 μm，中国天津津腾公司），一次性使用无菌注射器（1 mL，河南曙光健士医疗器械集团股份有限公司）。

标样：2,3-戊二酮（97%）、2,3-己二酮（94%）、2,3-庚二酮（>97%）、丙位戊内酯（>98%）、2-甲基四氢呋喃-3-酮（>98%）（Alfa Aesar 公司）；乳酸丁酯（>98.0%）、丙位丁内酯（>99.0%）、丙位庚内酯（>98.0%）、2,5-二甲基-3（2H）-呋喃酮（>98.0%）、乙基葫芦巴内酯（>97.0%）、乙基环戊烯醇酮（>97.0%）、丁位己内酯（>99.0%）、二氢香豆素（>98.0%）（TCI 公司）；丙位己内酯（98%）、丁二酮（98%）、3,4-二甲基-1,2-环戊二酮（98%）（J&K 公司）；3,5-二甲基-1,2-环戊二酮（≥97%）、4-羟基-2,5-二甲基-3（2H）呋喃酮（≥99.0%）、5-甲基糠醛（99%）（Sigma-Aldrich 公司）；乙基麦芽酚（99%）、葫芦巴内酯（97%）、甲基环戊烯醇酮（≥98.0%）、3-羟基-2-丁酮（97%）（Aladdin 公司）；乙基香兰素（97%）、香兰素（99%）、3,4-己二酮（96%）（Acros Organics 公司）；3-戊烯-2-酮（>95%，damas-bete

公司）；糠醛（99%，北京伊诺凯科技有限公司）；麦芽酚；糠醇；丙位壬内酯（98%）；6-甲基香豆素；1-羟基-2-丁酮（>98%）；3-甲基-2-环戊烯-1-酮（98%）；丙酸苏合香酯（98%，Acros Organics 公司）；癸酸乙酯，纯度≥99%（Aldrich）；庚酸乙酯，纯度 99.00%（Damas-Beta）；丁酸乙酯，纯度 99%（Damas-Beta）；异戊酸乙酯，纯度 99%（Aladdin）；肉桂酸乙酯，纯度>99.0%（TCI）；苯乙酸乙酯，纯度 99%（Innochem）；乙酰丙酸乙酯，纯度 98%（安耐吉化学）；γ-己内酯，纯度≥98%（Sigma-Aldrich）；γ-庚内酯，纯度>98.0%（TCI）；γ-辛内酯，纯度 98%（Chem Service）；γ-癸内酯，纯度 98%（阿拉丁）；γ-十一内酯，纯度 99%（Alfa Aesar）；γ-十二内酯，纯度 98%（北京百灵威科技有限公司）；2,3-二乙基吡嗪、2,5-二甲基吡嗪、2-乙基-3-甲基吡嗪、2,6-二甲基吡嗪、3-乙基吡啶、2-乙酰吡啶、3-乙酰吡啶、2-乙酰基吡咯，纯度≥98%（Sigma-Aldrich）。

卷烟样品：采用 2.1.1.1 制备的未加香加料的短支和常规卷烟样品作为空白参比卷烟。

3.2.1.2 样品前处理方法

将 2.1.1 所述香料以乙醇为溶剂配制成一定浓度的混合香料溶液，并用自动注射加香仪将混合香料溶液注射入 1.1 所述的 3 种卷烟样品烟丝中，注射量由电脑调节 [最小值为（10±10%）μL]，加香量为 100~150 μg/g 烟丝，保证注射均匀，又可以确保微量注射器的针头既不扎破或沾湿卷烟纸，也不会将香料溶液注入滤棒中。在恒温恒湿 [（22±2）℃，RH 为（60±5）%] 条件下，将加香卷烟用烟盒密封放置 48 h 后进行抽吸实验。未加香的三种卷烟样品在恒温恒湿 [（22±2）℃，RH 为（60±5）%] 条件下用烟盒密封放置 48 h 后进行抽吸实验。

卷烟按标准 ISO 3308 抽吸后，取两张抽吸好的剑桥滤片，置于 50 mL 具塞锥形瓶中，加入 20 mL 内标溶液，室温下振荡 30 min，取 2 mL 上清液，进行 GC/MS 分析，每个样品测定 2 次取平均值。

3.2.1.3 GC/MS 分析条件

（1）25 种醛酮类香料单体测试条件。色谱柱：DB-WAXetr（60 m×0.25 mm×0.25 μm）；载气：He；柱流量：1 mL/min；进样口温度：250 ℃；程序升温：50 ℃（0 min），5 ℃/min→250 ℃（10 min）；不分流模式；GC/MS 传输线温度：250 ℃；EI 离子源温度：230 ℃；四级杆温度：150 ℃；EI 电离能量：70 eV；扫描模式：选择离子扫描，根据保留时间划分时间段。待测化合物保留时间、定性及定量离子的参数选择见表3-4。

表3-4 25种醛酮类香料单体及内标保留时间和选择离子

序号	化合物名称	保留时间/min	定量离子	定性离子
1	2, 3-丁二酮	6.942	86	43
2	2, 3-戊二酮	8.309	100	42, 58
3	2, 3-己二酮	9.785	114	71, 41
4	3-戊烯-2-酮	9.866	84	69, 41
5	3, 4-己二酮	9.969	114	58
6	2, 3-庚二酮	12.104	85	128, 41
7	2-甲基四氢呋喃-3-酮	13.27	100	72, 43
8	3-羟基-2-丁酮	13.845	88	45, 73
9	1-羟基-2-丁酮	16.158	88	56, 58
10	糠醛	18.448	96	95, 67
11	2, 5-二甲基-3（2H）-呋喃酮	19.456	112	68, 40
12	3-甲基-2-环戊烯-1-酮	20.069	96	95, 81
13	5-甲基糠醛	21.248	110	109, 81
14	糠醇	23.051	98	97, 81
15	3, 5-二甲基-1, 2-环戊二酮	26.243	126	111, 83
16	甲基环戊烯醇酮	27.056	112	83, 69
17	3, 4-二甲基-1, 2-环戊二酮	27.35	99	98, 55
18	乙基环戊烯醇酮	28.474	126	111, 97
19	麦芽酚	30.041	126	97, 71
20	乙基麦芽酚	31.045	140	139, 125
21	4-羟基-2, 5-二甲基-3（2H）呋喃酮	31.215	128	85, 129
22	二氢香豆素	36.424	148	120, 91
23	乙基香兰素	40.3	166	137, 138
24	香兰素	41.057	151	152, 123
25	6-甲基香豆素	41.728	160	132, 131
26	丙酸苏合香酯（内标）	25.523	105	122, 178

　　按照气相色谱-质谱分析条件对系列标准工作溶液分别进行测定。以标准工作溶液中各酯的定量离子峰面积与内标物（丙酸苏合香酯）定量离子峰面积的比值为纵坐标，各酯的浓度与内标浓度的比值为横坐标，绘制标准工作曲线，线性相关系数 R^2 不小于 0.999。

　　（2）20 种酯类香料单体分类测试条件。气相色谱条件为色谱柱：毛细管色谱柱，DB-5MS，规格为（60 m×0.25 mm×0.25 μm）；进样口温度：250 ℃；程序升温：初始温度 50 ℃，保持 0 min，3 ℃/min 升至 230 ℃ 保持 0 min，300 ℃ 后运行 10 min；载气：氦气，恒流模式，流量为 1 mL/min；进样量样量均为 1 μL。不分流进样。质谱条件为电离方式：电子轰击源（EI）；电离能量：70 eV；离子源温度：230 ℃；传输线温度：250 ℃；四极杆温度：150 ℃；溶剂延迟时间：6 min；扫描方式：选择离子监测模式（SIM），各化合物扫描参数见表 3-5。

表 3-5　20 种酯及其内标保留时间和选择离子

序号	化合物名称	保留时间/min	定量离子	定性离子
1	丁酸乙酯	8.680	88	71，83
2	异戊酸乙酯	10.482	115	85，88
3	γ-丁内酯	15.812	86	42，85
4	γ-戊内酯	17.348	100	56，85
5	丁位己内酯	18.631	114	99
6	γ-己内酯	19.387	85	70，86
7	乙酰丙酸乙酯	19.666	129	99，144
8	乳酸丁酯	19.758	75	45，85
9	庚酸乙酯	21.493	113	101，115
10	γ-庚内酯	24.234	85	56，100
11	苯乙酸乙酯	28.637	164	91，92
12	γ-辛内酯	29.262	85	56，100
13	γ-壬内酯	31.493	85	128，100
14	葫芦巴内酯	34.604	128	83，85
15	癸酸乙酯	35.451	157	88，101

序号	化合物名称	保留时间/min	定量离子	定性离子
16	乙基葫芦巴内酯	35.694	142	97，113
17	γ-癸内酯	38.636	128	85，100
18	肉桂酸乙酯	38.743	176	131，147
19	γ-十一内酯	42.957	128	55，85
20	γ-十二内酯	47.039	128	85，123
21	丙酸苏合香酯（内标）	30.291	122	105，178

按照气相色谱-质谱分析条件对系列标准工作溶液分别进行测定。以标准工作溶液中各酯的定量离子峰面积与内标物（丙酸苏合香酯）定量离子峰面积的比值为纵坐标，各酯的浓度与内标浓度的比值为横坐标，绘制标准工作曲线，线性相关系数 R^2 不小于 0.999。

（3）8种氮杂环香料单体分类测试条件。气相色谱条件为色谱柱：毛细管色谱柱，DB-WAX，规格为（60 m×0.25 mm×0.25 μm）；进样口温度：250 ℃；程序升温：从初始温度50 ℃以3 ℃/min的速度升至260 ℃，260 ℃后运行15 min；载气：氦气，恒流模式，流量为1 mL/min；进样量和分流比进样量均为1 μL。不分流进样。质谱条件为电离方式：电子轰击源（EI）；电离能量：70 eV；离子源温度：230 ℃；传输线温度：250 ℃；四极杆温度：150 ℃；溶剂延迟时间：12 min；扫描方式：选择离子监测模式（SIM），各化合物扫描参数见表3-6。

表3-6 8种氮杂环香料单体及内标保留时间和选择离子

序号	化合物名称	保留时间/min	定量离子	定性离子
1	2，5-二甲基吡嗪	19.502	108	81，109
2	2，6-二甲基吡嗪	19.741	108	81，109
3	3-乙基吡啶	21.897	107	92，106
4	2-乙基-3-甲基吡嗪	22.835	121	94，122
5	2，3-二乙基吡嗪	24.859	136	121，135
6	2-乙酰基吡啶	31.015	121	79，93
7	3-乙酰基吡啶	39.467	121	78，106

序号	化合物名称	保留时间/min	定量离子	定性离子
8	2-乙酰基吡咯	44.397	109	66，94
9	2-甲基喹啉（内标）	44.290	143	115，128

按照气相色谱-质谱分析条件对系列标准工作溶液分别进行测定。以标准工作溶液中各酯的定量离子峰面积与内标物（2-甲基喹啉）定量离子峰面积的比值为纵坐标，各酯的浓度与内标浓度的比值为横坐标，绘制标准工作曲线，线性相关系数 R^2 不小于 0.999。

3.2.1.4　短支卷烟和常规卷烟滤棒中心温度测试

采用热电偶法测试卷烟滤棒中心的温度。测温模块由 4 根间距相等的热电偶组成（间距 2 mm），其中第 1 根探针定位至滤棒烟丝结合处，第 4 根探针距第 1 跟探针 8 mm，探针深度精确定位至滤棒中轴线上，探针编号及在滤棒中的分布见图 3-53。需要说明的是，通风卷烟接装纸孔带中心位置距唇端 12.5 mm，与热电偶探针位置无重合。测试前，利用卷烟预打孔装置将热电偶探针精确置于卷烟滤棒的特定位置，使用隐形胶带对探针与接装纸接触处进行密封，确保探针处不漏气。再将热电偶测温模块与单孔道吸烟机连接，在 ISO 抽吸模式下进行卷烟抽吸，并进行温度采集，每个样品平行测试 10 组。

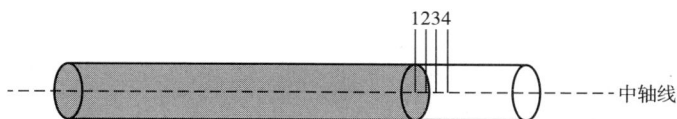

图 3-53　热电偶探针插入卷烟滤棒位置的示意图

3.2.2　短支卷烟和常规卷烟滤棒中心温度

采用热电偶法测试了常规卷烟与短支卷烟的滤棒中心温度，结果如图 3-54 所示。由图 3-54 可以看出，随着抽吸口数的增加，滤棒中心温度具有逐渐增高的趋势，每次抽吸都会使观测点温度出现高温峰。常规卷烟前 4 口的滤棒温度有所增加，但变化不明显，均在 25 ℃ 左右，第 5 口开始迅速增至 46 ℃ 左右，第 6 口则达 70 ℃。短支卷烟的前两口滤棒温度变化不明显，均在 25 ℃ 左右，第 3 口开始开始迅速增至 40 ℃ 左右，第 4 口温度超过 70 ℃，第 5 口比第 4 口温度稍高。由此可见，短支卷烟与常规卷烟在抽吸过程中，滤棒中心温度存在明显差异，短支卷烟滤棒温度明显高于常规卷烟对应口数的滤棒温度。

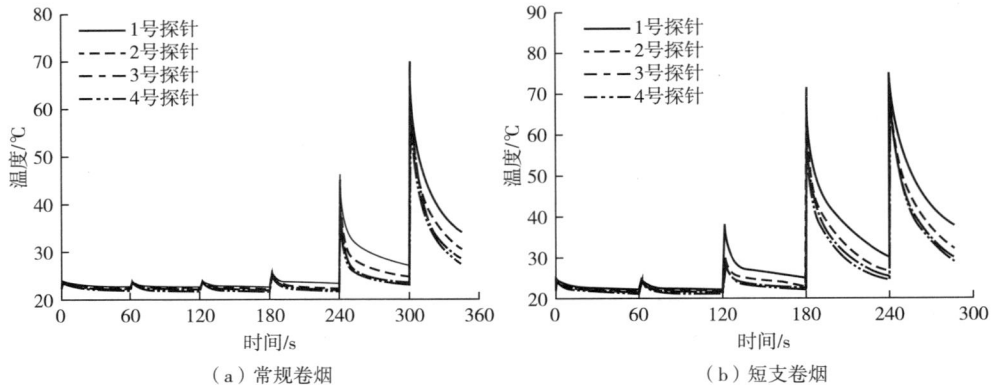

（a）常规卷烟　　　　　　　　（b）短支卷烟

图 3-54　常规卷烟与短支卷烟滤棒中心温度测试结果

3.2.3　醛酮类香料单体的分析方法建立

为分析合成类香料单体在卷烟主流烟气中的转移行为，分别建立了醛酮类、酯类以及含氮杂环类香料单体的分析方法。在此以醛酮类香料单体的分析方法建立为例，加以详细说明。

3.2.3.1　色谱条件的建立

分别采用 DB-5MS（60 m×0.25 mm×0.25 μm）和 DB-WAXetr（30 m×0.25 mm×0.25 μm）两种色谱柱对待测物质进行分离，通过对比色谱图考察分离效果。结果显示，使用 DB-WAXetr（60 m×0.25 mm×0.25 μm）时，26 种醛酮类香料单体及内标在标准溶液及实际样品中可以得到较好分离，干扰较小，且峰型良好（图 3-55、图 3-56）。而 DB-5MS（60 m×0.25 mm×0.25 μm）的使用会导致分离不完全以及峰型的变差（图 3-57）。

3.2.3.2　前处理方法的优化

项目组通过分别考察正己烷、丙酮、二氯甲烷、异丙醇 4 种溶剂对目标物的萃取效果，发现不同溶剂提取效率差别较小。由于保留时间和碎片离子的重叠，正己烷、二氯甲烷和异丙醇的使用会干扰 2,3-丙二酮的定量，因此项目选用丙酮作为萃取溶剂。

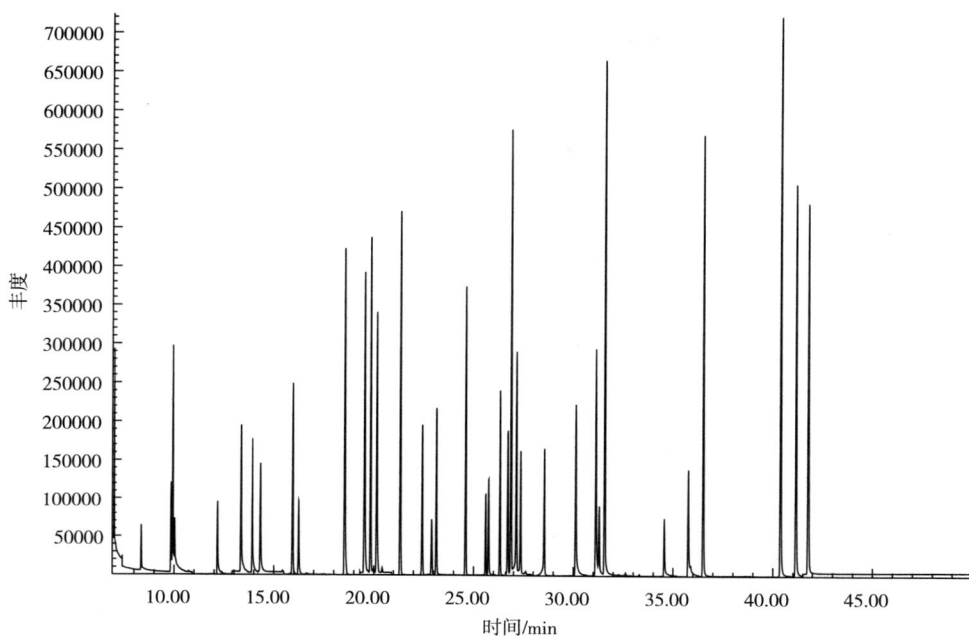

图 3-55　标准工作溶液选择离子扫描（SIM）图

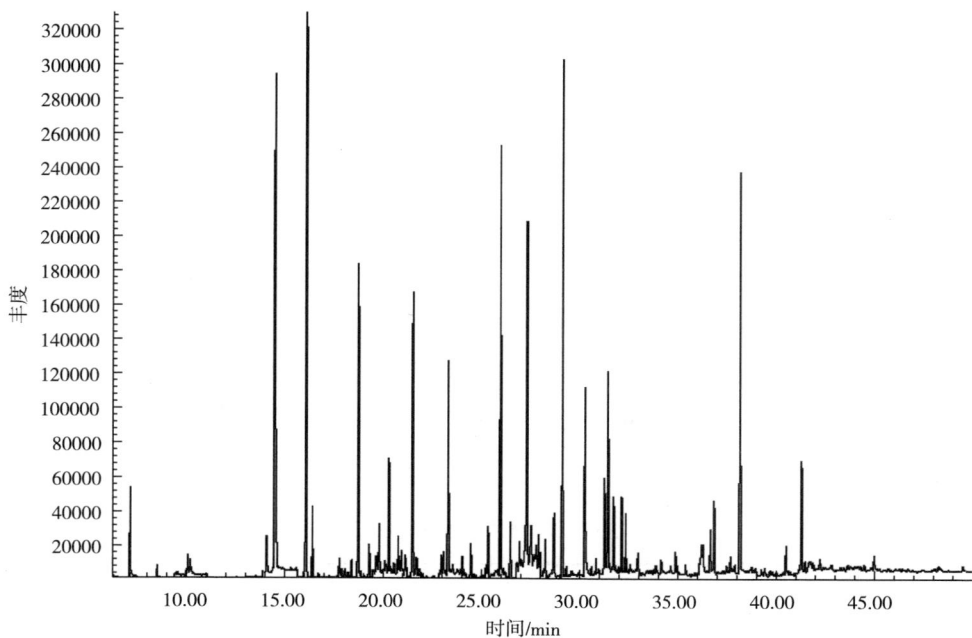

图 3-56　典型卷烟样品选择离子扫描（SIM）

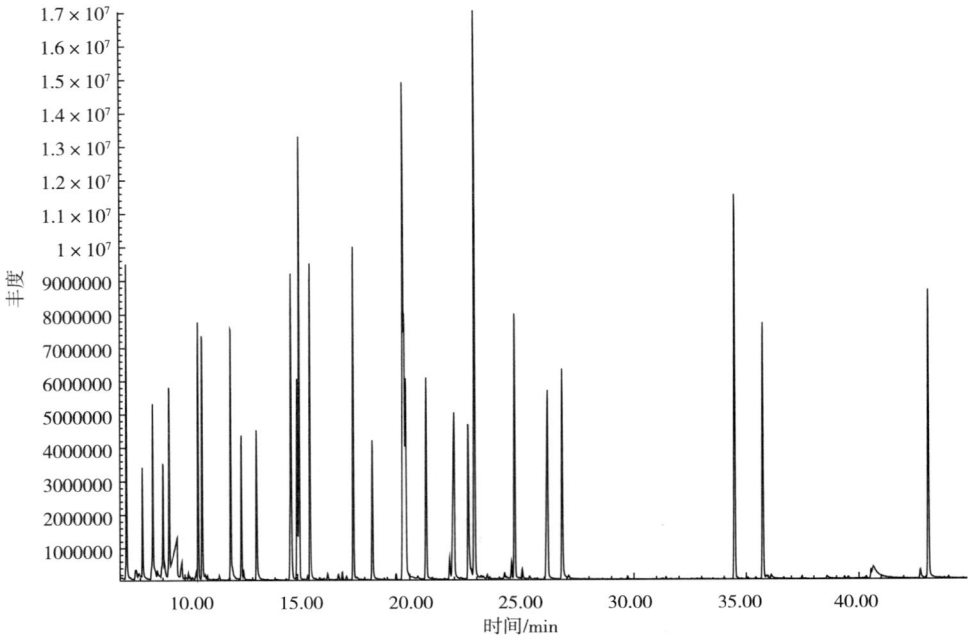

图 3-57　标准工作溶液 DB-5Ms 全扫描图

通过对不同萃取时间进行考察，发现 30 min 后继续延长萃取时间的提取效率没有明显变化，因此项目选择萃取时间为 30 min。

3.2.3.3　方法的工作曲线、检测限、定量限及精密度

本方法采用内标法定量，以各目标化合物的浓度与内标物浓度之比为横坐标，分析物与内标物的峰面积比为纵坐标建立标准曲线，待测组分的线性范围、回归方程和相关系数见表 3-7。在相同条件下对同一卷烟样品进行 6 次平行测定，得到测定的目标物 RSD。将最低浓度的标准溶液测定 5 次，其标准偏差的 3 倍作为方法的检测限，10 倍作为方法的定量限。结果表明，方法的线性回归系数均大于 0.99，各测定值的 RSD 均小于 10%，线性和重复性良好，适合进行定量分析。

表 3-7　待测化合物的线性范围及工作曲线

化合物	线性范围/（μg/mL）	回归方程	R^2
2，3-丁二酮	0.20~20.00	$y = 0.2392\,x + 0.04069$	0.9985
2，3-戊二酮	0.20~20.00	$y = 0.1811\,x - 0.002366$	0.9998

化合物	线性范围/（μg/mL）	回归方程	R^2
2，3-己二酮	0.01~1.00	$y = 0.08803\,x - 0.000463$	0.9997
3-戊烯-2-酮	0.01~1.00	$y = 0.2586\,x + 0.02987$	0.9992
3，4-己二酮	0.01~1.00	$y = 0.1703\,x - 0.0008325$	0.9997
2，3-庚二酮	0.01~1.00	$y = 0.3004\,x - 0.0008778$	0.9993
2-甲基四氢呋喃-3-酮	0.01~1.00	$y = 0.1594\,x - 0.001149$	0.9996
3-羟基-2-丁酮	0.20~20.00	$y = 0.1475\,x - 0.006186$	0.9997
羟基丙酮	0.20~20.00	$y = 0.1015\,x + 0.01004$	0.9996
1-羟基-2-丁酮	0.20~20.00	$y = 0.04653\,x - 0.004333$	0.9996
糠醛	0.20~20.00	$y = 1.004\,x + 0.01806$	0.9998
2，5-二甲基-3（2H）-呋喃酮	0.01~1.00	$y = 0.5761\,x + 0.00197$	0.9998
3-甲基-2-环戊烯-1-酮	0.20~20.00	$y = 0.8137\,x + 0.02694$	0.9998
5-甲基糠醛	0.20~20.00	$y = 1.107\,x - 0.04254$	0.9997
糠醇	0.20~20.00	$y = 0.4564\,x + 0.01143$	0.9998
3，5-二甲基-1，2-环戊二酮	0.20~20.00	$y = 0.6784\,x - 0.01571$	0.9997
甲基环戊烯醇酮	0.20~20.00	$y = 0.7726\,x - 0.02362$	0.9998
3，4-二甲基-1，2-环戊二酮	0.20~20.00	$y = 0.3842\,x - 0.01849$	0.9997
乙基环戊烯醇酮	0.20~20.00	$y = 0.6059\,x + 0.1141$	0.9986
麦芽酚	0.20~20.00	$y = 0.9372\,x - 0.3375$	0.9980
乙基麦芽酚	0.20~20.00	$y = 0.9397\,x - 0.3030$	0.9983
4-羟基-2，5-二甲基-3（2H）呋喃酮	0.20~20.00	$y = 0.3984\,x - 0.05506$	0.9995
二氢香豆素	0.01~1.00	$y = 0.6745\,x - 0.004844$	0.9996
乙基香兰素	0.01~1.00	$y = 1.42\,x - 0.006575$	0.9996
香兰素	0.20~20.00	$y = 1.151\,x - 0.1165$	0.9990
6-甲基香豆素	0.01~1.00	$y = 0.8599\,x - 0.01053$	0.9996

3.2.4 香料单体转移率测定

根据所建立的方法，考察了 25 种醛酮类、20 种酯类和 8 种杂环类香料单体在短支卷烟和常规卷烟主流烟气中的转移率，其计算公式如下。

主流烟气（粒相）转移率 = 主流烟气粒相中香料量/（外加香料量）×100%，结果如表3-8~表3-10所示。

表3-8　25种醛酮类香料单体在卷烟主流烟气粒相物中的转移率　单位：%

香料单体	常规卷烟	短支卷烟
2，3-丁二酮	2.14	3.19
2，3-戊二酮	1.59	2.35
2，3-己二酮	2.75	3.31
3-戊烯-2-酮	0.59	0.33
3，4-己二酮	2.90	3.59
2，3-庚二酮	5.43	6.26
2-甲基四氢呋喃-3-酮	1.50	1.96
3-羟基-2-丁酮	1.80	2.32
1-羟基-2-丁酮	1.52	2.12
糠醛	2.33	2.77
2，5-二甲基-3（2H）-呋喃酮	1.00	1.71
3-甲基-2-环戊烯-1-酮	6.85	7.97
5-甲基糠醛	3.06	3.82
糠醇	1.07	1.02
3，5-二甲基-1，2-环戊二酮	3.97	4.55
甲基环戊烯醇酮	6.59	5.8
3，4-二甲基-1，2-环戊二酮	3.28	3.42
乙基环戊烯醇酮	4.88	6.65
麦芽酚	5.29	7.77
乙基麦芽酚	4.27	5.99
4-羟基-2，5-二甲基-3（2H）呋喃酮	6.16	5.34
二氢香豆素	20.68	24.48

续表

香料单体	常规卷烟	短支卷烟
乙基香兰素	6.37	7.39
香兰素	9.47	10.12
6-甲基香豆素	6.45	7.38

表 3-8 为 25 种醛酮类香料单体在短支卷烟和常规卷烟中的转移率分析结果。由表可以看出，醛酮类香料单体在卷烟主流烟气中的转移率可能与其理化特性如分子结构、分子量、挥发性、极性等有关。如二酮类化合物中，2，3-丁二酮、2，3-戊二酮、2，3-己二酮、2，3-庚二酮的转移率随其分子量的增大、挥发性的降低基本呈逐渐升高的趋势；麦芽酚与乙基麦芽酚相比，极性较大，转移相对较高；香兰素和乙基香兰素相比，极性较大，转移相对较高；二氢香豆素与 6-甲基香豆素相比，极性较大，转移相对较高。对于短支卷烟和常规卷烟而言，醛酮类香料单体总体上在短支卷烟中的转移率明显高于在常规卷烟中的转移率。这可能一方面是由于常规卷烟烟支长，抽吸过程中的过滤效率高，测流烟气散失率高，另一方面是由于短支卷烟抽吸过程中滤棒温度高，滤棒对香料单体的截留率低。

表 3-9 20 种酯类香料单体在卷烟主流烟气粒相物中的转移率　　单位:%

香料单体	常规卷烟	短支卷烟
丁酸乙酯	1.23	1.75
异戊酸乙酯	1.59	2.14
γ-丁内酯	0.95	0.85
γ-戊内酯	1.27	1.52
丁位己内酯	2.57	2.98
γ-己内酯	2.75	3.36
乙酰丙酸乙酯	2.25	2.59
乳酸丁酯	4.52	5.89
庚酸乙酯	2.55	2.34
γ-庚内酯	3.43	4.85

香料单体	常规卷烟	短支卷烟
苯乙酸乙酯	3.50	3.89
γ-辛内酯	3.80	4.23
γ-壬内酯	4.35	5.12
葫芦巴内酯	6.33	7.64
癸酸乙酯	3.52	3.15
乙基葫芦巴内酯	4.56	5.38
γ-癸内酯	4.33	5.68
肉桂酸乙酯	3.00	3.88
γ-十一内酯	5.24	5.96
γ-十二内酯	6.58	6.98

表 3-9 为 20 种酯类香料单体在短支卷烟和常规卷烟中的转移率分析结果。由表可以看出，同系物如丁酸乙酯、异戊酸乙酯、庚酸乙酯、癸酸乙酯等长链脂肪酸酯，γ-丁内酯、γ-戊内酯、γ-己内酯、γ-庚内酯、γ-辛内酯、γ-癸内酯、γ-十二内酯等内酯化合物，苯乙酸乙酯与肉桂酸乙酯，在卷烟中的转移率随分子量的增大基本呈增大趋势；葫芦巴内酯与乙基葫芦巴内酯相比，极性较大，转移相对较高。与醛酮类香料单体类似，酯类香料单体在卷烟中的转移行为与其理化性质有关，受分子量大小、挥发性、极性等方面的综合影响，同系物之间转移率的变化呈明显规律性，而非同系物间虽有差异，但规律性不强。对于短支卷烟和常规卷烟而言，酯类香料单体总体上在短支卷烟中的转移率明显高于在常规卷烟中的转移率。这同样也可能是由于常规卷烟烟支长，抽吸过程中的过滤效率高，测流烟气散失率高，短支卷烟抽吸过程中滤棒温度高，滤棒对香料单体的截留率低。

表 3-10 8 种氮杂环类香料单体在卷烟主流烟气粒相物中的转移率 单位:%

香料单体	常规卷烟	短支卷烟
2,6-二甲基吡嗪	7.55	8.69
2,5-二甲基吡嗪	7.12	8.75

香料单体	常规卷烟	短支卷烟
2-乙基-3-甲基吡嗪	9.58	10.96
2,3-二乙基吡嗪	11.47	13.15
3-乙基吡啶	6.56	6.93
2-乙酰吡啶	7.85	8.75
3-乙酰吡啶	7.96	8.55
2-乙酰基吡咯	7.58	8.38

表 3-10 为 8 种酯类香料单体在短支卷烟和常规卷烟中的转移率分析结果。由表可以看出，吡嗪类和吡啶类的香料单体，随分子量的增大，其在卷烟主流烟气中的转移率基本呈增大趋势。与醛酮类、酯类相比，氮杂环类香料单体的转移率明显较高，这可能是此类物质尤其是其中的吡嗪类在卷烟中的作用阈值较低的原因之一。对于短支卷烟和常规卷烟而言，同样由于常规卷烟烟支长，抽吸过程中的过滤效率高，测流烟气散失率高，短支卷烟抽吸过程中滤棒温度高，滤棒对香料单体的截留率低，氮杂环类香料单体总体上在短支卷烟中的转移率明显高于在常规卷烟中的转移率。

3.2.5 小结

（1）短支卷烟与常规卷烟在抽吸过程中，滤棒中心温度存在明显差异，短支卷烟滤棒温度明显高于常规卷烟对应口数的滤棒温度。

（2）香料单体在卷烟中的转移行为与其理化性质有关，受分子量大小、挥发性、极性等方面的综合影响，同系物之间转移率的变化呈明显规律性，而非同系物间虽有差异，但规律性不强。

（3）与醛酮类、酯类相比，氮杂环类香料单体的转移率明显较高，这可能是此类物质尤其是其中的吡嗪类在卷烟中的作用阈值较低的原因之一。

（4）对于短支卷烟和常规卷烟而言，由于常规卷烟烟支长，抽吸过程中的过滤效率高，测流烟气散失率高，短支卷烟抽吸过程中滤棒温度高，滤棒对香料单体的截留率低，醛酮类、酯类和氮杂环类香料单体总体上在短支卷烟中的转移率明显高于在常规卷烟中的转移率。

4 基于感官组学的香味重构技术研究

针对豫产短支卷烟产品开发中品质提升和风格塑造的需要，在烟气特性分析、香料单体作用评价及转移分析的基础上，以感官组学研究方法为核心手段，以桂花浸膏为研究对象，从加香角度，开展了特色天然香原料的香味重构技术研究，为进一步突显豫产短支卷烟的产品风格以及产品调香技术水平的提升提供了有效的技术支撑。

4.1 桂花浸膏化学成分的定性分析

现有关于桂花浸膏成分研究的方法主要是通过乙醇提取，结合 GC-MS 进行分析，但桂花浸膏在乙醇中的溶解性不佳，一些成分可能会在提取的过程中因为溶解性的原因被错过。且桂花浸膏的研究文献主要关注香气成分，对于低挥发和非挥发性成分较少涉及，这导致目前文献中报道的桂花浸膏成分可能不够全面。基于此，通过提取溶剂的优化，建立了用于桂花浸膏化学成分分析的 CH_2Cl_2 提取/GC-MS 分析方法，借助双保留指数实现对桂花浸膏的定性分析，以期对桂花浸膏成分进行较为全面的分析。

4.1.1 实验部分

4.1.1.1 材料、试剂和仪器

市售桂花浸膏样品分别从广州日化化工有限公司（1#）、桂林拓普香料有限公司（2#）、江西华宝天然香料油有限公司（3#）、无锡市赛力威生物科技有限公司（4#）和中山联久生物科技有限公司（5#）购买。实验室自制桂花浸膏（6#），制备方法如下：除去新鲜桂花中的杂物，按桂花和石油醚比例为 1∶2〔（质量（kg）∶体积（L）〕搅拌浸提 2 h，将浸提液与残渣分离；再用石油醚浸提残渣两次，浸提时间为 0.5 h，所用石油醚体积为首次浸提时的 0.25 倍，合并石油醚提取液，40 ℃减压浓缩得黄色浸膏。

二氯甲烷、正己烷、乙醇（色谱纯，Chemicell 公司）；正己烷、异丙醇（色

谱纯，美国 Fisher Scientific 公司）；丙酮（色谱纯，德国 CNW 公司）；$C_7 \sim C_{30}$ 饱和烷烃混合溶液（1000 μg/mL，美国 Supelco 公司）；石油醚（沸程：60~90 ℃，天津市河东区红岩试剂厂）。

CP224S 型电子天平（感量 0.0001 g，德国 Sartorius 公司）；7890A/5975C 气相色谱-质谱联用仪（GC-MS）（美国 Agilent 公司）。

4.1.1.2 方法

（1）样品前处理。于 50 mL 锥形瓶中加入 0.25 g 桂花浸膏和 10 mL 二氯甲烷，涡旋至桂花浸膏充分溶解，静置 0.5 h，取 1.5 mL 进 GC-MS 分析。

（2）保留指数的获取。取一定量的桂花浸膏溶液和 $C_7 \sim C_{30}$ 饱和烷烃混合溶液，分别用 DB-5MS 色谱柱和 DB-WAXETR 色谱柱进行 GC-MS 分析，获取化合物的保留时间，计算相应的保留指数，并与文献数据进行比较。保留指数根据 Van Den Dool 和 Kratz 提出的方程进行计算，见下式：

$$RI = 100\left(\frac{t_u - t_n}{t_{n+1} - t_n} + n\right)$$

式中：RI 为保留指数；t_u、t_n 和 t_{n+1} 分别代表样品的保留时间、碳原子数为 n 和 $n+1$ 的正构烷烃的保留时间；n 代表正构烷烃的碳原子数。

（3）GC/MS 条件。

色谱分析条件一：色谱柱：DB-5MS（60 m×0.25 mm×0.25 μm）；载气：He；进样量：1 μL；进样模式：分流进样，分流比 10∶1；进样口温度：250 ℃；程序升温：初始温度 50 ℃，以 5 ℃/min 升至 150 ℃，保持 1 min，再以 4 ℃/min 升至 250 ℃，保持 3 min，最后以 2 ℃/min 升至 300 ℃，保持 5 min；传输线温度：280 ℃；EI 离子源温度：230 ℃；电离能量：70 eV；四极杆温度：150 ℃；扫描模式：选择离子监测；扫描范围：30~550 amu；溶剂延迟：7 min。

色谱分析条件二：色谱柱：DB-WAXETR（60 m×0.25 mm×0.25 μm）；载气：He；进样量：1 μL；进样模式：分流进样，分流比 10∶1；进样口温度：250 ℃；程序升温：初始温度 50 ℃，以 5 ℃/min 升至 100 ℃，保持 1 min，再以 4 ℃/min 升至 150 ℃，保持 5 min，最后以 3 ℃/min 升至 250 ℃，保持 15 min；传输线温度：250 ℃；EI 离子源温度：230 ℃；电离能量：70 eV；四极杆温度：150 ℃；扫描模式：全扫描；扫描范围：30~550 amu；溶剂延迟：10 min。

4.1.2 结果与讨论

4.1.2.1 溶剂选择

进行桂花浸膏成分分析时，通常的做法是采用乙醇为溶剂，但由于桂花浸膏在乙醇中溶解性不佳，部分化学成分可能被错过。为实现对桂花浸膏成分的全面分析，需要选择对桂花浸膏溶解性较好的溶剂。因此，根据桂花浸膏提取工艺特点，选择不同的溶剂（环己烷、正己烷、二氯甲烷、异丙醇、丙酮、乙醇）进行考察。

分别称取 0.25 g 桂花浸膏于 6 个 10 mL 的透明样品瓶，加入 10 mL 不同的溶剂，涡旋至桂花浸膏充分溶解，在暗室放置两天，观察溶解情况，结果（图 4-1）显示环己烷、正己烷和二氯甲烷的溶解性较好，桂花浸膏在二氯甲烷中溶液最为澄清透明。

| 环己烷 | 正己烷 | 二氯甲烷 | 异丙醇 | 丙酮 | 乙醇 |

图 4-1 桂花浸膏在常用溶剂中的溶解情况

分别取上述不同溶剂的桂花浸膏溶液，进行 GC-MS 分析，所得总离子流图的峰面积和（6 次分析的平均值）由大到小依次为二氯甲烷、环己烷、正己烷、异丙醇、丙酮、乙醇（如图 4-2 所示）。同时，进一步比较以二氯甲烷和乙醇为溶剂时桂花浸膏的总离子流图（图 4-3）发现，以二氯甲烷为溶剂时，色谱峰强度更大，这也进一步表明，以乙醇为溶剂进行桂花浸膏成分的分析，只能获取到桂花浸膏中部分成分的信息。因此选择二氯甲烷为溶剂对桂花浸膏进行分析。

4.1.2.2 定性分析

采用二氯甲烷溶解桂花浸膏，进行 GC-MS 分析，总离子流图如图 4-4 所示，借助 Nist17 和 Wiley 库标准质谱图比对（匹配度大于 85）、两根不同极性色谱柱保留指数（Retention index，RI）文献值比对进行化合物定性，部分化合物

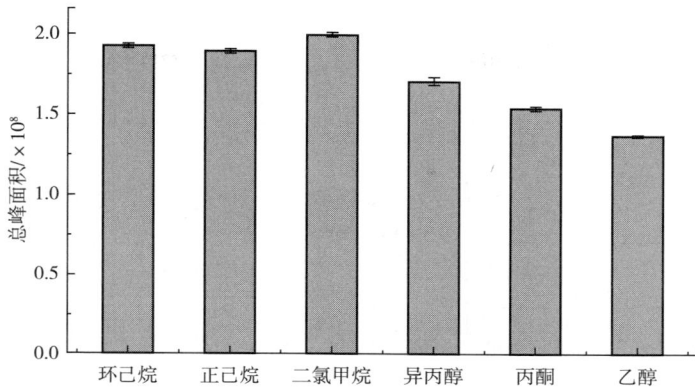

图 4-2　不同桂花浸膏溶液总离子流图的峰面积和

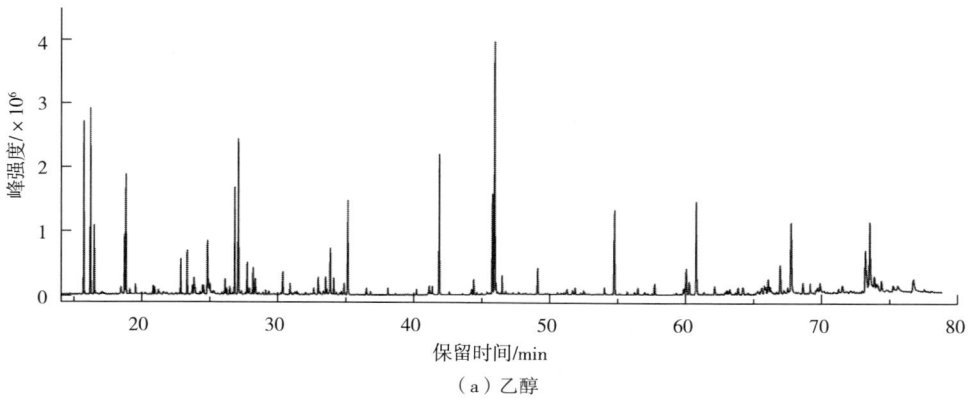

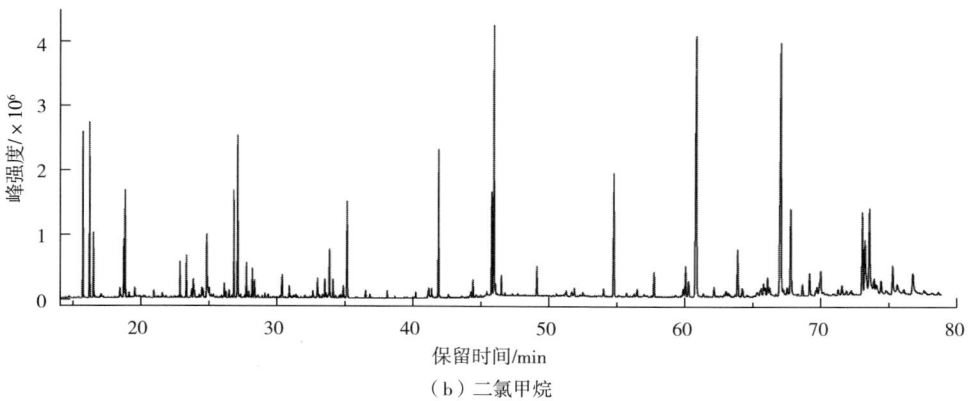

（a）乙醇

（b）二氯甲烷

图 4-3　桂花浸膏的乙醇和二氯甲烷溶液的总离子流图

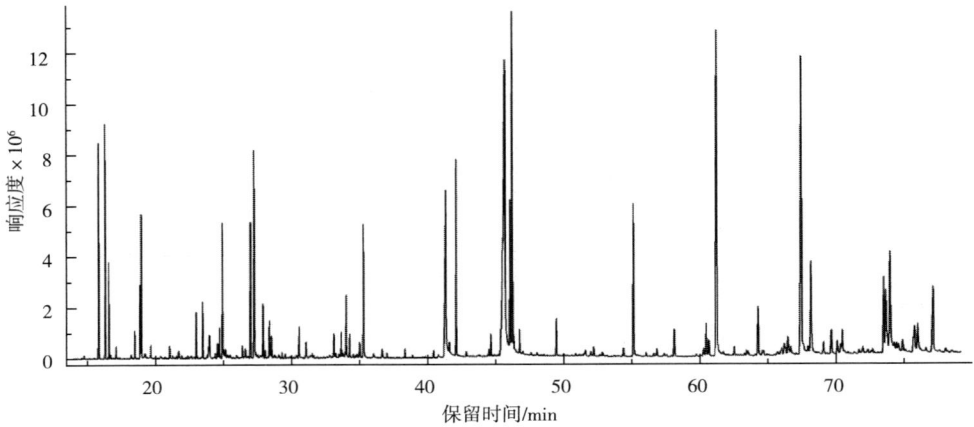

图 4-4　桂花浸膏溶液 GC-MS 分析的总离子流图

通过与标准物质色谱图比对进一步确认。

　　采用峰面积归一化法对所测样品进行相对定量，6 种桂花浸膏样品中共检测出 134 种化学成分，主要为醇、酮、酯和烷烃类物质，其中共有成分为 57 种，1~6 号样品分别检测出 107 种、104 种、93 种、92 种、87 种、86 种化学成分，分别占总峰面积的 93.1%、92.2%、84.3%、93.7%、94.2%、89.8%。所检测到的 134 种化学成分中，有 26 种在桂花浸膏化学成分分析研究的文献中未见报道，这些物质主要是长链酯、长链烷烃和长链烯烃，这类化合物挥发性弱，且多不具有显著的气味特征，研究者较少关注，这可能是它们没有被文献报道的原因。

　　根据文献报道，醇和酮多具有显著的气味特征，是桂花浸膏中主要的香气成分，6 种样品中共检测到 39 种醇和酮类物质，1~6 号样品，分别检测到 32 种、33 种、31 种、30 种、29 种、26 种，其相对含量分别为 25.7%、32.8%、28.1%、48.1%、17.2%、30.5%，这说明醇和酮在桂花浸膏中种类较多，且相对含量较高。其中 4 号样品的 β-紫罗兰酮和二氢-β-紫罗兰酮含量偏高，导致其醇和酮的总含量显著高于其他样品；5 号样品中氧化芳樟醇（呋喃型）含量偏低，导致其醇和酮的总含量显著低于其他样品；其余样品中醇和酮的含量差异较小，为 25.7%~32.8%。6 种样品中，相对含量较高的醇和酮类物质是氧化芳樟醇（呋喃型）、二氢-β-紫罗兰酮、β-紫罗兰酮、对甲氧基苯乙醇、芳樟醇、氧化芳樟醇（吡喃型）、二氢-β-紫罗兰醇和 4-氧代-7, 8-二氢-β-紫罗兰醇，在 1~6 号样品中，它们分别占桂花浸膏中醇和酮总含量的 86.8%、85.8%、

84.5%、88.2%、84.5%和71.1%。

　　分析结果表明酯在桂花浸膏中的种类较多，6种样品中共检测到36种酯类物质，在1~6号样品中，酯的含量分别为14.9%、10.4%、15.9%、10.0%、10.3%和9.9%。7种酯分子量较小，挥发性较好，分别是己酸乙酯、4-甲基-4-羟基-5-己烯酸-γ-内酯、丁位辛内酯、壬酸乙酯、辛炔羧酸甲酯、γ-癸内酯和二氢猕猴桃内酯，其中γ-癸内酯含量较高，文献普遍认为其是桂花浸膏的主要香气成分，另外6种酯含量较低。其余29种酯分子量较大，为低挥发和非挥发性成分，包含3种邻苯二甲酸酯［邻苯二甲酸二异丁酯、邻苯二甲酸二丁酯和邻苯二甲酸二（2-乙基已基）酯］和26种长链酯。邻苯二甲酸酯是广泛使用的增塑剂，邻苯二甲酸二（2-乙基已基）酯有致癌、致突变作用，邻苯二甲酸二丁酯有生殖毒性。长链酯具有油脂气息，在桂花浸膏中占有较大比重，1~6号样品中分别检测到22种、21种、19种、20种、17种、13种长链酯，相对含量分别为13.7%、6.3%、15.0%、2.5%、8.9%、4.2%，可见长链酯在桂花浸膏中的种类和含量都具有较大差异。其中11种长链酯为6种样品所共有，其含量占桂花浸膏中长链酯含量的88.2%、38.0%、91.0%、25.3%、74.9%、99.5%，说明这11种成分是1号、3号、5号和6号样品中主要的长链酯，而2号和4号样品还含有较高相对含量的棕榈酸香茅酯、亚油酸香茅酯和亚麻酸香茅酯，且在其他样品中没检测到这3种成分。

　　6种桂花浸膏样品中共检测到26种烷烃类成分，1~6号样品中烷烃的相对含量分别为30.5%、43.2%、29.2%、35.3%、44.5%、43.8%，这说明烷烃是桂花浸膏中含量最多的成分，且种类较多。26种烷烃类成分中，正构烷烃有19种，占烷烃总量的94%~97%，含量较高的是二十七烷、二十九烷、二十五烷、二十八烷和三十一烷；异构烷烃有7种，占烷烃总量的3%~6%，含量较高的是3-甲基二十九烷和3-甲基三十一烷，这说明桂花浸膏中的烷烃主要是直链烷烃和3-甲基取代的支链烷烃，6种桂花浸膏样品中烷烃的共有成分有14种，约占烷烃总量的93%~100%，这说明桂花浸膏中烷烃的主要成分是相同的。此外，烷烃有明显的奇偶优势，即正构烷烃中，碳原子个数为奇数的含量高，而异构烷烃中，碳原子个数为偶数的含量高。

　　除了醇、酮、酯和烷烃，桂花浸膏中还含有羧酸、醛、烯烃，共31种成分，在1~6号样品中的含量分别为21.8%、5.7%、11.2%、0.8%、21.6%、5.3%，含量较高的是亚麻酸、亚油酸、棕榈酸、茶香螺烷和1-二十七烯，其中茶香螺烷被认为是桂花浸膏的主要香气成分。羧酸在1~6号样品中的含量分别为

17.5%、2.0%、1.8%、0.1%、13.7%、0.2%，含量差异较大。

总体而言，6 种桂花浸膏样品中共检测出 134 种化学成分，有 26 种在桂花浸膏化学成分分析研究的文献中未见报道。醇、酮、酯和烷烃是桂花浸膏的主要成分，醇和酮的含量为 17.2%~48.1%，相对含量较高的有氧化芳樟醇（呋喃型）、二氢-β-紫罗兰酮、β-紫罗兰酮、对甲氧基苯乙醇、芳樟醇、氧化芳樟醇（吡喃型）、二氢-β-紫罗兰醇和 4-氧代-7，8-二氢-β-紫罗兰醇。酯的含量为 9.9%~15.9%，含量较高的是亚麻酸乙酯、γ-癸内酯、棕榈酸乙酯和亚油酸乙酯。烷烃的含量为 29.2%~44.5%，是桂花浸膏里含量最高的化学成分，且烷烃的主要成分相同，含量差异较小，其中含量较高的是二十七烷、二十九烷、二十五烷、二十八烷和三十一烷。

4.2　桂花浸膏关键香气成分的确定

通过查阅文献发现，目前对于桂花浸膏的研究虽多以香气成分为主，但对于桂花浸膏主要香气成分的定量研究少见报道，且较少提及主要香气成分在赋予桂花浸膏香气特征方面的贡献。基于此，本节对桂花浸膏的主要香气成分进行定量分析，并通过香气活性值评价各香气成分对桂花浸膏香气特征的贡献。相关结果对进一步了解桂花浸膏的香气成分有重要的价值。

4.2.1　实验部分

4.2.1.1　材料、试剂和仪器

苯乙醇（纯度≥99%）、茶香螺烷（纯度>90%）、对甲氧基苯乙醇（纯度>99%）、二氢-β-紫罗兰酮（纯度>90%）、γ-癸内酯（纯度>96%）购买自美国 Sigma-Aldrich 公司；氧化芳樟醇（呋喃型）（纯度≥98%）、氧化芳樟醇（吡喃型）（纯度≥97%）、对乙基苯酚（纯度>97%）、α-紫罗兰酮（纯度>90%）购买自日本 TCI 公司；β-紫罗兰酮（纯度>96%）、丙酸苏合香酯（纯度>98%）购买自比利时 Acros Organics 公司；芳樟醇（纯度>95%）购买自美国 Alfa Aesar 公司。

CP224S 型电子天平（感量 0.0001 g，德国 Sartorius 公司）；7890A/5975C 气相色谱-质谱联用仪（GC-MS）（美国 Agilent 公司）。

4.2.1.2　方法

（1）桂花浸膏顶空成分的分析。桂花浸膏顶空成分的分析采用 HS-SPME-

GC-MS 方法进行，具体步骤：取 1 号桂花浸膏样品 0.5 g 于顶空固相微萃取样品瓶中，用已在 270 ℃ 温度下老化 0.5 h 的 DVB/CAR/PDMS 萃取纤维头吸附 20 min，然后进行 GC-MS 分析。

（2）桂花浸膏中香气成分的定量分析。准确称取一定量的标准品溶于一定体积的二氯甲烷溶剂中配成混标母液，分别移取一定体积的母液（1 mL、0.8 mL、0.6 mL、0.4 mL、0.2 mL、0.1 mL、0.05 mL）于 10 mL 容量瓶，分别加入 200 μL 浓度为 1 mg/mL 的丙酸苏合香酯溶液作内标，用二氯甲烷溶剂定容到 10 mL，配制成 7 个浓度梯度的混合标准溶液。各取 1.5 mL 进行 GC-MS 分析。

准确称取一定量的桂花浸膏于 10 mL 容量瓶中，加入 200 μL 浓度为 1 mg/mL 的丙酸苏合香酯溶液作内标，加入二氯甲烷溶剂，置于涡旋仪上涡旋至桂花浸膏充分溶解，用二氯甲烷定容到 10 mL，静置 0.5 h，取 1.5 mL 进行 GC-MS 分析。

（3）GC/MS 条件。色谱柱：DB-5MS（60 m×0.25 mm×0.25 μm）；载气：He；进样量：1 μL；进样模式：分流进样，分流比为 10:1；进样口温度：250 ℃；程序升温：初始温度 50 ℃，以 5 ℃/min 升至 150 ℃，保持 1 min，再以 4 ℃/min 升至 250 ℃，保持 3 min，最后以 2 ℃/min 升至 300 ℃，保持 5 min；传输线温度：280 ℃；EI 离子源温度：230 ℃；电离能量：70 eV；四极杆温度：150 ℃；扫描模式：选择离子监测；扫描范围：30~550 amu；溶剂延迟：7 min。

（4）香气化合物嗅觉阈值的测定。香气化合物的阈值依据 GB/T 22366—2022 中最优估计阈值（Best estimate threshold，BET）法测定化学刺激物阈值的描述，由 10 位评价人员通过三点选配法（3-AFC）对每种香气成分在乙醇中的嗅觉阈值进行测定。具体方法：将各成分分别配制成 1 mg/mL 的乙醇溶液，逐级等比例稀释多次后，获得多个浓度等比例降低的溶液序列；针对每个浓度的溶液，评价人员通过嗅觉特征评价，从溶液和 2 个空白溶剂中辨识出该溶液；对每一个待测成分，以每位评价人员辨识失误的最高浓度和与其紧邻的更高一级浓度的几何平均值为该评价人员评价该物质的 BET 值；计算 10 位评价人员对每一个成分 BET 值的几何平均值，即为该物质的嗅觉阈值。

4.2.2 结果与讨论

4.2.2.1 桂花浸膏顶空成分的分析

桂花浸膏的香气是桂花浸膏的所有顶空成分共同作用的结果，换言之，只有桂花浸膏的顶空成分才是桂花浸膏的香气成分。桂花浸膏成分复杂，但只有部分成分会挥发出来形成桂花浸膏的顶空气体，顶空分析是寻找其主要香气成分的有效途径。

采用 HS-SPME 技术获取桂花浸膏的顶空成分，进行 GC/MS 分析，总离子流图见图 4-5（b）。利用 NIST17 标准谱库对色谱峰进行检索，用峰面积归一化法进行相对定量。结果显示，桂花浸膏顶空气体中相对含量较高的物质有氧化芳樟醇（呋喃型）、茶香螺烷、氧化芳樟醇（吡喃性）、芳樟醇、二氢-β-紫罗兰酮、苯乙醇等，这与文献报道一致。桂花浸膏的顶空成分中相对含量较高且具有典型香气特征的物质主要有 14 种（见表 4-1），可初步认为这 14 种物质是桂花浸膏的主要香气成分。

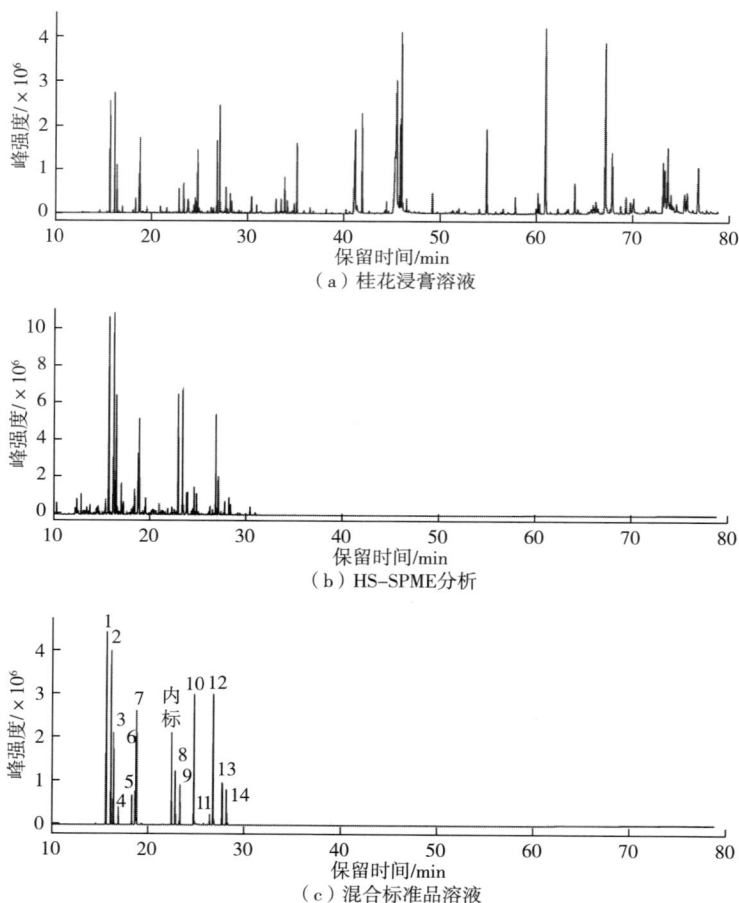

（a）桂花浸膏溶液

（b）HS-SPME分析

（c）混合标准品溶液

图 4-5　GC-MS 分析总离子流图

表4-1　桂花浸膏顶空化学成分及其相对含量

化学成分	相对含量/%	香气特征
顺式-氧化芳樟醇（呋喃型）	16.08	花香
反式-氧化芳樟醇（呋喃型）	17.38	花香
芳樟醇	7.78	花香、薰衣草香
苯乙醇	1.70	柔和的玫瑰香气
对乙基苯酚	1.41	酚香、焦香
反式-氧化芳樟醇（吡喃型）	3.65	花香、柑橘香气
顺式-氧化芳樟醇（吡喃型）	6.13	花香、柑橘香气
顺式-茶香螺烷	7.76	花香、木香
反式-茶香螺烷	8.08	花香、木香
对甲氧基苯乙醇	1.394	柠檬汁的香气
α-紫罗兰酮	0.32	紫罗兰香、果香
二氢-β-紫罗兰酮	6.73	花香、木香、果香
γ-癸内酯	0.75	桃子香气、油脂香气
β-紫罗兰酮	0.99	紫罗兰香、花香

4.2.2.2　方法验证

利用内标法对筛选出的14种桂花浸膏的香气成分进行定量分析，定量分析方法验证的结果见表4-2。除苯乙醇外，各目标物的相关系数均大于0.999，线性关系良好，能满足检测要求。其中检出限（LOD）小于1.37 μg/mL，表明方法灵敏度较高。取1号样品进行6次分析，计算相对标准偏差（RSD），RSD小于5.1%，满足实验需求。采用标准加入法测定回收率，根据样品的实测含量设置3个添加水平，添加量分别为样品中各目标物含量的0.5倍、1倍和2倍，各目标物的回收率为80%~112%，回收率较好，说明测定结果比较准确，适合样品的定量分析。

表4-2　14种目标物的回归方程、相关系数、检出限、定量限、相对标准偏差和回收率

目标物	回归方程	R^2	LOD/ (μg/mL)	LOQ/ (μg/mL)	RSD/% (n=6)	回收率/%		
						1倍	2倍	3倍
顺式-氧化芳樟醇（呋喃型）	$y=0.6739\,x+0.0906$	0.9994	1.178	3.928	2.88	87.8	86.0	82.3

续表

目标物	回归方程	R^2	LOD/ (μg/mL)	LOQ/ (μg/mL)	RSD/% (n=6)	回收率/%		
						1倍	2倍	3倍
反式-氧化芳樟醇（呋喃型）	$y=0.6926\,x+0.0646$	0.9997	0.598	1.994	2.60	83.6	82.2	80.4
芳樟醇	$y=0.6268\,x-0.0327$	0.9994	0.209	0.698	3.15	92.6	88.4	87.2
苯乙醇	$y=1.4890\,x-0.2333$	0.9987	0.127	0.423	3.11	110.7	111.9	96.7
对乙基苯酚	$y=1.9260\,x-0.2214$	0.9995	0.198	0.661	3.21	106.4	105.1	89.4
反式-氧化芳樟醇（吡喃型）	$y=0.7654\,x+0.0306$	0.9996	0.667	2.224	5.13	96.9	91.2	87.3
顺式-氧化芳樟醇（吡喃型）	$y=0.7310\,x+0.0604$	0.9997	0.455	1.516	2.29	91.2	85.4	84.5
顺式-茶香螺烷	$y=1.3380\,x-0.0557$	0.9996	0.061	0.205	4.25	99.7	102.6	87.6
反式-茶香螺烷	$y=1.6420\,x-0.3358$	0.9991	0.009	0.031	4.09	103.4	104.3	87.8
对甲氧基苯乙醇	$y=2.3180\,x-0.1546$	0.9994	1.373	4.578	2.79	99.5	91.9	92.1
α-紫罗兰酮	$y=0.9825\,x-0.0752$	0.9990	0.048	0.159	2.89	100.7	105.0	92.7
二氢-β-紫罗兰酮	$y=0.7004\,x+0.0459$	0.9994	0.624	2.080	1.07	95.3	90.5	89.1
γ-癸内酯	$y=1.8120\,x+0.5155$	0.9990	0.170	0.566	4.85	108.9	106.4	89.8
β-紫罗兰酮	$y=1.2460\,x-0.0277$	0.9997	0.217	0.724	4.13	97.3	101.2	88.0

4.2.2.3 定量分析结果

定量分析结果如表4-3所示。桂花浸膏中含量较高的香气成分是氧化芳樟醇（呋喃型）、芳樟醇、二氢-β-紫罗兰酮、氧化芳樟醇（吡喃型）和对甲氧基苯乙醇。6个样品中都含有全部的筛选出来的主要香气成分，说明桂花浸膏主要香气成分的种类相同，但从表4-3可看出其含量具有较大的差异，如5号样品中氧化芳樟醇（吡喃型）的含量远远低于其他样品，2号和4号样品中β-紫罗兰酮的含量远高于其他样品，这种差异可能是由桂花的品种、采摘时间、产地和提取方法等不同造成的。6号样品中茶香螺烷的含量偏低，可能是由于茶香螺烷挥发性较强，在减压浓缩制备桂花浸膏的过程中损失过多。

表 4-3　桂花浸膏样品中各目标物的含量

编号	目标物	含量/（μg·g⁻¹）					
		1#	2#	3#	4#	5#	6#
1	顺式-氧化芳樟醇（呋喃型）	11433.2	22946.7	8274.3	43977.1	1353.8	991.6
2	反式-氧化芳樟醇（呋喃型）	12344.1	15874.4	10682.3	37159.7	1194.2	1340.6
3	芳樟醇	5623.2	18618.1	3506.9	46447.6	5512.5	149.1
4	苯乙醇	1175.7	599.7	1243.7	455.6	246.5	171.0
5	对乙基苯酚	1731.3	691.5	1297.5	321.8	202.4	38.7
6	反式-氧化芳樟醇（吡喃型）	4054.5	982.8	3123.3	299.5	68.4	1038.6
7	顺式-氧化芳樟醇（吡喃型）	8378.5	1435.0	7663.1	502.1	280.3	2290.0
8	顺式-茶香螺烷	2529.5	3150.6	2711.5	489.3	2260.9	22.4
9	反式-茶香螺烷	2507.3	2977.0	2683.1	597.9	2090.5	73.8
10	对甲氧基苯乙醇	10137.4	4803.6	17982.7	3315.9	961.2	2012.4
11	α-紫罗兰酮	333.8	256.8	298.6	9129.1	477.6	176.2
12	二氢-β-紫罗兰酮	7047.7	16098.6	5198.2	64527.0	9405.9	2274.7
13	γ-癸内酯	3016.3	14785.5	2437.6	49741.8	3308.2	4205.7
14	β-紫罗兰酮	2042.7	22455.3	2394.1	85898.4	9004.4	8655.6

4.2.2.4　香气活性值分析

为进一步考察桂花浸膏中主要香气成分对其总体香气特征的贡献，依据 GB/T 22366—2022 测定各香气成分的嗅觉阈值，并计算各香气成分的 OAV 值，结果如表 4-4 所示，从中可以看出对桂花浸膏总体香气特征贡献最大的是芳樟醇，其次是 γ-癸内酯、α-紫罗兰酮、二氢-β-紫罗兰酮、苯乙醇、β-紫罗兰酮。虽然对甲氧基苯乙醇在桂花浸膏中含量较高，但对桂花浸膏总体香韵的贡献较小，而 α-紫罗兰酮含量虽低，对桂花浸膏总体香韵的贡献较大。

表 4-4　桂花浸膏中主要香气物质的嗅觉阈值和香气活性值

目标物	阈值/（μg·g⁻¹）	OAV 值					
		1#	2#	3#	4#	5#	6#
氧化芳樟醇（呋喃型）	31.3	760	1240	606	2592	81	75
芳樟醇	1.08	5207	17239	3247	43007	5104	138

目标物	阈值/ $(\mu g \cdot g^{-1})$	OAV 值					
		1#	2#	3#	4#	5#	6#
苯乙醇	0.69	1704	869	1802	660	357	248
对乙基苯酚	3.18	544	217	408	101	64	12
氧化芳樟醇（吡喃型）	50.8	245	48	212	16	7	66
茶香螺烷	11.6	434	528	465	94	375	8
对甲氧基苯乙醇	482	21	10	37	7	2	4
α-紫罗兰酮	0.11	3035	2335	2715	82992	4342	1602
二氢-β-紫罗兰酮	2.9	2430	5551	1792	22251	3243	784
γ-癸内酯	0.79	3818	18716	3086	62964	4188	5324
β-紫罗兰酮	2.05	996	10954	1168	41902	4392	4222

4.3　桂花浸膏中长链酯的 GC-MS 分析

根据前面定性分析的结果，桂花浸膏中的长链酯种类多，且相对含量较高，主要是棕榈酸、硬脂酸、亚油酸和亚麻酸的酯类成分，它们挥发性低，没有显著的气味特征，研究者较少关注。因此，对桂花浸膏中的长链酯进行分析，相关结果对于了解长链酯在桂花浸膏中的作用有重要意义。

4.3.1　实验部分

4.3.1.1　材料、试剂和仪器

十四酸乙酯（纯度>98%）、十五酸乙酯（纯度>97%）、棕榈酸甲酯（纯度≥99.5%）、亚油酸甲酯（纯度>95%）、亚麻酸甲酯（纯度>98%）、硬脂酸甲酯（纯度>97%）、硬脂酸乙酯（纯度>99%）、亚油酸乙酯（纯度>97%）购买自日本 TCI 公司；亚麻酸乙酯（纯度≥98%）、顺-9-十六碳烯酸乙酯（纯度>95%）购买自中国 Aladdin 公司；棕榈酸乙酯（纯度>97%）购买自美国 Alfa Aesar 公司；苯甲酸芳樟酯（纯度>95%）购买自美国 Sigma-Aldrich 公司。

CP224S 型电子天平（感量 0.0001 g，德国 Sartorius 公司）；7890A/5975C 气相色谱-质谱联用仪（GC-MS）（美国 Agilent 公司）。

4.3.1.2　方法

（1）样品前处理。准确称取一定量的桂花浸膏于 10 mL 容量瓶中，加入 1 mL 浓度为 100 μg/mL 的苯甲酸芳樟酯溶液作内标，加入环己烷溶剂，涡旋至桂花浸膏充分溶解，用环己烷定容到 10 mL，静置 0.5 h，取 1.5 mL 进行 GC-MS 分析。

（2）GC-MS 条件。色谱柱：DB-5MS（60 m×0.25 mm×0.25 μm）；载气：He；进样量：1 μL；进样模式：分流进样，分流比 10∶1；进样口温度：250 ℃；程序升温：初始温度 100 ℃，以 5 ℃/min 升至 265 ℃；传输线温度：280 ℃；EI 离子源温度：230 ℃；电离能量：70 eV；四极杆温度：150 ℃；扫描模式：选择离子监测；扫描范围：30~550 amu；溶剂延迟：5 min。

（3）标准曲线的建立。按照各成分的相对含量准确称取一定量的标准品于 10 mL 容量瓶中，用环己烷溶剂定容到 10 mL，配成混标母液，分别移取一定体积的母液（1 mL、0.8 mL、0.6 mL、0.4 mL、0.2 mL、0.1 mL、0.05 mL）于 10 mL 容量瓶中，分别加入 1 mL 浓度为 100 μg/mL 的苯甲酸芳樟酯溶液作内标，用环己烷溶剂定容到 10 mL，配制成 7 个浓度梯度的混合标准溶液。各取 1.5 mL 进行 GC-MS 分析。

4.3.2　结果与讨论

4.3.2.1　目标物筛选

根据前面的分析，酯在桂花浸膏中的种类较多，6 种样品中共检测到 36 种酯类成分，占桂花浸膏总成分含量的 9.9%~15.9%。其中 29 种酯分子量较大，为低挥发和非挥发性成分，包含 3 种邻苯二甲酸酯（PAEs）和 26 种长链酯。研究显示，制备桂花浸膏的过程中会引入 PAEs，且桂花对 PAEs 有富集作用，因此，PAEs 可能是外源性物质，不再对其进行分析讨论。桂花浸膏中酯类成分的含量差异较大，但主要成分基本相同，26 种长链酯中（表 4-5），11 种为 6 种样品所共有的，是桂花浸膏中主要的低挥发和非挥发酯。

表 4-5　桂花浸膏中长链酯的化学组分及其相对含量

编号	保留时间/min	物质名称	相对含量/%					
			1#	2#	3#	4#	5#	6#
1	36.97	肉豆蔻酸乙酯	0.064	0.011	0.070	0.006	0.010	0.035
2	39.56	十五酸乙酯	0.014	0.014	0.119	0.008	0.008	0.028

编号	保留时间/min	物质名称	相对含量/%					
			1#	2#	3#	4#	5#	6#
3	40.37	棕榈酸甲酯	0.109	0.047	1.015	0.012	0.165	0.018
4	41.55	顺-9-十六碳烯酸乙酯	0.166	0.013	0.090	0.010	0.062	0.022
5	42.04	棕榈酸乙酯	3.151	0.834	2.828	0.178	1.558	0.457
6	44.28	棕榈酸丙酯	—	—	0.066	—	—	0.012
7	44.39	十七烷酸乙酯	0.024	—	—	—	—	—
8	44.45	亚油酸甲酯	0.090	0.022	0.665	0.008	0.102	0.041
9	44.58	亚麻酸甲酯	0.315	0.084	1.932	0.026	0.358	0.043
10	45.12	硬脂酸甲酯	0.036	0.015	0.142	0.014	0.027	0.030
11	45.98	亚油酸乙酯	2.198	0.318	1.747	0.101	0.926	0.961
12	46.14	亚麻酸乙酯	5.578	0.925	4.630	0.256	3.249	2.530
13	46.24	顺-9-十八碳烯酸乙酯	0.167	—	0.113	—	0.086	0.008
14	46.68	硬脂酸乙酯	0.374	0.133	0.377	0.024	0.178	0.016
15	47.94	十六烷酸-3-甲基丁酯	0.043	0.013	—	0.003	0.079	—
16	50.79	4,8,12,16-四甲基十七烷-4-内酯	0.036	0.028	—	—	—	—
17	51.92	二十烷酸乙酯	0.067	0.029	0.070	—	—	—
18	60.53	棕榈酸苯乙酯	0.370	0.163	0.434	0.022	0.088	—
19	61.31	棕榈酸香茅酯	—	0.743	—	0.394	—	—
20	62.42	棕榈酸香叶酯	0.191	0.556	0.212	0.300	0.591	—
21	63.16	亚麻酸苯甲酯	0.043	—	0.062	—	—	—
22	66.07	亚油酸苯乙酯	0.182	—	0.256	—	—	—
23	66.65	亚油酸香茅酯	—	0.287	—	0.225	—	—
24	66.94	亚麻酸香茅酯	—	1.138	—	0.501	—	—

编号	保留时间/min	物质名称	相对含量/%					
			1#	2#	3#	4#	5#	6#
25	67.82	亚油酸香叶酯	0.131	0.245	0.136	0.175	0.441	—
26	68.09	亚麻酸香叶酯	0.367	0.727	—	0.284	0.946	—

以这 11 种长链酯为目标物，用内标标准曲线法对其进行定量分析，内标为苯甲酸芳樟酯。各目标物混合标准品溶液和桂花浸膏的 GC-MS 分析总离子流图见图 4-6，从图中可以看出各目标物色谱峰能较好的分离。

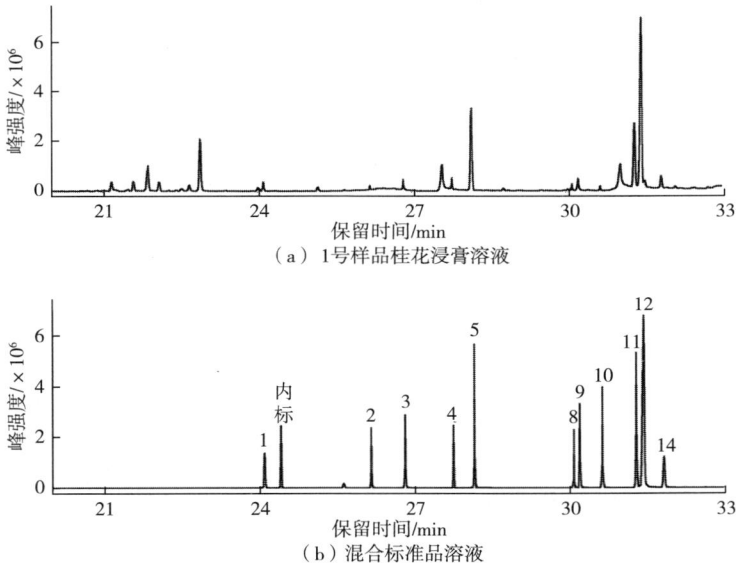

（a）1号样品桂花浸膏溶液

（b）混合标准品溶液

图 4-6　GC-MS 分析总离子流图

4.3.2.2　方法验证

利用 1 号样品进行定量分析方法的验证，结果见表 4-6。各目标物的相关系数均大于 0.998，线性关系良好，能满足检测要求。把最低浓度的混合标准溶液连续进 GC-MS 分析 10 次，计算标准偏差（SD），把 SD 的 3 倍和 10 倍分别作为 LOD 和 LOQ，结果显示 LOD 小于 0.46 μg/mL，LOQ 小于 1.53 μg/mL。取桂花浸膏样品进行 6 次分析，计算 RSD，各目标物的 RSD 小于 6.7%，满足定量要求。采用标准加入法测定回收率，各目标物回收率为 85.4% ~ 117.9%，说明测定结果比较准确，适合样品的定量分析。

表4-6　各目标物的回归方程、相关系数、检出限、定量限、相对标准偏差和回收率

目标物	回归方程	R^2	LOD/ ($\mu g/mL$)	LOQ/ ($\mu g/mL$)	RSD/% ($n=6$)	回收率/%		
						0.5 倍	1 倍	2 倍
肉豆蔻酸乙酯	$y=3.307\,x-0.2591$	0.9985	0.039	0.130	1.25	106.0	109.5	100.2
十五酸乙酯	$y=3.478\,x-0.3374$	0.9981	0.008	0.026	2.16	88.4	107.9	103.2
棕榈酸甲酯	$y=4.847\,x-0.6682$	0.9987	0.011	0.036	1.21	103.1	104.7	97.9
顺-9-十六碳烯酸乙酯	$y=0.5725\,x-0.0599$	0.9980	0.009	0.030	1.80	99.0	117.6	108.0
棕榈酸乙酯	$y=4.049\,x+0.6682$	0.9992	0.050	0.167	2.19	89.9	99.0	92.5
亚油酸甲酯	$y=1.367\,x-0.1761$	0.9987	0.008	0.026	1.39	113.5	117.9	115.3
亚麻酸甲酯	$y=1.907\,x-0.6611$	0.9991	0.016	0.055	1.23	89.1	98.1	93.7
硬脂酸甲酯	$y=4.755\,x-0.5724$	0.9993	0.016	0.054	6.71	106.7	114.2	105.1
亚油酸乙酯	$y=2.098\,x-0.3008$	0.9989	0.041	0.136	1.94	85.4	95.4	88.5
亚麻酸乙酯	$y=1.659\,x+0.5155$	0.9991	0.458	1.526	1.28	87.3	99.4	86.0
硬脂酸乙酯	$y=4.619\,x-0.2619$	0.9989	0.053	0.178	1.72	86.2	94.4	86.8

4.3.2.3　定量分析结果

用内标法对6种桂花浸膏样品中的长链酯进行定量分析，结果如表4-7所示。除2#和4#样品外，其他样品中长链酯的含量差异较小，可能是因为生产2#和4#样品所用的桂花和其他样品不是同一品种。在桂花浸膏中，含量最高的长链酯是亚麻酸乙酯，其次是棕榈酸乙酯和亚油酸乙酯。定量结果还显示，对于一特定的长链酸，在桂花浸膏中总是乙基酯的含量高于甲基酯的含量。

表4-7　桂花浸膏样品中长链酯的含量

目标物	含量/ ($\mu g \cdot g^{-1}$)					
	1#	2#	3#	4#	5#	6#
肉豆蔻酸乙酯	201	114	192	83	98	208
十五酸乙酯	123	102	107	96	98	205
棕榈酸甲酯	286	215	1266	171	289	295
顺-9-十六碳烯酸乙酯	399	206	305	120	311	257
棕榈酸乙酯	3933	1217	3332	315	1559	3805

目标物	含量/（μg·g⁻¹）					
	1#	2#	3#	4#	5#	6#
亚油酸甲酯	336	192	1294	167	294	285
亚麻酸甲酯	894	539	3158	428	780	865
硬脂酸甲酯	149	130	294	124	176	238
亚油酸乙酯	2823	809	2413	381	1807	4924
亚麻酸乙酯	12896	3736	8516	599	9393	12692
硬脂酸乙酯	588	276	529	120	258	661

本项目建立了用于桂花浸膏中长链酯定量分析的 GC-MS 方法，方法检出限低，重复性好，能够满足检测要求，用此方法对 6 种桂花浸膏样品中共同含有的 11 种长链酯进行定量分析，结果显示桂花浸膏中含量最高的长链酯是亚麻酸乙酯，其次是棕榈酸乙酯和亚油酸乙酯。

4.4　桂花浸膏的香气重构研究

桂花浸膏的主要成分是醇、酮、长链酯和长链烷烃，醇和酮大多是桂花浸膏的香气成分，长链烷烃和长链酯没有显著的气味特征，挥发性较低，一般属于非香气成分，但它们会影响各香气成分在气固两相或气液两相的分配平衡，从而影响香精香料的整体香气。油脂的含量、黏度和粒径会影响食物的香气释放，调香人员发现长链酯可以改善调配香精的化学气味。虽然长链酯对香气的影响虽被调香人员所关注，但没有被研究人员所重视，相关的文献报道较少。桂花浸膏香气浓郁，优雅，在食品和日化领域应用广泛。但以桂花花朵为原料制备的桂花浸膏，得率较低，仅有 0.08% ~ 0.29%，且质量不稳定，这使桂花浸膏价格昂贵，限制了其应用。如果能重组桂花浸膏，将能大大降低桂花浸膏的价格。基于此，通过桂花浸膏香气重构和香气释放实验考察长链酯对桂花浸膏主要香气成分释放的影响。

4.4.1　实验部分

4.4.1.1　材料、试剂和仪器

桂花浸膏（广州日化化工有限公司）；卷烟样品（陕西中烟工业有限责任公

司）；其余材料和试剂与前面的章节相同。

CP224S 型电子天平（感量 0.0001 g，德国 Sartorius 公司）；微量进样器（1 μL，上海安亭微量进样器厂）；7890A/5975C 气相色谱 - 质谱联用仪（GC - MS）、7694E 静态顶空进样器（美国 Agilent 公司）；大气压化学电离串联质谱仪（Xevo™ TQ - MS，美国 Waters 公司）。

4.4.1.2 方法

（1）香精样品制备。依据桂花浸膏主要香气成分、长链烷烃和长链酯的定量结果，以乙醇为溶剂复配 4 种如表 4-8 所示的香精样品，每个香精样品的浓度都为 1.8 mg/mL（以 14 种香气成分的含量计）。取天然桂花浸膏，用乙醇溶解，浓度为 1.8 mg/mL（以 14 种香气成分的含量计）。

表 4-8　复配香精样品加料表

香精编号	14 种香气成分	11 种长链酯	10 种长链烷烃
香精 1	+	-	-
香精 2	+	+	-
香精 3	+	-	+
香精 4	+	+	+

注　+表示加入该物质，-表示未加入该物质。

（2）香精样品的顶空成分分析。分别取香精样品 1、香精样品 4 和桂花浸膏溶液 1 mL 于 3 个 10 mL 样品瓶中，拧紧瓶盖，在水浴温度 30 ℃的条件下平衡 0.5 h，用 APCI-MS 分析其顶空成分。

APCI-MS 操作条件：离子化模式：正离子模式；离子源温度：50 ℃；电晕放电电流：5 μA；APCI 喷针温度：100 ℃；去溶剂气：N_2，流速：250 L/h；扫描模式：全扫描，扫描范围：30~550 m/z；碰撞气：Ar，流速为 0.25 mL/min。

（3）香精样品的香气评价。由 6 个调香人员组成香气评价小组，对 4 个香精样品和桂花浸膏溶液的香气进行评价，并对每一个香韵进行评分，以 6 个调香人员分数的平均值作为最后的分值。

（4）香精样品的卷烟加香研究。用微量进样器分别吸取 4 个香精样品和桂花浸膏溶液 1μL 并分别均匀注入短支空白参比卷烟中，并取 1μL 并乙醇均匀注入短支参比卷烟作为空白对照，用自封袋密封保存两天，由 6 个卷烟评吸人员进行评吸。

　　（5）香气释放研究。根据前面的分析结果，用环己烷配制桂花浸膏 14 种主要香气成分的混合溶液（每种香气成分的浓度为 2 mg/mL）。根据 1 号桂花浸膏样品中长链酯和长链烷烃的定量结果，等比例配制长链酯混合溶液（其中亚麻酸乙酯的浓度为 2 mg/mL）和长链烷烃混合溶液（其中二十七烷浓度为 4.7 mg/mL），并配制一个浓度为 2 mg/mL 的亚麻酸乙酯溶液。在 5 个 10 mL 的顶空分析样品瓶中分别加入 0、50 μL、100 μL、200 μL、400 μL 的长链烷烃混合溶液和 1000 μL、950 μL、900 μL、800 μL、600 μL 的环己烷溶剂，并分别加入 1 mL 香气成分混合溶液，静置 1 h，用 SHS-GC-MS 进行分析，再把长链烷烃混合溶液分别换成长链酯混合溶液和亚麻酸乙酯溶液，重复上述实验。

4.4.2　结果与讨论

4.4.2.1　长链酯对桂花浸膏香气释放的影响

　　把不同量的长链酯混合溶液加入桂花浸膏主要香气成分混合溶液中，考察长链酯对桂花浸膏香气释放的影响。用 SHS-GC-MS 分析其顶空成分，结果如图 4-7 所示。随着长链酯含量的增加，γ-癸内酯、反式-氧化芳樟醇（吡喃型）和顺式-氧化芳樟醇（吡喃型）的顶空浓度先升高后下降，苯乙醇、对甲氧基苯乙醇、α-紫罗兰酮和 β-紫罗兰酮的顶空浓度先急剧下降，后缓慢下降，顺式-茶香螺烷和反式茶香螺烷的顶空浓度几乎不变。上述结果表明长链酯的含量对桂花浸膏顶空香气成分的浓度有显著影响，且对不同香气成分的影响存在较大差异。

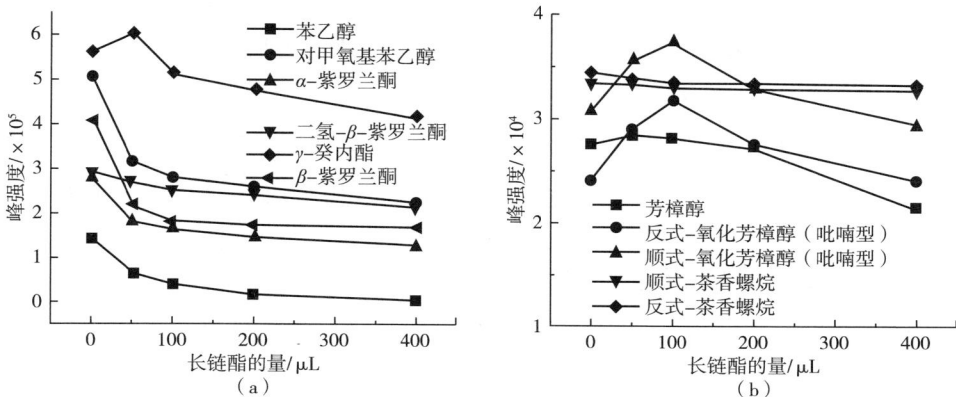

图 4-7　长链酯对桂花浸膏香气释放的影响

　　为考察不同的长链酯对香气释放的影响是否一致，进一步分析亚麻酸乙酯对桂花浸膏香气释放的影响，结果如图 4-8 所示。随着亚麻酸乙酯含量的增加，苯乙醇、对甲氧基苯乙醇、α-紫罗兰酮、二氢-β-紫罗兰酮、γ-癸内酯、β-紫罗兰酮、芳樟醇、反式-氧化芳樟醇（吡喃型）和顺式-氧化芳樟醇（吡喃型）的顶空浓度先急剧下降，后缓慢下降，顺式-茶香螺烷和反式-茶香螺烷的顶空浓度缓慢下降，且下降的趋势趋于直线。说明亚麻酸乙酯的含量对桂花浸膏顶空香气成分的浓度有显著影响，且对不同香气成分的影响存在较大差异。对比图 4-7 和图 4-8 的结果发现，不同的长链酯对桂花浸膏中同一种香气成分顶空浓度的影响存在较大差异。

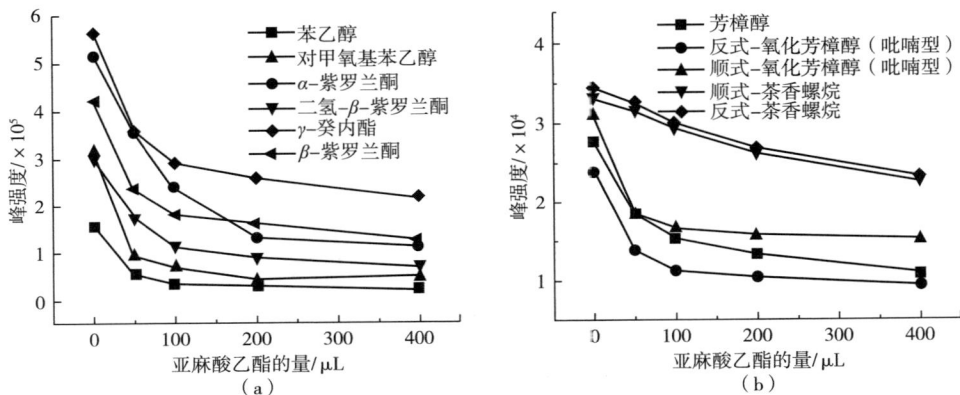

图 4-8　亚油酸乙酯对桂花浸膏香气释放的影响

　　由表 4-9 可以看出，当加入 50 μL 混合长链酯后，反式-氧化芳樟醇（吡喃型）、顺式-氧化芳樟醇（吡喃型）、γ-癸内酯和芳樟醇的顶空浓度升高，分别增加了 20.8%、15.7%、9.0% 和 2.5%，加入 100 μL 混合长链酯后，γ-癸内酯和芳樟醇的顶空浓度下降，而反式-氧化芳樟醇（吡喃型）和顺式-氧化芳樟醇（吡喃型）的顶空浓度继续升高，与不加长链酯相比，分别增加了 33.2% 和 21.8%，继续加入混合长链酯，这 4 种香气成分的顶空浓度均下降。而顺式茶香螺烷和反式茶香螺烷的顶空浓度随混合长链酯含量的增加呈下降趋势，且趋于直线，且顶空浓度变化最小，当加入 400 μL 混合长链酯后，只降低了 2.1% 和 3.7%，可能是因为茶香螺烷与长链酯之间的分子间作用力较小，且不易形成氢键。

　　上述结果表明长链酯的含量对桂花浸膏顶空香气成分的浓度有显著影响，且同一种长链酯对不同香气成分的影响存在较大差异。加入亚麻酸乙酯和混合长链酯后，同一种香气成分顶空浓度的变化呈现出较大差异，说明不同的长链酯对同一种香气成分的影响可能存在较大的差异，一些长链酯会使某些香气成分的释放增强，一些长链酯则使其减弱。这与长链酯和香气分子的分子量、分子结构、极性、官能团、碳链长度、挥发性、熔点、沸点等理化性质有密切的关系，有待于进一步研究。

表4-9　加入长链酯后香气成分顶空浓度的相对变化

香气成分	相对变化值/%							
	加入亚麻酸乙酯				加入混合长链酯			
	50 μL	100 μL	200 μL	400 μL	50 μL	100 μL	200 μL	400 μL
γ-癸内酯	−37.0	−48.2	−53.7	−61.6	+9.0	−7.2	−14.3	−25.1
对甲氧基苯乙醇	−31.8	−54.0	−75.3	−78.2	−36.7	−44.2	−48.4	−54.9
β-紫罗兰酮	−44.4	−57.7	−62.2	−71.6	−45.7	−54.8	−57.4	−58.4
α-紫罗兰酮	−71.1	−78.0	−87.0	−85.2	−0.7	−7.2	−10.8	−22.4
二氢β-紫罗兰酮	−42.1	−63.5	−69.9	−76.5	−35.0	−42.8	−48.5	−54.6
苯乙醇	−63.2	−78.8	−81.2	−84.4	−53.6	−70.3	−86.9	−94.5
反式-茶香螺烷	−6.0	−13.3	−21.2	−32.7	−1.7	−2.6	−3.1	−3.7
顺式-茶香螺烷	−5.0	−12.1	−20.9	−32.0	−0.5	−1.0	−1.5	−2.1
顺式-氧化芳樟醇（吡喃型）	−40.3	−46.5	−49.5	−51.6	+15.7	+21.8	+7.2	−4.9
芳樟醇	−33.6	−45.1	−52.0	−60.8	+2.5	+1.8	−1.6	−22.3
反式-氧化芳樟醇（吡喃型）	−42.4	−52.0	−56.0	−60.0	+20.8	+33.2	+15.5	+0.9

4.4.2.2　香精样品的顶空成分分析

进一步采用APCI-MS对复配香精样品和桂花浸膏溶液的顶空成分进行分析，结果如图4-9所示。图中的 m/z 153 为对甲氧基苯乙醇的质谱峰，m/z 171 和 m/z 341 为氧化芳樟醇（呋喃型）、氧化芳樟醇（吡喃型）和 γ-癸内酯的质谱峰，m/z 193 为 α-紫罗兰酮和 β-紫罗兰酮的质谱峰，m/z 195 为茶香螺烷和二氢-β-紫罗兰酮的质谱峰。

比较图4-9中香精1（香气成分溶液）顶空成分的质谱图（a）和香精4（香气成分、长链烷烃和长链酯混合溶液）顶空成分的质谱图（b）可发现，图（a）中 m/z 171 和 m/z 341 的质谱峰强度较小，这说明在香气成分中加入长链烷烃和长链酯后，氧化芳樟醇（呋喃型）、氧化芳樟醇（吡喃型）和 γ-癸内酯中

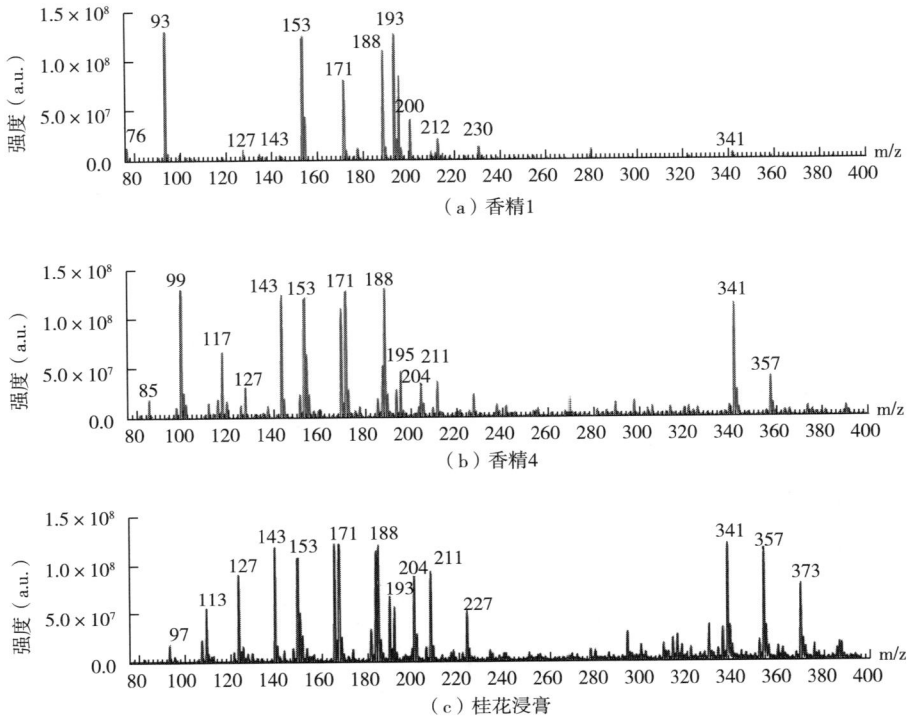

图 4-9　APCI-MS 分析质谱图

的一种或几种成分的香气释放增强，图（b）中 m/z 193 的质谱峰强度较弱，这说明在香气成分中加入长链烷烃和长链酯后，α-紫罗兰酮和 β-紫罗兰酮中的一种或两种成分的香气释放减弱。图（a）与图（b）差异较大，说明长链烷烃和长链酯会显著改变桂花浸膏顶空成分的浓度，对桂花浸膏的香气释放有显著影响。香精 4 顶空成分的质谱图（b）与桂花浸膏溶液顶空成分的质谱图（c）相似，说明复配香精与桂花浸膏的顶空成分相似。

4.4.2.3　香精样品的香气评价

桂花浸膏嗅香的评价结果显示，桂花浸膏香气特征基本由 9 种香韵构成，其中花香和甜香较强，属于主香韵，木香、酸香、甘草香、树脂香、辛香、清香和膏香较弱，属于辅助香韵。以桂花浸膏感官关键成分为主体，配制重组桂花香精 1、2 和 3，同时以桂花浸膏感官关键成分结合非香气成分创制桂花香精，得创制香精 4。对 4 个香精样品进行香气评价，并考察香韵构成，同时与桂花浸膏进行比较，结果如图 4-10。香精 1（香气成分溶液）与桂花浸膏相比，花香和甜香较强，辅助香韵则不足，化学气味重，刺激性较大，与天然桂花浸膏的香气差异较大。香精2（香气成分和长链酯混合溶液）和香精3（香气成分和长链烷烃混合溶液）的花香和甜香与香精1相比强度降低，而辅助香韵的强度比香精1稍有增加，香气与天然浸膏相比仍有较大差异，但与香精1相比，化学气味已减弱，刺激性有所改善。说明长链烷烃和长链酯均可减少复配香精的化学气味和刺激性，使之变得柔和细腻。与香精2和香精3相比，香精4主香韵的强度进一步降低，而辅助香韵的强度进一步增加，化学气味和刺激性得到极大的改善，香气与天然桂花浸膏接近。

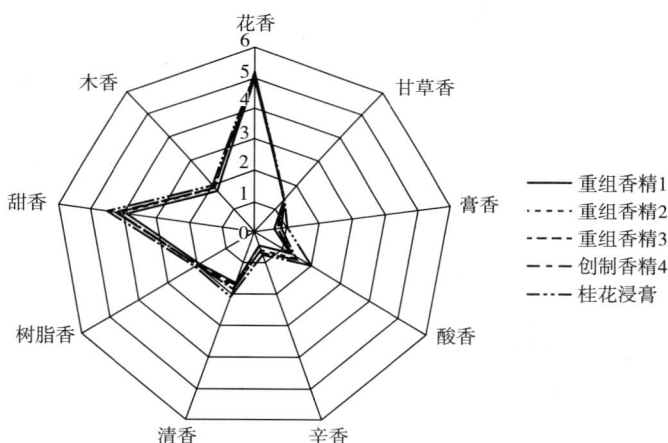

图4-10　重组香精和桂花浸膏香韵特征的比较

4.4.2.4　香精样品的卷烟加香评价

把4个香精样品、桂花浸膏溶液和乙醇（空白对照）分别加入短支空白参比卷烟中，对其进行评吸，感官评价结果总结如下。

与只加了乙醇的空白对照卷烟相比，加了香精1（香气成分溶液）的卷烟香气量增加，但对口腔的刺激性变大，杂气稍有增加，余味不如空白对照。

加了香精2（香气成分和长链酯混合溶液）的卷烟与加了香精1的卷烟相比，香气量增强，香气更柔和，香气质变好，杂气和刺激性减弱，口腔的舒适度提高。但其杂气和刺激性仍比空白对照大。

加了香精3（香气成分和长链烷烃）的卷烟与加了香精2的卷烟相比，香气量变弱，杂气和刺激性增加，口腔舒适度变差，有干涩感。和加了香精1的卷烟相比，香气量稍有增加，但杂气和刺激性变大。

加了香精 4（香气成分、长链酯和长链烷烃混和溶液）的卷烟香气量最弱，口腔有苦涩感，杂气和刺激性都较大，在所有样品中，吃味和吸味最差。

加了桂花浸膏溶液的卷烟香气量比加了香精 2 的卷烟稍弱，香气协调且丰富饱满，香气在口腔的留香时间长，杂气和刺激性小，口腔舒适度最好。

综合评价结果显示 4 个香精样品和桂花浸膏溶液进行卷烟加香以后，卷烟的吃味和吸味最好的是桂花浸膏溶液，其次分别是香精 2、香精 3、香精 1 和香精 4。

以上结果说明长链酯可以改善香精在卷烟加香中的吃味和吸味，而长链烷烃会增大卷烟的杂气和刺激性，使卷烟的口感变差。但含有长链烷烃的桂花浸膏并没有使卷烟的口感变差，说明桂花浸膏中的某些成分能改善长链烷烃对卷烟口感的影响。调配的香精与桂花浸膏相比缺少羧酸类成分，而羧酸可以调节烟草的酸碱度，使吸味醇和，还可以增加烟气浓度，间接影响烟气的香气，在烟气中起平衡作用，因此，香精 4 的卷烟加香效果差，可能是香精中缺少羧酸类成分所致。

4.5 小结

（1）6 种桂花浸膏样品中共检测出 134 种化学成分，对桂花浸膏总体香气特征贡献最大的是芳樟醇，其次是 γ-癸内酯、α-紫罗兰酮、二氢-β-紫罗兰酮、苯乙醇、β-紫罗兰酮。虽然对甲氧基苯乙醇在桂花浸膏中含量较高，但对桂花浸膏总体香韵的贡献较小，而 α-紫罗兰酮含量虽低，但对桂花浸膏总体香韵的贡献较大。

（2）桂花浸膏中含量最高的长链酯是亚麻酸乙酯，其次是棕榈酸乙酯和亚油酸乙酯。长链酯均对对桂花浸膏的香气释放有显著影响，且对不同香气成分的影响存在较大差异。

（3）以香气关键成分为基础复配的桂花香精具有与桂花浸膏基本一致的香气特征，但是具有一定的化学气味，香气不够自然，加入长链烷烃和长链酯后复配香精的桂花香气更佳自然、柔和。

（4）以香气关键成分为基础，以基质效应为辅助参考，形成了桂花浸膏香气的化学重构技术，对于重要特色天然香原料的香气创制、品质稳定以及成本控制具有重要的技术支撑和技术参考作用。

5 短支卷烟的香料调配及加料技术

5.1 短支卷烟香基模块设计

在烟气释放特性分析、香料单体作用评价与转移行为分析以及香味重构的基础上，围绕产品的风格塑造，通过香料单体的配伍与修饰，进行了香基模块设计，调配出多种能够凸显短支卷烟风格特征的香基样品，为卷烟工业企业短支卷烟产品的风格打造与创新提供了物质基础。

5.1.1 香料单体的配伍与修饰原则

5.1.1.1 香料单体使用的安全性原则

香料单体配伍与修饰所用的样品需满足烟草行业的安全性要求。所用香料均来自 YQ52—2015《烟草制品许可使用的添加剂名单》和 YQ53—2015《烟草制品临时许可使用的添加剂名单》两个标准。

5.1.1.2 香料单体的配伍原则

（1）主体香料确定。选择能够凸显某种香韵且感官无明显负作用的香料单体作为该香韵配伍研究中的主体香料。

（2）配伍香料确定。选择自身嗅香及在卷烟中能够较明显体现某种香韵的香料单体作为该香韵配伍研究中的配伍香料。

（3）配伍目标。所得配伍样品在凸显目标香韵的同时，香韵综合表现优于主体香料。

5.1.1.3 香料单体的修饰原则

（1）修饰香料确定。选择对样品的主体香韵影响较小，但在感官作用效果上有较明显改善或互补作用的香料作为修饰香料。

（2）修饰目标。修饰后的配伍样品在稳固并凸显配伍样品香韵特征的同时，对配伍样品在感官品质方面存在的问题进行完善。

5.1.1.4 配伍修饰效果的量化判断原则

（1）利用本项目所采用的香料单体感官评价方法中的香韵评价方法，对香料调配样品的香韵表现进行量化判定。目标香韵调配样品在参比卷烟中的增强效果需大于或等于1。

（2）利用本项目所采用的香料单体感官评价方法对香料调配样品的感官品质进行量化判定。目标香韵调配样品在卷烟中的感官品质需优于或等于参比卷烟。

5.1.2 香料单体的配伍与修饰技术方案

（1）确定配伍修饰的主要目标。

（2）确定目标香韵、主体香料及用量。

（3）根据同种香韵香料第二香韵的差异，选择目标香韵配伍香料。

（4）通过配对试验和正交试验等方式，对主体香料、配伍香料之间的配伍效果进行研究；配伍香料采用黄金分割法（0.618）或双重黄金分割（0.6182^n）实现用量的梯度变化。

（5）利用确定的评价方法对目标香韵配伍试验样品进行感官评价，选择出合适的目标香韵配伍样品。

（6）根据修饰香料选择依据及"相邻补强"原则选择修饰香料，与目标香韵配伍样品进行配对或正交试验；修饰香料采用黄金分割法（0.618）或双重黄金分割（0.6182^n）实现用量的梯度变化。

（7）利用确定的评价方法对目标香韵修饰试验样品进行感官评价，选择出符合配伍修饰目标的香基样品。

5.1.3 不同香韵香基的调配与评价

根据香料单体的配伍与修饰原则及其操作方案，进行了果香、花香、烘焙香、焦甜香、奶香、辛香、青滋香等香韵香基的调配，并在短支空白参比卷烟中进行了作用评价。

5.1.3.1 果香香基调配

（1）主体香料确定。在本项目所评价的50种香料单体中，彰显果香香韵的香料单体有丁酸乙酯、己酸异戊酯、肉桂醇、γ-癸内酯、γ-十二内酯、柠檬醛、香茅醛、葡萄提取物、黑加仑提取物、菠萝汁浓缩物、红桔油、甜橙油。其中己酸异戊酯的果香强度最高，并且对卷烟的感官品质无明显负面作用，因此，以己酸异戊酯作为调配果香韵香基的主体香料，用量为 10 mg/kg。

（2）香料单体配伍。根据同种香韵香料第二香韵的差异，选择第二香韵分别为清香、花香、奶香、青滋香、辛香的香柠檬油（5 mg/kg）、橙花油（5 mg/kg）、γ-壬内酯（5 mg/kg）、乙酰乙酸乙酯（5 mg/kg）、异丁酸肉桂酯（5 mg/kg）作为配伍香料，并进行配伍试验。

各配伍香料的用量分别采用双重黄金分割（即 0.6182^n，n 分别取 0、1、2）进行梯度调整，与己酸异戊酯（10 mg/kg）进行配对试验。通过配对试验剔除效果较差的香料，其他香料单体再与己酸异戊酯进行正交试验，进而明确具有较好果香香韵的配伍样品：己酸异戊酯（10 mg/kg）、香柠檬油（5 mg/kg）、乙酰乙酸乙酯（1.91 mg/kg）。该配伍样品的在短支空白参比卷烟中的具体评价结果见表 5-1 和表 5-2。

表 5-1　果香配伍与修饰样品的香韵评价结果

香基样品	清香	花香	果香	甜香	青滋香	丰富性	协调性
配伍样品	0.5	0	2.5	1.6	0.4	2.0	1.8
修饰样品	0.5	0.4	2.5	1.8	0.4	2.2	2.0

表 5-2　果香配伍与修饰样品的其他感官指标评价结果

香基样品	香气质	香气量	杂气	浓度	透发性	细腻	柔和	刺激	残留
配伍样品	21.58	25.36	18.59	7.53	15.69	7.65	8.43	7.68	9.17
修饰样品	25.96	24.6	20.38	8.54	17.63	8.65	7.23	8.69	10.78

由表可以看出，所筛选出的配伍样品果香强度为 2.5，甜香强度为 1.6，同时略带清香、青滋香，具有良好的丰富性和协调性。在卷烟品质的影响方面，对香气质、香气量、杂气、透发性具有改善效果，对其他指标无明显影响。

（3）香料单体修饰。根据修饰香料选择依据及"相邻补强"原则，选择奶香分值和甜香香韵分值均较高的奶香香韵修饰香料 1 种、花香分值和甜香香韵分值均较高的花香香韵修饰香料 1 种，与果香配伍样品进行修饰试验。奶香香韵修饰香料为 γ-戊内酯，花香香韵修饰香料为苯乙酸乙酯。

γ-戊内酯（5 mg/kg）和苯乙酸乙酯（5 mg/kg）的用量采用双重黄金分割（即 0.6182^n，n 分别取 0、1、2）的方式进行梯度调整，与"己酸异戊酯（10 mg/kg）、香柠檬油（5 mg/kg）、乙酰乙酸乙酯（1.91 mg/kg）"配伍样品进行配对试验或正交试验，进而得到最终修饰完善的果香香基：己酸异戊酯（10 mg/kg）、香柠檬油（5 mg/kg）、乙酰乙酸乙酯（1.91 mg/kg）、苯乙酸乙酯（1.91 mg/kg）。该果香香基在短支空白参比卷烟中的具体评价结果见表5-1和表5-2。

由表可以看出，修饰后的配伍样品增加了较弱的花香，香韵的丰富性和协调性更好。在卷烟品质的影响方面，对香气质、香气量、杂气、透发性具有改善效果，对其他指标无明显影响。

最终调配的果香香基：己酸异戊酯（10 mg/kg）、香柠檬油（5 mg/kg）、乙酰乙酸乙酯（1.91 mg/kg）、苯乙酸乙酯（1.91 mg/kg）。

5.1.3.2 花香香基调配

主体香料：香叶醇（5 mg/kg）。

配伍香料：第二香韵分别为清香、木香、果香的玫瑰醇（5 mg/kg）、β-紫罗兰酮（2 mg/kg）、乙酸香叶酯（5 mg/kg）。

修饰香料：果香香料枣子提取物（500 mg/kg）、青滋香香料乙酸芳樟酯（5 mg/kg）、口感修饰单体乳酸（200 mg/kg）。

按照单体配伍与修饰的操作方案，最终调配的花香香基：香叶醇（5 mg/kg）、β-紫罗兰酮（1.15 mg/kg）、枣子提取物（72.9 mg/kg）。

该花香香基的具体评价结果见表5-3、表5-4。由表可以看出，配伍样品花香强度为1.8，同时略带甜香、清香、木香，具有较好的丰富性和协调性。修饰后的香基样品增加了果香、强化了甜香，丰富性和协调性更好。在卷烟品质的影响方面，对香气质、香气量、杂气、透发性具有改善效果，对其他指标无明显影响。

表5-3　花香配伍与修饰样品的香韵评价结果

香基样品	清香	花香	果香	甜香	木香	丰富性	协调性
配伍样品	0.5	1.8	0	0.8	0.3	2.1	1.6
修饰样品	0.5	1.8	0.6	1.2	0.3	2.4	2.2

表5-4　花香配伍与修饰样品的其他感官指标评价结果

香基样品	香气质	香气量	杂气	浓度	透发性	细腻	柔和	刺激	残留
配伍样品	19.36	20.66	15.38	9.64	17.52	4.30	9.35	5.74	7.32
修饰样品	23.58	24.85	22.34	7.30	20.39	5.69	8.26	6.88	9.45

5.1.3.3 烘焙香基调配

主体香料：2，3，5-三甲基吡嗪（5 mg/kg）。

配伍香料：第二香韵分别为可可香、膏香、木香、豆香的可可提取物（20 mg/kg）、美拉德反应产物（100 mg/kg）、2，5-二甲基吡嗪（5 mg/kg）、3-乙基吡啶（5 mg/kg）。

修饰香料：焦甜香香料津巴布韦烟叶提取物（200 mg/kg）、辛香香料异丁香酚甲醚（5 mg/kg）、口感修饰单体苹果酸（200 mg/kg）。

按照单体配伍与修饰的操作方案，最终调配的烘焙香香基：2，3，5-三甲基吡嗪（5 mg/kg）、美拉德反应产物（38.2 mg/kg）、2，5-二甲基吡嗪（1.91 mg/kg）、异丁香酚甲醚（1.91 mg/kg）。

该烘焙香香基的具体评价结果见表5-5、表5-6。由表可以看出，配伍样品烘焙香强度为2.5，同时略带甜香、膏香、木香，具有较好的丰富性和协调性。修饰后的香基样品增加了辛香，丰富性和协调性更好。在卷烟品质的影响方面，对香气质、香气量、杂气、浓度、透发性具有改善效果，对其他指标无明显影响。

表5-5　烘焙香配伍与修饰样品的香韵评价结果

香基样品	烘焙香	膏香	辛香	甜香	木香	丰富性	协调性
配伍样品	2.5	0.8	0	1.0	0.4	1.7	2.0
修饰样品	2.5	0.8	0.4	1.0	0.3	1.9	2.1

表5-6　烘焙香配伍与修饰样品的其他感官指标评价结果

香基样品	香气质	香气量	杂气	浓度	透发性	细腻	柔和	刺激	残留
配伍样品	22.36	23.48	19.75	15.74	17.22	7.56	9.10	7.32	2.33
修饰样品	26.87	26.76	21.40	17.41	18.63	9.32	10.65	5.43	5.52

5.1.3.4 焦甜香基调配

主体香料：乙基麦芽酚（100 mg/kg）。

配伍香料：第二香韵分别为果香、膏香、辛香、木香、清香的5-乙基-3羟基-4-甲基-2（5H）-呋喃酮（20 mg/kg）、葫芦巴提取物（100 mg/kg）、1-甲基-2，3-环己二酮（5 mg/kg）、愈创木酚（5 mg/kg）、烤烟烟草精油（100 mg/kg）。

修饰香料：辛香香料莳萝油（5 mg/kg）、坚果香香料4-甲基-5-羟乙基噻唑

（10 mg/kg）、口感修饰单体乳酸（200 mg/kg）。

按照单体配伍与修饰的操作方案，最终调配的焦甜香香基：乙基麦芽酚（100 mg/kg）、5-乙基-3 羟基-4-甲基-2（5H）-呋喃酮（12.36 mg/kg）、愈创木酚（1.91 mg/kg）、莳萝油（1.91 mg/kg）、4-甲基-5-羟乙基噻唑（3.82 mg/kg）。

该焦甜香香基的具体评价结果见表 5-7、表 5-8。由表可以看出，配伍样品焦甜香强度为 1.6，同时略带烘焙香、木香、果香，具有较好的丰富性和协调性。修饰后的香基样品增加了辛香，丰富性和协调性更好。在卷烟品质的影响方面，对香气质、香气量、杂气、细腻、柔和具有改善效果，对其他指标无明显影响。

表 5-7 焦甜香配伍与修饰样品的香韵评价结果

香基样品	烘焙香	果香	辛香	焦甜香	木香	丰富性	协调性
配伍样品	0.5	0.2	0	1.6	0.3	1.5	2.0
修饰样品	0.6	0.2	0.4	1.6	0.3	1.7	2.2

表 5-8 焦甜香配伍与修饰样品的其他感官指标评价结果

香基样品	香气质	香气量	杂气	浓度	透发性	细腻	柔和	刺激	残留
配伍样品	19.15	20.36	17.55	7.87	7.90	16.75	18.37	5.31	8.52
修饰样品	21.38	23.47	16.39	6.98	9.25	15.82	19.66	6.57	9.77

5.1.3.5　奶香香基调配

主体香料：乙基香兰素（20 mg/kg）。

配伍香料：第二香韵分别为果香、豆香、烘焙香的 γ-癸内酯（5 mg/kg）、香荚兰提取物（100 mg/kg）、乙偶姻（2 mg/kg）。

修饰香料：豆香香料 γ-癸内酯（5 mg/kg）、果香香料枣子提取物（500 mg/kg）、口感修饰单体乳酸（200 mg/kg）。

按照单体配伍与修饰的操作方案，最终调配的奶香香基：乙基香兰素（100 mg/kg）、香荚兰提取物（38.2 mg/kg）、枣子提取物（191 mg/kg）。

该奶香香基的具体评价结果见表 5-9、表 5-10。由表可以看出，配伍样品奶香强度为 1.8，还表现出甜香，同时略带豆香，具有较好的丰富性和协调性。修饰后的香基样品增加了烘焙香和果香，强化了甜香，丰富性和协调性更好。卷烟品质的影响方面，对香气质、香气量、杂气、细腻、柔和具有改善效果，对其他指标无明显影响。

表 5-9 奶香配伍与修饰样品香韵评价结果

香基样品	烘焙香	果香	奶香	甜香	豆香	丰富性	协调性
配伍样品	0	0	1.8	1.3	0.5	1.4	2.2
修饰样品	0.3	0.3	1.8	1.5	0.5	2.0	2.5

表 5-10 奶香配伍与修饰样品其他感官指标评价结果

香基样品	香气质	香气量	杂气	浓度	透发性	细腻	柔和	刺激	残留
配伍样品	23.85	22.58	19.33	7.85	7.30	18.66	17.59	8.52	10.08
修饰样品	27.34	25.36	15.66	9.62	6.59	15.32	16.48	9.34	8.74

5.1.3.6 辛香香基调配

主体香料：丁香花蕾油（5 mg/kg）。

配伍香料：第二香韵分别为清香、膏香、花香、木香、药草香的芹菜籽油（10 mg/kg）、异戊酸肉桂酯（10 mg/kg）、邻甲氧基肉桂醛（10 mg/kg）、桂叶油（10 mg/kg）、莳萝籽油（5 mg/kg）。

修饰香料：烘焙香香料 4-甲基-5-羟乙基噻唑（10 mg/kg）、青滋香香料乙酸芳樟酯（10 mg/kg）、口感修饰单体乳酸（200 mg/kg）。

按照单体配伍与修饰的操作方案，最终调配的辛香香基：丁香花蕾油（5 mg/kg）、芹菜籽油（3.82 mg/kg）、4-甲基-5-羟乙基噻唑（3.82 mg/kg）。

该辛香香基的具体评价结果见表 5-11、表 5-12。由表可以看出，配伍样品辛香强度为 1.1，同时略带甜香、清香、花香，具有较好的丰富性和协调性。修饰后的香基样品增加了烘焙香，强化了辛香，丰富性和协调性更好。在卷烟品质的影响方面，对香气质、香气量、杂气、透发性具有改善效果，对其他指标无明显影响。

表 5-11 辛香配伍与修饰样品香韵评价结果

香基样品	清香	花香	辛香	甜香	烘焙香	丰富性	协调性
配伍样品	0.5	0.4	1.1	0.8	0	1.8	1.8
修饰样品	0.5	0.4	1.5	0.8	0.4	2.0	2.3

表 5-12 辛香配伍与修饰样品其他感官指标评价结果

香基样品	香气质	香气量	杂气	浓度	透发性	细腻	柔和	刺激	残留
配伍样品	20.35	22.54	18.26	7.35	15.66	7.44	5.23	6.35	3.56
修饰样品	25.58	27.89	17.08	8.69	17.84	8.69	4.55	8.87	5.48

5.1.3.7 青滋香香基调配

主体香料：树苔净油（50 mg/kg）。

配伍香料：第二香韵分别为花香、清香、辛香、药草香的香茅油（10 mg/kg）、绿茶酊（200 mg/kg）、香芹酮（10 mg/kg）、亚洲薄荷油（100 mg/kg）。

修饰香料：青滋香香料乙酸芳樟酯（10 mg/kg）、辛香香料异丁香酚甲醚（10 mg/kg）、奶香香料 γ-戊内酯（10 mg/kg）、口感修饰单体乳酸（200 mg/kg）。

按照单体配伍与修饰的操作方案，最终调配的青滋香香基：树苔净油（50 mg/kg）、香茅油（6.18 mg/kg）、乙酸芳樟酯（6.18 mg/kg）、辛香香料异丁香酚甲醚（3.82 mg/kg）。

该青滋香香基的具体评价结果见表5-13、表5-14。由表可以看出，配伍样品青滋香强度为1.3，还表现出甜香，同时略带清香、花香、辛香，具有较好的丰富性和协调性。修饰后的香基样品的青滋香、清香、花香和辛香香韵得到强化，丰富性和协调性更好。在卷烟品质的影响方面，对香气质、香气量、杂气、透发性、细腻、柔和具有改善效果，对其他指标无明显影响。

表5-13 青滋香配伍与修饰样品的香韵评价结果

香基样品	清香	花香	青滋香	甜香	辛香	丰富性	协调性
配伍样品	0.5	0.3	1.3	1.0	0.2	2.0	2.1
修饰样品	0.8	0.4	1.7	1.0	0.5	2.3	2.5

表5-14 青滋香配伍与修饰样品的其他感官指标评价结果

香基样品	香气质	香气量	杂气	浓度	透发性	细腻	柔和	刺激	残留
配伍样品	25.88	24.75	17.55	7.52	19.06	18.36	17.49	8.52	6.78
修饰样品	29.36	27.60	19.82	8.66	21.83	20.45	19.38	4.25	4.21

5.1.4 小结

（1）针对短支卷烟的香基模块设计，明确了香料单体的配伍与修饰原则，包括单体使用的安全性原则、单体配伍原则、修饰原则以及效果评判原则。

（2）形成了香料单体配伍与修饰的技术方案，包括调配目标确定，主体香料、配伍香料、修饰香料选择，配对或正交试验，效果评价等方面。

（3）按照所确定的原则和技术方案，调配出了果香、花香、烘焙香、焦甜香、奶香、辛香、青滋香等 7 种香韵香基，能够为短支卷烟产品的风格塑造起到良好的支撑作用。

5.2 短支卷烟加料技术研究

围绕短支卷烟的风格塑造与创新，本项目开展了香料单体评价、香味重构以及香基模块设计等方面的工作，对短支卷烟调香核心技术的形成与自主掌控起到良好的技术支撑作用。加香主要是为了塑造和强化卷烟产品风格特征，而加料主要是为了改善叶组的品质缺陷，强化产品品质特征，对卷烟产品品质具有更高的贡献度。但是，行业目前对于加料技术的研究与加香技术相比相对较为薄弱。因此，本项目围绕短支卷烟的品质提升，从加料单体评价、配方设计、烘丝条件影响等方面开展了短支卷烟的针对性加料技术研究，为短支卷烟的品质提升提供了技术支撑。

5.2.1 加料单体评价

目前行业对于加香单体的评价已经从感官作用、阈值、转移行为等方面开展了系统研究，但是对于糖、酸、铵、多元醇等加料单体的研究却相对薄弱。另外，不同原料模块品质特征和化学特征差异明显，加料需求不同。因此，本项目从分组加料的角度，系统评价了常用加料单体在云南烟模块和河南烟模块中的感官作用特征，为短支卷烟加料单体的选择提供了依据。

5.2.1.1 评价方法

采用 3.1.1 建立的香料单体在短支卷烟中的作用评价方法。

5.2.1.2 加料单体的选择

筛选烟草加料中常用的糖、酸、铵、多元醇作为评价对象。具体种类及考察用量如下。

糖：葡萄糖、果糖、蔗糖、转化糖和蜂蜜；考察用量 0.3%、0.6%、1.0%、2.0%。

酸：乙酰丙酸、乳酸、苹果酸、柠檬酸；考察用量 0.05%、0.1%、0.3%、0.5%。

铵：磷酸氢二铵；考察用量 0.05%、0.1%、0.3%、0.5%。

多元醇：丙二醇、甘油；考察用量 0.3%、0.6%、1.0%、2.0%。

5.2.1.3　加料卷烟样品的制备

分别按所设计的用量，将短支卷烟中云南烟模块和河南烟模块以水为溶剂加入加料单体，加料后的烟丝含水率为20%。烟丝加料后密闭存放4 h，然后采用烘箱进行烘干，烘箱加热温度为110 ℃，烘干时间为4 min，烘后烟丝含水率为12%。烟丝冷却后，手工打烟，制得加料卷烟样品。将加料卷烟样品在温度为（22±2）℃，相对湿度为（60±5）%的环境条件下平衡48 h，供感官评吸。采用只加水的样品作为空白对照样品。

5.2.1.4　加料单体在叶组模块中的作用评价

采用本项目建立的感官评价方法，从香气特性、烟气特性、口感特性等方面，对糖、酸、铵、多元醇等12种常用加料单体及其4个不同量梯度在云南模块和河南模块的感官作用特征进行了评价。

图5-1和图5-2为葡萄糖在云南模块和河南模块中的作用特征评价结果。结果表明，对于云南模块，葡萄糖对杂气、细腻、柔和具有改善作用，但是香气品质改善作用不明显，用量增加时，明显压香，对香气量、透发性产生负面影响，用量为0.3%~0.6%相对较好；对于河南模块，葡萄糖对香气质、香气量、杂气、细腻、柔和、刺激、残留等指标均有改善效果，用量增加时将产生压香负面影响，用量为0.6%~1.0%相对较好。

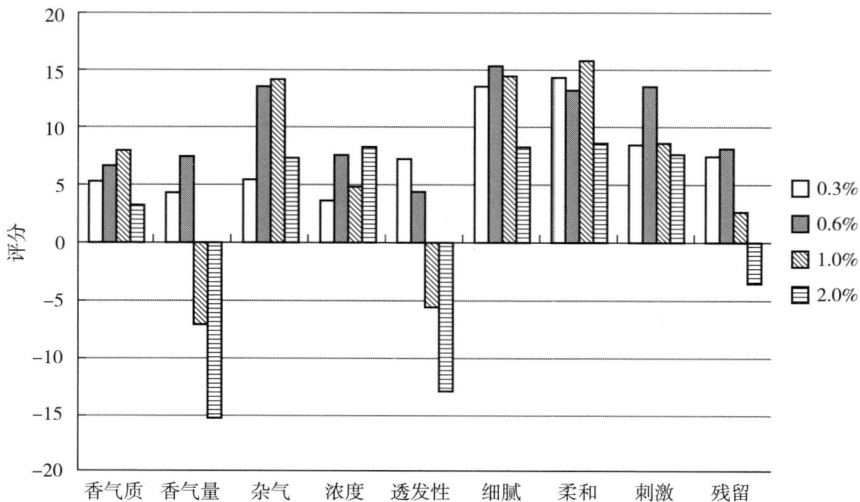

图5-1　葡萄糖在云南模块中的作用特征

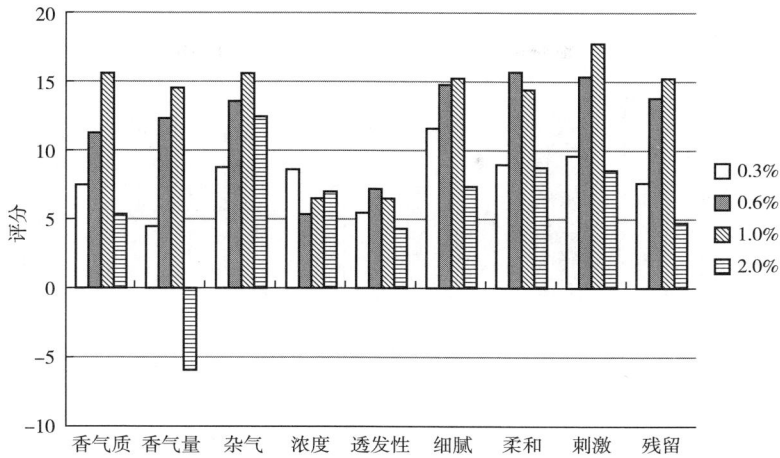

图 5-2　葡萄糖在河南模块中的作用特征

　　图 5-3 和图 5-4 为果糖在云南模块和河南模块中的作用特征评价结果。结果表明，对于云南模块，果糖对杂气、细腻、柔和具有改善作用，但是香气品质改善作用不明显，用量增加时，明显压香，对香气量、透发性产生负面影响，用量为 0.3%~0.6% 相对较好；对于河南模块，果糖对香气质、香气量、杂气、细腻、柔和、刺激、残留等指标均有改善效果，用量增加时将产生压香负面影响，用量为 0.6%~0.1% 相对较好。

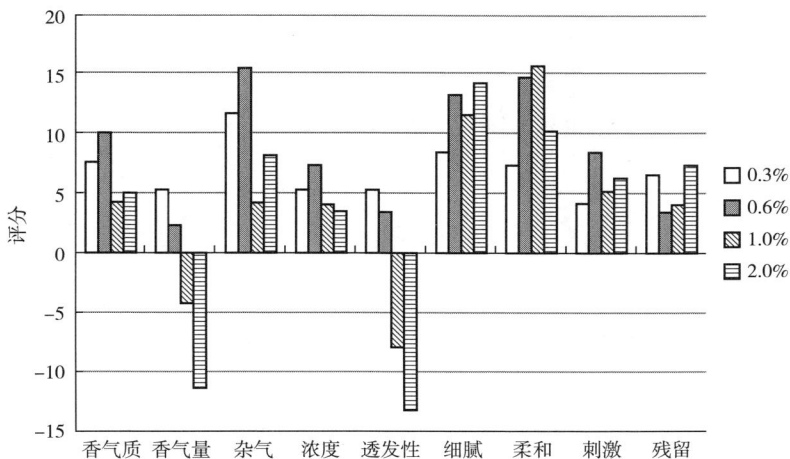

图 5-3　果糖在云南模块中的作用特征

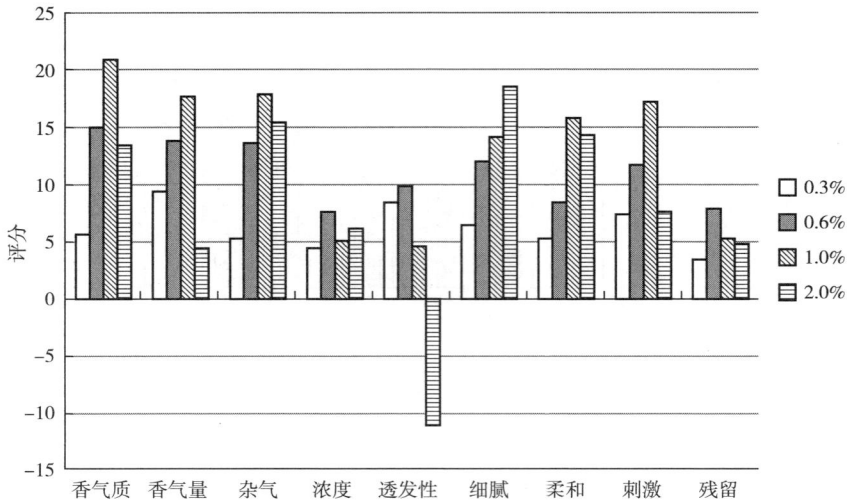

图 5-4 果糖在河南模块中的作用特征

图 5-5 和图 5-6 为蔗糖在云南模块和河南模块中的作用特征评价结果。结果表明，对于云南模块，蔗糖的品质改善作用不明显，用量增加时，明显压香，对香气量、透发性产生负面影响；对于河南模块，蔗糖对香气量、杂气具有改善效果，用量增加时将产生压香、残留负面影响，用量为 0.6%~0.1% 相对较好。

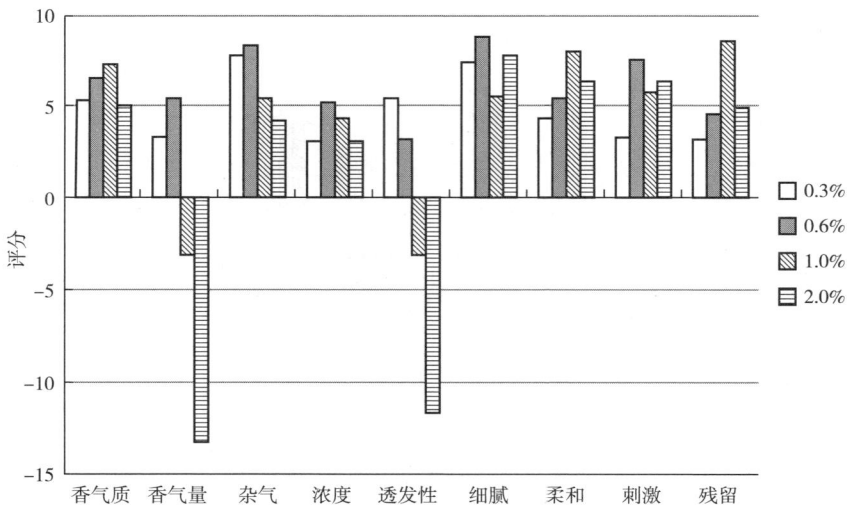

图 5-5 蔗糖在云南模块中的作用特征

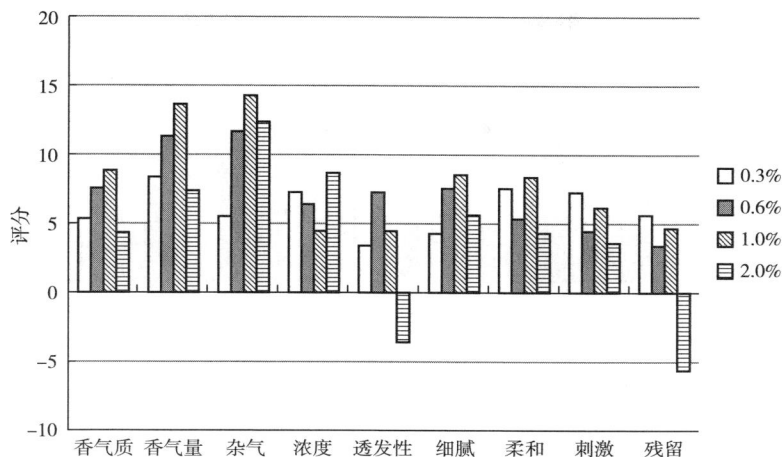

图 5-6 蔗糖在河南模块中的作用特征

图 5-7 和图 5-8 为转化糖在云南模块和河南模块中的作用特征评价结果。结果表明，对于云南模块，转化糖对杂气、细腻、柔和、刺激具有改善作用，但是香气品质改善作用不明显，用量增加时，明显压香，对透发性产生负面影响，用量为 0.3%~0.6% 相对较好；对于河南模块，转化糖对香气质、香气量、杂气、细腻、柔和、刺激等指标有改善效果，用量增加时将产生压香负面影响，用量为 0.6%~0.1% 相对较好。

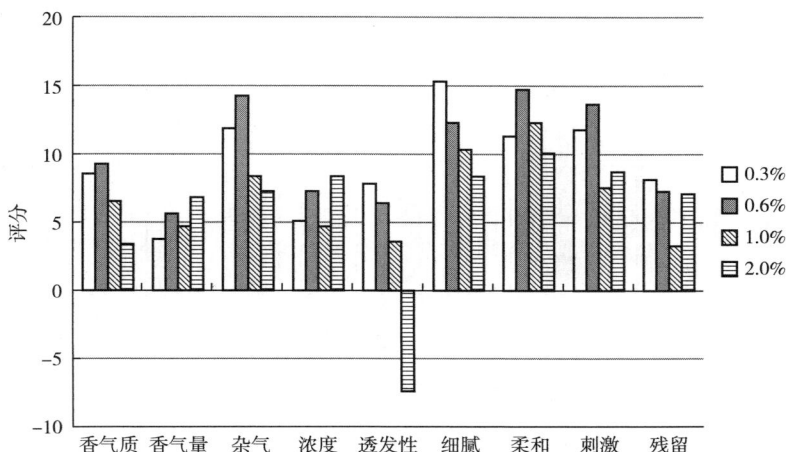

图 5-7 转化糖在云南模块中的作用特征

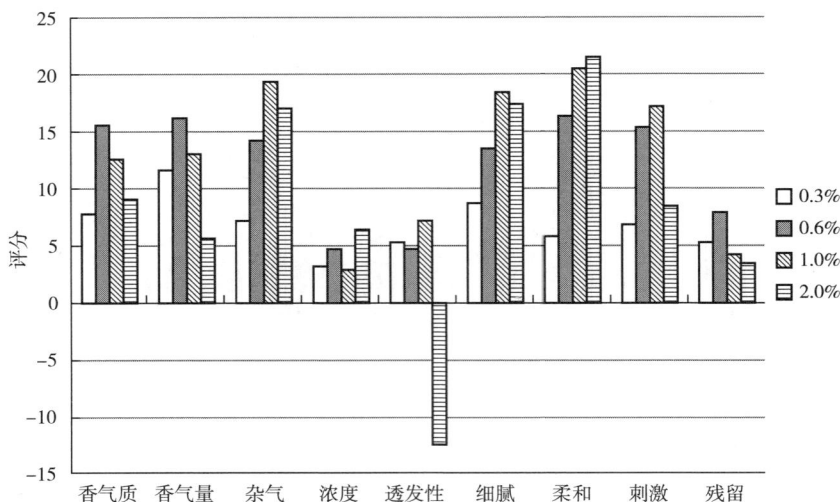

图 5-8 转化糖在河南模块中的作用特征

图 5-9 和图 5-10 为蜂蜜在云南模块和河南模块中的作用特征评价结果。结果表明，对于云南模块，蜂蜜对香气质、香气量、杂气、细腻、柔和、刺激具有改善作用，用量增加时，明显压香，对透发性产生负面影响，用量为 0.3% 相对较好；对于河南模块，蜂蜜糖对香气质、香气量、杂气、细腻、柔和、刺激具有改善效果，用量增加时将产生压香负面影响，用量为 0.3%~0.6% 相对较好。

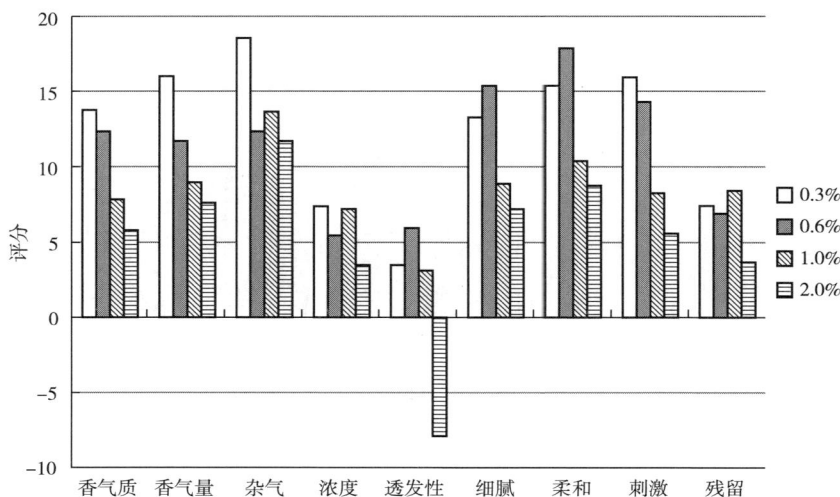

图 5-9 蜂蜜在云南模块中的作用特征

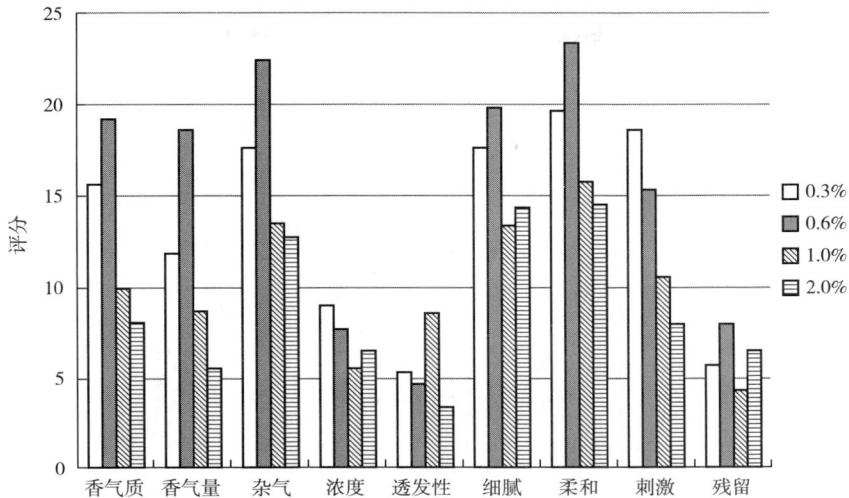

图 5-10　蜂蜜在河南模块中的作用特征

　　图 5-11 和图 5-12 为乙酰丙酸在云南模块和河南模块中的作用特征评价结果。结果表明，对于云南模块，乙酰丙酸对细腻、柔和、刺激具有改善作用，用量增加时，明显压香，对杂气、透发性产生负面影响，用量为 0.05% ~ 0.1% 相对较好；对于河南模块，乙酰丙酸对杂气、细腻、柔和、刺激具有改善效果，用量增加时将产生压香负面影响，用量为 0.1% ~ 0.3% 相对较好。

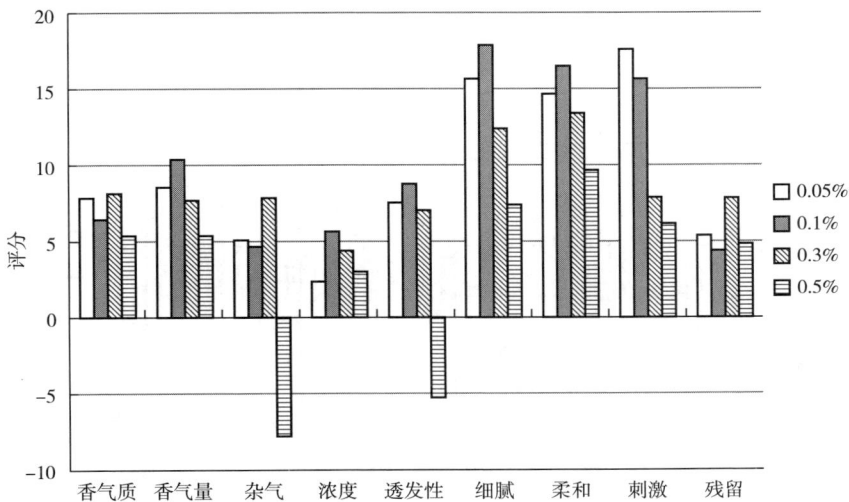

图 5-11　乙酰丙酸在云南模块中的作用特征

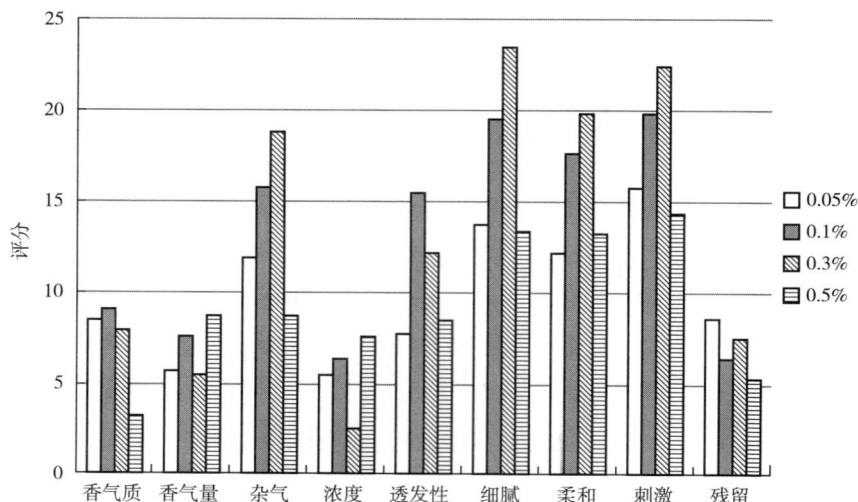

图 5-12　乙酰丙酸在河南模块中的作用特征

图 5-13 和图 5-14 为乳酸在云南模块和河南模块中的作用特征评价结果。结果表明，对于云南模块，乳酸对细腻、柔和、刺激具有改善作用，用量为 0.05%~0.1% 相对较好；对于河南模块，乳酸对细腻、柔和、刺激、残留具有改善效果，用量为 0.1%~0.3% 相对较好。

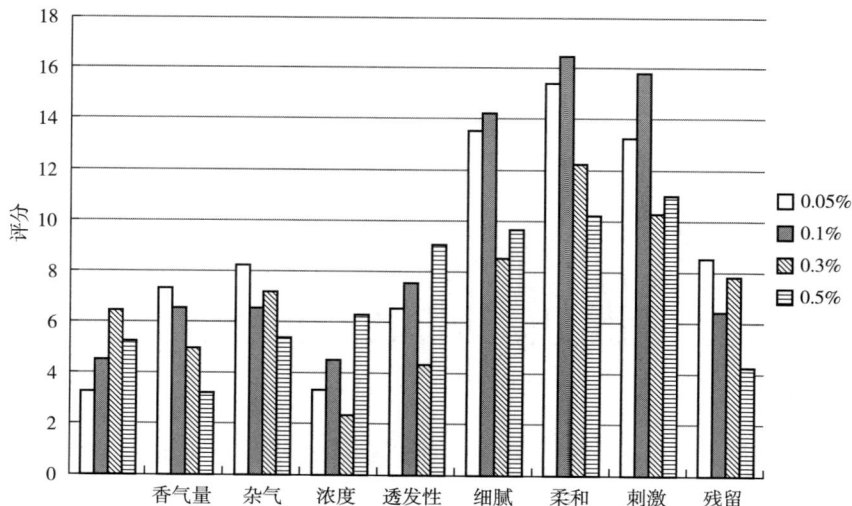

图 5-13　乙酰丙酸在云南模块中的作用特征

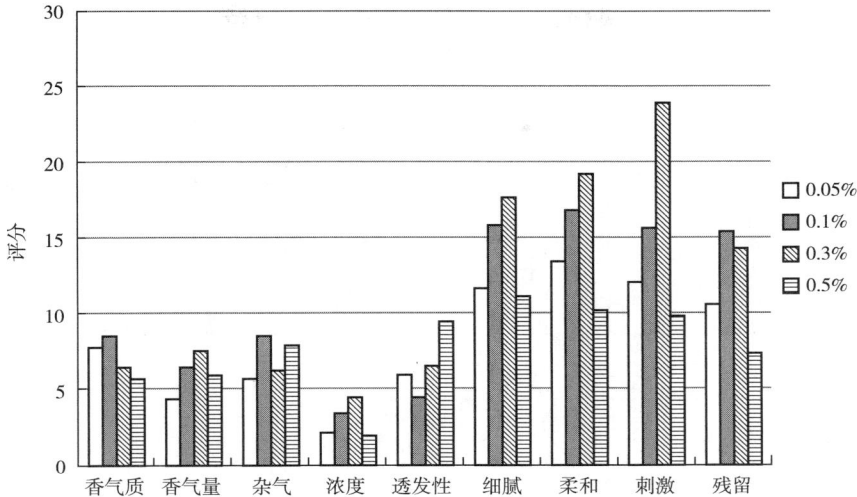

图 5-14　乙酰丙酸在河南模块中的作用特征

图 5-15 和图 5-16 为苹果酸在云南模块和河南模块中的作用特征评价结果。结果表明，对于云南模块，苹果酸对细腻、柔和、刺激具有改善作用，用量为 0.05%~0.1% 相对较好；对于河南模块，苹果酸对细腻、柔和、刺激具有改善效果，用量为 0.1%~0.3% 相对较好。

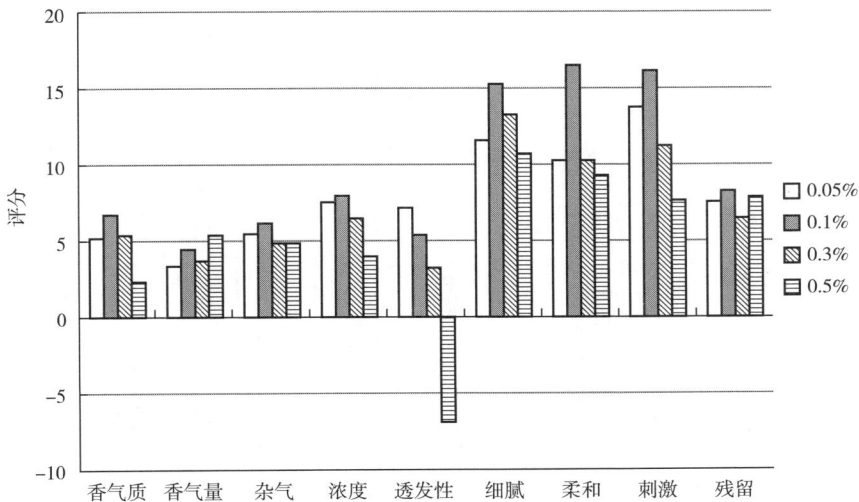

图 5-15　苹果酸在云南模块中的作用特征

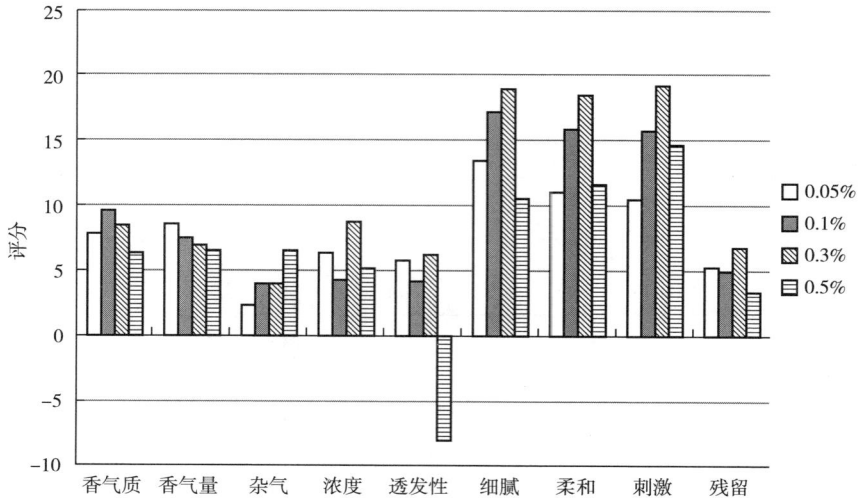

图 5-16　苹果酸在河南模块中的作用特征

图 5-17 和图 5-18 为柠檬酸在云南模块和河南模块中的作用特征评价结果。结果表明，对于云南模块，柠檬酸对细腻、柔和、刺激具有改善作用，用量为 0.05%~0.1% 相对较好；对于河南模块，柠檬酸对细腻、柔和、刺激具有改善效果，用量为 0.1%~0.3% 相对较好。

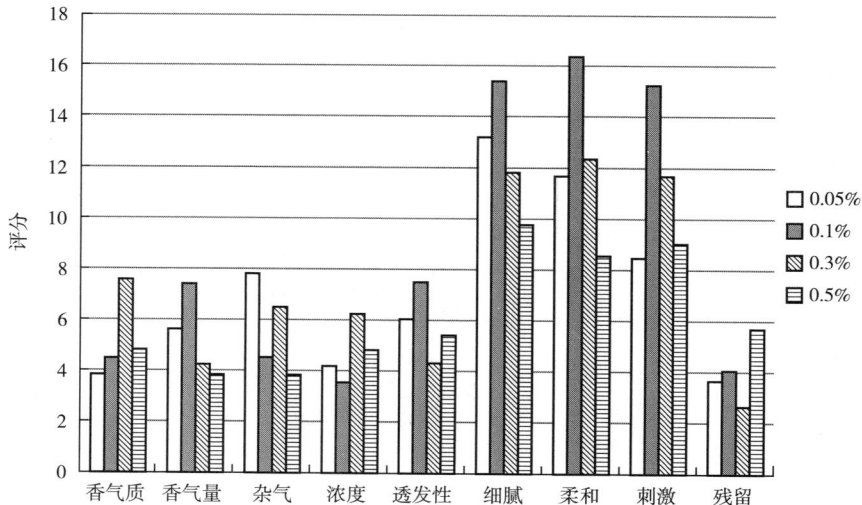

图 5-17　苹果酸在云南模块中的作用特征

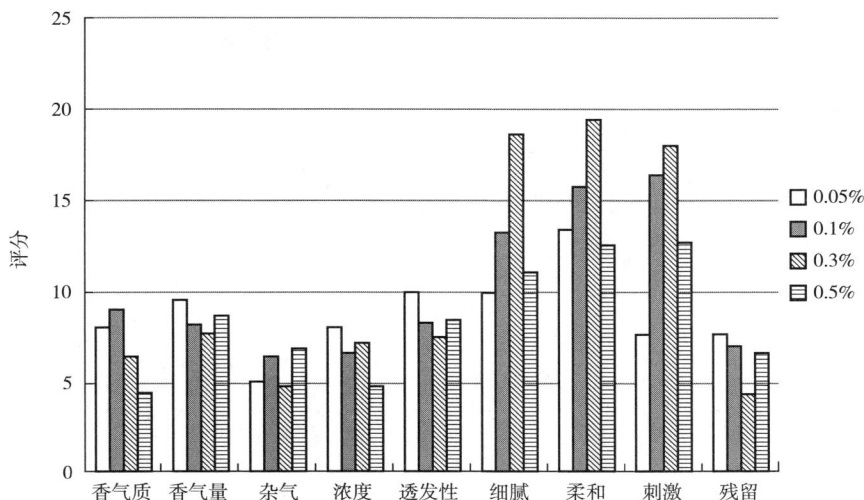

图 5-18　苹果酸在河南模块中的作用特征

　　图 5-19 和图 5-20 为磷酸氢二铵在云南模块和河南模块中的作用特征评价结果。结果表明，对于云南模块，磷酸氢二铵对香气质、香气量、杂气、刺激具有改善作用，用量为 0.05% 相对较好；对于河南模块，磷酸氢二铵对品质的改善作用不明显，而且随着用量增加对香气和残留产生负面影响。

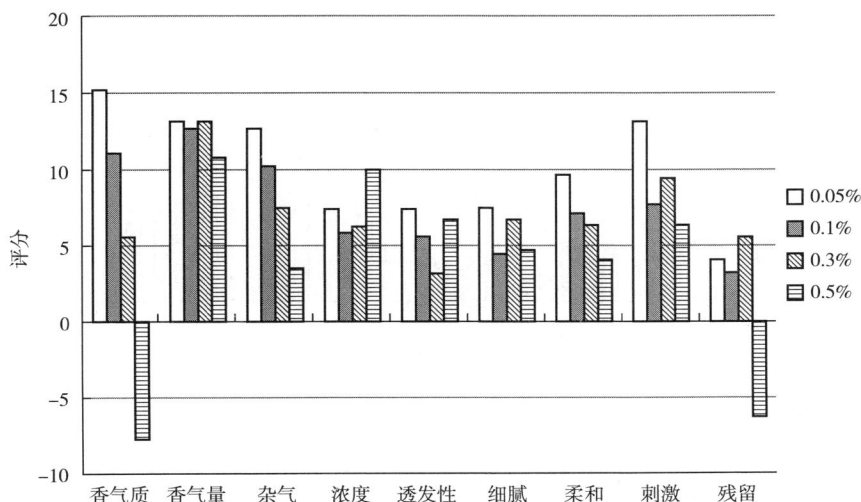

图 5-19　磷酸氢二铵在云南模块中的作用特征

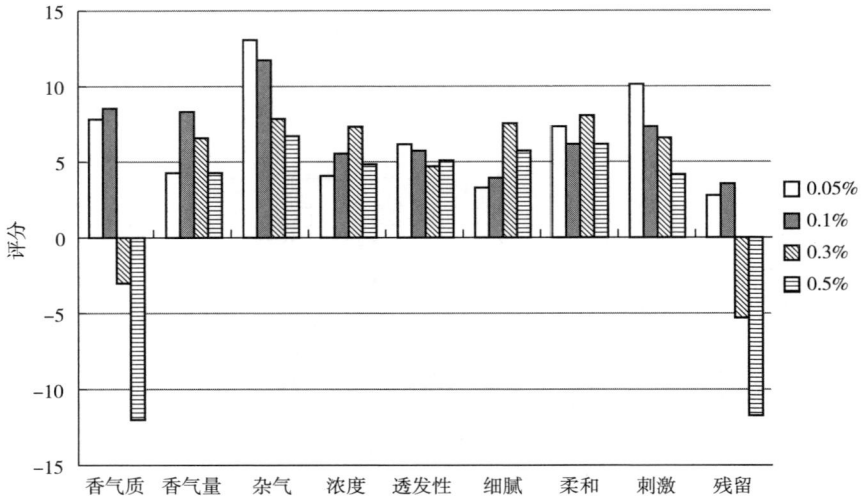

图 5-20　磷酸氢二铵在河南模块中的作用特征

　　图 5-21 和图 5-22 为丙二醇在云南模块和河南模块中的作用特征评价结果。结果表明，丙二醇在两个模块中的作用特征基本一致，对细腻、柔和、刺激具有改善效果，用量为 0.6%~1.0% 相对较好。

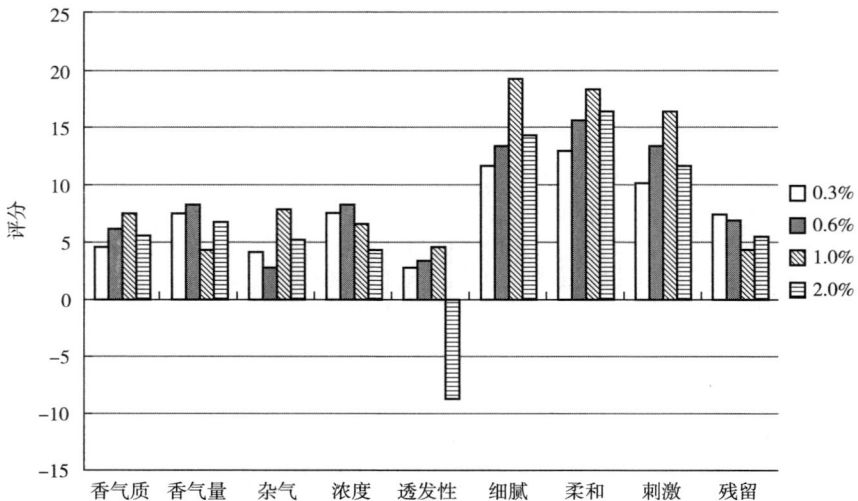

图 5-21　丙二醇在云南模块中的作用特征

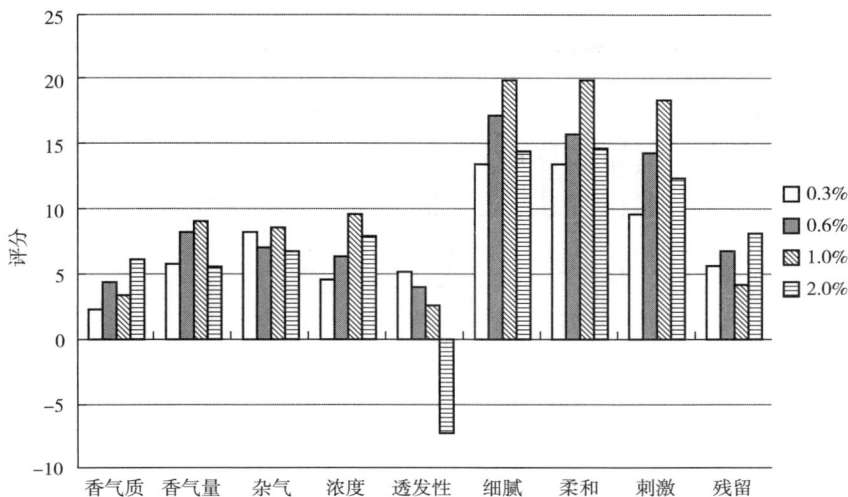

图 5-22　丙二醇在河南模块中的作用特征

图 5-23 和图 5-24 为甘油在云南模块和河南模块中的作用特征评价结果。结果表明，甘油在两个模块中的作用特征基本一致，对细腻、柔和、刺激具有改善效果，但是用量增大，将产生压香负面影响，刺激也会增大，用量为 0.3% ~ 0.6% 相对较好。

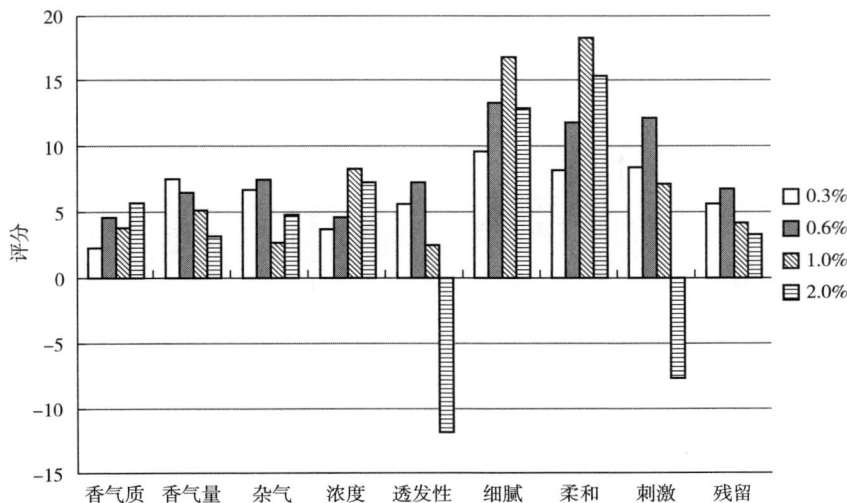

图 5-23　甘油在云南模块中的作用特征

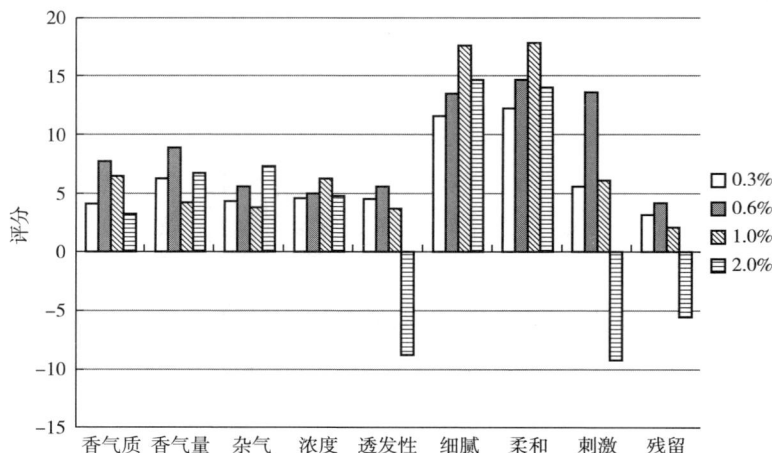

图 5-24 甘油在河南模块中的作用特征

总体而言，不同类别的加料单体对烟草品质的作用特征不同，糖类物质主要具有掩盖杂气、降低刺激、柔和烟气的作用；有机酸类和多元醇物质主要具有降低刺激、柔和烟气的作用；含铵类物质主要具有提升香气品质、掩盖杂气的作用；加料单体的用量对其在烟草中的作用效果具有明显影响。对于不同的烟叶模块，加料单体作用特征差异明显。对于本项目所考察的云南模块和河南模块而言，糖类和有机酸类物质的使用更加适用于河南模块，含铵类物质的使用更加适用于云南模块。多元醇在二者中的作用特征基本一致。因此，在烟草加料技术开发中，可能需要针对不同的叶组模块进行不同的加料设计，以达到最佳的加料效果。

5.2.2 加料配方设计

在掌握加料单体作用特征的基础上，按照分组加料的思路，针对云南烟叶模块和河南烟叶模块，从掩盖杂气、提升香气、改善舒适性等方面进行了加料配方设计，对烟叶模块品质的提升起到了良好效果。

5.2.2.1 加料单体选择及用量确定

从掩盖杂气、提升香气、改善舒适性等功能角度进行加料单体的选择。本项目对糖类、有机酸类、铵类及多元醇类等12种常用加料单体进行了评价，掌握了各类单体的作用特征，为加料单体的选择提供了依据。但是，加料配方设计中实际涉及的单体还包括加香单体中的各种天然提取物。因此，加料单体选择不能仅限于常用加料单体，而需要从功能角度，综合加料单体评价结果和加香单体评价结果，合理选择加料配方原料。

为增强加料设计的针对性，本项目按照分组加料的思路，分别针对云南烟叶模块和河南烟叶模块，从掩盖杂气、提升香气、改善舒适性角度进行了加料配方设计，具体选择的单体及用量见表5-15和表5-16。

表5-15　云南烟叶模块加料配方设计

功能模块	单体	用量/%
掩盖杂气	甘草浸膏	0.2
	枣子提取物	0.1
	苹果汁	0.1
	无花果浸膏	0.05
提升香气	津巴布韦烟叶提取物	0.1
	可可提取物	0.1
	磷酸氢二铵	0.05
	咖啡提取物	0.05
	秘鲁浸膏	0.02
	角豆提取物	0.02
改善舒适性	丙二醇	0.5
	乙酰丙酸	0.1
	乳酸	0.05
	薄荷脑	0.01

表5-16　河南烟叶模块加料配方设计

功能模块	单体	用量/%
掩盖杂气	甘草浸膏	0.3
	转化糖	0.3
	枣子提取物	0.1
	无花果浸膏	0.1
	苹果汁	0.1
	梅子提取物	0.1

续表

功能模块	单体	用量/%
提升香气	津巴布韦烟叶提取物	0.2
	吐鲁浸膏	0.2
	可可提取物	0.1
	咖啡提取物	0.1
改善舒适性	丙二醇	0.5
	乙酰丙酸	0.2
	乳酸	0.05
	薄荷脑	0.01

对于云南烟叶模块，清香特点突出，香气品质较好，杂气较小，有一定刺激性。在加料配方设计的总体原则是保持其原有风格特点的基础上，强化烤甜香，提升香气品质，改善烟气口感，以适应以烤甜香为风格特点的豫产卷烟品牌短支卷烟产品的开发需要。因此，在其加料配方设计中，杂气掩盖模块主要选择了甘草浸膏、枣子提取物、苹果汁等具有明显掩杂效果的单体；香气提升模块主要是通过津巴布韦烟叶提取物和秘鲁浸膏进一步提升香气品质，同时通过可可提取物、咖啡提取物和磷酸氢二铵强化烟叶模块的烤甜香；舒适性改善模块中，丙二醇除了起保润剂作用外，还能够柔和烟气，乙酰丙酸和乳酸能够通过对烟气的酸碱调节作用降低烟气刺激性，薄荷脑能够通过凉感降低烟气刺激性。

对于河南烟叶模块，浓香特点突出，香气稍粗，杂气和刺激性相对较大，整体品质差于云南烟叶模块。因此，虽然各功能模块的单体选择大体类似，但是也具有明显不同。为提升模块的整体品质，河南烟叶模块的加料强度明显高于云南烟叶模块；河南烟叶模块更加侧重于杂气的减小，增加了掩杂单体种类及用量，尤其是糖类的使用；香气提升方面，铵类物质不适用于河南烟叶，主要是通过津巴布韦烟叶提取物和吐鲁浸膏来改善香气，通过可可提取物、咖啡提取物来修饰烤甜香；减少刺激性方面，单体选择一致，但乙酰丙酸的用量增加。

5.2.2.2 模块加料及评价

按照加料配方设计，分别将料液喷加于云南烟模块烟丝与河南模块烟丝上，施加料液后的烟丝含水率为20%。加料后的烟丝密闭存放4 h后，采用烘箱在120 ℃下干燥4 min，待烟丝冷却后，采用短支卷烟烟筒进行手工打烟。制得的烟支样品在温度为（22±1）℃、相对湿度为（60±2）%的恒温恒湿环境中平衡48 h后，采用本项目建立的感官评价方法，与只加水未加料的烟支样品进行对比评价。

云南烟叶模块加料后的品质与香韵变化评价结果见图5-25。由图可以看出，按照所设计的加料配方，云南烟叶模块针对性加料后整体品质明显提升，其中香气量明显改善，香气质、杂气、浓度、透发性、细腻、柔和、刺激、残留有所改善。香韵方面，云南烟叶模块加料后，增加了果香、可可香，膏香、烘焙香和甜香有所增强，清香略有减弱，香韵更加丰富。

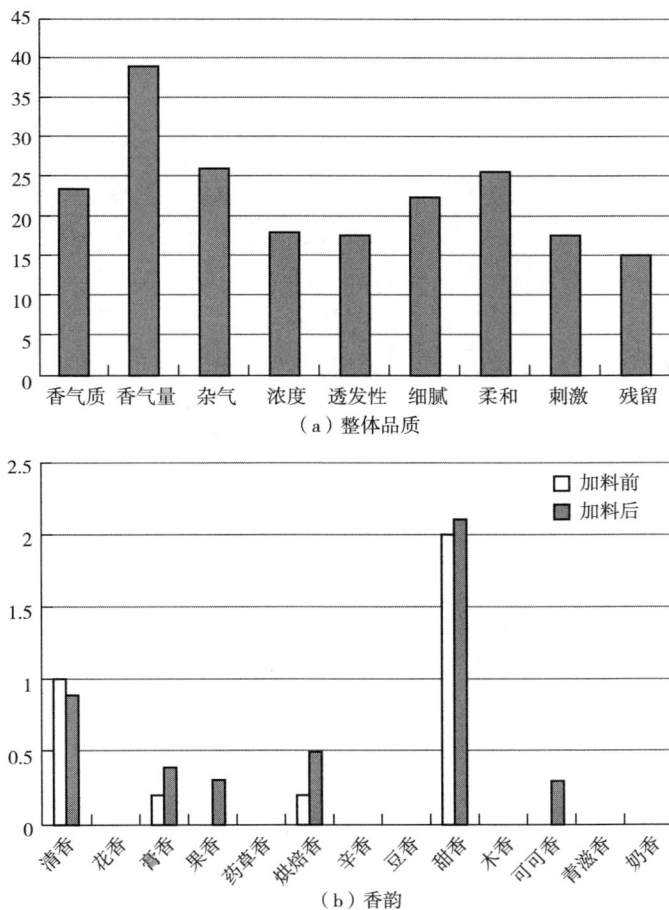

图5-25 云南烟叶模块加料后品质与香韵变化

河南烟叶模块加料后的品质与香韵变化评价结果见图5-26。由图可以看出，按照所设计的加料配方，河南烟叶模块针对性加料后整体品质明显提升，其中香气量、杂气、细腻、柔和、刺激明显改善，香气质、透发性、残留有所改善。香韵方面，河南烟叶模块加料后，增加了果香、可可香，清香、膏香、烘焙香和甜香有所增强，香韵更加丰富。

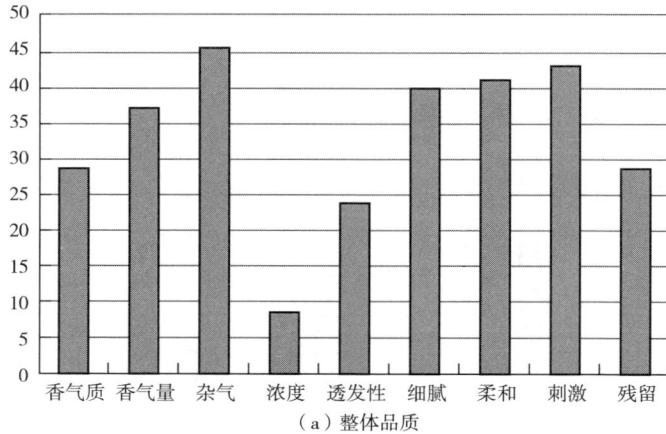

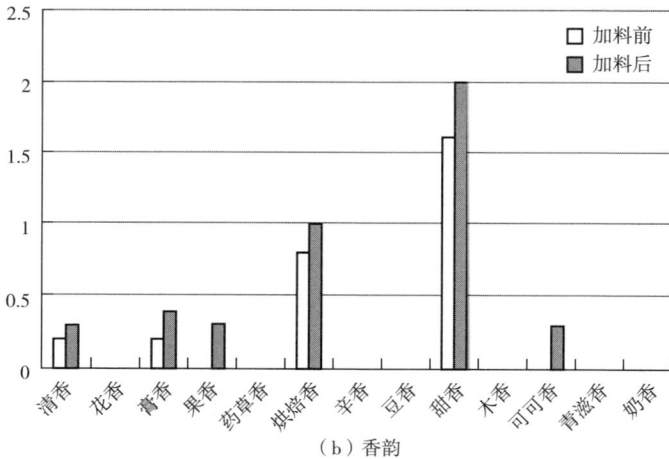

图 5-26 河南烟叶模块加料后品质与香韵变化

5.2.3 烘丝温度对加料效果的影响

加料对于烟草品质的提升一方面是由于料液所含物质在烟气中转移产生的直接作用，另一方面是由于料液所含物质与烟草成分发生化学反应而引起的间接作用。在烟草加工过程中，涉及多种增温增湿工艺环节，将对加料物质的散失及其与烟草成分的在线反应造成显著影响，从而影响加料效果。因此，考察关键工艺参数如烘丝温度对加料效果的影响，对进一步提升加料效果具有重要意义。

　　本项目通过实验室模拟的方法，考察了烘丝温度对云南烟叶模块和河南烟叶模块加料效果的影响，为加料配套工艺条件的形成提供了依据。按照加料配方设计，分别将料液喷加于云南烟模块烟丝与河南模块烟丝，施加料液后的烟丝含水率为20%。加料后的烟丝密闭存放4 h后，采用烘箱在110 ℃、120 ℃、130 ℃、140 ℃下干燥3~5 min，待烟丝冷却后，采用短支卷烟烟筒进行手工打烟。制得的烟支样品在温度为（22±1）℃、相对湿度为（60±2）%的恒温恒湿环境中平衡48 h后，采用本项目建立的感官评价方法进行对比评价。

　　云南烟叶模块加料后不同烘丝温度品质与香韵变化评价结果见图5-27。由

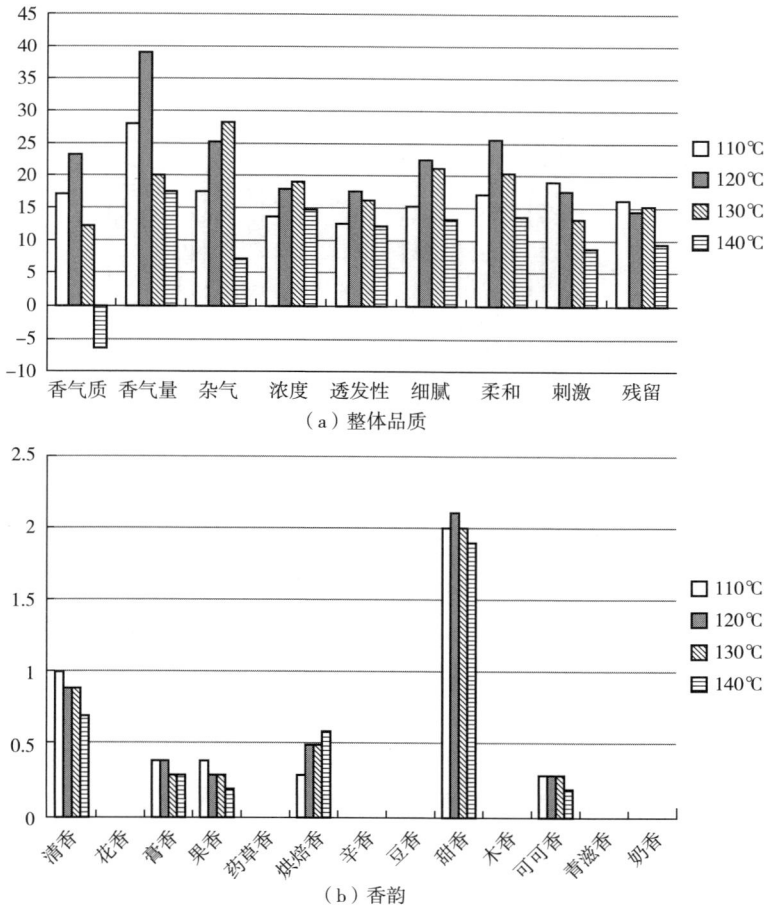

（a）整体品质

（b）香韵

图5-27　云南烟叶模块加料后在不同烘丝温度下的品质与香韵变化

图可以看出，烘丝温度对品质指标的改善效果影响明显，对于香气质、香气量、杂气、浓度、透发性、细腻、柔和等指标，随着烘丝温度的增高，加料对指标的改善效果呈先增加后减小趋势，对于刺激、残留指标，随着烘丝温度的增高，加料对指标的改善效果呈减小趋势。对于香韵的变化，随着烘丝温度的增高，清香、果香、膏香、可可香呈减弱趋势，烘焙香呈增强趋势，甜香呈先增强后减弱趋势。总体而言，对于云南烟叶模块，加料后在 120 ℃下烘丝，加料效果相对较好。

河南烟叶模块加料后不同烘丝温度品质与香韵变化评价结果见图 5-28。由图可以看出，烘丝温度对品质指标的改善效果明显，对于香气质、香气量、杂气

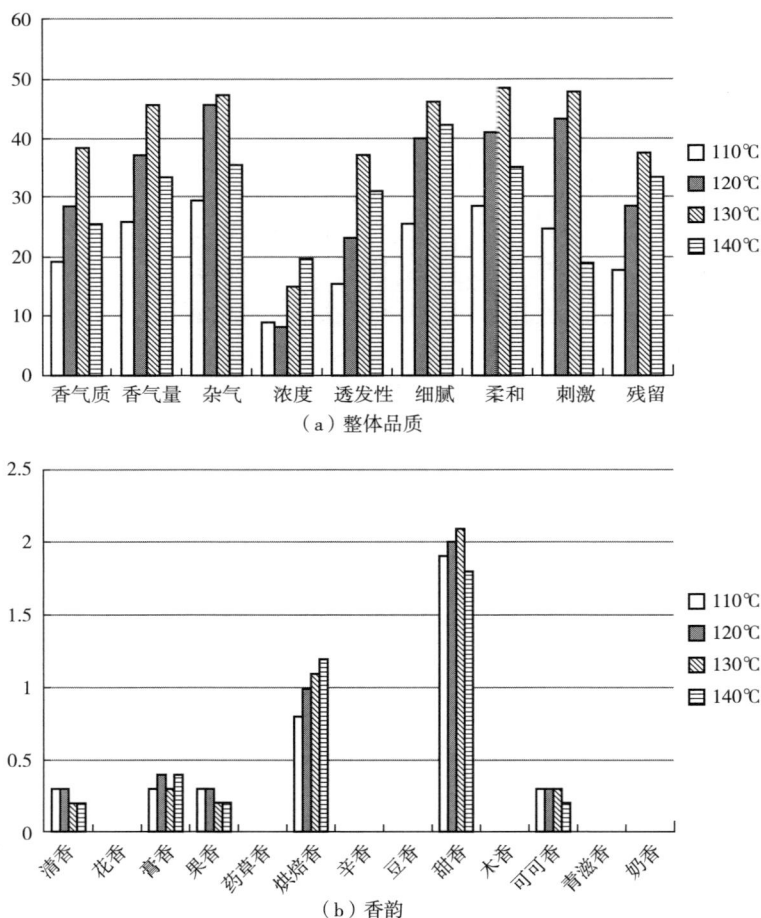

图 5-28　河南烟叶模块加料后在不同烘丝温度下的品质与香韵变化

等品质指标，随着烘丝温度的增高，加料对指标的改善效果几乎均呈先增加后减小的趋势，对于浓度，随着烘丝温度的增高，加料对指标的改善效果呈增大趋势。对于香韵的变化，随着烘丝温度的增高，清香、果香、可可香呈减弱趋势，烘焙香呈增强趋势，甜香呈先增强后减弱的趋势。总体而言，对于河南烟叶模块，加料后在 130 ℃下烘丝，加料效果相对较好。

云南烟叶模块和河南烟叶模块相比，较低的烘丝温度更加适宜于云南烟叶模块，有利保持模块原有的清香风格，同时加料对香气所产生的修饰效果也能得以有效体现，而较高的烘丝温度则更加适宜于河南模块，有利于提升模块品质，同时强化烤甜香风格。

5.2.4 小结

（1）不同类别的加料单体对烟草品质的作用特征不同，糖类物质主要具有掩盖杂气、降低刺激、柔和烟气的作用；有机酸类和多元醇物质主要具有降低刺激、柔和烟气的作用；含胺类物质主要具有提升香气品质、掩盖杂气的作用；加料单体的用量对其在烟草中的作用效果具有明显影响。

（2）对于不同的烟叶模块，加料单体作用特征差异明显。糖类和有机酸类物质的使用更加适用于河南模块，铵类物质的使用更加适用于云南模块。多元醇在二者中的作用特征基本一致。因此，在烟草加料技术开发中，可能需要针对不同的叶组模块进行不同的加料设计，以达到最佳的加料效果。

（3）按照分组加料的思路，分别针对云南烟叶模块和河南烟叶模块，从掩盖杂气、提升香气、改善舒适性角度进行了加料配方设计，所得到的针对性加料配方，对烟叶模块品质的改善、风格的强化具有显著效果。

（4）烘丝温度对加料效果的影响明显，较低的烘丝温度更加适宜于云南烟叶模块，有利于保持模块原有的清香风格，同时加料对香气所产生的修饰效果也能得以有效体现，而较高的烘丝温度则更加适宜于河南模块，有利于提升模块品质，同时强化烤甜香风格。

6 成果应用

6.1 技术凝练

本项目在烟气释放特性分析、香料单体作用评价及转移行为研究的基础上，开展了香味化学重构技术和香基模块设计研究，形成了适用于短支卷烟风格塑造的加香技术，具体包括：

（1）通过烟气香味成分逐口释放特性分析发现，短支卷烟的焦甜香成分在焦油中的比例低于常规卷烟，因此短支卷烟的加香中需要重点关注焦甜香成分的补偿，强化3，5-二甲基-1，2-环戊二酮、乙基麦芽酚、乙基香兰素、黑加仑提取物、菠萝汁浓缩物、角豆提取物、枫槭浸膏等能体现焦甜香的香料单体在短支卷烟中的应用。

（2）香料单体在短支卷烟中的作用特征与常规卷烟基本一致，香料单体在常规卷烟中的研究结果在短支卷烟的开发中具有借鉴价值。但是，由于转移率较高，多数香料单体在短支卷烟中的香韵强度更大，导致香气整体谐调性略有下降，因此对于赋予风格的香料单体，在短支卷烟中可能需要调整用量，以保证香气的谐调性。

（3）以香气关键成分为基础，以基质效应为辅助参考，形成的特色香气化学重构技术，不仅能够实现天然香原料香气的有效仿创，而且同样适用于外购核心香基的剖析与仿配，因此在行业香精香料专项整顿背景下，香气的化学重构技术为重要原料与核心香基的开发以及卷烟调香的自主掌控提供了新的技术途径。

（4）针对短支卷烟的香基模块设计，明确了香料单体的配伍与修饰原则，包括单体使用的安全性原则、单体配伍原则、修饰原则以及效果评判原则，形成了香料单体配伍与修饰的技术方案，包括调配目标确定，主体香料、配伍香料、修饰香料选择，配对或正交试验，效果评价等方面。该技术能实现不同风格与功能香基模块的设计与开发。

（5）采用香气化学重构技术，有效仿制出具有桂花特征香气的香基样品；采用香基模块技术方案，调配出了果香、花香、烘焙香、焦甜香、奶香、辛香、青滋香等7种香韵香基，能够为短支卷烟产品的风格塑造提供物质基础。

针对短支卷烟叶组模块的原料特性，分别考察了加料单体的作用特征，进行了加料配方设计，考察了配套工艺参数对加料效果的影响，进而形成了适用于短支卷烟的加料技术，具体包括：

（1）掌握了糖、酸、铵、多元醇等常用加料单体的作用特征以及用量影响，为加料单体的选择提供了依据。

（2）对于不同的烟叶模块，加料单体作用特征差异明显。糖类和有机酸类物质的使用更加适用于河南模块，含铵类物质的使用更加适用于云南模块。多元醇在二者中的作用特征基本一致。因此，短支卷烟开发中需要针对产品的配方特点进行加料设计，以达到最佳的加料效果。

（3）短支卷烟的烟气焦油、烟碱的逐口释放量高于常规卷烟，抽吸生理强度相对较高，感官舒适性相对较差，在短支卷烟的加料设计中需要重点关注烟气酸碱平衡的调节，应该强化酸类物质在短支卷烟加料中的应用，从而平衡烟气，提升烟气感官品质。

（4）针对短支卷烟的叶组配方特点，从掩盖杂气、提升香气、改善舒适性三方面进行了加料功能模块的设计，形成了短支卷烟的加料配方设计技术。

（5）烘丝温度对加料效果的影响明显，较低的烘丝温度更加适宜于云南烟叶模块，有利于保持模块原有的清香风格，同时加料对香气所产生的修饰效果也能得以有效体现，而较高的烘丝温度则更加适宜于河南模块，有利于提升模块品质，同时强化烤甜香风格，因此，短支卷烟的加料处理需要根据叶组特点以及产品的风格设计目标确定适宜的工艺参数。

6.2 老产品改造

在已有产品的改造中，为了不影响产品风格，重点是通过针对性加料技术的应用提升产品品质。

针对已有产品的改造，将产品叶组中的云南模块和河南模块按照所形成的针对性加料技术进行加料处理后，在其他产品参数不变的情况下，产品品质与香韵变化见图6-1。由图可以看出，已有产品改造后，香气质、香气量、杂气、细腻、柔和、刺激等品质指标得到改善，产品的整体香韵风格无明显变化，但清香、烘焙香、甜香和可可香有所强化，香韵更加丰富、协调，这说明本项目所形成的加料技术在短支卷烟已有产品的提质改造中具有良好的适用性。

（a）整体品质

（b）香韵

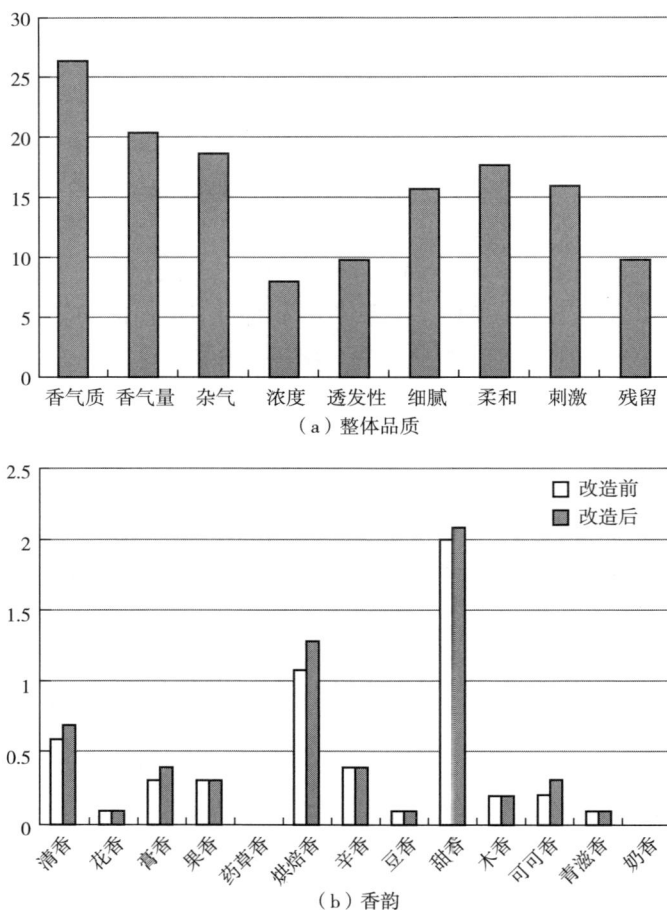

图6-1 已有产品改造前后品质与香韵变化

6.3 新产品开发

在新产品开发中，通过应用针对性加料技术来提升叶组品质，通过应用化学重构模块和香基模块来塑造和强化产品风格。

针对新产品的开发，在完成叶组设计和辅材设计的基础上，采用所形成的针对性加料技术进行了叶组的加料处理，并通过桂花香气重构模块、果香香基、焦甜香香基的应用进行了产品风格塑造，产品的品质与香韵评价结果见图6-2。由图可以看出，采用本项目形成的加香加料技术开发的短支卷烟新产品与空白叶组相比，香气量、杂气、细腻、柔和、刺激明显改善，香气质、透发性、残留有改善，产品整体品质良好；香韵方面，烤甜香风格特征鲜明，并辅以清香、花香、果香、膏香、可可香，香韵丰富、协调。这说明本项目所形成的加香加料技术在短支卷烟新产品开发中同样具有良好的适用性。

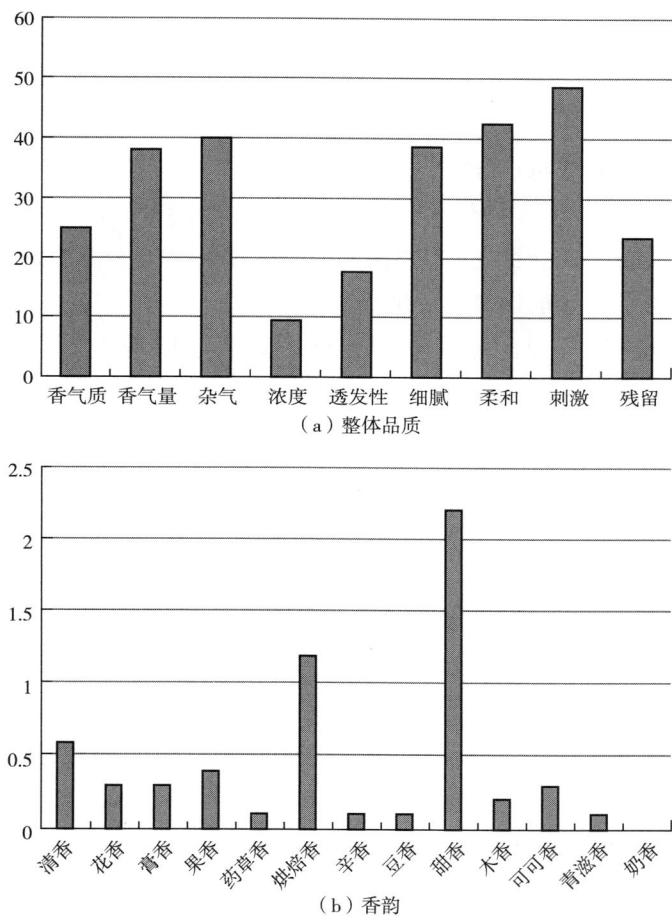

（a）整体品质

（b）香韵

图 6-2　新产品开发的品质与香韵评价结果

7 结论及创新点

7.1 结论

短支卷烟烟气释放特性分析方面：

（1）短支和常规卷烟主流烟气 TPM、焦油、烟碱和水分的逐口释放量均随抽吸口数的增加而升高，短支卷烟 TPM、焦油、烟碱和水分的逐口释放量均明显高于常规卷烟对应口数的逐口释放量。

（2）释放量相对较高的焦甜香成分依次为糠醇、甲基环戊烯醇酮、麦芽酚、4-羟基-2，5-二甲基-3（2H）-呋喃酮；焦甜香成分的逐口释放量随抽吸口数的增加几乎均呈现出先增加后减少的变化趋势；短支与常规卷烟逐口释放量差异不明显，但短支卷烟逐口单位焦油释放量低于常规卷烟。

（3）释放量相对较高的烟熏香成分依次为对甲酚、2-（4-羟基苯基）乙醇、邻甲酚、2，6-二甲氧基苯酚、苯酚；除 2-（4-羟基苯基）乙醇外，各烟熏香成分的逐口释放量随抽吸口数的增加几乎均呈现出先增加后减少的变化趋势，2-（4-羟基苯基）乙醇的逐口释放量随抽吸口数的增加而增大；短支卷烟前 4 口的烟熏香成分逐口释放量明显高于常规卷烟对应口数的逐口释放量，而第 5 口明显低于常规卷烟；短支卷烟第 5 口的烟熏香成分单位焦油释放量明显低于常规卷烟。

（4）释放量相对较高的有机酸类香味成分依次为 2-羟基乙酸、乳酸和丙酮酸；除丙酮酸外，各有机酸类香味成分的逐口释放量随抽吸口数的增加几乎均呈上升趋势；丙酮酸的逐口释放量随抽吸口数的增加呈下降趋势；短支卷烟有机酸类香味成分的逐口释放量均明显高于常规卷烟，而单位焦油逐口释放量差异不明显。

（5）短支卷烟的产品开发中，应该以香味成分释放特征为参考，针对性地进行加香加料技术研究，有效提升短支卷烟的感官品质，进一步彰显产品风格。

香料单体在短支卷烟中的作用评价方面：

（1）考察的 50 种香料单体在短支和常规卷烟中基本都具有良好的作用效果。

25 种合成类香料主要是对香气特性的改善、香气风格的赋予具有明显作用效果，25 种天然类香料总体上作用效果相对更为全面，对于香气特性、烟气特性和口感特性等方面具有不同程度的改善效果。

（2）香料单体在短支卷烟中的作用特征与常规卷烟基本一致，香料单体在常规卷烟中的研究结果在短支卷烟的开发中也具有借鉴价值。

（3）多数香料单体在短支卷烟中的香韵强度更大，导致香气整体谐调性略有下降。

（4）3，5-二甲基-1，2-环戊二酮、乙基麦芽酚、乙基香兰素、黑加仑提取物、菠萝汁浓缩物、角豆提取物、枫槭浸膏等强化焦甜香的香料单体在短支卷烟中的作用效果更为突出。

（5）尽管香料单体在常规卷烟中的评价结果可以借鉴，但是对于赋予风格的香料单体，在短支卷烟中可能需要调整用量，保证香气的谐调性，而对于强化焦甜香的香料单体可能需要加大关注与应用。

香料单体在短支卷烟中的转移行为方面：

（1）短支卷烟与常规卷烟在抽吸过程中，滤棒中心温度存在明显差异，短支卷烟滤棒温度明显高于常规卷烟对应口数的滤棒温度。

（2）香料单体在卷烟中的转移行为与其理化性质有关，受分子量大小、挥发性、极性等方面的综合影响，同系物之间转移率的变化呈明显规律性，而非同系物间虽有差异，但规律性不强。

（3）与醛酮类、酯类相比，氮杂环类香料单体的转移率明显较高，这可能是此类物质尤其是其中的吡嗪类在卷烟中的作用阈值较低的原因之一。

（4）对于短支卷烟和常规卷烟而言，由于常规卷烟烟支长，抽吸过程中的过滤效率高，测流烟气散失率高，短支卷烟抽吸过程中滤棒温度高，滤棒对香料单体的截留率低，醛酮类、酯类和氮杂环类香料单体总体上在短支卷烟中的转移率明显高于在常规卷烟中的转移率。

基于感官组学的桂花浸膏香气重构技术方面：

（1）6 种桂花浸膏样品中共检测出 134 种化学成分，对桂花浸膏总体香气特征贡献最大的是芳樟醇，其次是 γ-癸内酯、α-紫罗兰酮、二氢-β-紫罗兰酮、苯乙醇、β-紫罗兰酮。虽然对甲氧基苯乙醇在桂花浸膏中含量较高，但对桂花浸膏总体香韵的贡献较小，而 α-紫罗兰酮含量虽低，对桂花浸膏总体香韵的贡献却较大。

（2）桂花浸膏中含量最高的长链酯是亚麻酸乙酯，其次是棕榈酸乙酯和亚油酸乙酯。长链酯均对桂花浸膏的香气释放有显著影响，且对不同香气成分的影响存在较大差异。

（3）以香气关键成分为基础复配的桂花香精具有与桂花浸膏基本一致的香气特征，但是具有一定的化学气味，香气不够自然，加入长链烷烃和长链酯的复配香精的桂花香气更佳自然、柔和。

（4）以香气关键成分为基础，以基质效应为辅助参考，形成了桂花浸膏香气的化学重构技术，对于重要特色天然香原料的香气创制、品质稳定以及成本控制具有重要的技术支撑和技术参考作用。

香基模块设计方面：

（1）针对短支卷烟的香基模块设计，明确了香料单体的配伍与修饰原则，包括单体使用的安全性原则、单体配伍原则、修饰原则以及效果评判原则。

（2）形成了香料单体配伍与修饰的技术方案，包括调配目标确定，主体香料、配伍香料、修饰香料选择，配对或正交试验，效果评价等方面。

（3）按照所确定的原则和技术方案，调配出了果香、花香、烘焙香、焦甜香、奶香、辛香、青滋香等7种香韵香基，能够为短支卷烟产品的风格塑造起到良好的支撑作用。

加料技术方面：

（1）不同类别的加料单体对于烟草品质的作用特征不同，糖类物质主要具有掩盖杂气、降低刺激、柔和烟气的作用；有机酸类和多元醇物质主要具有降低刺激、柔和烟气的作用；铵类物质主要具有提升香气品质、掩盖杂气的作用；加料单体的用量对其在烟草中的作用效果具有明显影响。

（2）对于不同的烟叶模块，加料单体作用特征差异明显。糖类和有机酸类物质的使用更加适用于河南模块，含铵类物质的使用更加适用于云南模块。多元醇在二者中的作用特征基本一致。因此，在烟草加料技术开发中，可能需要针对不同的叶组模块进行不同的加料设计，以达到最佳的加料效果。

（3）按照分组加料的思路，分别针对云南烟叶模块和河南烟叶模块，从掩盖杂气、提升香气、改善舒适性角度进行了加料配方设计，所得到的针对性加料配方，对烟叶模块品质的改善、风格的强化具有显著效果。

（4）烘丝温度对加料效果的影响明显，较低的烘丝温度更加适宜于云南烟叶模块，有利于保持模块原有的清香风格，同时加料对香气所产生的修饰效果也能得以有效体现，而较高的烘丝温度则更加适宜于河南模块，有利于提升模块品质，同时强化烤甜香风格。

产品验证方面：

（1）在已有产品的改造中，本项目所形成的针对性加料技术对于已有产品的提质改造具有良好效果和适用性。

（2）在新产品开发中，通过应用针对性加料技术来提升叶组品质，通过应用化学重构模块和香基模块来塑造和强化产品风格，能够起到显著的效果，所开发的产品整体品质良好，香韵丰富、协调，并且烤甜香风格特征鲜明。

7.2　创新点

（1）通过短支卷烟烟气释放分析、香料单体作用评价与转移行为研究，掌握了短支卷烟的烟气释放特征及香料单体对其的作用特征，为短支卷烟加香加料技术的开发提供了基础数据参考。

（2）分别从香气重构和香基调配两个角度，开展香气创制研究，形成了基于感官组学的天然香料香气重构技术，以及香料单体配伍与修饰技术，重构出了桂花浸膏特征香气，调配出了果香、花香、烘焙香、焦甜香、奶香、辛香、青滋香等7种香韵香基，为短支卷烟产品的风格塑造提供了技术支撑和物质基础。

（3）从加料单体评价、配方设计、烘丝条件影响等方面开展了短支卷烟的针对性加料技术研究，形成了以分组加料为思路，包括掩盖杂气、提升香气、改善舒适性功能模块的加料配方设计以及配套关键工艺参数的针对性加料技术，为短支卷烟的品质提升、风格强化提供了技术支撑。

参考文献

[1] 赵国玲, 钟科军, 闫卫东, 等. 热裂解气质联用技术研究烟草成分对烟气组分的影响 [J]. 应用化工, 2008 (10): 1189-1193.

[2] 孔浩辉, 鲁虹, 陈翠玲, 等. 不同氛围下烟草的热裂解行为研究 [J]. 分析测试学报, 2010 (6): 612-616.

[3] 尚善斋, 雷萍, 刘春波, 等. 一种源自烟草的糖苷类化合物及其热裂解分析 [J]. 香料香精化妆品, 2015 (5): 17-22.

[4] 王燕, 刘志华, 刘春波, 等. 烟草中两种紫罗兰醇葡萄糖苷衍生物的分离鉴定及热分析研究 [J]. 分析测试学报, 2012, 31 (1): 22-28.

[5] 李巧灵, 刘江生, 邓小华, 等. 烟草热解燃烧过程香味成分的释放变化 [J]. 烟草科技, 2014, 47 (11): 62-66.

[6] 周正红, 高孔荣, 张水华. 烟草中化学成分对卷烟色香味品质的影响及其研究进展 [J]. 烟草科技, 1997, 30 (2): 22-25.

[7] 斯文, 王雨凝, 许高燕, 等. 烟用香精质量稳定性的评价及统计过程控制 [J]. 香料香精化妆品, 2015 (1): 28-32.

[8] 刘非, 邹鹏, 张晓宇, 等. 五种胡芦巴浸膏的香味成分分析和卷烟中应用效果评价 [J]. 香料香精化妆品, 2015 (4): 20-24.

[9] 宋瑜冰, 宗永立, 谢剑平, 等. 一些酯类香料单体在卷烟中转移率的测定 [J]. 中国烟草学报, 2005, 11 (3): 17-22.

[10] 谢剑平, 宗永立, 屈展, 等. 单体香料在卷烟中作用评价方法的建立及应用 [J]. 烟草科技, 2008, 41 (4): 6-10.

[11] 孙胜南, 周仲良, 黄艳, 等. 中式低焦油卷烟加香加料技术的研究进展 [J]. 轻工科技, 2013, 29 (8): 28-30.

[12] 段玲, 陈建军. 卷烟加香加料和混丝掺配工艺过程的稳定度控制 [J]. 郑州轻工业学院学报, 2002, 17 (1): 24-27.

[13] 周会舜, 宗永立, 张杰, 等. 滤嘴长度和通风度对一些酯类香料在卷烟中转移率的影响 [J]. 烟草科技, 2010, 43 (8): 41-45.

[14] 杨蕾, 杨清, 李勇, 等. 红河卷烟产品香精配方设计中单体香料的应用 [J]. 中国烟草学报, 2011, 17 (1): 32-37.

[15] 王天, 范磊, 史一轩, 等. 基于灰色关联法的短支烟加工工序间烟丝尺寸分布研究 [J].

西南农业学报, 2020, 33 (3): 658-663.

[16] 王天怡, 高尊华, 范磊, 等. 基于灰色关联法的短支烟烟丝结构优化研究 [J]. 食品与机械, 2019, 35 (7): 210-214.

[17] 楚晗, 范磊, 王天怡, 等. 基于短支卷烟物理质量稳定的烟丝尺寸优化设计 [J]. 食品与机械, 2019, 35 (6): 212-215.

[18] 李军, 王增瑜, 刘江, 等. 烘丝强度对短支烟感官质量和烟气的影响研究 [J]. 科技经济导刊, 2019 (13): 97-98.

[19] Adam T, Baker R R, Zimmermann R. Characterization of puff-by-puff resolved cigarette mainstream smoke by single photon ionization-time-of-flight mass spectrometry and principal component analysis [J]. Journal of Agricultural and Food Chemistry, 2007, 55 (6): 2055-2061.

[20] Adam T, Mitschke S, Streibel T, et al. Puff-by-puff resolved characterisation of cigarette mainstream smoke by single photon ionisation (SPI) – time – of – flight mass spectrometry (TOFMS): comparison of the 2R4F research cigarette and pure Burley, Virginia, Oriental and Maryl and tobacco cigarettes [J]. Analytica Chimica Acta, 2006, 572 (2): 219-229.

[21] 余晶晶, 赵晓东, 王冰, 等. 不同透气度卷烟主流烟气中香味成分的逐口递送规律研究 [J]. 轻工学报, 2019, 34 (3): 42-51.

[22] 刘琪, 马梦婕, 龚珍林, 等. 烤烟型细支与常规卷烟烟气中 9 种主要成分的逐口释放量比较 [J]. 食品与机械, 2020, 36 (7): 39-41.

[23] 杨松, 赵晓东, 田海英, 等. 细支和常规卷烟主流烟气常规成分和 5 种关键烤甜香味成分逐口释放量的差异分析 [J]. 中国烟草学报, 2019, 25 (5): 1-9.

[24] 马驰, 华青, 奚安, 等. 卷烟烟气中爆珠特征香味成分的逐口释放 [J]. 烟草科技, 2020, 53 (4): 43-49.

[25] 黄延俊, 周培琛, 林艳, 等. 卷烟主流烟气中树苔特征成分的逐口释放分析 [J]. 烟草科技, 2018, 51 (6): 42-50.

[26] 国家质量监督检疫总局, 中国国家标准化管理委员会. 卷烟　用常规分析用吸烟机测定总粒相物和焦油: GB/T 19609—2004 [S]. 北京: 中国标准出版社, 2005.

[27] 国家质量监督检疫总局, 中国国家标准化管理委员会. 卷烟　总粒相物中烟碱的测定气相色谱法: GB/T 23355—2009 [S]. 北京: 中国标准出版社, 2009.

[28] 国家质量监督检疫总局, 中国国家标准化管理委员会. 卷烟　总粒相物中水分的测定第 1 部分: 气相色谱法: GB/T 23203.1—2008 [S]. 北京: 中国标准出版社, 2009.

[29] Schutz H G, Cardello A. V. A labeled affective magnitude (LAM) scale for assessing food liking/disliking [J]. J Sens Stud, 2001, 16 (2): 117-159.

[30] Cardello A V, Schutz H G. Numerical scale-point locations for constructing the LAM (labeled affective magnitude) scale [J]. J Sens Stud, 2004, 19 (4): 341-346.

[31] Bakkea A, Vickers Z. Effects of bitterness, roughness, PROP taster status, and fungiform papil-

lae density on bread acceptance [J]. Food Qual Prefer, 2011, 22 (4): 317-325.

[32] Chung S J, Vickers Z. Long-term acceptability and choice of teas differing in sweetness [J]. Food Qual Prefer, 2007, 18 (7): 963-974.

[33] Chung S J, Vickers Z. Influence of sweetness on the sensory-specific satiety and long-term acceptability of tea [J]. Food Qual Prefer, 2007, 18 (2): 256-264.

[34] Forde C G, Delahunty C M. Understanding the role cross-modal sensory interactions play in food acceptability in younger and older consumers [J]. Food Qual Prefer, 2004, 15 (7/8): 715-727.

第三部分
短支卷烟辅助材料设计

1 概述

短支卷烟辅助材料综合设计及应用技术研究项目针对品牌短支卷烟，在不同档次基础配方下，系统考察卷烟滤棒、烟支段各辅材设计参数及吸阻分配对卷烟烟气常规成分和 7 种有害成分的影响，全面掌握辅助材料设计参数及不同参数设计组合对烟气主要化学成分的影响规律及主要影响因素，构建基于辅材关键因素的烟气主要化学成分释放量预测模型，形成适用于短支卷烟的辅助材料综合设计技术，并应用于卷烟产品。

1.1 背景和意义

短支卷烟是烟草行业经济增长的新亮点。近几年短支卷烟规模快速扩张，已成为一个崛起的创新型卷烟类型。2020 年全国卷烟市场短支卷烟销量达到 56.96 万箱，同比增长 5.27%。2017 年出台的短支卷烟新品价格不低于一类烟的政策，将促使今后新品布局更加注重于普一类和高端价区。这样的形势决定短支卷烟发展的前景会更加广阔，短支卷烟将越来越受市场欢迎。短支卷烟发展态势强、结构高、空间大的优势正在初步体现，短支卷烟的发展必将逐步成为烟草行业经济增长的新亮点。

短支卷烟的发展对河南烟草业转型升级具有重要意义。河南省省委省政府高度重视烟草行业转型升级工作，通过抓顶层设计、政策支持、环境营造、监督落实，全力推动卷烟工业企业品牌向一线品牌跨越，形成了豫烟升级、重振雄风的磅礴之势。目前短支卷烟已经成为河南卷烟工业企业新的经济增长点。截至 2020 年 12 月份，河南中烟工业有限责任公司短支卷烟商业销售 21.53 万箱，同比增长 20.43%，居行业短支卷烟品牌销量第 1 位，占行业短支卷烟的比重为 37.81%，同比提升 3.45%，其中 HJY（LT）商业销售 21.10 万箱，居全国短支卷烟第一位，迅速成为行业短支卷烟第一大单品。短支卷烟巨大的发展空间和良好的发展态势必将成为卷烟工业企业品牌成长和进位的一个重要支撑点，短支卷烟的发展将大力助推河南烟草行业的转型升级，促进河南省由烟草大省向烟草强省的转变。

短支卷烟辅助材料综合设计是短支卷烟发展壮大的基石和保障。辅助材料对卷烟烟气化学成分的迁移率、转化率和截留率有重要影响，从而最终影响卷烟燃烧后的化学成分和卷烟感官质量，因此，辅助材料的设计是卷烟产品研发的核心技术之一，是决定卷烟品质的关键因素，更是推动产品改革创新、快速发展的核心要素。与常规卷烟相比，短支卷烟烟支长度降低，烟支吸阻变小，烟丝段与滤棒的吸阻比例发生较大改变。另外，长度降低导致卷烟抽吸时烟气在烟支中的行程变短，烟支的过滤效率变低，从而影响烟气中化学成分的产生和转化。这些因素均导致短支卷烟烟气化学成分的生成和过滤与常规卷烟相比存在较大差异。

目前已经掌握的常规卷烟的辅材设计技术已不适用于短支卷烟，短支卷烟的开发多凭经验或参照现有卷烟进行材料搭配，这已成为制约短支卷烟产品设计水平、质量控制精准化的重要因素。如何针对短支卷烟的特点进行辅材的综合设计，已成为限制短支卷烟进一步发展的瓶颈。开展短支卷烟辅助材料综合设计技术研究，明确短支卷烟不同辅材设计参数对卷烟烟气化学成分的影响规律，形成短支卷烟的辅材综合设计技术，将为短支卷烟的产品研发、质量稳定和品质提升提供强大的技术支撑。因此，开展短支卷烟辅助材料综合设计技术的研究是短支卷烟发展壮大的基石和保障，是短支卷烟突破发展瓶颈的必由之路。

1.2　研究进展

在卷烟市场多元化的今天，短支卷烟越来越多的受到市场欢迎，然而通过对国内外相关文献的调研发现，短支卷烟的相关研究却相对滞后，目前尚无关于短支卷烟辅材综合设计的研究报道。短支卷烟的相关专利大多集中在卷烟产品和材料开发以及短支卷烟包装方面。在卷烟辅材设计方面，常规卷烟的辅材设计研究报道较多，但对短支卷烟的相关研究报道很少。范铁桢等通过对烟支内气流流动状态的研究，建立了吸阻与烟支内气流流量、烟支吸阻与烟支长度、烟支内气流流量与烟支长度的模型函数，得出了烟支吸阻、气流流量之间及其与烟支长度等各参数因子的关系。该数学模型为合理设计烟支结构、适当选择卷烟辅料、有效控制卷烟焦油释出量提供了理论依据。王建民等研究了卷烟规格的 3 种变化方式与 TPM 间的关系。结果表明：在保持卷烟总长度不变的情况下，采用单独增加接装纸长度，或增加滤棒长度的同时等量缩短烟支部分长度，或在增加滤棒长度、等量缩短烟支部分长度的同时增加接装纸长度 3 种方式改变卷烟规格时，TPM 均有较明显减少。彭传新等通过对卷烟焦油量波动情况的分析，重点对叶组配方、烟支质量、烟支圆周、烟支长度、烟支吸阻、烟支含水率与焦油量的关系进行了数据分析，分析了各因素与焦油释放量的关系，并提出了稳定、降低焦油量需严格控制的主要工艺参数。

近年来，随着卷烟设计上水平、质量控制精准化目标的提出，常规卷烟不同辅材参数组合对烟气化学组成的影响研究也不断增多，鉴于辅助材料对卷烟烟气的重要影响，对常规卷烟辅助材料对常规成分、有害成分、香味成分及感官质量影响方面进行了相关调研。

辅材参数对常规成分的影响方面：Leonard 等研究了烟草类型和卷烟纸透气度对主流烟气中焦油、烟碱和 CO 的影响。Browne 等研究了通风稀释对主流烟气和侧流烟气中烟气冷凝物、水分、烟碱和 CO 的影响。Case 等考察了卷烟纸透气度、助燃剂、填料、纤维素含量对烟气 CO 的影响。LE 等研究了卷烟纸透气性、重量、柠檬酸盐含量等对中式烤烟型卷烟烟气焦油和 CO 等的影响。

辅材参数对有害成分的影响方面：Wilson 等研究了滤棒通风对主流烟气中焦油、水分、烟碱和酚类物质的影响。Christophe 等研究了滤棒通风、卷烟纸透气度和柠檬酸钾/钠对 Hoffmann 分析物的影响。BAT 公司对有害成分与滤棒吸阻、滤棒通风度、卷烟纸透气度等卷烟设计参数的关系进行了研究。随着卷烟危害性指标体系的建立，国内针对"三纸一棒"对卷烟主流烟气 7 种有害成分释放量的影响也开展了较多研究。杨红燕、赵乐、聂聪、谢卫、谭兰兰、周胜等均系统考察了辅助材料设计参数对卷烟 7 种烟气有害成分释放量的影响。项目《卷烟辅助材料参数对主流烟气 HOFFMANN 分析物的影响研究》考察了卷烟纸、成型纸、接装纸、滤棒等辅助材料参数对焦油、烟碱和 7 种有害成分释放量的影响。

辅材参数对香味成分的影响方面：景延秋和蔡君兰等均研究了不同滤棒通风度对卷烟主流烟气中香味成分释放量的影响。潘立宁等研究了卷烟纸定量、透气度、成型纸透气度、接装纸透气度和滤棒吸阻等辅材参数对卷烟主流烟气中酸性香味成分释放量的影响。

辅材参数对感官质量的影响方面：江西中烟项目《金圣系列卷烟产品综合降焦技术应用研究》研究现用的"三纸一棒"对卷烟烟气及感官质量的影响。于川芳等研究了不同卷烟纸透气度、总稀释率、滤棒吸阻、丝束规格等对卷烟感官质量的影响。

综上，国内外关于短支卷烟的研究相对较少，特别是短支卷烟辅材参数对烟气主要化学成分的影响研究相对滞后，适用于短支卷烟产品特点的辅助材料系统综合设计技术还较为缺乏。因此，亟须开展针对短支卷烟特点的辅助材料综合设计技术研究，明确和掌握辅助材料设计参数及不同参数设计组合对卷烟主流烟气主要化学成分的影响规律，形成适用于短支卷烟的辅助材料综合设计技术，并应用于卷烟产品。为当前河南烟草转型升级中豫产卷烟品牌短支卷烟的产品研发、质量稳定及品质提升提供有力的技术支撑，大力推动河南中烟河南卷烟工业企业卷烟品牌的成长和进位，助推河南烟草业的转型升级。

1.3 研究内容

短支卷烟辅助材料设计部分研究内容主要包括以下 4 个部分。

（1）辅材单因素设计对短支卷烟烟气化学成分的影响规律研究。以河南卷烟工业企业主产的 2 个不同档次短支卷烟的现有辅材参数为基础，考察短支卷烟辅材设计参数对卷烟烟气常规成分和 7 种代表性有害成分的影响。辅材参数设计从卷烟滤棒和烟支段两部分出发，其中滤棒主要考察滤棒通风率、滤棒吸阻、接装纸通风方式等的影响；烟支段辅材设计主要考察卷烟纸透气度、定量、助燃剂种类及用量、灰分等参数的影响。通过数据分析，对短支卷烟不同配方下影响卷烟烟气主要化学成分的各因素进行分析，明确短支卷烟辅材参数对烟气主要化学成分的影响规律及显著影响因素。

（2）辅材多因素预测模型的建立、验证。在短支卷烟辅助材料单因素研究的基础上，采用多因素设计方案，利用中心组合结合正交设计的多因素试验设计方法，综合考察通风、吸阻以及其他关键参数的组合设计对烟气常规成分和 7 种代表性有害成分的影响。采用线性回归法、逐步回归法等数学统计手段，建立短支卷烟基于辅材关键参数的烟气主要化学成分的线性和非线性模型，采用相关检验方法筛选出较为可靠的预测模型。制备验证样品，评价预测模型的预测能力。

（3）吸阻分配对短支卷烟烟气化学成分的影响规律研究。以河南卷烟工业企业在产的 1 个短支卷烟的现有辅材参数为基础，系统考察滤棒和烟丝端吸阻分配在短支卷烟和常规烟下对卷烟烟气化学成分的影响规律及差异，滤棒和烟丝段吸阻调控可通过改变滤棒长度和烟丝段长度实现。

（4）卷烟产品应用研究。基于单因素影响规律和多因素数学模型形成适用于卷烟工业企业短支卷烟辅助材料综合设计技术及应用指南。依据该技术，对河南卷烟工业企业短支卷烟产品的辅材参数进行优化，并开发一款焦油量为 7 mg 的短支卷烟产品。

针对以上四部分研究内容，预计实现以下研究目标。

（1）阐明不同辅材设计参数对短支卷烟烟气常规成分和 7 种代表性有害成分的影响规律及显著影响因素。

（2）构建适用于卷烟工业企业短支卷烟的基于辅材关键因素的卷烟烟气常规成分和 7 种有害成分的预测模型，形成适用于卷烟工业企业短支卷烟的辅助材料综合设计技术及应用指南。

（3）明确吸阻分配对短支卷烟烟气常规成分和 7 种代表性有害成分的影响规律。

（4）应用所形成的辅助材料综合设计技术开发一款焦油量为 7 mg 的短支卷烟产品，应用于卷烟工业企业 1~2 个短支卷烟新产品的开发，焦油预测精度达到±1 mg/支。

2　实验及检测方法

根据项目研究内容，制备不同参数卷烟纸、滤棒和接装纸样品，卷接为不同材料设计参数的卷烟样品。为确保材料样品的实测值与设计值的一致性，满足后续实验要求，采用现有标准方法，对所制备材料样品的物理化学指标进行检测。按照现有标准方法，对所制备卷烟样品物理指标和主流烟气常规成分、有害成分、烟气过滤效率等指标进行检测。

2.1　烟气成分的检测方法

烟气成分测试指标主要包括焦油、烟碱、CO、HCN、NNK、B[a]P、氨、苯酚、巴豆醛等，测试卷烟样品烟气指标时，需将样品置于温度为（22±1）℃、相对湿度为（60±2）%的条件下平衡 48 h，然后经重量（平均重量±0.15 g）及吸阻（平均吸阻±30 Pa）分选，挑出符合标准的卷烟样品。各指标测试方法如下。

（1）GB/T 19609—2004《卷烟　用常规分析用吸烟机测定总粒相物和焦油》。

（2）GB/T 23355—2009《卷烟　总粒相物中烟碱的测定　气相色谱法》。

（3）GB/T 23356—2009《卷烟　烟气气相中一氧化碳的测定　非散射红外法》。

（4）YC/T 253—2008《卷烟　主流烟气中氢氰酸的测定　连续流动法》。

（5）YQ/T 17—2012《卷烟　主流烟气总粒相物中烟草特有 N-亚硝胺的测定　高效液相色谱串联质谱联用法》。

（6）YC/T 377—2010《卷烟　主流烟气中氨的测定　离子色谱法》。

（7）GB/T 21130—2007《卷烟　烟气总粒相物中苯并［a］芘的测定》。

（8）YC/T 255—2008《卷烟　主流烟气中主要酚类化合物的测定　高效液相色谱法》。

（9）YC/T 254—2008《卷烟　主流烟气中主要羰基化合物的测定　高效液相色谱法》。

2.2　烟碱截留效率的检测方法

分析检测主流烟气中烟碱释放量及抽吸后卷烟滤棒中的烟碱含量，计算烟碱截留效率，检测方法如下。

（1）GB/T 23355—2009《卷烟　总粒相物中烟碱的测定　气相色谱法》。

（2）YC/T 154—2001《卷烟　滤棒中烟碱的测定　气相色谱法》。

2.3　滤棒和卷烟物理参数的测试方法

滤棒测试物理指标主要包括质量、压降、圆周、硬度、三醋酸甘油酯用量等。卷烟测试物理指标主要包括质量、吸阻、圆周、硬度、通风度等。各指标测试方法为 GB/T 22838.2—2009《卷烟和滤棒物理性能的测定》。

2.4　卷烟纸和接装纸参数的测试方法

卷烟纸测定的指标主要包括定量、克重、钾/钠离子含量、透气度等。接装纸测定的指标主要包括透气度。各指标测试方法如下。

（1）GB/T 451.2—2002《纸和纸板定量的测定》。

（2）YC/T 172—2002《卷烟纸、成形纸、接装纸及具有定向透气带的材料透气度的测定》。

（3）YCT 274—2008《卷烟纸中钾、钠、钙、镁的测定　火焰原子吸收光谱法》。

2.5　卷烟样品感官评吸方法

研究过程中采用河南卷烟工业企业感官评吸方法，包括 3 项大指标、12 项小指标，见表 2-1。

开发的 7 mg 焦油产品，采用 GB 5606.4—2005《卷烟　第 4 部分：感官技术要求》，组织专业卷烟评吸人员对卷烟样品感官质量进行分指标打分评价。

表 2-1　感官评吸方案

香气特征	香气质
	香气量
	丰富性
	杂气
烟气特征	劲头
	浓度
	细腻程度
	成团性
口感特征	刺激性
	干燥感
	甜润度
	余味

3 单因素辅材参数对短支卷烟烟气成分及感官质量的影响

目前市场上的短支卷烟烟支长度以75 mm居多，短支卷烟的滤棒长度与常规卷烟差别不大，与常规卷烟的最大区别在于烟丝段长度。卷烟辅材设计可分为滤棒设计和烟丝段设计，烟丝段设计主要针对卷烟纸进行设计，卷烟纸可通过影响卷烟的燃烧以及烟气的稀释和扩散，进而影响烟气化学成分的释放量及感官质量。滤棒设计主要针对接装纸透气度、接装纸透气方式、滤棒吸阻及吸阻分配等进行设计。本章主要考察短支卷烟卷烟纸、接装纸、滤棒辅材参数及吸阻分配、烟支长度对烟气常规成分、7种有害成分、烟碱截留效率及感官质量的影响规律，筛选出影响显著的辅材设计因素，为下一步多因素设计提供支撑。

3.1 辅材参数设计、制作及卷烟物测参数

以LT和YX两个档次、不同叶组配方卷烟的辅材参数为基准，分别考察两个档次卷烟配方下辅材设计参数对烟气常规成分、7种有害成分、烟碱截留效率及感官质量的影响规律。

LT和YX卷烟基准辅材参数见表3-1。

表3-1 LT和YX卷烟基准辅材参数

辅材	参数	LT	YX
卷烟纸	透气度/CU	60	60
	定量/（g·m^{-2}）	29	32
	助燃剂用量/%	1.9	1.3
	助燃剂钾钠比	3∶1	2∶1
	灰分/%	18	20
接装纸	透气度/CU	100	100
	打孔方式	激光预打孔	激光预打孔

续表

辅材	参数	LT	YX
滤棒	压降/Pa	3000	3000
	长度/mm	100	100

3.1.1　卷烟纸设计及样品卷烟物测参数

3.1.1.1　卷烟纸设计及实测值

卷烟纸设计参数主要考察卷烟纸透气度、定量、助燃剂含量、助燃剂钾钠比、灰分等参数。LT 卷烟纸设计参数见表 3-2，YX 卷烟纸设计参数见表 3-3。

表 3-2　LT 卷烟纸设计参数列表

样品编号	考察因素	透气度/CU	定量/(g·m⁻²)	助燃剂用量/%	助燃剂钾钠比	灰分/%
LT-1	卷烟纸透气度	40	29	1.9	3∶1	18
LT-2		50	29	1.9	3∶1	18
LT-3（基准卷烟）		60	29	1.9	3∶1	18
LT-4		70	29	1.9	3∶1	18
LT-5		80	29	1.9	3∶1	18
LT-6	卷烟纸定量	60	26	1.9	3∶1	18
LT-7		60	32	1.9	3∶1	18
LT-8		60	35	1.9	3∶1	18
LT-9	助燃剂用量	60	29	0.7	3∶1	18
LT-10		60	29	1.0	3∶1	18
LT-11		60	29	1.3	3∶1	18
LT-12		60	29	1.6	3∶1	18
LT-13		60	29	2.2	3∶1	18
LT-14	助燃剂钾钠比	60	29	1.9	1∶0	18
LT-15		60	29	1.9	1∶1	18

样品编号	考察因素	透气度/CU	定量/(g·m⁻²)	助燃剂用量/%	助燃剂钾钠比	灰分/%
LT-16	助燃剂钾钠比	60	29	1.9	1:3	18
LT-17		60	29	1.9	0:1	18
LT-18	灰分	60	29	1.9	3:1	16
LT-19		60	29	1.9	3:1	20
LT-20		60	29	1.9	3:1	22

表3-3　YX卷烟纸设计参数列表

样品编号	考察因素	透气度/CU	定量/(g·m⁻²)	助燃剂用量/%	助燃剂钾钠比	灰分/%
YX-1	卷烟纸透气度	40	32	1.3	2:1	20
YX-2		50	32	1.3	2:1	20
YX-3（基准卷烟）		60	32	1.3	2:1	20
YX-4		70	32	1.3	2:1	20
YX-5		80	32	1.3	2:1	20
YX-6	卷烟纸定量	60	26	1.3	2:1	20
YX-7		60	29	1.3	2:1	20
YX-8		60	35	1.3	2:1	20
YX-9		60	40	1.3	2:1	20
YX-10		60	45	1.3	2:1	20
YX-11	助燃剂用量	60	32	0.7	2:1	20
YX-12		60	32	1.0	2:1	20
YX-13		60	32	1.6	2:1	20
YX-14		60	32	1.9	2:1	20
YX-15		60	32	2.2	2:1	20

续表

样品编号	考察因素	透气度/CU	定量/(g·m⁻²)	助燃剂用量/%	助燃剂钾钠比	灰分/%
YX-16		60	32	1.3	1:0	20
YX-17		60	32	1.3	4:1	20
YX-18	助燃剂钾钠比	60	32	1.3	1:1	20
YX-19		60	32	1.3	1:2	20
YX-20		60	32	1.3	1:4	20
YX-21		60	32	1.3	0:1	20
YX-22		60	32	1.3	2:1	16
YX-23		60	32	1.3	2:1	18
YX-24	灰分	60	32	1.3	2:1	22
YX-25		60	32	1.3	2:1	24
YX-26		60	32	1.3	2:1	26

LT 系列卷烟纸和 YX 系列卷烟纸实测参数见表 3-4 和表 3-5。

表 3-4　LT 卷烟纸实测参数列表

样品编号	透气度/CU	透气度变异/%	定量/(g·m⁻²)	助燃剂用量/%	助燃剂钾钠比	灰分/%
LT-1	41.5	4.8	29.2	1.93	3.1:1.0	18.2
LT-2	54.3	5.0	29.0	1.95	3.1:1.0	18.2
LT-3	60.8	4.3	29.1	1.92	3.1:1.0	18.2
LT-4	71.5	4.5	28.8	1.94	3.1:1.0	18.2
LT-5	78.6	5.2	29.2	1.87	3.1:1.0	18.2
LT-6	59.2	5.4	26.5	1.95	3.1:1.0	18.2
LT-7	60.5	4.3	32.2	1.88	3.1:1.0	18.2
LT-8	61.3	4.0	34.5	1.87	3.1:1.0	18.2
LT-9	61.5	4.3	29.0	0.87	3.1:1.0	18.2
LT-10	60.6	4.5	28.5	1.14	3.1:1.0	18.2

续表

样品编号	透气度/CU	透气度变异/%	定量/ (g·m⁻²)	助燃剂用量/%	助燃剂钾钠比	灰分/%
LT-11	58.3	4.5	29.4	1.38	3.1:1.0	18.2
LT-12	61.0	4.8	29.3	1.71	3.1:1.0	18.2
LT-13	59.5	4.6	28.8	2.36	3.1:1.0	18.2
LT-14	58.2	4.3	28.9	2.07	1.0:0.0	18.2
LT-15	61.3	4.6	29.3	1.96	1.2:1.0	18.2
LT-16	62.0	4.5	29.2	1.98	1.0:2.9	18.2
LT-17	58.5	4.8	29.1	1.95	0:1.0	18.2
LT-18	59.2	4.7	29.5	1.92	3.1:1.0	16.5
LT-19	61.6	4.6	28.7	1.88	3.1:1.0	19.4
LT-20	60.4	4.2	29.2	1.94	3.1:1.0	21.2

表3-5　YX卷烟纸实测参数列表

样品编号	透气度/CU	透气度变异/%	定量/ (g·m⁻²)	助燃剂含量/%	助燃剂钾钠比	灰分/%
YX-1	42.4	4.0	32.0	1.31	2.1:1.0	20.4
YX-2	49.8	3.6	32.4	1.30	2.1:1.0	20.7
YX-3	59.9	3.2	31.8	1.32	2.1:1.0	19.3
YX-4	69.2	3.8	32.1	1.29	2.1:1.0	19.2
YX-5	79	3.8	31.9	1.32	2.1:1.0	20.2
YX-6	59.8	4.0	26.3	1.27	2.1:1.0	19.5
YX-7	59.6	4.5	28.7	1.28	2.1:1.0	20.1
YX-8	59.6	4.2	35.0	1.29	2.1:1.0	20.6
YX-9	61.4	4.6	39.6	1.33	2.1:1.0	20.2
YX-10	62.4	3.9	45.3	1.28	2.1:1.0	19.5
YX-11	58.9	3.9	31.7	0.73	2.1:1.0	19.4
YX-12	59.9	3.3	31.8	1.08	2.1:1.0	20.0
YX-13	60.1	3.9	31.9	1.58	2.1:1.0	20.2

续表

样品编号	透气度/CU	透气度变异/%	定量/（g·m⁻²）	助燃剂含量/%	助燃剂钾钠比	灰分/%
YX-14	61.2	4.3	31.9	1.91	2.1∶1.0	19.9
YX-15	60.8	3.4	32.2	2.19	2.1∶1.0	20.1
YX-16	59.5	4.2	32.5	1.33	1.0∶0.0	20.2
YX-17	60.2	2.6	32.2	1.28	4.1∶1.0	20.0
YX-18	60	4.5	31.8	1.32	1.1∶1.0	19.8
YX-19	60.1	3.9	31.8	1.32	1.0∶1.9	20.2
YX-20	61.2	4.0	31.7	1.31	1.1∶4.0	19.6
YX-21	58.9	3.6	32.2	1.29	0.0∶1.0	20.5
YX-22	59.7	4.3	32.2	1.26	2.1∶1.0	16.6
YX-23	59.4	3.2	31.9	1.32	2.1∶1.0	17.8
YX-24	58.4	4.2	32.5	1.34	2.1∶1.0	22.2
YX-25	60.3	4.7	31.9	1.29	2.1∶1.0	23.8
YX-26	58.9	4.9	31.9	1.30	2.1∶1.0	27.0

结果表明，卷烟纸实测参数与设计参数基本符合，可以满足项目要求。

3.1.1.2　卷烟纸设计样品卷烟物测参数

卷烟纸样品分别采用 LT 和 YX 两种烟丝配方进行卷烟制作，卷制时采用同一机台，取卷制稳定后的中间段烟支。采用 LT 和 YX 烟丝配方的卷烟样品物测参数见表 3-6 和表 3-7。

表 3-6　卷烟纸辅材设计 LT 卷烟样品物测参数

样品编号	考察因素	质量/mg	总通风率/%	滤棒通风率/%	纸通风率/%	开式吸阻/Pa	闭式吸阻/Pa
LT-1	卷烟纸透气度	766	13.3	9.6	3.8	1028	1094
LT-2		786	14.5	9.1	5.3	1018	1067
LT-3		771	15.0	9.5	5.5	1010	1062
LT-4		786	16.0	9.5	6.5	1004	1074
LT-5		778	16.6	9.9	6.7	1002	1067

续表

样品编号	考察因素	质量/mg	总通风率/%	滤棒通风率/%	纸通风率/%	开式吸阻/Pa	闭式吸阻/Pa
LT-6	卷烟纸克重	775	15.0	9.9	5.2	1072	1072
LT-7		783	13.7	8.4	5.2	1041	1052
LT-8		794	13.9	8.7	5.2	1031	1102
LT-9	助燃剂用量	774	14.9	8.7	4.2	1038	1093
LT-10		772	14.1	8.8	5.3	1014	1102
LT-11		783	15.1	9.6	5.6	1020	1076
LT-12		778	14.2	9.0	5.1	1024	1085
LT-13		772	14.2	9.2	5.0	1023	1085
LT-14	助燃剂钾钠比	778	14.5	9.4	5.2	1027	1072
LT-15		771	14.5	9.5	5.0	1001	1100
LT-16		770	14.4	9.6	4.9	1018	1093
LT-17		771	14.9	9.9	5.0	1010	1072
LT-18	灰分	775	14.8	9.7	5.2	1021	1061
LT-19		768	15.0	9.7	5.3	1004	1085
LT-20		770	15.3	9.9	5.5	1020	1074

表 3-7 卷烟纸辅材设计 YX 卷烟样品物测参数

样品编号	考察因素	质量/mg	总通风率/%	滤棒通风率/%	纸通风率/%	开式吸阻/Pa	闭式吸阻/Pa
YX-1	卷烟纸透气度	821	12.85	9.11	3.74	1022	1062
YX-2		817	13.59	8.97	4.61	1011	1075
YX-3		809	14.25	9.03	5.22	1008	1074
YX-4		812	15.15	8.89	6.26	970	1061
YX-5		817	16.49	9.28	7.21	1036	1097
YX-6	卷烟纸定量	810	13.93	8.40	5.64	1014	1076
YX-7		817	14.85	9.14	5.77	1032	1100

样品编号	考察因素	质量/mg	总通风率/%	滤棒通风率/%	纸通风率/%	开式吸阻/Pa	闭式吸阻/Pa
YX-8	卷烟纸定量	813	14.71	9.17	5.60	995	1062
YX-9		810	14.21	8.82	5.52	1005	1068
YX-10		813	14.37	9.04	5.50	987	1050
YX-11	助燃剂用量	804	13.92	8.82	5.30	1008	1069
YX-12		815	13.82	8.72	5.45	987	1046
YX-13		812	13.68	9.61	5.23	1009	1070
YX-14		812	14.30	8.78	5.59	992	1056
YX-15		804	13.76	8.77	5.16	996	1058
YX-16	助燃剂钾钠比	824	15.14	9.61	5.65	1011	1084
YX-17		807	14.50	9.29	5.44	997	1062
YX-18		812	14.36	9.07	5.52	997	1061
YX-19		812	14.24	9.10	5.36	993	1057
YX-20		813	14.29	9.06	5.38	1012	1078
YX-21		811	14.40	9.30	5.13	1012	1081
YX-22	灰分	807	14.20	9.08	5.16	1008	1076
YX-23		809	14.03	8.90	5.23	1004	1068
YX-24		818	14.29	9.16	5.23	1023	1091
YX-25		814	14.05	8.53	5.21	992	1057
YX-26		818	13.98	8.89	5.09	1001	1060

结果表明，所有烟支重量基本一致，滤棒通风率基本一致，卷纸通风率随卷烟纸透气度升高而增加，样品卷烟符合设计要求。

3.1.2 滤棒设计及样品卷烟物测参数

3.1.2.1 滤棒设计及实测值

滤棒设计主要包括接装纸透气度、接装纸透气方式及滤棒压降的设计。由于 LT 和 YX 滤棒的基础辅材参数一致，因此，两种卷烟滤棒采用同样的设计参数。接装纸设计及实测参数见表3-8，滤棒设计及实测参数见表3-9。

表 3-8　接装纸设计及实测参数列表

样品编号	打孔方式	透气度/CU（设计值）	透气度/CU（实测值）	透气度变异系数/%
LT-1	激光预打孔	0	0	—
LT-2	激光预打孔	100	97.7	4.8
LT-3	激光预打孔	300	333.1	7.5
LT-4	激光预打孔	500	519.9	6.6
LT-5	激光预打孔	800	806.0	3.9
LT-6	自然透气	50	45.6	4.2
LT-7	自然透气	100	114.2	3.7
LT-8	自然透气	300	274.8	6.3

表 3-9　滤棒设计及实测参数列表

样品编号	压降/Pa（设计值）	压降/CU（实测值）	压降变异系数/%
LT-1	2700	2690	1.5
LT-2	3000	3004	1.2
LT-3	3300	3306	1.4

结果表明，接装纸和滤棒实测参数与设计参数基本符合，可以满足项目要求。

3.1.2.2　滤棒设计卷烟样品物测参数

采用 LT 和 YX 烟丝配方的滤棒设计卷烟样品物测参数见表3-10和表3-11。

结果表明，不同通风及打孔方式卷烟的实测参数与设计参数基本符合，不同滤棒吸阻卷烟的实测参数与设计参数基本符合，可以满足项目要求。

表 3-10　滤棒设计 LT 卷烟样品物测参数

样品编号	考察因素	质量/mg	总通风率/%	滤棒通风率/%	纸通风率/%	开式吸阻/Pa	闭式吸阻/Pa
LT-21	通风及打孔方式	763	6.1	0.4	5.8	1062	1062
LT-3		771	15.0	9.5	5.5	1010	1062
LT-22		776	22.9	18.4	4.5	962	1072
LT-23		782	27.6	23.4	4.2	896	1068
LT-24		777	33.4	29.9	3.5	863	1099
LT-25		776	10.9	4.5	6.4	1045	1067
LT-26		771	16.2	10.1	6.0	997	1064
LT-27		772	28.2	22.0	6.2	922	1047
LT-28	滤棒吸阻	774	14.4	8.8	5.6	957	1010
LT-29		780	14.8	9.1	5.7	1089	1153

表 3-11　滤棒设计 YX 卷烟样品物测参数

样品编号	考察因素	质量/mg	总通风率/%	滤棒通风率/%	纸通风率/%	开式吸阻/Pa	闭式吸阻/Pa
YX-27	通风及打孔方式	815	5.4	0.2	5.2	1062	1071
YX-3		809	14.25	9.03	5.22	1008	1074
YX-28		819	22.0	17.7	4.4	962	1072
YX-29		815	30.6	27.2	3.6	896	1068
YX-30		814	37.8	35.0	3.4	863	1099
YX-31		804	10.7	5.0	5.6	1045	1067
YX-32		806	16.6	10.7	5.3	997	1064
YX-33		815	29.4	23.6	4.5	922	1047
YX-34	滤棒吸阻	801	14.4	9.2	5.6	957	1010
YX-35		809	14.3	9.1	5.7	1089	1153

3.1.3 吸阻分配辅材设计、制作及样品卷烟物测参数

3.1.3.1 吸阻分配样品设计及辅材设计值

设计不同长度的滤棒和滤棒吸阻,以实现滤棒和烟丝段不同的吸阻分配,样品设计方案如表 3-12 所示。

表 3-12　吸阻分配设计方案

设计方案	滤棒			烟丝段			烟支吸阻/Pa
	长度/mm	吸阻/Pa	吸阻占比/%	长度/mm	吸阻/Pa	吸阻占比/%	
单位长度滤棒吸阻不变	20	600	61	55	385	39	985
	25	750	68	50	350	32	1100
	30	900	74	45	315	26	1215
滤棒吸阻不变	20	750	66	55	385	34	1135
	25	750	68	50	350	32	1100
	30	750	70	45	315	30	1065
烟支吸阻不变	20	715	65	55	385	35	1100
	25	750	68	50	350	32	1100
	30	785	71	45	315	29	1100

按照吸阻分配设计方案,制作不同吸阻和长度的滤棒,滤棒参数见表 3-13。

表 3-13　滤棒设计参数及实测值

设计方案	样品编号	设计参数		实测参数	
		长度/mm	压降/Pa	长度/mm	压降/Pa
单位长度滤棒吸阻不变	LB-1	120	3600	120	3653
	LB-2	100	3000	100	3004
	LB-3	120	3600	120	3653
滤棒吸阻不变	LB-4	120	4500	120	4523
	LB-2	100	3000	100	3004
	LB-5	120	3000	120	2903

续表

设计方案	样品编号	设计参数		实测参数	
		长度/mm	压降/Pa	长度/mm	压降/Pa
烟支吸阻不变	LB-6	120	4290	120	4344
	LB-2	100	3000	100	3004
	LB-7	120	3140	120	3162

结果表明，制作的滤棒长度和压降基本符合设计要求，可以满足项目需要。

3.1.3.2　吸阻分配样品卷烟物测参数

由于短支卷烟卷烟机上无法制作 20 mm 和 30 mm 的滤棒，因此所有样品均卷制为 84 mm 长的烟支，再截断为 75 mm 的卷烟，所用烟丝为 LT 烟丝。截断前后吸阻分配样品卷烟物测参数见表 3-14 和表 3-15。

表 3-14　吸阻分配样品卷烟物测参数（截断前）

设计方案	滤棒长度/mm	滤棒通风/%	开式吸阻/Pa	闭式吸阻/Pa	烟丝段吸阻/Pa
单位长度滤棒吸阻不变	20	8.7	960	1013	414
	25	9.8	1093	1163	412
	30	10.9	1180	1271	358
滤棒吸阻不变	20	8.1	1087	1138	391
	25	9.8	1093	1163	412
	30	11.5	1015	1103	348
烟支吸阻不变	20	9.1	1047	1105	381
	25	9.8	1093	1163	412
	30	11.2	1058	1144	353

表 3-15　吸阻分配样品卷烟物测参数（截断后）

设计方案	滤棒长度/mm	滤棒通风/%	开式吸阻/Pa	闭式吸阻/Pa	滤棒吸阻/Pa	滤棒吸阻占比/%	烟丝段吸阻/Pa	烟丝段吸阻占比/%
单位长度滤棒吸阻不变	20	8.2	861	896	599	67	297	33
	25	9.3	988	1038	751	72	287	28
	30	10.8	1115	1195	913	76	282	24

续表

设计方案	滤棒长度/mm	滤棒通风/%	开式吸阻/Pa	闭式吸阻/Pa	滤棒吸阻/Pa	滤棒吸阻占比/%	烟丝段吸阻/Pa	烟丝段吸阻占比/%
滤棒吸阻不变	20	7.8	994	1035	747	72	288	28
	25	9.3	988	1038	751	72	287	28
	30	11.6	967	1044	755	72	289	28
烟支吸阻不变	20	8.7	976	1016	724	71	292	29
	25	9.3	988	1038	751	72	287	28
	30	9.9	964	1018	791	78	227	22

结果表明，制作的吸阻分配样品符合设计要求，可以满足项目需要。

3.1.4 烟支长度样品卷烟物测参数

为考察烟支长度对烟气成分及感官的影响，采用 LT 基准卷烟辅材，卷制为 84 mm 长度的卷烟，并截短为 75 mm，卷烟物测参数见表 3-16。

表 3-16 不同烟支长度卷烟的物测参数

样品编号	质量/mg	长度/mm	总通风率/%	滤棒通风率/%	纸通风率/%	开式吸阻/Pa	闭式吸阻/Pa
正常短支	809	74.9	14.3	9.0	5.2	1008	1074
84 mm 卷烟	916	84.0	16.9	9.4	7.5	1051	1127
84 mm 截断为短支	792	75.4	13.6	9.4	4.2	988	1011

3.2 烟丝段设计参数对烟气成分及感官质量的影响

卷烟纸作为烟支的重要组成部分，可通过影响卷烟的燃烧、烟气的稀释等影响卷烟烟气的生成和传输，进而影响卷烟的感官质量。本节系统考察卷烟纸透气度、克重、助燃剂用量、助燃剂钾钠比、灰分等设计参数对常规烟气、7 种有害成分、烟碱截留效率及感官质量的影响。

3.2.1 卷烟纸透气度对烟气成分及感官质量的影响

基于 LT 和 YX 两个档次配方，考察卷烟纸透气度对卷烟烟气成分及感官质量的影响。

3.2.1.1 卷烟纸透气度对烟气成分的影响

卷烟纸透气度对短支卷烟烟气常规成分、7 种有害成分释放量、H 值及烟碱截留效率的影响见图 3-1、表 3-17 和表 3-18。

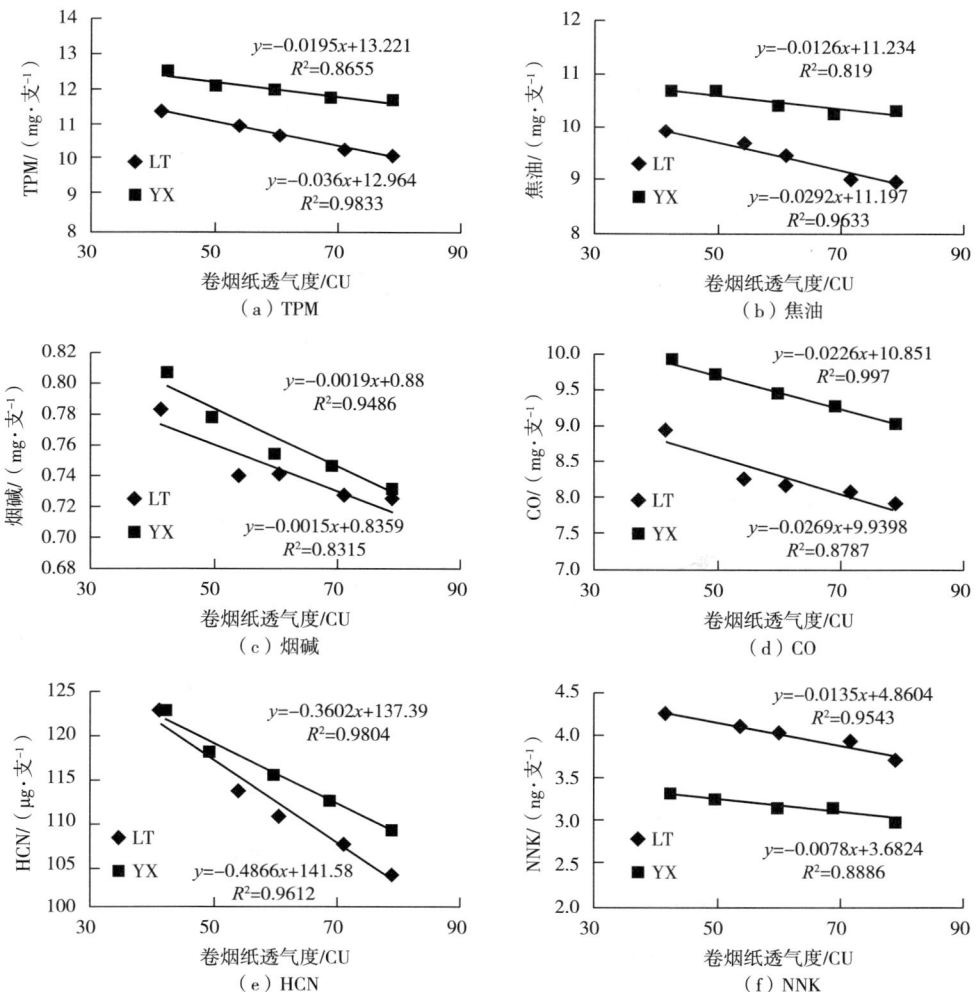

图 3-1

(g) 氨

纵轴：氨/(μg·支⁻¹)，横轴：卷烟纸透气度/CU

$y=-0.025x+8.2169$
$R^2=0.9719$

LT

YX

$y=-0.0127x+7.1004$
$R^2=0.8809$

(h) B[a]P

纵轴：B[a]P/(ng·支⁻¹)，横轴：卷烟纸透气度/CU

$y=-0.0195x+9.7209$
$R^2=0.8655$

LT

YX

$y=-0.0242x+9.8132$
$R^2=0.8361$

(i) 苯酚

纵轴：苯酚/(μg·支⁻¹)，横轴：卷烟纸透气度/CU

$y=-0.0515x+16.621$
$R^2=0.8726$

LT

YX

$y=-0.0294x+14.138$
$R^2=0.9531$

(j) 巴豆醛

纵轴：巴豆醛/(μg·支⁻¹)，横轴：卷烟纸透气度/CU

$y=-0.0072x+16.394$
$R^2=0.0216$

LT

YX

$y=-0.0173x+15.833$
$R^2=0.1796$

(k) H 值

纵轴：H 值，横轴：卷烟纸透气度/CU

$y=-0.0233x+9.0039$
$R^2=0.9773$

LT

YX

$y=-0.0163x+8.2927$
$R^2=0.928$

(l) 烟碱过滤效率

纵轴：烟碱过滤效率/%，横轴：卷烟纸透气度/CU

$y=0.0004x+0.3421$
$R^2=0.1197$

LT

YX

$y=0.0007x+0.2693$
$R^2=0.4033$

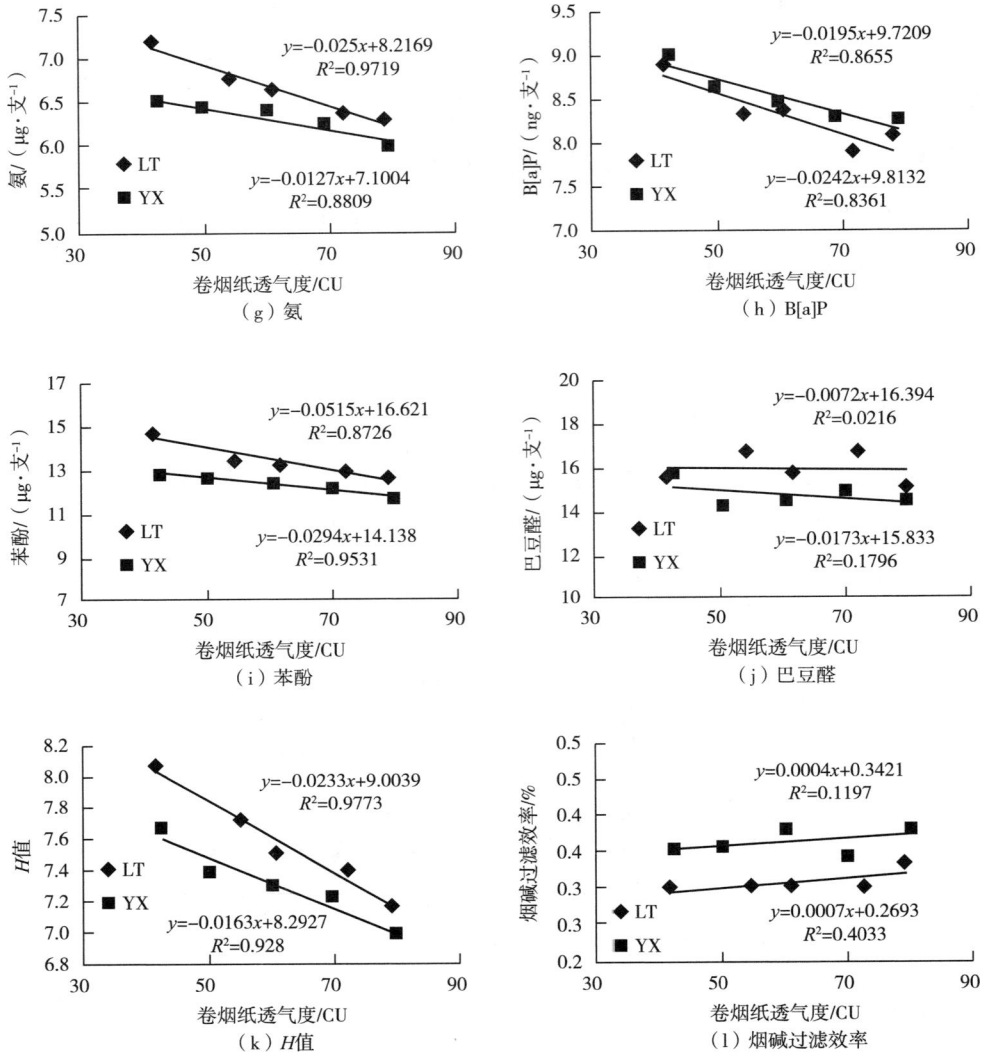

图 3-1　卷烟纸透气度对短支卷烟烟气常规成分、7 种成分释放量、H 值及烟碱截留效率的影响

表 3-17　卷烟纸透气度与短支卷烟常规成分、7 种成分释放量、H 值
及烟碱截留效率线性拟合结果（LT）

指标	斜率	截距	R^2	透气度 40→80CU 指标变化率
TPM	−0.0360	12.9636	0.9833	−13%

续表

指标	斜率	截距	R^2	透气度 40→80CU 指标变化率
焦油	−0.0292	11.1972	0.8315	−12%
烟碱	−0.0015	0.8359	0.9633	−8%
CO	−0.0269	9.9398	0.8787	−12%
HCN	−0.4866	141.5790	0.9612	−16%
NNK	−0.0135	4.8604	0.9543	−12%
氨	−0.0250	8.2169	0.9719	−14%
B[a]P	−0.0242	9.8132	0.8361	−11%
苯酚	−0.0515	16.6213	0.8726	−14%
巴豆醛	−0.0072	16.3935	0.0216	−2%
H 值	−0.0233	9.0039	0.9773	−12%
烟碱截留效率	0.0007	0.2693	0.4033	9%

表 3-18 卷烟纸透气度与短支卷烟常规成分、7 种成分释放量、H 值及烟碱截留效率线性拟合结果（YX）

指标	斜率	截距	R^2	透气度 40→80CU 指标变化率
TPM	−0.0195	13.2209	0.8655	−6%
焦油	−0.0126	11.2343	0.9486	−10%
烟碱	−0.0019	0.8800	0.8190	−5%
CO	−0.0226	10.8512	0.9970	−9%
HCN	−0.3602	137.3866	0.9804	−12%
NNK	−0.0078	3.6824	0.8886	−9%
氨	−0.0127	7.1004	0.8809	−8%
B[a]P	−0.0195	9.7209	0.8655	−9%
苯酚	−0.0294	14.1378	0.9531	−9%
巴豆醛	−0.0173	15.8326	0.1796	−5%

续表

指标	斜率	截距	R^2	透气度 40→80CU 指标变化率
H 值	−0.0163	8.2927	0.9280	−9%
烟碱截留效率	0.0004	0.3421	0.1197	4%

结果表明，①卷烟纸透气度与短支卷烟 TPM、焦油、烟碱、CO、HCN、NNK、氨、B[a]P、苯酚释放量及 H 值呈负相关关系；②卷烟纸透气度与巴豆醛及烟碱截留效率无相关关系；③卷烟纸透气度由 40 CU 增加至 80 CU，对于 LT 和 YX 烟丝配方，各指标变化率见表3-12和表3-13；④与以往文献报道对比可知，卷烟纸透气度对常规、细支和短支卷烟烟气成分释放量的影响趋势一致，即随着卷烟纸透气度的增加，烟气常规成分和除巴豆醛外7种有害成分的释放量降低。据报道，卷烟纸透气度的改变主要通过影响卷烟的燃烧和烟气的扩散而影响烟气成分的释放量。

3.2.1.2 卷烟纸透气度对感官质量的影响

不同卷烟纸透气度短支卷烟的感官质量见图3-2。

随卷烟纸透气度的增加，香气特性：LT 和 YX 配方下香气特性总分均呈下降趋势；烟气特性：LT 和 YX 配方下烟气特性总分均呈下降趋势，LT 细腻程度、成团性呈下降趋势，YX 劲头、浓度、成团性呈下降趋势；口感特性：LT 刺激性、干燥感、甜润度、余味得分呈下降趋势，口感得分总分呈下降趋势，YX 口感特性在 60 CU 时相对较好。综合来看，对于配方档次较低的 LT 来说，在较低卷烟纸透气度下，感官质量较好，对于配方档次较高的 YX 来说，香气特性和烟气特性在较低卷烟纸透气度下较好，口感特性在 60 CU 时较好，总体感官质量在 40 CU 和 60 CU 时较好。

据文献报道，随着卷烟纸透气度的增加，常规卷烟的香气量、烟气浓度等指标下降，细支卷烟的感官质量变化较小，与本研究结果对比可知，卷烟纸透气度对短支卷烟感官质量的影响与常规卷烟较为接近。

3.2.2 卷烟纸定量对烟气成分及感官质量的影响

基于 LT 和 YX 两个档次配方，考察卷烟纸定量对卷烟烟气成分及感官质量的影响。

3.2.2.1 卷烟纸定量对烟气成分的影响

卷烟纸定量对短支卷烟烟气常规成分、7 种有害成分释放量、H 值及烟碱截留效率的影响见图 3-3、表 3-19 和表 3-20。

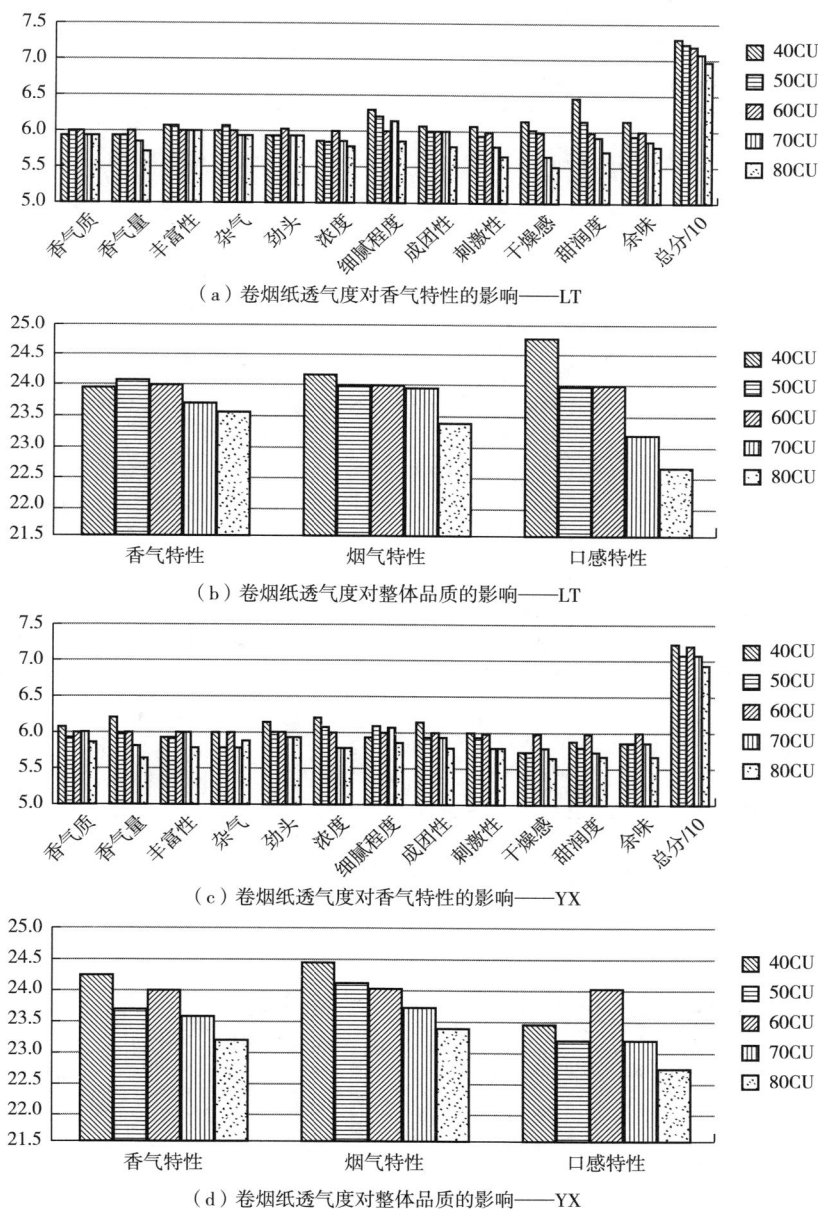

（a）卷烟纸透气度对香气特性的影响——LT

（b）卷烟纸透气度对整体品质的影响——LT

（c）卷烟纸透气度对香气特性的影响——YX

（d）卷烟纸透气度对整体品质的影响——YX

图 3-2　卷烟纸透气度对短支卷烟感官质量的影响

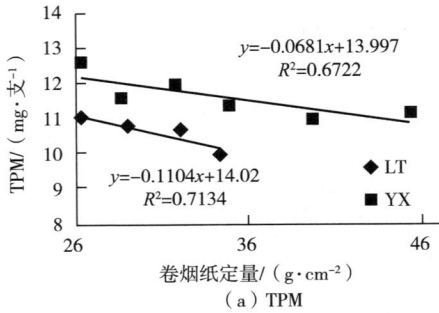

（a）TPM

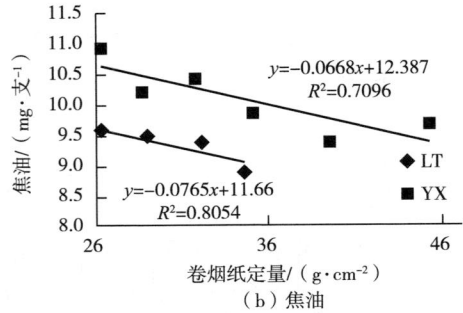

（b）焦油

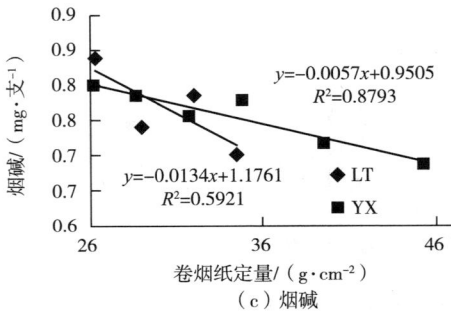

（c）烟碱

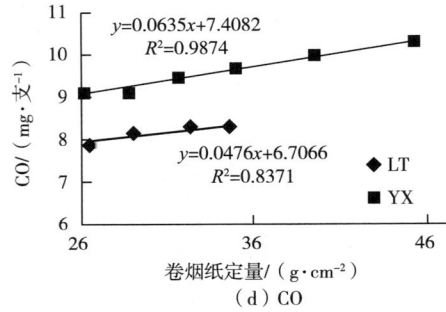

（d）CO

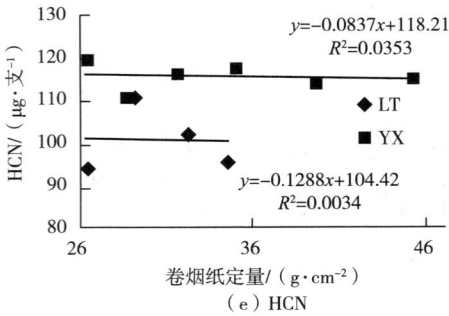

（e）HCN

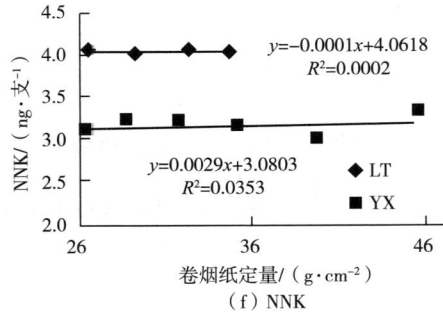

（f）NNK

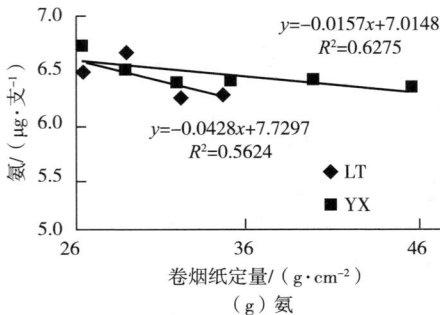

（g）氨

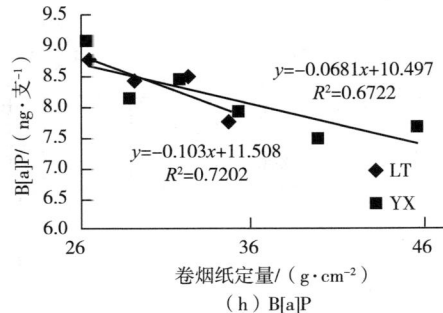

（h）B[a]P

(i) 图：苯酚

$y=-0.1401x+17.344$
$R^2=0.7765$

LT
YX

$y=-0.2132x+19.092$
$R^2=0.9489$

苯酚/（μg·支$^{-1}$）

卷烟纸定量/（g·cm^{-2}）

（i）苯酚

(j) 图：巴豆醛

$y=0.0448x+14.091$
$R^2=0.1544$

LT
YX

$y=-0.0057x+14.623$
$R^2=0.0128$

巴豆醛/（μg·支$^{-1}$）

卷烟纸定量/（g·cm^{-2}）

（j）巴豆醛

(k) 图：H值

$y=-0.0256x+8.127$
$R^2=0.2822$

LT
YX

$y=-0.0233x+8.0032$
$R^2=0.6649$

H值

卷烟纸定量/（g·cm^{-2}）

（k）H值

(l) 图：烟碱过滤效率

$y=0.0006x+0.3644$
$R^2=0.3861$

LT
YX

$y=8\times10^{-5}x+0.3143$
$R^2=0.0003$

烟碱过滤效率/%

卷烟纸定量/（g·cm^{-2}）

（l）烟碱过滤效率

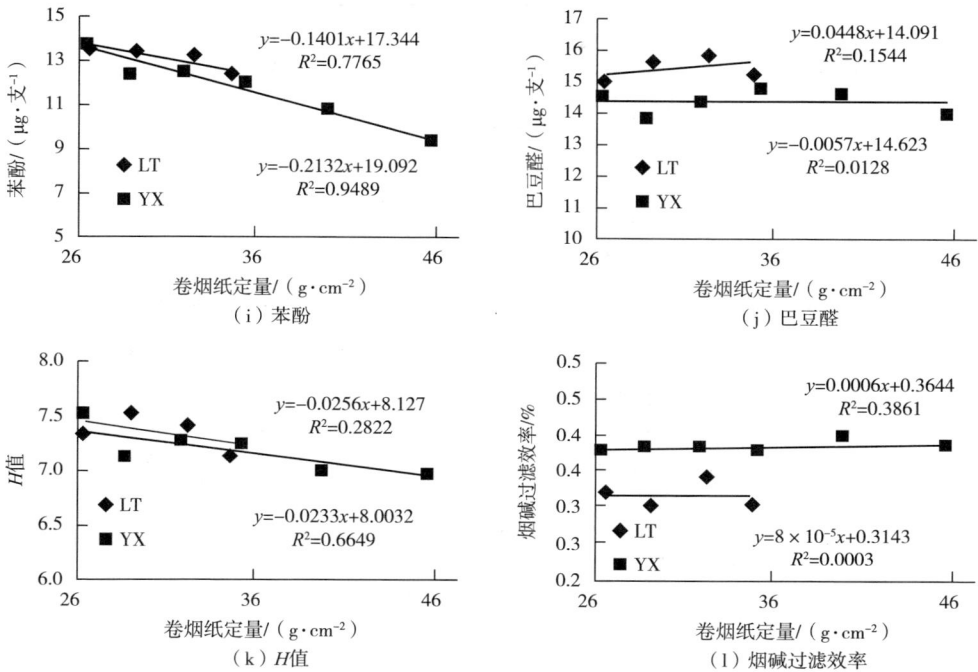

图 3-3　卷烟纸定量对短支卷烟烟气常规成分、7 种有害成分释放量、H 值及烟碱截留效率的影响

表 3-19　卷烟纸定量与短支卷烟常规成分、7 种有害成分释放量、H 值
及烟碱截留效率线性拟合结果（LT）

指标	斜率	截距	R^2	定量 26→35 g/m^2 指标变化率
TPM	-0.1104	14.0196	0.7134	-9%
焦油	-0.0765	11.6596	0.8054	-7%
烟碱	-0.0134	1.1761	0.5921	-15%
CO	0.0476	6.7066	0.8371	5%
HCN	-0.1288	104.4155	0.0034	-1%
NNK	-0.0001	4.0618	0.0002	0%
氨	-0.0428	7.7297	0.5624	-6%
B[a]P	-0.1030	11.5083	0.7202	-10%

续表

指标	斜率	截距	R^2	定量 26→35 g/m² 指标变化率
苯酚	−0.1401	17.3436	0.7765	−9%
巴豆醛	0.0448	14.0906	0.1544	3%
H 值	−0.0256	8.1270	0.2822	−3%
烟碱截留效率	0.0001	0.3143	0.0003	0%

表 3-20　卷烟纸定量与短支卷烟常规成分、7 种有害成分释放量、H 值及烟碱截留效率线性拟合结果（YX）

指标	斜率	截距	R^2	定量 26→45 g/m² 指标变化率
TPM	−0.0681	13.9972	0.6722	−11%
焦油	−0.0668	12.3868	0.7096	−12%
烟碱	−0.0057	0.9505	0.8793	−13%
CO	0.0635	7.4082	0.9874	13%
HCN	−0.0837	118.2090	0.0353	−1%
NNK	0.0029	3.0803	0.0353	2%
氨	−0.0157	7.0148	0.6275	−5%
B[a]P	−0.0681	10.4972	0.6722	−15%
苯酚	−0.2132	19.0924	0.9489	−30%
巴豆醛	−0.0057	14.6228	0.0128	−1%
H 值	−0.0233	8.0032	0.6649	−6%
烟碱截留效率	0.0021	0.3181	0.3	3%

结果表明，①卷烟纸克重与 TPM、焦油、烟碱、氨、B[a]P、苯酚、H 值呈负相关关系；②卷烟纸克重与 CO 呈正相关关系；③卷烟纸克重与 HCN、NNK、巴豆醛及烟碱截留效率无相关关系；④LT 配方下，卷烟纸定量从 26→35 g/m²，YX 配方下，卷烟纸定量从 26→45 g/m²，各指标变化率见表 3-15 和表 3-16；⑤与以往文献报道对比可知，卷烟纸定量对常规、细支和短支卷烟常规成分和 7 种有害成分释放量的影响趋势基本一致，即随着卷烟纸定量的增加，CO 释放量升高，H 值降低。

3.2.2.2　卷烟纸定量对感官质量的影响

不同卷烟纸定量短支卷烟的感官质量见图3-4。

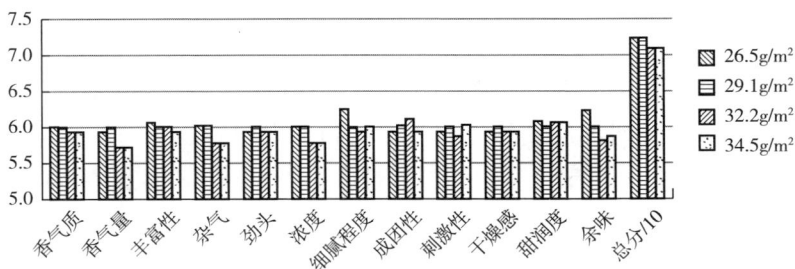

（a）卷烟纸克重对香气特性的影响——LT

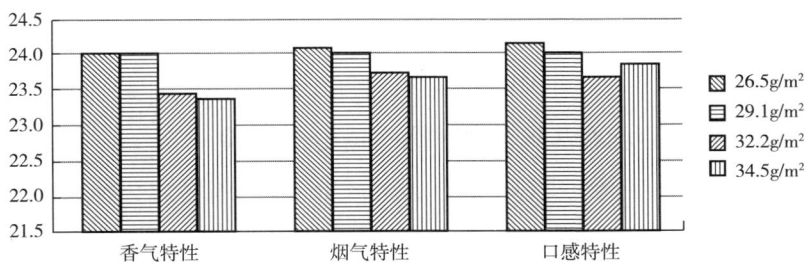

（b）卷烟纸克重对整体品质的影响——LT

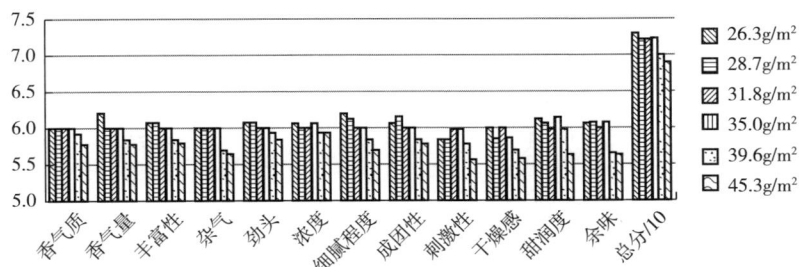

（c）卷烟纸克重对香气特性的影响——YX

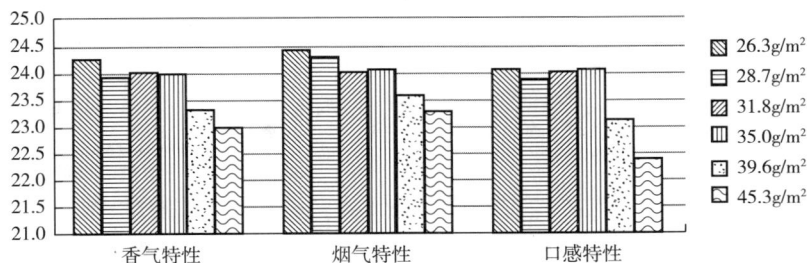

（d）卷烟纸克重对整体品质的影响——YX

图3-4　卷烟纸定量对短支卷烟感官质量的影响

随卷烟纸定量的增加，香气特性：LT 和 YX 两个配方下，香气质、香气量、丰富性、杂气均呈下降趋势，香气特性总分呈下降趋势；烟气特性：LT 浓度、细腻程度呈下降趋势，YX 劲头、细腻程度、成团性呈下降趋势，烟气特性总分呈下将趋势；口感特性：LT 余味呈下降趋势，YX 干燥感、甜润度、余味得分呈下降趋势。综合来看，对于 LT 和 YX 两个配方，低克重卷烟纸感官质量较好。据文献报道，随着卷烟纸定量的增加，常规和细支卷烟的感官质量均呈下降趋势，与本研究结果对比可知，卷烟纸定量对短支卷烟感官质量影响的趋势与常规和细支卷烟一致。

3.2.3　卷烟纸助燃剂用量对烟气成分及感官质量的影响

基于 LT 和 YX 两个档次配方，考察卷烟纸助燃剂用量对卷烟烟气成分及感官质量的影响。

3.2.3.1　卷烟纸助燃剂用量对烟气成分的影响

卷烟纸助燃剂用量对短支卷烟烟气常规成分、7 种有害成分释放量、H 值及烟碱截留效率的影响见图 3-5、表 3-21 和表 3-22。

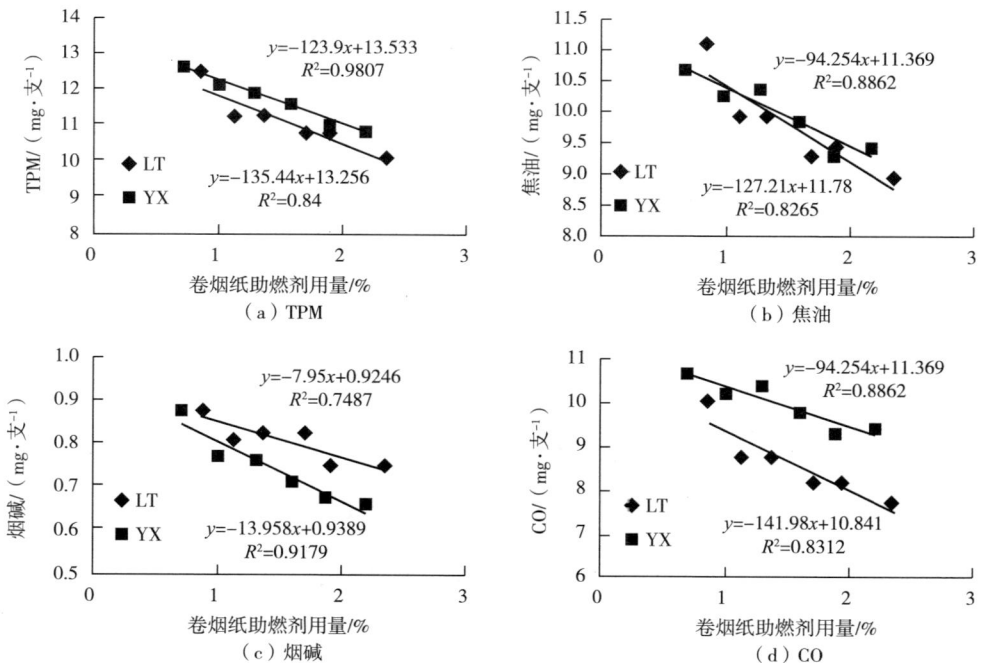

（a）TPM

（b）焦油

（c）烟碱

（d）CO

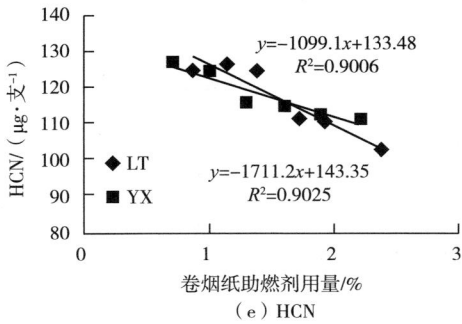

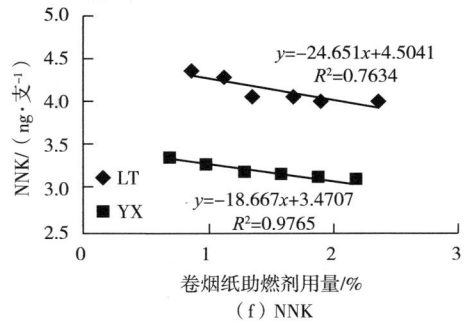

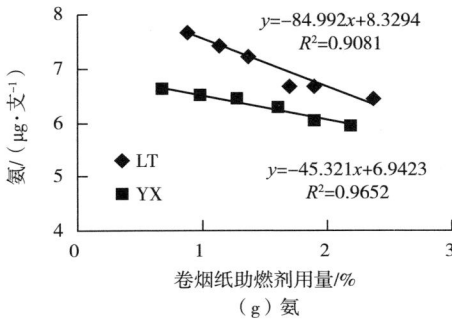

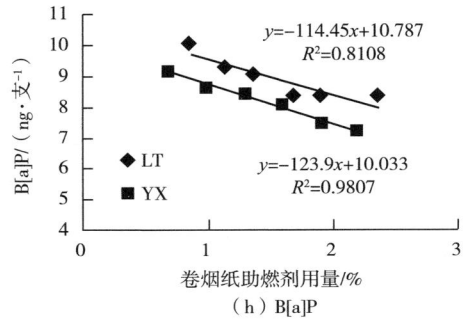

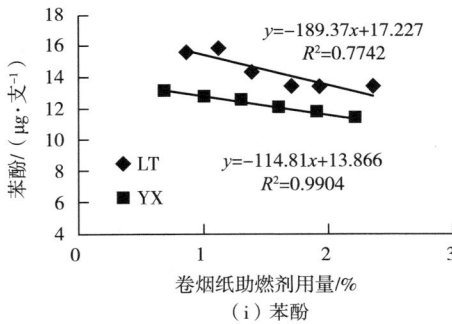

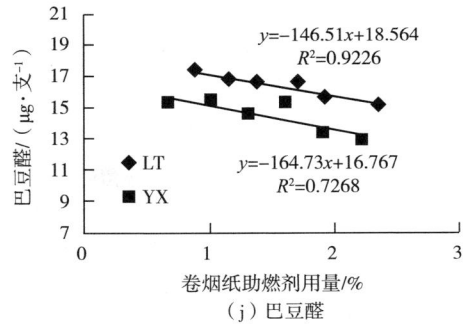

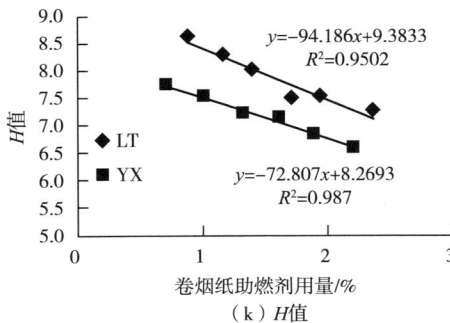

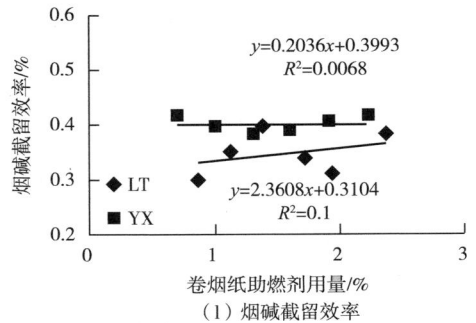

图 3-5 卷烟纸助燃剂用量对短支卷烟烟气常规成分、7 种有害成分释放量、
H 值及烟碱截留效率的影响

表 3-21　卷烟纸助燃剂用量与短支卷烟烟气常规成分、7 种有害成分释放量、
H 值及烟碱截留效率线性拟合结果（LT）

指标	斜率	截距	R^2	助燃剂用量 0.7%→2.2% 指标变化率
TPM	-135.4365	13.2558	0.8400	-17%
焦油	-127.2110	11.7798	0.8265	-18%
烟碱	-7.9500	0.9246	0.7487	-14%
CO	-141.9811	10.8412	0.8312	-22%
HCN	-1711.2416	143.3536	0.9025	-20%
NNK	-24.6507	4.5041	0.7634	-9%
氨	-84.9920	8.3294	0.9081	-16%
B[a]P	-114.4489	10.7866	0.8108	-17%
苯酚	-189.3676	17.2271	0.7742	-18%
巴豆醛	-146.5062	18.5644	0.9226	-13%
H 值	-94.1858	9.3833	0.9502	-16%
烟碱截留效率	2.3608	0.3104	0.1000	11%

表 3-22　卷烟纸助燃剂用量与短支卷烟烟气常规成分、7 种有害成分释放量、
H 值及烟碱截留效率线性拟合结果（YX）

指标	斜率	截距	R^2	助燃剂用量 0.7%→2.2% 指标变化率
TPM	-123.9021	13.5333	0.9807	-15%
焦油	-94.2542	11.3694	0.8862	-13%
烟碱	-13.9580	0.9389	0.9179	-25%
CO	-108.5000	10.9226	0.9904	-16%
HCN	-1099.1433	133.4834	0.9006	-13%
NNK	-18.6667	3.4707	0.9765	-8%
氨	-45.3206	6.9423	0.9652	-10%
B[a]P	-123.9021	10.0333	0.9807	-20%
苯酚	-114.8095	13.8656	0.9904	-13%

续表

指标	斜率	截距	R^2	助燃剂用量 0.7%→2.2% 指标变化率
巴豆醛	−164.7309	16.7672	0.7268	−16%
H 值	−72.8068	8.2693	0.9870	−14%
烟碱截留效率	0.2036	0.3993	0.0068	1%

结果表明，①卷烟纸助燃剂用量与 TPM、焦油、烟碱、CO、HCN、NNK、氨、B[a]P、苯酚、巴豆醛及 H 值呈负相关关系；②卷烟纸助燃剂用量与烟碱截留效率无相关关系；③LT 和 YX 配方下，卷烟纸助燃剂用量从 0.7%→2.2%，各指标变化率见表 3-17 和表 3-18；④与以往文献报道对比可知，卷烟纸助燃剂用量对常规、细支和短支卷烟的烟气常规成分和 7 种有害成分释放量的影响趋势基本一致，即随着卷烟纸助燃剂用量的增加，烟气常规成分和 7 种有害成分释放量降低。卷烟纸助燃剂用量的改变主要通过影响卷烟的燃烧而影响烟气成分的释放量。据报道，卷烟纸中加入助燃剂后可提高卷烟纸的燃烧速率，并相应提高卷烟烟支的燃烧速率。

3.2.3.2 卷烟纸助燃剂用量对感官质量的影响

不同卷烟纸助燃剂用量下短支卷烟的感官质量见图 3-6。

LT 配方下，随着卷烟纸助燃剂用量的增加，香气特性、烟气特性和口感特性先下降，在用量为 1.92% 时先上升后下降；香气特性方面的香气质、香气量、丰富性、杂气，烟气特性方面的浓度、成团性，以及口感特性方面的刺激性、干燥感、甜润度、余味指标均表现出上述变化趋势；YX 配方下香气特性、烟气特性、口感特性各指标基本呈下降趋势；综合来看，相对低助燃剂用量（0.7%）感官质量更好。据文献报道，卷烟纸助燃剂用量降低有利于改善常规和细支卷烟的感官质量，与本研究结果对比可知，卷烟纸助燃剂用量对短支卷烟感官质量影响的趋势与常规和细支卷烟一致。

3.2.4 卷烟纸助燃剂钾钠比对烟气成分及感官质量的影响

基于 LT 和 YX 两个档次配方，考察卷烟纸助燃剂钾钠比对卷烟烟气成分及感官质量的影响。

3.2.4.1 卷烟纸助燃剂钾钠比对烟气成分的影响

卷烟纸助燃剂钾钠比对短支卷烟烟气常规成分、7 种有害成分释放量、H 值

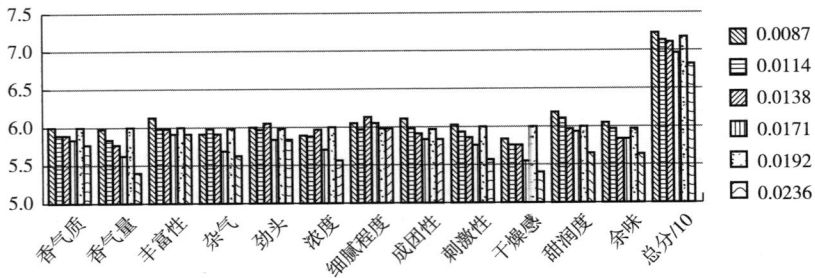

（a）卷烟纸助燃剂用量对香气特性的影响——LT

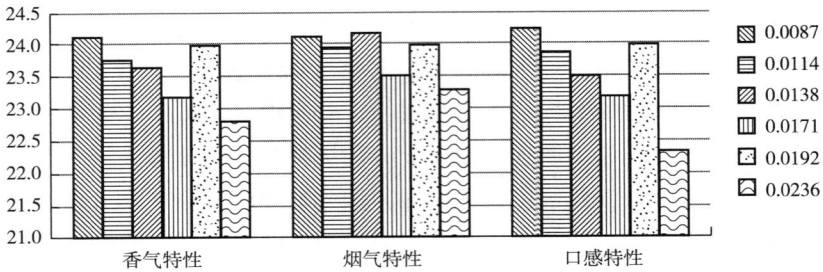

（b）卷烟纸助燃剂用量对整体品质的影响——LT

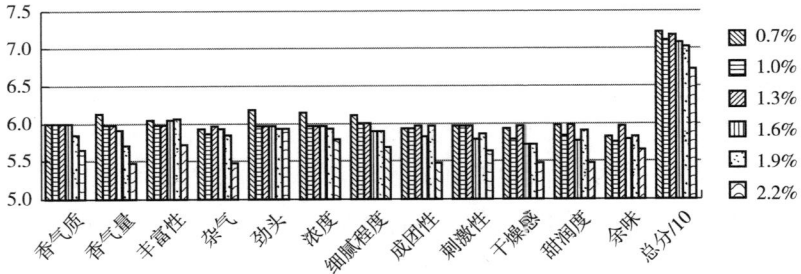

（c）卷烟纸助燃剂用量对香气特性的影响——YX

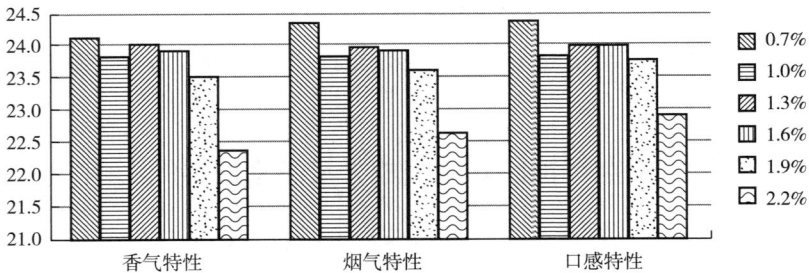

（d）卷烟纸助燃剂用量对整体品质的影响——YX

图3-6 卷烟纸助燃剂用量对短支卷烟感官质量的影响

及烟碱截留效率的影响见图 3-7、表 3-23 和表 3-24。

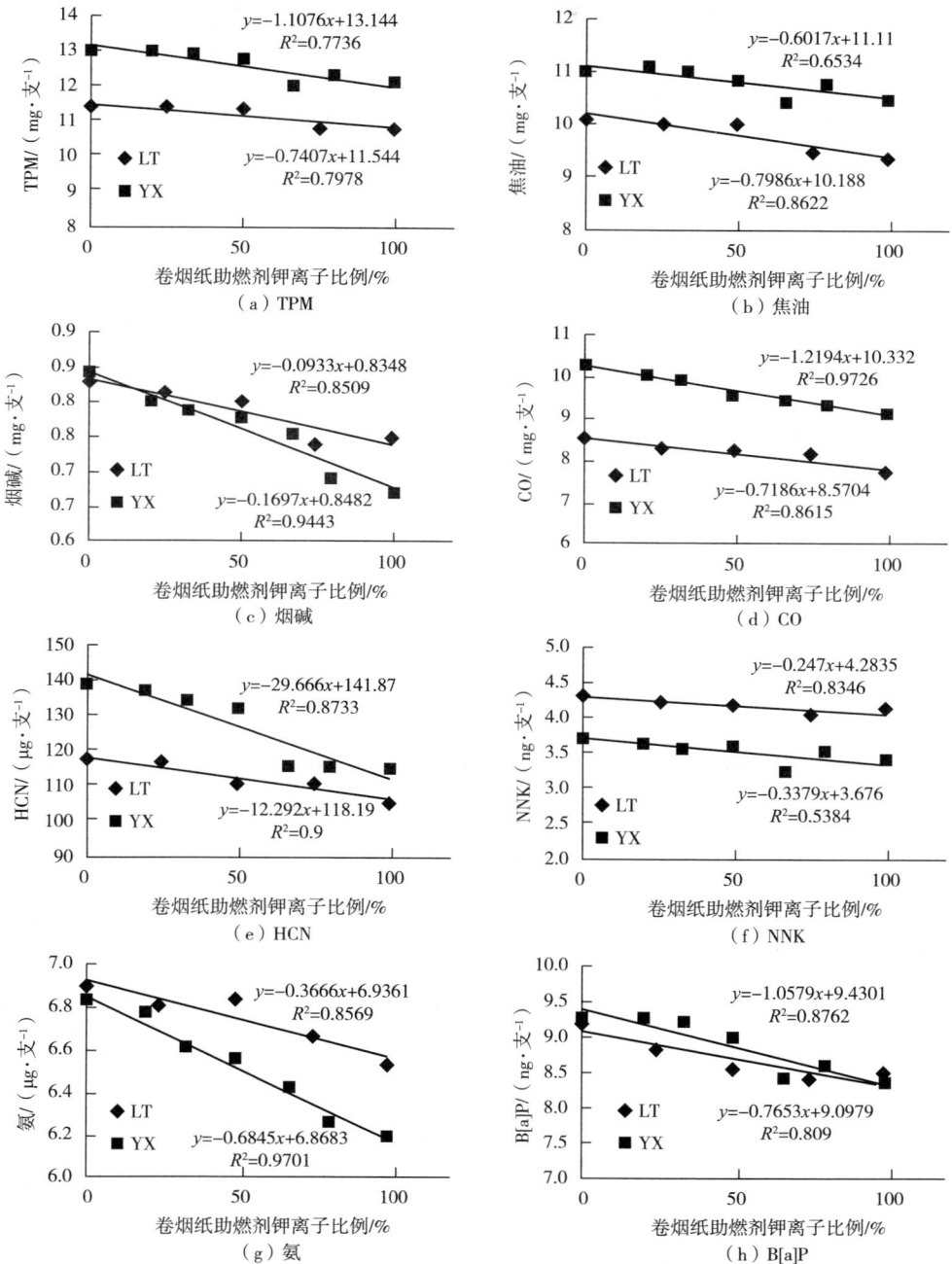

（a）TPM

（b）焦油

（c）烟碱

（d）CO

（e）HCN

（f）NNK

（g）氨

（h）B[a]P

图 3-7

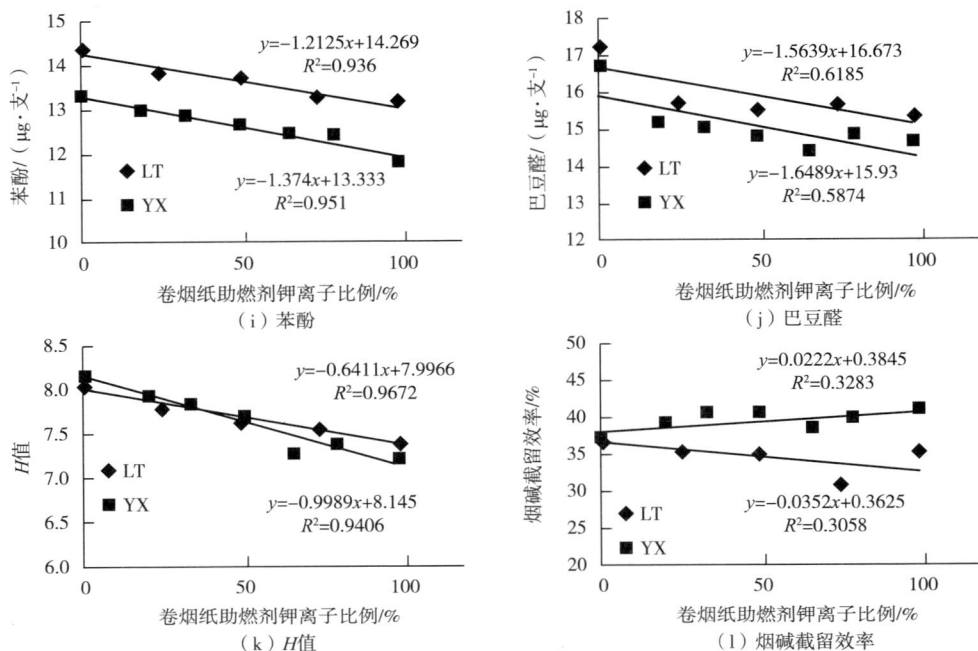

图 3-7　卷烟纸助燃剂钾离子比例对短支卷烟常规成分、7 种有害成分释放量、
H 值及烟碱截留效率的影响

表 3-23　卷烟纸助燃剂钾离子比例与短支卷烟常规成分、7 种有害成分释放量、
H 值及烟碱截留效率线性拟合结果（LT）

指标	斜率	截距	R^2	助燃剂钾离子比例 0→100% 指标变化率
TPM	−0.7407	11.5438	0.7978	−6%
焦油	−0.7986	10.1883	0.8622	−8%
烟碱	−0.0933	0.8348	0.8509	−11%
CO	−0.7186	8.5704	0.8615	−8%
HCN	−12.2923	118.1887	0.9000	−10%
NNK	−0.2470	4.2835	0.8346	−6%
氨	−0.3666	6.9361	0.8569	−5%
B[a]P	−0.7653	9.0979	0.8090	−8%
苯酚	−1.2125	14.2688	0.9360	−8%
巴豆醛	−1.5639	16.6732	0.5185	−9%
H 值	−0.6411	7.9966	0.9672	−8%
烟碱截留效率	−0.0352	0.3625	0.3058	−10%

表 3-24 卷烟纸助燃剂钾离子比例与短支卷烟常规成分、7 种有害成分释放量、
H 值及烟碱截留效率线性拟合结果 （YX）

指标	斜率	截距	R^2	助燃剂钾离子比 0→100% 指标变化率
TPM	−1.1076	13.1435	0.7736	−8%
焦油	−0.6017	11.1099	0.6534	−5%
烟碱	−0.1697	0.8482	0.9443	−20%
CO	−1.2194	10.3316	0.9726	−12%
HCN	−29.6661	141.8717	0.8733	−21%
NNK	−0.3379	3.6760	0.5384	−9%
氨	−0.6845	6.8683	0.9701	−10%
B[a]P	−1.0579	9.4301	0.8762	−11%
苯酚	−1.3740	13.3334	0.9510	−10%
巴豆醛	−1.6489	15.9296	0.5874	−10%
H 值	−0.9989	8.1450	0.9406	−12%
烟碱截留效率	0.0222	0.3845	0.3283	6%

结果表明，①卷烟纸助燃剂钾离子比例与 TPM、焦油、烟碱、CO、HCN、NNK、氨、B[a]P、苯酚及 H 值呈负相关关系；②卷烟纸助燃剂钾离子比例与巴豆醛及烟碱截留效率无相关关系；③LT 和 YX 配方下，卷烟纸助燃剂钾离子比例从 0→100%，各指标变化率见表 3-19 和表 3-20；④与以往文献报道对比可知，卷烟纸助燃剂钾钠比对常规、细支和短支卷烟烟气常规成分释放量的影响趋势一致，即随着卷烟纸助燃剂钾钠比的增加，烟气常规成分释放量降低。据报道，卷烟纸助燃剂钾钠比的改变主要通过影响卷烟的燃烧影响烟气成分的释放量。

3.2.4.2 卷烟纸助燃剂钾钠比对感官质量的影响

不同卷烟纸助燃剂钾钠比下短支卷烟的感官质量见图 3-8。

LT 配方下，随着卷烟纸助燃剂钾钠比由 1∶0 改变为 0∶1，香气特性、烟气特性和口感特性整体呈下降趋势；香气特性中香气量、杂气得分呈下降趋势，烟气特性中浓度、细腻程度、刺激性呈下降趋势，口感特性中刺激性、干燥感、甜润度、余味得分呈下降趋势。YX 配方下，随着卷烟纸助燃剂钾钠比由 1∶0 改变为 0∶1，香气特性、烟气特性和口感特性整体呈下降趋势；香气特性中香气量、

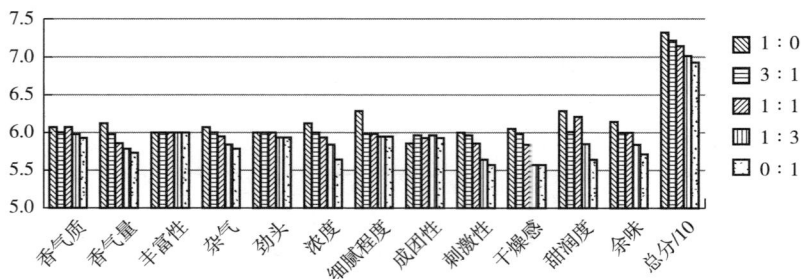

（a）卷烟纸助燃剂钾钠比对香气特性的影响——LT

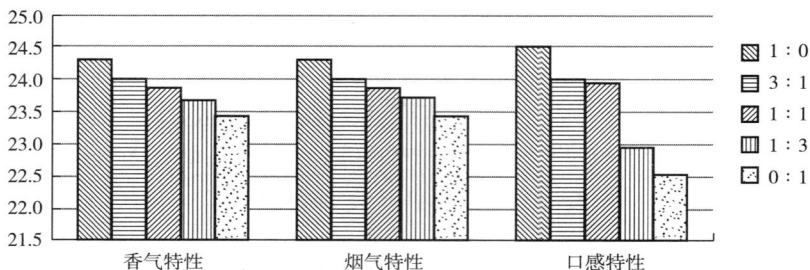

（b）卷烟纸助燃剂钾钠比对整体品质的影响——LT

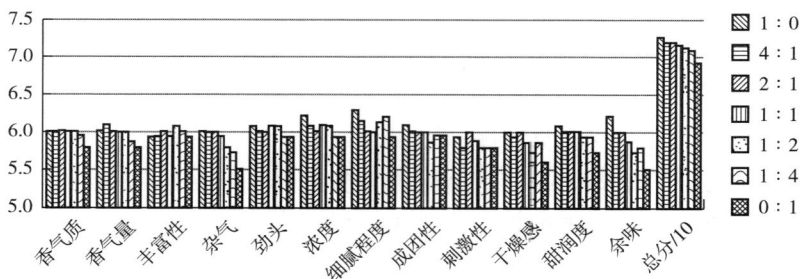

（c）卷烟纸助燃剂钾钠比对香气特性的影响——YX

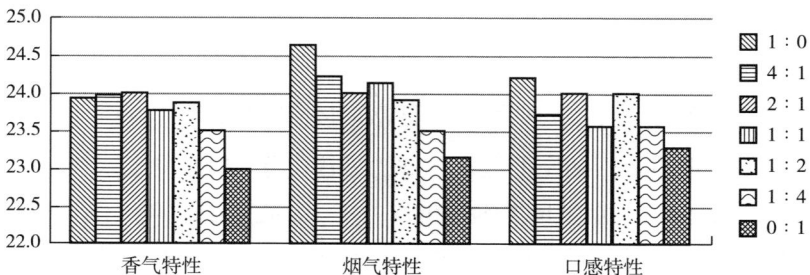

（d）卷烟纸助燃剂钾钠比对整体品质的影响——YX

图 3-8　卷烟纸助燃剂钾钠比对短支卷烟感官质量的影响

杂气得分呈下降趋势、口感特性中浓度、成团性呈下降趋势，口感特性中干燥感、甜润度、余味呈下降趋势。综合来看，采用纯钾盐卷烟纸时，短支卷烟感官质量较好。据文献报道，卷烟纸助燃剂钾钠比增加不利于改善常规卷烟感官质量，但有利于改善细支卷烟感官质量，与本研究结果对比可知，卷烟纸助燃剂钾/钠比对短支卷烟感官质量影响的趋势与细支卷烟一致。

3.2.5 卷烟纸灰分对烟气成分及感官质量的影响

基于 LT 和 YX 两个档次配方，考察卷烟纸灰分对卷烟烟气成分及感官质量的影响。

3.2.5.1 卷烟纸灰分对烟气成分的影响

卷烟纸灰分对短支卷烟烟气常规成分、7 种有害成分释放量、H 值及烟碱截留效率的影响见图 3-9、表 3-25 和表 3-26。

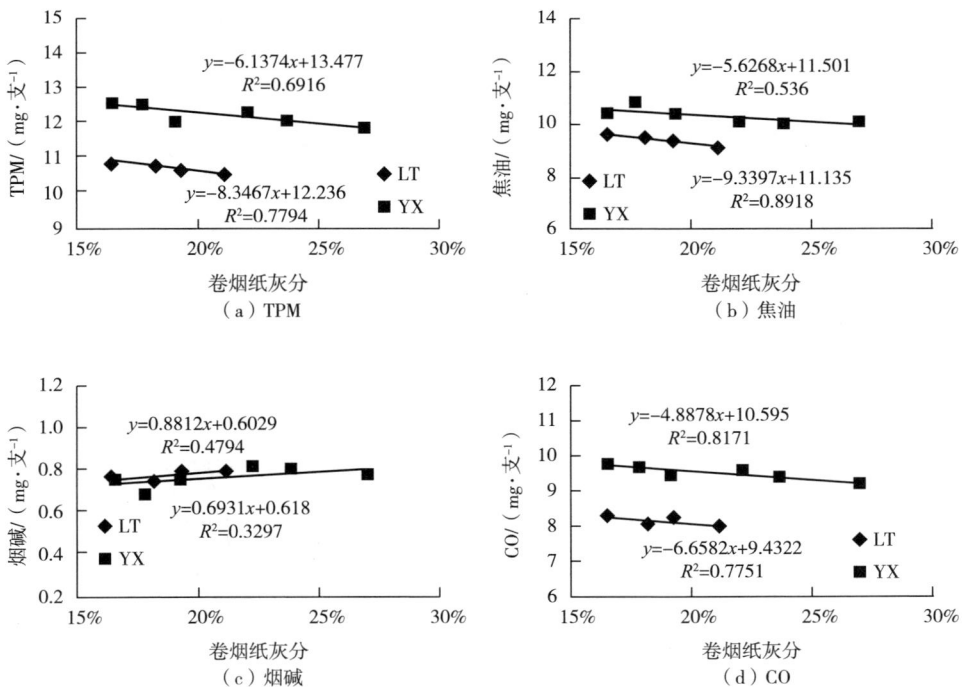

图 3-9

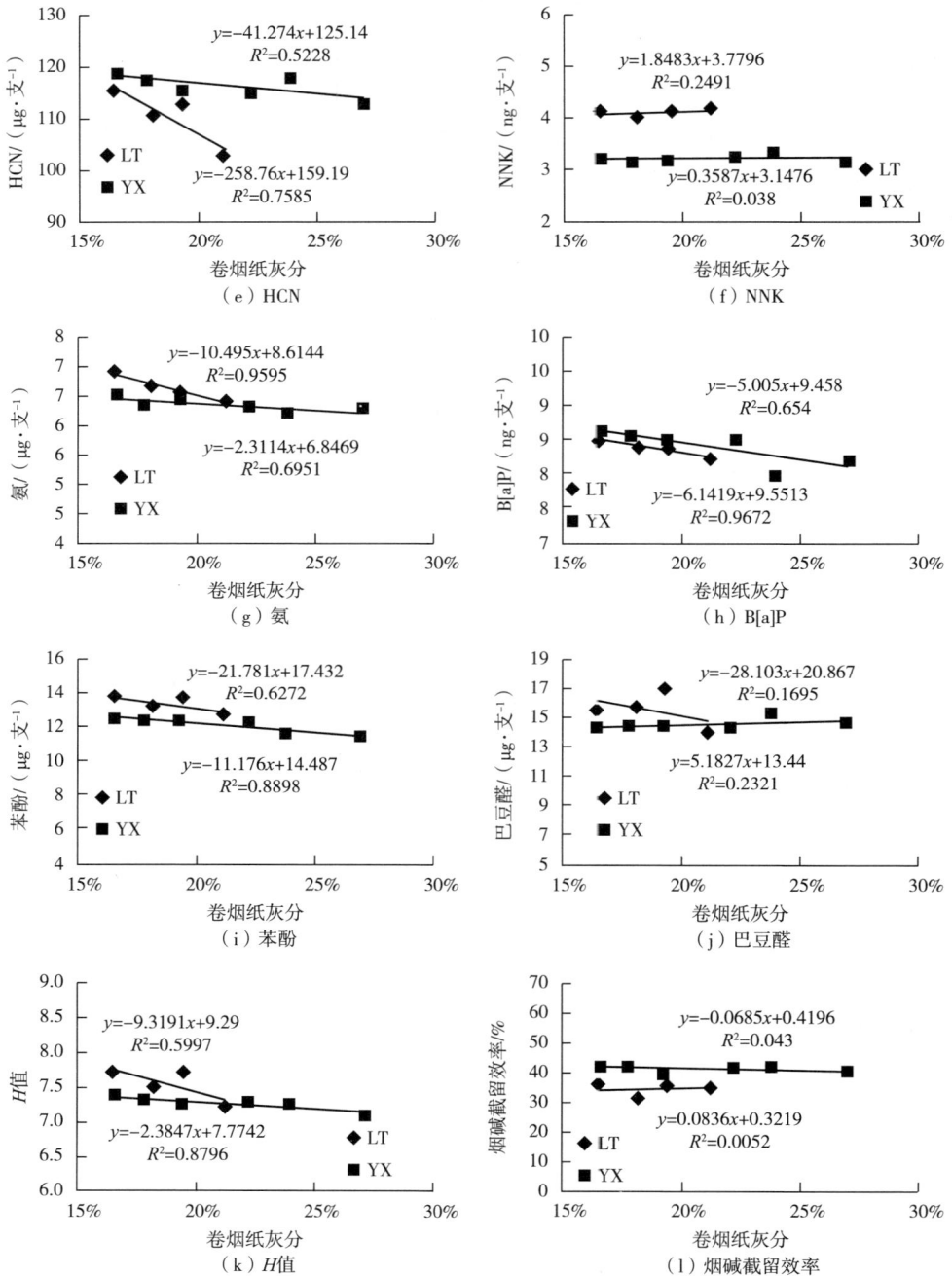

图 3-9　卷烟纸灰分对短支卷烟常规成分、7 种有害成分释放量、
H 值及烟碱截留效率的影响

表 3-25　卷烟纸灰分与短支卷烟烟气常规成分、7 种有害成分释放量、

H 值及烟碱截留效率线性拟合结果（LT）

指标	斜率	截距	R^2	灰分 16%→22% 指标变化率
TPM	−8.3467	12.2357	0.7794	−5%
焦油	−9.3397	11.1351	0.8918	−6%
烟碱	0.8812	0.6029	0.4794	7%
CO	−6.6582	9.4322	0.7751	−5%
HCN	−258.7632	159.1941	0.7585	−13%
NNK	1.8483	3.7796	0.2491	3%
氨	−10.4945	8.6144	0.9595	−9%
B[a]P	−6.1419	9.5513	0.9672	−4%
苯酚	−21.7814	17.4316	0.6272	−9%
巴豆醛	−28.1034	20.8668	0.1695	−10%
H 值	−9.3191	9.2900	0.5997	−7%
烟碱截留效率	0.0836	0.3219	0.0052	1%

表 3-26　卷烟纸灰分与短支卷烟烟气常规成分、7 种有害成分释放量、

H 值及烟碱截留效率线性拟合结果（YX）

指标	斜率	截距	R^2	灰分 16%→27% 指标变化率
TPM	−6.1374	13.4772	0.6916	−5%
焦油	−5.6268	11.5008	0.5360	−6%
烟碱	0.6931	0.6180	0.3297	10%
CO	−4.8878	10.5952	0.8171	−5%
HCN	−41.2737	125.1428	0.5228	−4%

续表

指标	斜率	截距	R^2	灰分 16%→27% 指标变化率
NNK	0.3587	3.1476	0.0380	1%
氨	−2.3114	6.8469	0.6951	−4%
B[a]P	−5.0050	9.4580	0.6540	−6%
苯酚	−11.1758	14.4868	0.8898	−10%
巴豆醛	5.1827	13.4398	0.2321	4%
H 值	−2.3847	7.7742	0.8796	−4%
烟碱截留效率	−0.0685	0.4196	0.0430	−2%

结果表明，①卷烟纸灰分与 TPM、焦油、CO、HCN、氨、B[a]P、苯酚、H值呈负相关关系；②卷烟纸灰分与烟碱、NNK、巴豆醛、烟碱截留效率无相关关系；③LT 配方下，卷烟纸灰分从 16%→22%，YX 配方下，卷烟纸灰分从 16%→27%，各指标变化率见表 3-21 和表 3-22；④与以往文献报道对比可知，卷烟纸碳酸钙含量对常规、细支和短支卷烟烟气常规成分释放量的影响趋势基本一致，即随着卷烟纸碳酸钙含量的增加，烟气焦油和 CO 释放量降低，烟碱和水分释放量基本不受影响。卷烟纸碳酸钙含量的改变主要通过影响卷烟纸的燃烧速率而影响烟气成分的释放量，同时增加碳酸钙含量后，炭化线附近卷烟纸微孔数目增加，导致炭化线附近卷烟纸透气度增大，扩散作用与稀释作用使 CO 释放量降低。

3.2.5.2 卷烟纸灰分对感官质量的影响

不同卷烟纸灰分下短支卷烟的感官质量见图 3-10。

在 LT 配方下，随卷烟纸灰分的增加，香气特性、烟气特性、口感特性各指标均呈下降趋势；香气特性方面的香气量和杂气，烟气特性方面的细腻程度和成团性，以及口感特性方面的干燥感和甜润度指标均呈下降趋势。在 YX 配方下，随卷烟纸灰分的增加，香气特性、烟气特性、口感特性各指标均呈下降趋势；香气特性的香气量、丰富性、杂气，烟气特性方面的浓度、细腻程度，口感特性方面的干燥感、甜润度、余味呈下降趋势。总体来看，采用低灰分卷烟纸的感官质量较好。

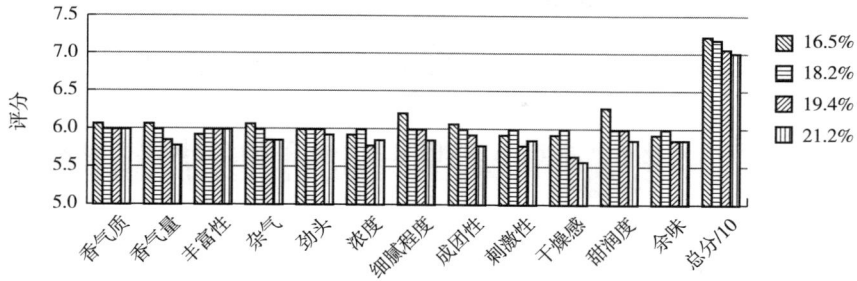

（a）卷烟纸灰分对香气特性的影响——LT

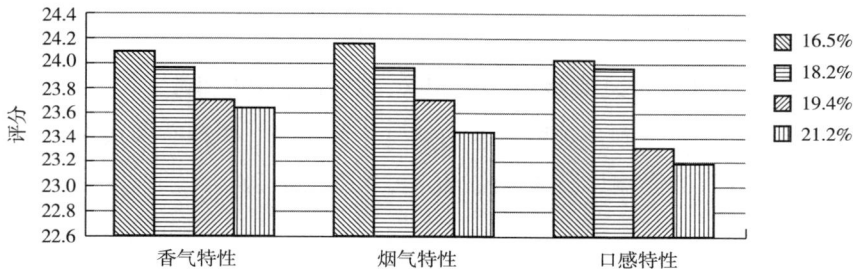

（b）卷烟纸灰分对整体品质的影响——LT

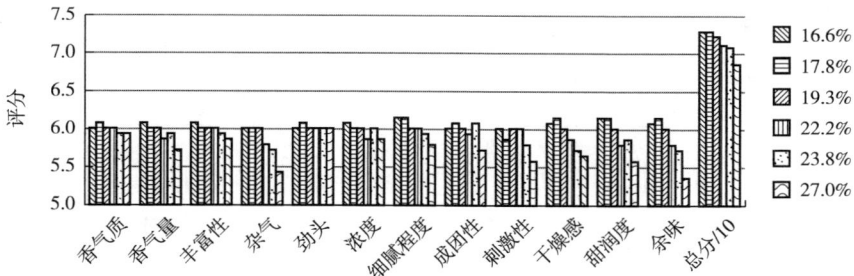

（c）卷烟纸灰分对香气特性的影响——YX

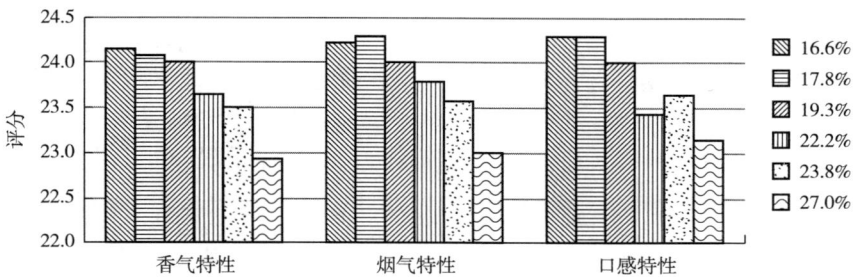

（d）卷烟纸灰分对整体品质的影响——YX

图 3-10 卷烟纸灰分对短支卷烟感官质量的影响

3.3 滤棒设计参数对烟气成分及感官质量的影响

滤棒对烟气成分及感官质量的影响因素主要包括滤棒通风率、通风方式、滤棒压降等。

3.3.1 滤棒通风率及通风方式对烟气成分的影响

采用 LT 和 YX 两个档次配方，考察滤棒通风率及通风方式（激光预打孔、自然透气）对卷烟烟气成分及感官质量的影响。

3.3.1.1 滤棒通风率及通风方式对烟气成分的影响

滤棒通风率及通风方式对短支卷烟烟气常规成分、7 种有害成分释放量、H 值及烟碱截留效率的影响见图 3-11、表 3-27 和表 3-28。

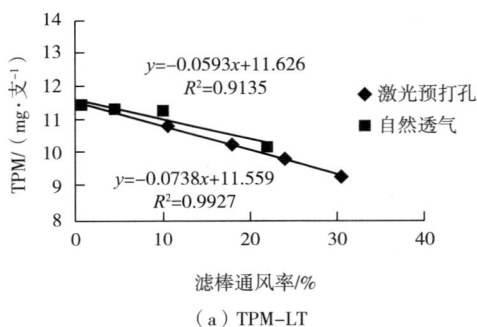

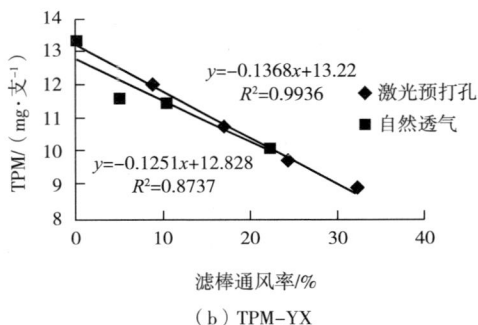

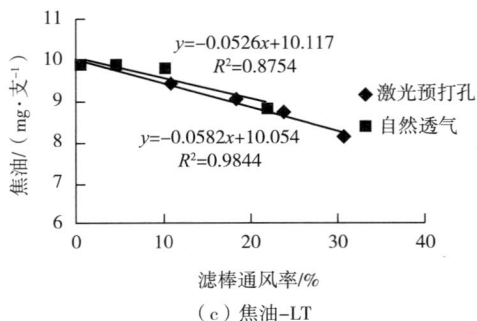

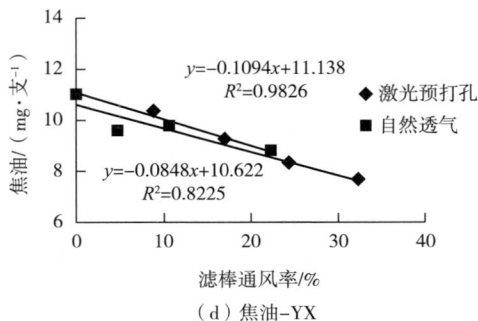

（a）TPM-LT

（b）TPM-YX

（c）焦油-LT

（d）焦油-YX

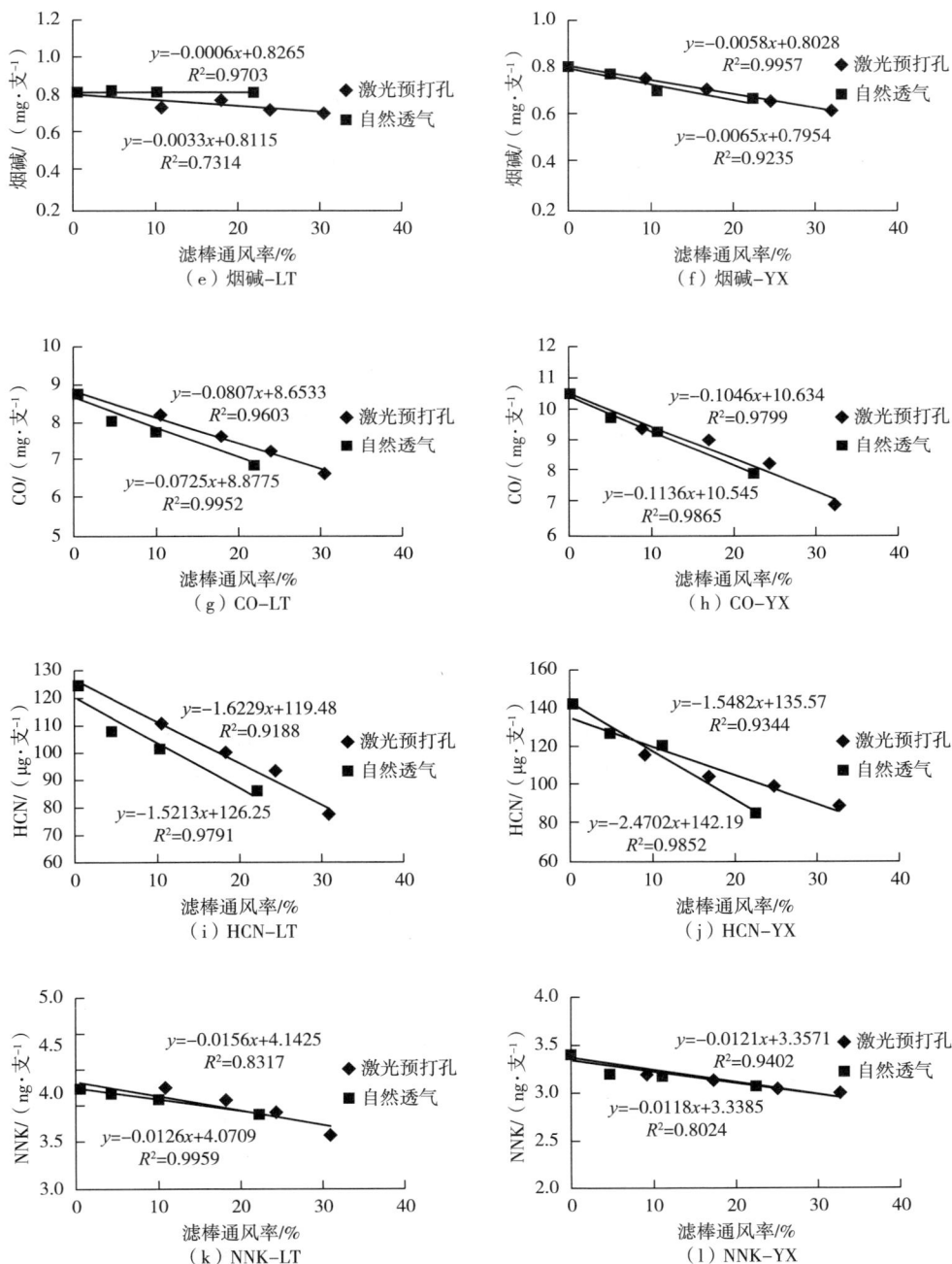

图 3-11

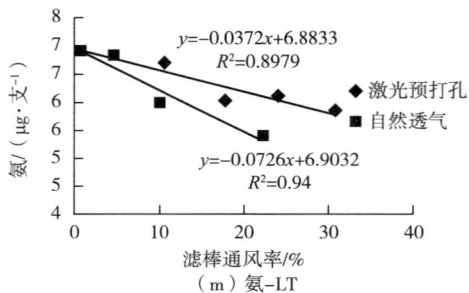

（m）氨–LT

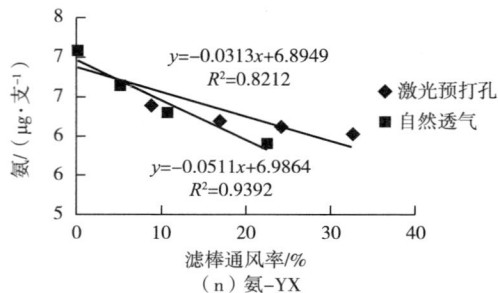

（n）氨–YX

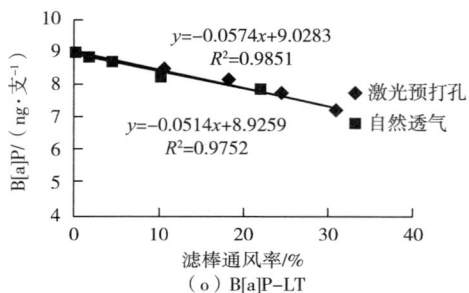

（o）B[a]P–LT

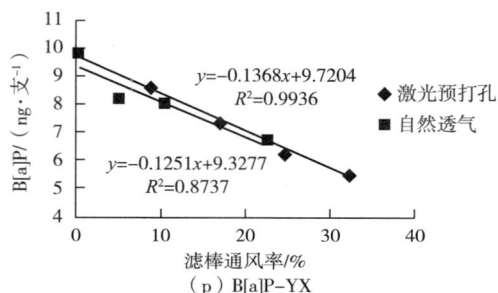

（p）B[a]P–YX

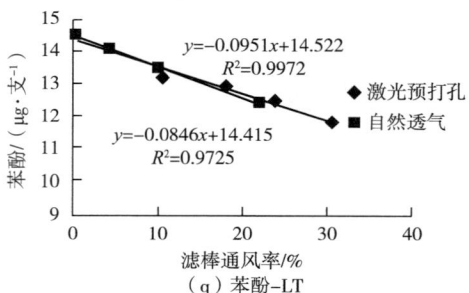

（q）苯酚–LT

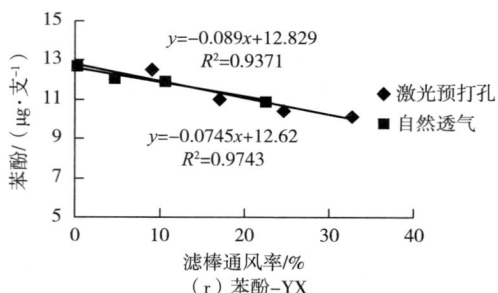

（r）苯酚–YX

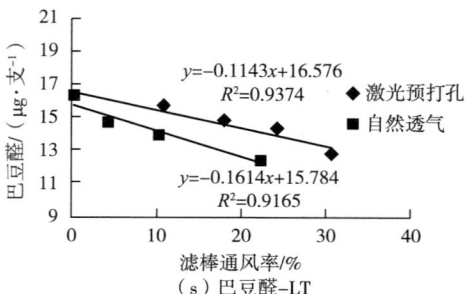

（s）巴豆醛–LT

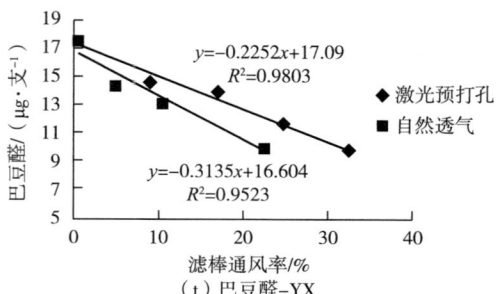

（t）巴豆醛–YX

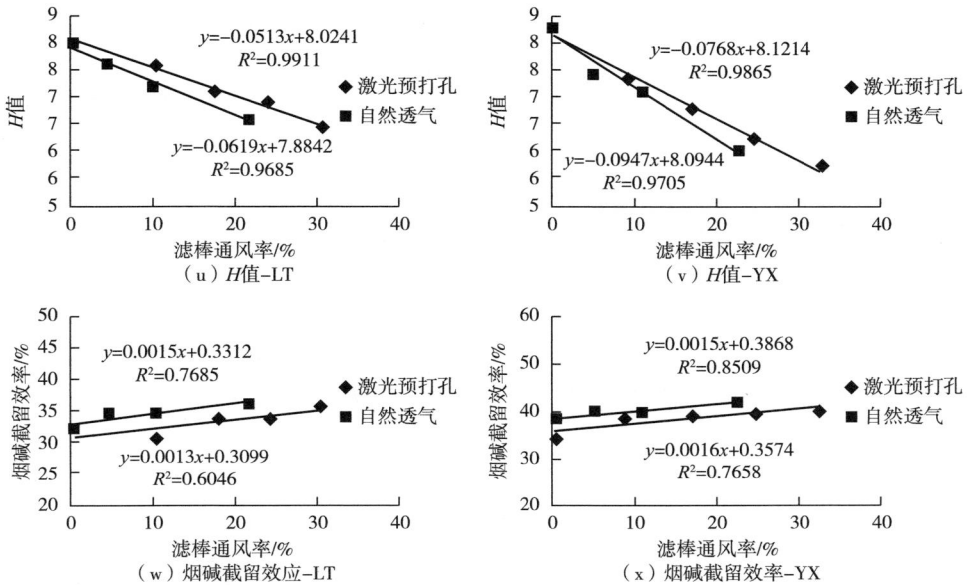

图 3-11　滤棒通风率及通风方式对短支卷烟烟气常规成分、7 种有害成分释放量、
H 值及烟碱截留效率的影响

表 3-27　滤棒通风率与短支卷烟烟气常规成分、7 种有害成分释放量、
H 值及烟碱截留效率线性拟合结果（LT）

指标	激光预打孔				自然透气			
	斜率	截距	R^2	滤棒通风 0→30% 指标变化率	斜率	截距	R^2	滤棒通风 0→30% 指标变化率
TPM	−0.0738	11.5591	0.9927	−19%	−0.0593	11.6261	0.9135	−15%
焦油	−0.0582	10.0544	0.9844	−17%	−0.0526	10.1172	0.8754	−16%
烟碱	−0.0033	0.8115	0.7314	−12%	−0.0006	0.8265	0.9703	−2%
CO	−0.0725	8.8775	0.9952	−25%	−0.0807	8.6533	0.9603	−28%
HCN	−1.5213	126.2471	0.9791	−36%	−1.6229	119.4823	0.9188	−41%
NNK	−0.0156	4.1425	0.8317	−11%	−0.0126	4.0709	0.9959	−9%
氨	−0.0372	6.8833	0.8979	−16%	−0.0726	6.9032	0.9400	−32%

续表

指标	激光预打孔				自然透气			
	斜率	截距	R^2	滤棒通风 0→30% 指标变化率	斜率	截距	R^2	滤棒通风 0→30% 指标变化率
B[a]P	−0.0574	9.0283	0.9851	−19%	−0.0514	8.9259	0.9752	−17%
苯酚	−0.0846	14.4147	0.9725	−18%	−0.0951	14.5216	0.9972	−20%
巴豆醛	−0.1143	16.5763	0.9374	−21%	−0.1614	15.7840	0.9165	−31%
H 值	−0.0560	8.0557	0.9842	−21%	−0.0670	7.8865	0.9745	−25%
烟碱截留效率	0.0013	0.3099	0.6046	13%	0.0009	0.3425	0.8940	8%

表 3-28　滤棒通风率与短支卷烟烟气常规成分、7 种有害成分释放量、H 值及烟碱截留效率线性拟合结果（YX）

指标	激光预打孔				自然透气			
	斜率	截距	R^2	滤棒通风 0→30% 指标变化率	斜率	截距	R^2	滤棒通风 0→30% 指标变化率
TPM	−0.1368	13.2204	0.9936	−31%	−0.1251	12.8277	0.8737	−29%
焦油	−0.1094	11.1378	0.9826	−29%	−0.0848	10.6222	0.8225	−24%
烟碱	−0.0058	0.8028	0.9957	−22%	−0.0065	0.7954	0.9235	−24%
CO	−0.1046	10.6339	0.9799	−30%	−0.1136	10.5453	0.9865	−32%
HCN	−1.5482	135.5710	0.9344	−34%	−2.4702	142.1933	0.9852	−52%
NNK	−0.0121	3.3571	0.9402	−11%	−0.0118	3.3385	0.8024	−11%
氨	−0.0313	6.8949	0.8212	−14%	−0.0521	6.9864	0.9392	−22%
B[a]P	−0.1368	9.7204	0.9936	−42%	−0.1251	9.3277	0.8737	−40%
苯酚	−0.0890	12.8287	0.9371	−21%	−0.0745	12.6205	0.9743	−18%
巴豆醛	−0.2252	17.0899	0.9803	−40%	−0.3135	16.6043	0.9523	−57%

续表

指标	激光预打孔				自然透气			
	斜率	截距	R^2	滤棒通风 0→30% 指标变化率	斜率	截距	R^2	滤棒通风 0→30% 指标变化率
H 值	−0.0768	8.1214	0.9865	−28%	−0.0942	8.0826	0.9655	−35%
烟碱截留效率	0.0016	0.3574	0.7658	13%	0.0029	0.3633	0.7089	24%

结果表明，①滤棒通风率与 TPM、焦油、烟碱、CO、HCN、氨、B[a]P、苯酚、巴豆醛、H 值呈负相关关系；②滤棒通风率与烟碱截留效率呈正相关关系；③滤棒通风率相同时，激光预打孔与自然透气接装纸 TPM、焦油、烟碱、B[a]P、苯酚释放量基本无差异，自然透气接装纸 CO、HCN、氨、巴豆醛释放量低于激光预打孔接装纸；④在激光预打孔和自然透气下，LT 配方下的滤棒通风从 0→30%，YX 配方下的滤棒通风率从 0→30%，各指标变化率见表 3-23 和表 3-24；⑤与以往文献报道对比可知，滤棒通风对常规、细支和短支卷烟烟气成分释放量的影响趋势基本一致，即随着滤棒通风率的增加，烟气成分释放量降低。滤棒通风率的改变主要通过影响卷烟的燃烧、扩散和稀释影响烟气成分的释放量。

3.3.1.2 滤棒通风率及通风方式对感官质量的影响

不同滤棒通风率（激光预打孔）下短支卷烟的感官质量见图 3-12。

在 LT 配方下，随滤棒通风率的增加，香气特性、烟气特性呈下降趋势，香气质和杂气在 18% 时最佳，香气量、劲头、浓度、成团性呈下降趋势；口感特性呈现先上升后下降的趋势，整体口感特性得分在 18% 时最佳，刺激性、干燥感、甜润度、余味均表现出这种趋势。在 YX 配方下，随滤棒通风率的增加，香气特性，烟气特性呈下降趋势，香气质和香气量在 0 和 17% 时较佳，丰富性、劲头、浓度、成团性呈下降趋势；口感特性呈现先上升后下降的趋势，整体口感特性得分在 17% 时最佳，刺激性、干燥感、甜润度、余味均表现出这种趋势。总体来看，在通风率为 0 时，香气特性和烟气特性更好，在通风率为 17% 时口感特性更好。文献报道，随滤棒通风率的增加，常规卷烟感官质量总分呈下降趋势，细支卷烟表现为先上升后下降的趋势，与本研究结果对比可知，滤棒通风率对短支卷烟感官质量的影响趋势与常规卷烟较为一致。

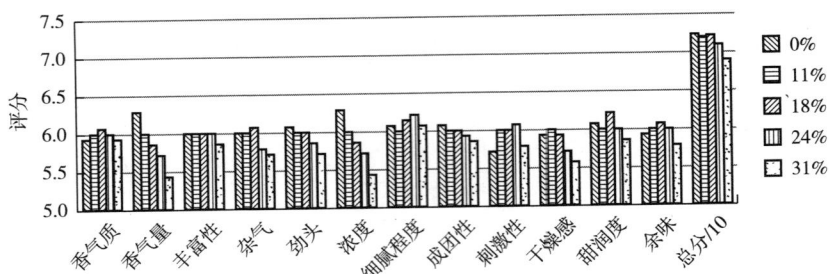

（a）滤棒通风率对香气特性的影响——LT

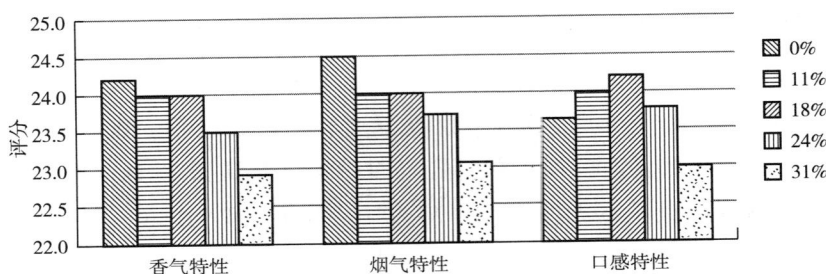

（b）滤棒通风率对整体品质的影响——LT

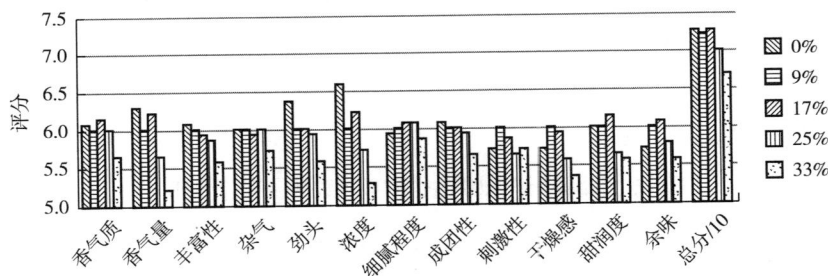

（c）滤棒通风率对香气特性的影响——YX

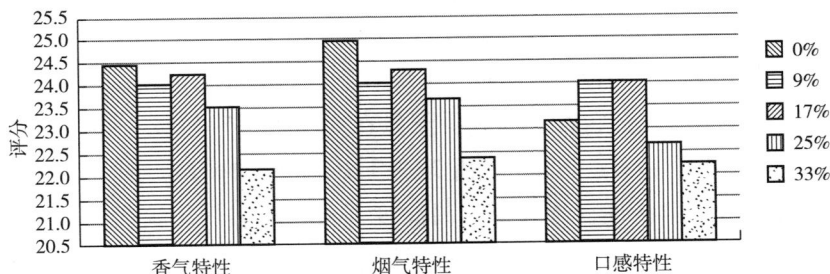

（d）滤棒通风率对整体品质的影响——YX

图3-12　滤棒通风率对短支卷烟感官质量的影响

不同通风方式短支卷烟感官质量见图 3-13。

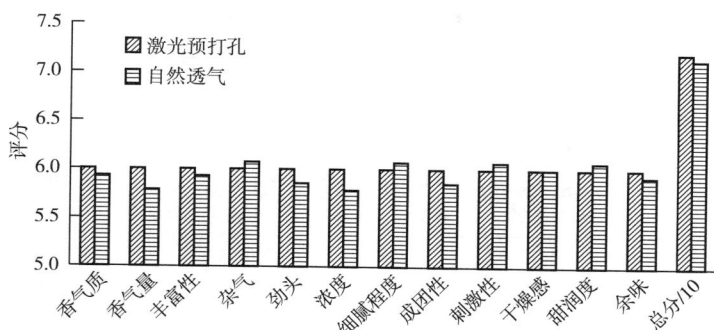

（a）透气方式对香气特性的影响

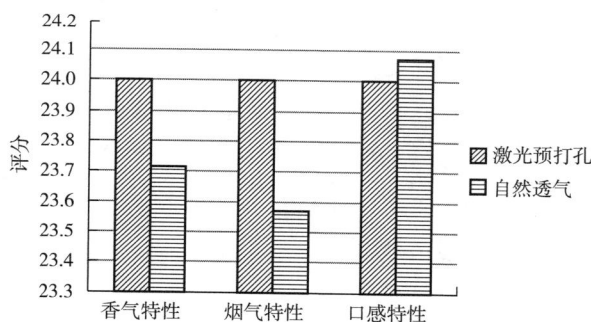

（b）透气方式对整体品质的影响

图 3-13 通风方式对短支卷烟感官质量的影响

结果表明，激光预打孔通风方式在香气特性和烟气特性方面优于自然透气，在口感特性方面差于自然透气。在具体指标上，激光预打孔香气质、香气量、丰富性、劲头、浓度、成团性、余味等指标优于自然透气方式，而在杂气、细腻程度、刺激性、甜润度等指标上自然透气优于激光预打孔。感官质量总分上，激光预打孔略好于自然透气。

3.3.2 滤棒压降对烟气成分及感官质量的影响

采用 LT 和 YX 两个档次配方，考察滤棒压降对卷烟烟气成分及感官质量的影响。

3.3.2.1 滤棒压降对烟气成分的影响

滤棒压降对短支卷烟烟气常规成分、7 种有害成分释放量、H 值及烟碱截留效率的影响见图 3-14、表 3-29 和表 3-30。

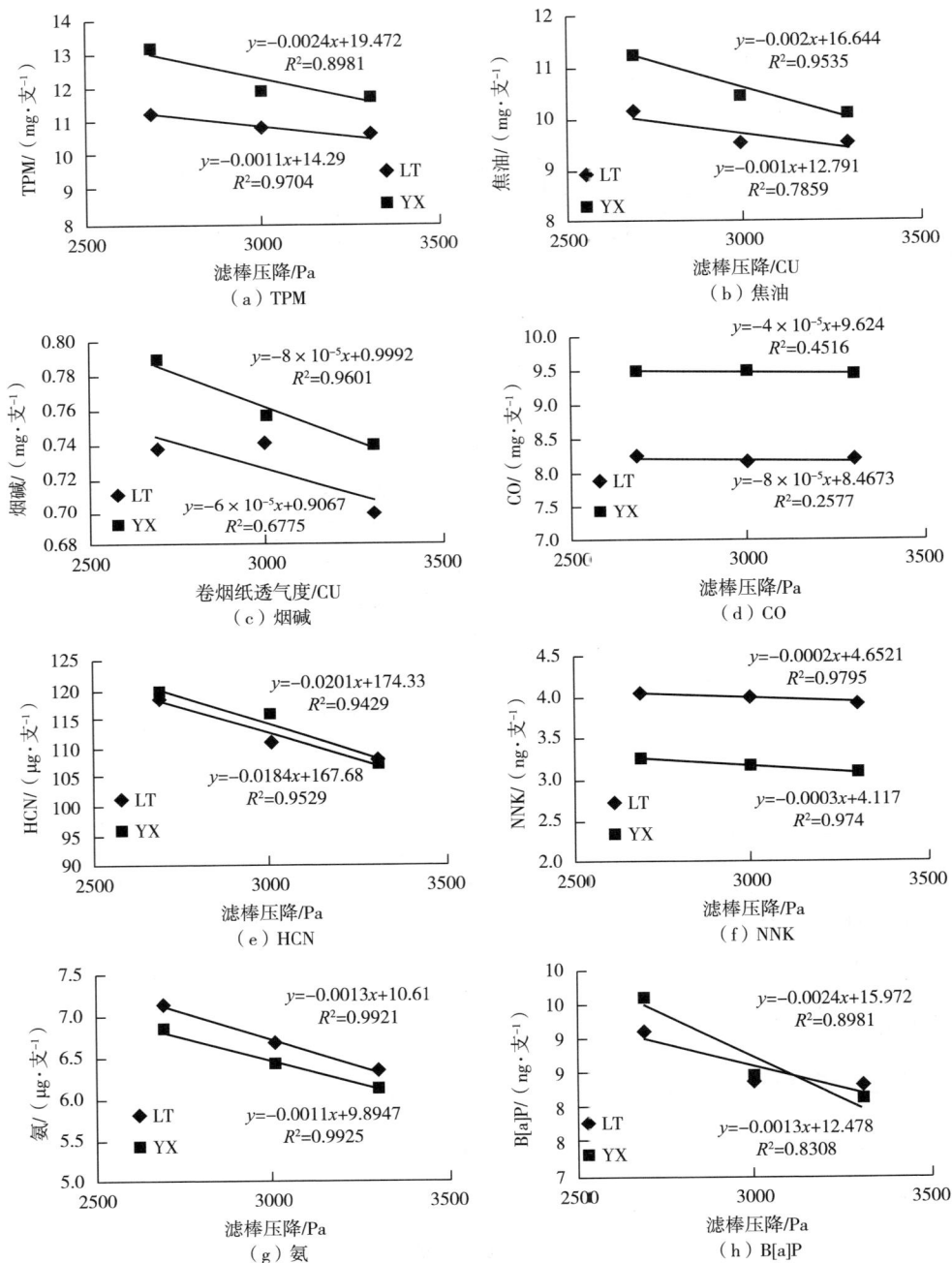

（a）TPM

（b）焦油

（c）烟碱

（d）CO

（e）HCN

（f）NNK

（g）氨

（h）B[a]P

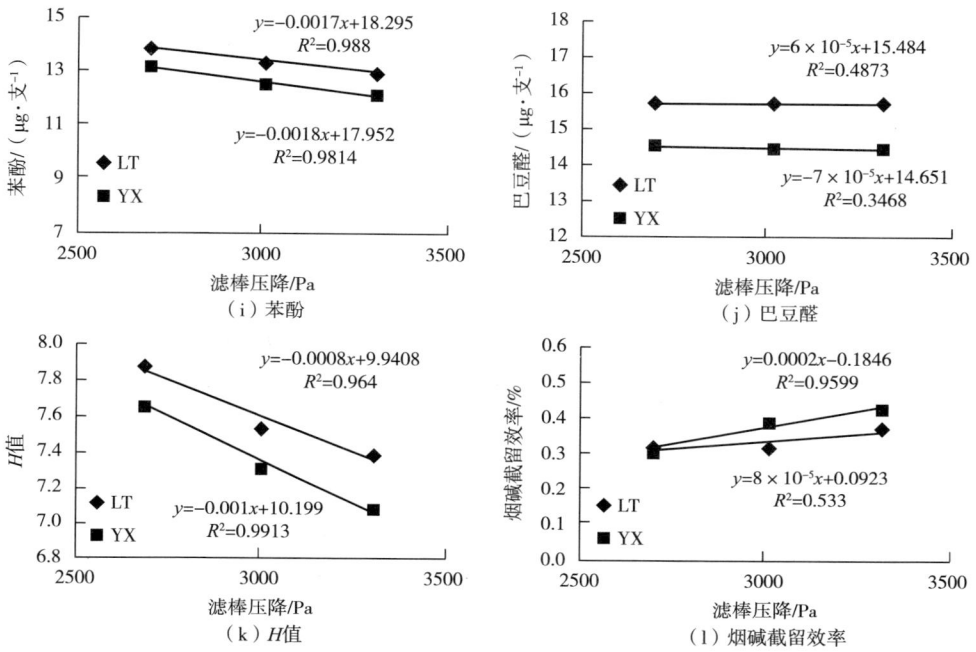

图 3-14　滤棒压降对短支卷烟烟气常规成分、7 种有害成分释放量、
H 值及烟碱截留效率的影响

表 3-29　滤棒压降与短支卷烟烟气常规成分、7 种有害成分释放量、
H 值及烟碱截留效率线性拟合结果（LT）

指标	斜率	截距	R^2	滤棒压降 2700→3300Pa 指标变化率
TPM	−0.0011	14.2901	0.9704	−6%
焦油	−0.0010	12.7907	0.7859	−6%
烟碱	−0.0001	0.9067	0.6775	−5%
CO	−0.0001	8.4673	0.2577	−1%
HCN	−0.0184	167.6819	0.9529	−9%
NNK	−0.0002	4.6521	0.9795	−3%
氨	−0.0013	10.6096	0.9921	−11%
B[a]P	−0.0013	12.4785	0.8308	−9%
苯酚	−0.0017	18.2950	0.9880	−7%

续表

指标	斜率	截距	R^2	滤棒压降 2700→3300Pa 指标变化率
巴豆醛	0.0001	15.4836	0.4873	0%
H 值	−0.0008	9.8954	0.9579	−6%
烟碱截留效率	0.0001	0.0923	0.5530	16%

表 3-30　滤棒压降与短支卷烟烟气常规成分、7 种有害成分释放量、

H 值及烟碱截留效率线性拟合结果（YX）

指标	斜率	截距	R^2	滤棒压降 2700→3300Pa 指标变化率
TPM	−0.0024	19.4724	0.8981	−11%
焦油	−0.0020	16.6444	0.9535	−11%
烟碱	−0.0001	0.9992	0.9601	−6%
CO	0.0000	9.6240	0.4516	0%
HCN	−0.0201	174.3285	0.9429	−10%
NNK	−0.0003	4.1170	0.9740	−6%
氨	−0.0011	9.8947	0.9925	−10%
B[a]P	−0.0024	15.9724	0.8981	−15%
苯酚	−0.0018	17.9523	0.9814	−8%
巴豆醛	−0.0001	14.6514	0.3468	0%
H 值	−0.0010	10.1775	0.9902	−7%
烟碱截留效率	0.0002	−0.1846	0.9599	35%

　　结果表明，①滤棒压降与 TPM、焦油、烟碱、HCN、NNK、氨、B[a]P、苯酚及 H 值呈负相关关系；②滤棒压降与烟碱截留效率呈正相关关系；③滤棒压降与 CO、巴豆醛无相关关系；④LT 和 YX 配方下，滤棒压降从 2700→3300Pa，各指标变化率见表 3-25 和表 3-26。

3.3.2.2　滤棒压降对感官质量的影响

　　不同滤棒压降下短支卷烟的感官质量见图 3-15。

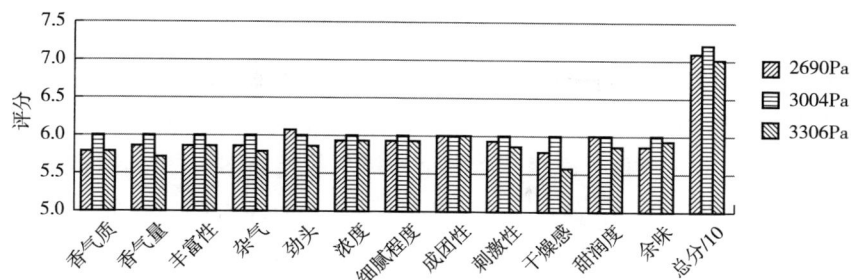

（a）滤棒压降对香气特性的影响——LT

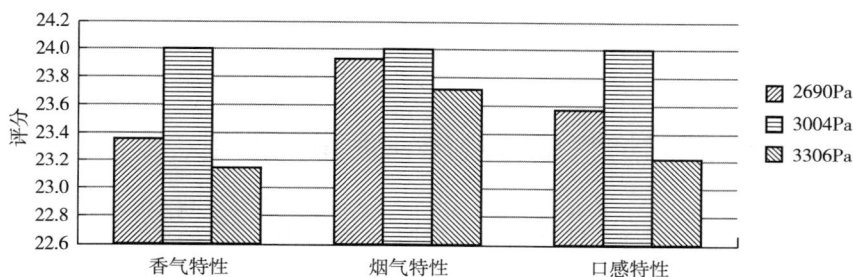

（b）滤棒压降对整体品质的影响——LT

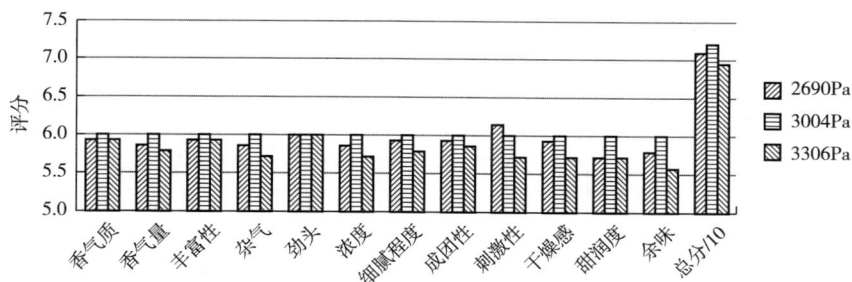

（c）滤棒压降对香气特性的影响——YX

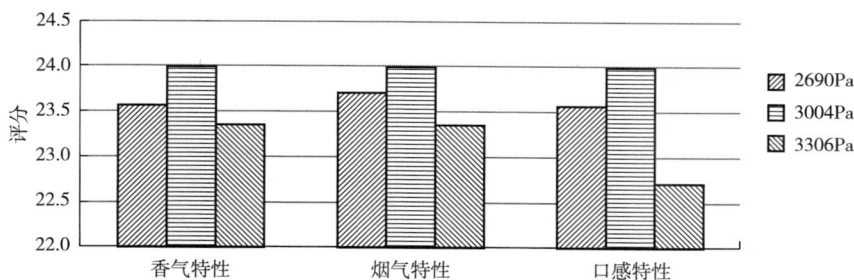

（d）滤棒压降对整体品质的影响——YX

图 3-15　滤棒压降对短支卷烟感官质量的影响

在 LT 配方下，香气特性中的香气量、杂气在 3004 Pa 时最优，其次是 2690 Pa，香气质和丰富性为 3004 Pa 最佳，2690 Pa 和 3306 Pa 基本无差异；烟气特性中的劲头在 2690 Pa 时最优，其次是 3004 Pa，浓度、细腻程度为 3004 Pa 最佳，2690 Pa 和 3306 Pa 基本无差异，成团性在三个指标下的差异不大；口感特性方面的刺激性和干燥感均为 3004 Pa 最佳，其次为 2690 Pa 和 3306 Pa，甜润度为 2690 Pa 和 3004 Pa 基本无差异，优于 3306 Pa，余味在 3004 Pa 时最优，其次是 3306 Pa；整体来看，3004 Pa 时最优，其次是 2690 Pa，最后是 3306 Pa。在 YX 配方下，在不同滤棒压降下，各指标的表现与 LT 基本一致，整体来看，3004 Pa 时最优，其次是 2690 Pa，最后是 3306 Pa。

3.4　吸阻分配对烟气成分及感官质量的影响

不同吸阻分配卷烟样品的吸阻分配情况见表 3-31。

表 3-31　不同吸阻分配短支卷烟各段吸阻占比情况

设计方案	滤棒长度/mm	滤棒吸阻/Pa	滤棒吸阻占比/%	烟丝段吸阻/Pa	烟丝段吸阻占比/%
单位长度滤棒吸阻不变	20	599	67	297	33
	25	751	72	287	28
	30	913	76	282	24
滤棒吸阻不变	20	747	72	288	28
	25	751	72	287	28
	30	755	72	289	28
烟支吸阻不变	20	724	71	292	29
	25	751	72	287	28
	30	791	78	227	22

3.4.1　吸阻分配对烟气成分的影响

在滤棒单位长度吸阻不变的情况下，不同吸阻分配短支卷烟烟气常规成分、7 种有害成分及烟碱截留效率见图 3-16。

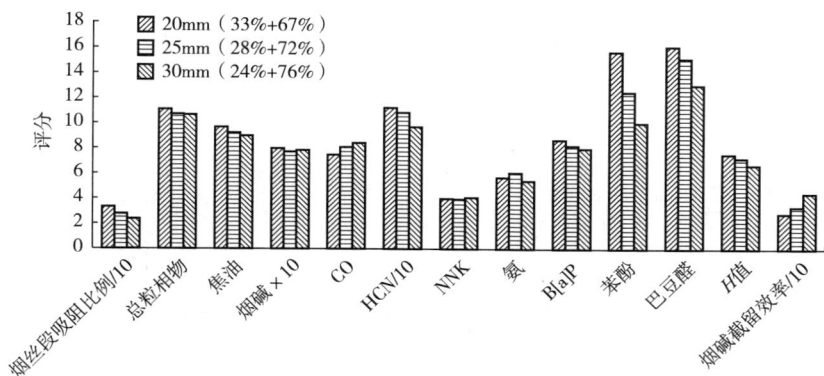

图 3-16　吸阻分配对短支卷烟烟气成分的影响（滤棒单位长度吸阻不变）

随烟丝段吸阻比例的降低，滤棒吸阻比例增加，总粒相物、焦油、HCN、B[a]P、苯酚和巴豆醛释放量及 H 值逐步降低，其中苯酚和巴豆醛降低幅度较大，烟碱、NNK、氨释放量差异不大，CO 释放量呈逐步上升趋势。

在滤棒吸阻不变的情况下，不同吸阻分配短支卷烟烟气常规成分、7 种有害成分及烟碱截留效率见图 3-17。

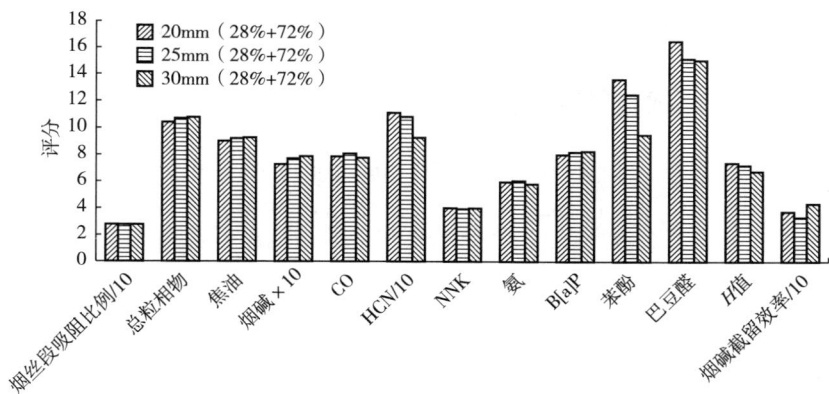

图 3-17　吸阻分配对短支卷烟烟气成分的影响（滤棒吸阻不变）

在滤棒吸阻不变的情况下，随滤棒长度的增加，烟丝段长度变短，但烟丝段吸阻变化较小，这可能与单位长度烟丝段吸阻差异较大有关系。在滤棒吸阻和烟丝段吸阻不变时，随滤棒长度的增加，HCN 、苯酚和巴豆醛释放量及 H 值逐步降低，总粒相物、焦油、烟碱、B[a]P 释放量逐步上升，但幅度较小，CO、

NNK、氨释放量差异较小，烟碱截留效率呈上升趋势。

烟支吸阻不变的情况下，不同吸阻分配短支卷烟烟气常规成分、7 种有害成分及烟碱截留效率见图 3-18。

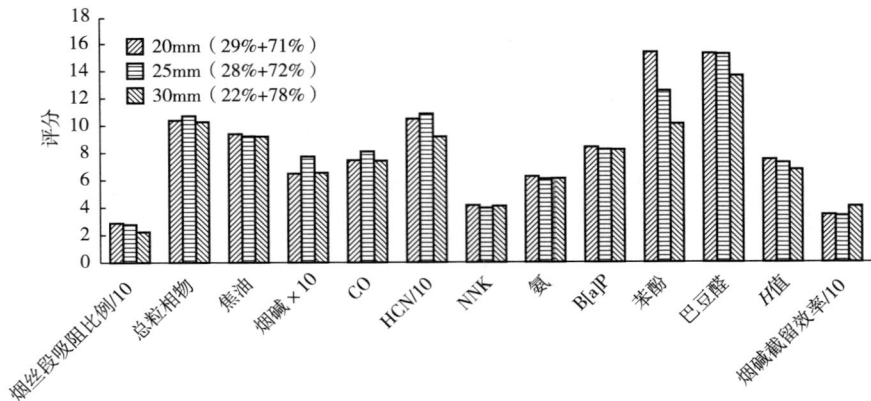

图 3-18　吸阻分配对短支卷烟烟气成分的影响（烟支吸阻不变）

烟支吸阻不变的情况下，随烟丝段吸阻的降低，滤棒吸阻比例增加，苯酚、巴豆醛、焦油、B[a]P 释放量及 H 值逐步降低，总粒相物、烟碱、CO、HCN 释放量先上升再下降，NNK、氨释放量差异较小，烟碱截留效率呈上升趋势。

3.4.2　吸阻分配对感官质量的影响

在滤棒单位长度吸阻不变的情况下，不同吸阻分配短支卷烟的感官质量见图 3-19。

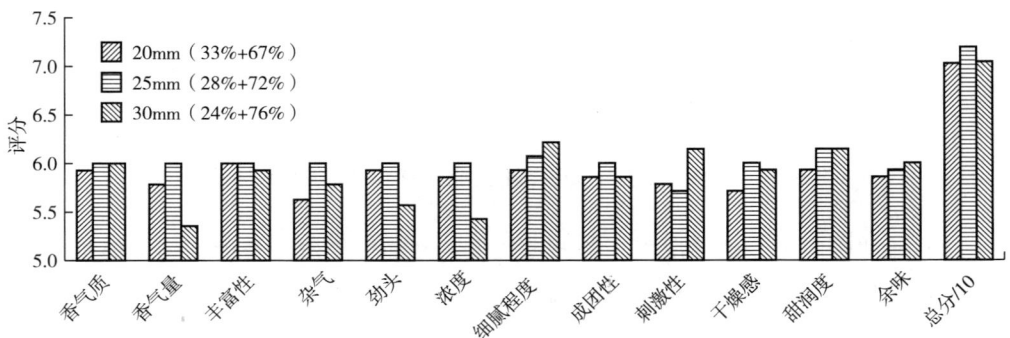

（a）香气特性

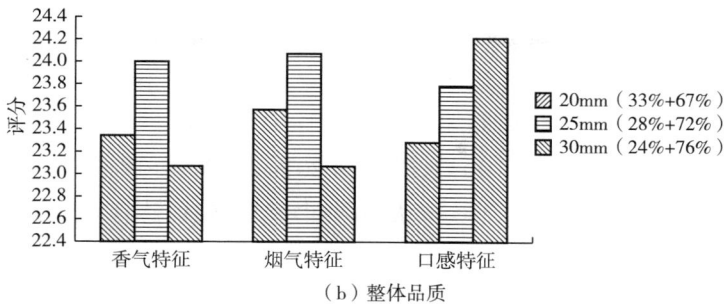

（b）整体品质

图 3-19 吸阻分配对短支卷烟感官质量的影响（滤棒单位长度吸阻不变）

结果表明，在滤棒单位长度吸阻不变的情况下，香气特性和烟气特性大部分指标均在滤棒长度为 25 mm（28%＋72%）时最佳，细腻程度在滤棒长度为 30 mm（24%＋76%）时最佳；口感特性大部分指标在滤棒长度为 30 mm（24%＋76%）时最佳。整体感官得分在滤棒长度为 25 mm（28%＋72%）时最佳。

在滤棒吸阻不变的情况下，不同吸阻分配短支卷烟的感官质量见图 3-20。

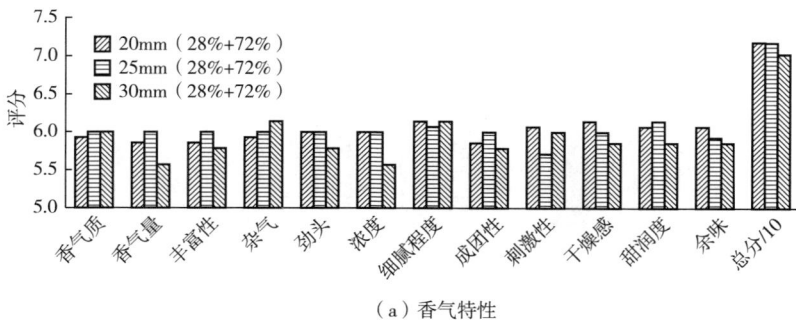

（a）香气特性

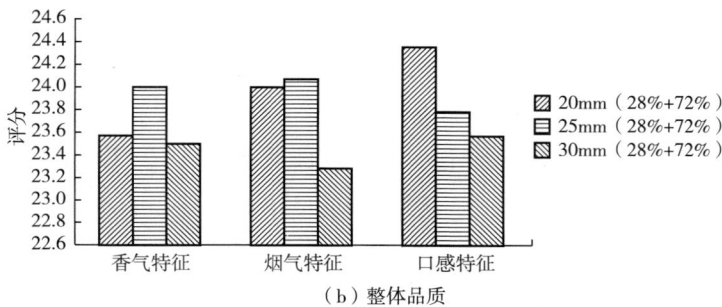

（b）整体品质

图 3-20 吸阻分配对短支卷烟感官质量的影响（滤棒吸阻不变）

结果表明，香气特性和烟气特性大部分指标在滤棒长度为 25 mm（28%+72%）最佳，杂气在滤棒长度为 30 mm（28%+72%）时最佳，烟气特性的劲头、浓度、细腻程度均在 20 mm（28%+72%）和 25 mm（28%+72%）时较佳，成团性在 25 mm（28%+72%）时最佳；口感特性大部分指标均在 20 mm（28%+72%）时最佳。综合感官总分在滤棒长度为 20 mm（28%+72%）时最佳。

在烟支吸阻不变的情况下，不同吸阻分配短支卷烟的感官质量见图 3-21。

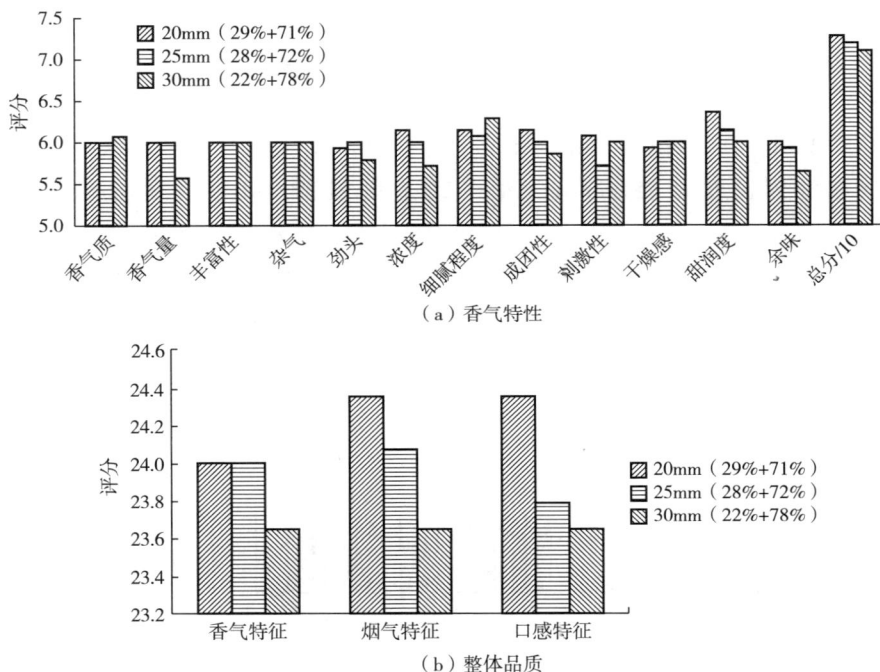

图 3-21　吸阻分配对短支卷烟感官质量的影响（烟支吸阻不变）

结果表明，20 mm（29%+71%）和 25 mm（28%+72%）样品香气特性的差异不大，30 mm（22%+78）样品香气量较差；烟气特性和口感特性的大部分指标在 20 mm（29%+71%）最佳；综合感官质量总分在 20 mm（29%+71%）最佳。

3.5　烟支长度对烟气成分及感官质量的影响

考察烟支长度对卷烟烟气成分及感官质量的影响。

3.5.1　烟支长度对烟气成分的影响

不同烟支长度卷烟的烟气成分见图 3-22。

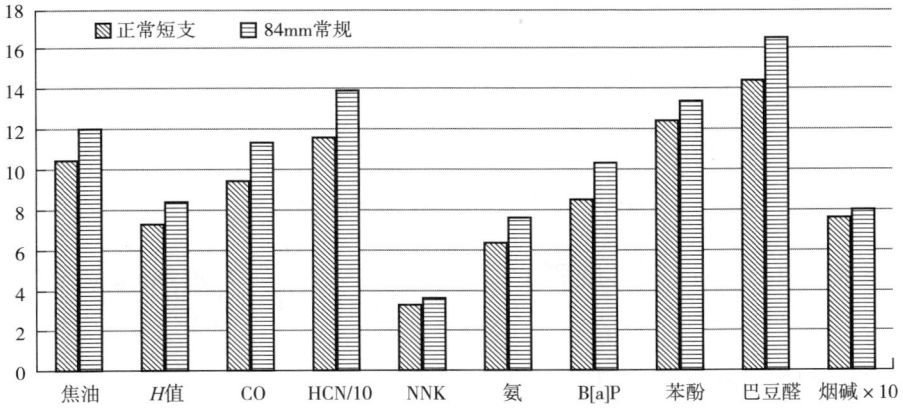

（a）不同烟支长度烟气成分差异-单支

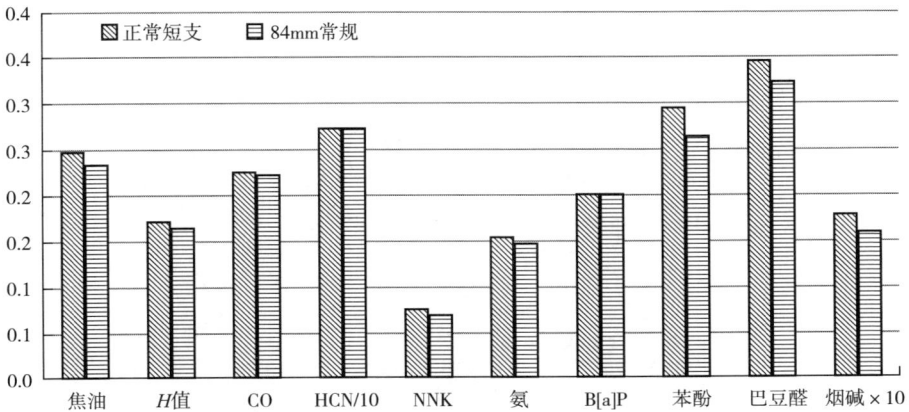

（b）不同烟支长度烟气成分差异-单位燃烧长度

图 3-22　烟支长度对烟气成分的影响

　　结果表明，从单支释放量上来看，由于 84 mm 卷烟烟支燃烧长度长，烟气成分释放量均较高；从单位燃烧长度上来看，短支卷烟的焦油、NNK、氨、苯酚、巴豆醛、烟碱及 H 值单位燃烧长度释放量均大于 84 mm 的常规卷烟，CO、HCN、B[a]P 等成分的单位燃烧长度释放量的两者差异不大。这可能由于短支卷烟烟丝段长度较短，烟丝段对烟气成分的过滤降低。

不同烟支长度卷烟的气溶胶粒数浓度及粒径见图 3-23。

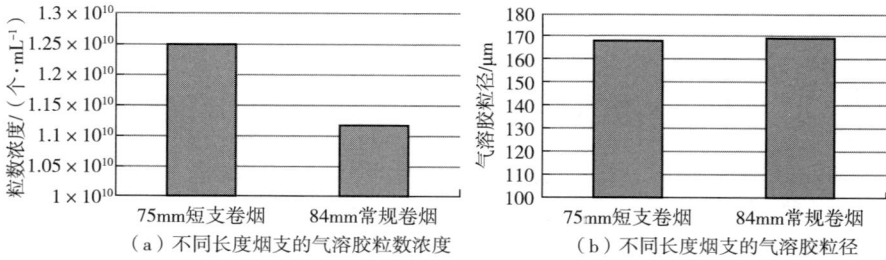

（a）不同长度烟支的气溶胶粒数浓度　　　（b）不同长度烟支的气溶胶粒径

图 3-23　烟支长度对烟气气溶胶的影响

结果表明，75 mm 短支卷烟的气溶胶粒数浓度显著高于 84 mm 常规卷烟，两者的气溶胶粒径差异不大。

3.5.2　烟支长度对感官质量的影响

不同烟支长度卷烟对感官质量的影响见图 3-24。

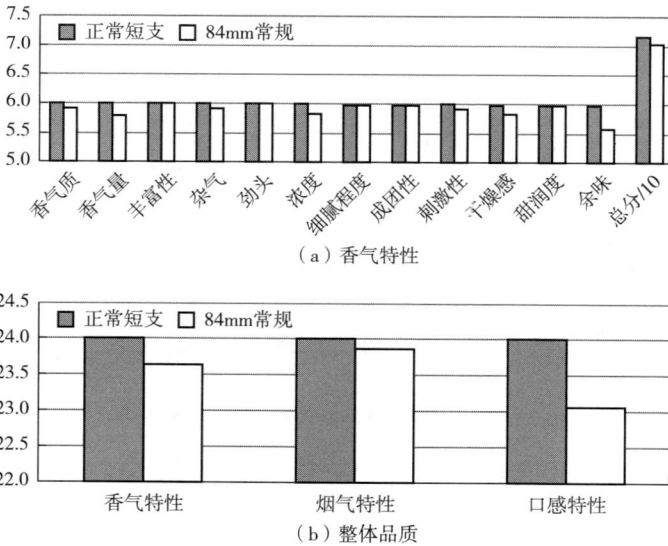

（a）香气特性

（b）整体品质

图 3-24　烟支长度对感官质量的影响

结果表明，短支卷烟（75 mm）长度在香气质、香气量、杂气、浓度、刺激性、干燥感和余味指标上均优于常规卷烟，其他指标两者基本无差异，总体感官质量方面，75 mm 短支卷烟显著优于 84 mm 常规烟。

3.6　小结

（1）对辅材设计参数与烟气成分的相关性进行总结，具体结果见表 3-32~表 3-34。

表 3-32　短支卷烟辅材设计参数与烟气成分相关性的总结

	辅材 设计参数	焦油	H 值	CO	HCN	NNK	氨	B[a]P	苯酚	巴豆醛	烟碱	烟碱截 留效率
烟丝段	卷烟纸透气度	−	−	−	−	−	−	−	−	／	／	／
	卷烟纸克重	−	−	+	／	／	−	−	−	／	／	／
	助燃剂用量	−	−	−	−	−	−	−	−	−	／	／
	助燃剂钾钠比	−	−	−	−	−	−	−	−	−	／	／
	卷烟纸灰分	−	−	−	／	−	−	−	−	／	／	／
滤棒	滤棒通风— 激光预打孔	−	−	−	−	−	−	−	−	−	−	+
	滤棒通风— 自然透气	−	−	−	−	−	−	−	−	−	−	+
	滤棒压降	−	−	／	−	−	−	−	−	−	−	+

注　−：一定负相关，+：一定正相关，／：不相关。

表 3-33　短支卷烟辅材设计参数对烟气成分影响幅度总结（LT）

	辅材设计参数	焦油	H 值	CO	HCN	NNK	氨	B[a]P	苯酚	巴豆醛	烟碱	烟碱截留 效率
烟丝段	卷烟纸透气度 40→80CU	−12%	−12%	−12%	−16%	−12%	−14%	−11%	−14%	／	−8%	／
	卷烟纸克重 26→35 g/m²	−7%	−3%	5%	／	／	−6%	−10%	−9%	／	−15%	／
	助燃剂用量 0.7%→2.2%	−18%	−16%	−22%	−20%	−9%	−16%	−17%	−18%	−13%	−14%	／
	助燃剂钾钠比 (K⁺100%→0)	9%	9%	9%	12%	6%	6%	9%	9%	10%	13%	／
	卷烟纸灰分 16%→22%	−6%	−6%	−5%	−13%	／	−9%	−4%	−9%	／	／	／

续表

辅材设计参数		焦油	H 值	CO	HCN	NNK	氨	B[a]P	苯酚	巴豆醛	烟碱	烟碱截留效率
滤棒	接装纸透气度—激光打孔 0→30%	−17%	−21%	−25%	−36%	−11%	−16%	−19%	−18%	−21%	−12%	13%
	接装纸透气度—自然透气 0→30%	−16%	−25%	−28%	−41%	−9%	−32%	−17%	−20%	−31%	−2%	8%
	滤棒压降 2700→3300Pa	−6%	−6%	/	−9%	−3%	−11%	−9%	−7%	/	−5%	16%

注 −：一定负相关，+：一定正相关，/：不相关。

表 3-34 短支卷烟辅材设计参数对烟气成分影响幅度总结 (YX)

辅材设计参数		焦油	H 值	CO	HCN	NNK	氨	B[a]P	苯酚	巴豆醛	烟碱	烟碱截留效率
烟丝段	卷烟纸透气度 40→80CU	−5%	−9%	−9%	−12%	−9%	−8%	−9%	−9%	/	−10%	/
	卷烟纸克重 26→45 g/m²	−12%	−6%	13%	/	/	−5%	−15%	−30%	/	−13%	/
	助燃剂用量 0.7%→2.2%	−13%	−14%	−16%	−13%	−8%	−10%	−20%	−13%	−16%	−25%	/
	助燃剂钾钠比 （K⁺100%→0）	6%	14%	13%	26%	10%	11%	13%	11%	12%	25%	/
	卷烟纸灰分 16%→26%	−5%	−2%	−5%	−3%	/	−4%	−6%	−9%	/	/	/
滤棒	滤棒通风—激光打孔 0→30%	−29%	−28%	−30%	−34%	−11%	−14%	−42%	−21%	−40%	−22%	13%
	滤棒通风—自然透气 0→30%	−24%	−35%	−32%	−52%	−11%	−22%	−40%	−18%	−57%	−24%	24%
	滤棒压降 2700→3300Pa	−11%	−7%	/	−10%	−6%	−10%	−15%	−8%	/	−6%	35%

注 −：一定负相关，+：一定正相关，/：不相关。

结果表明，对短支卷烟烟气成分影响显著的辅材因素主要包括卷烟纸透气度、卷烟纸克重、卷烟纸助燃剂用量、卷烟纸助燃剂钾钠比、卷烟纸灰分、滤棒通风及滤棒压降。

（2）辅材设计参数对感官质量影响的总结如下。

卷烟纸透气度：LT 在较低卷烟纸透气度下，感官质量较好；YX 香气特性和烟气特性在 40 CU 卷烟纸下较好，口感特性在 60 CU 时较好。

卷烟纸克重：低克重卷烟纸的卷烟感官质量较好。

卷烟纸助燃剂用量：低助燃剂用量（0.7%）的卷烟感官质量更好。

卷烟纸助燃剂钾钠比：采用纯钾盐卷烟纸的卷烟感官质量更好。

卷烟纸灰分：采用低灰分卷烟纸的卷烟感官质量较好。

滤棒通风：在通风率为 0 时，香气特性和烟气特性更好，在通风率为 17% 时，口感特性更好。

滤棒压降：中档吸阻（3000 Pa）时感官质量较好。

（3）在滤棒单位长度吸阻不变的情况下，随烟丝段吸阻比例的降低，滤棒吸阻比例增加，总粒相物、焦油、HCN、B[a]P、苯酚和巴豆醛释放量及 H 值逐步降低，烟碱、NNK、氨释放量差异不大，CO 释放量呈逐步上升趋势。

香气特性和烟气特性的大部分指标均在滤棒长度为 25 mm（28%+72%）时最佳，细腻程度在滤棒长度为 30 mm（24%+76%）时最佳；口感特性大部分指标在滤棒长度为 30 mm（24%+76%）时最佳。整体感官得分在滤棒长度为 25 mm（28%+72%）时最佳。

（4）在滤棒吸阻和烟丝段吸阻不变的情况下，随滤棒长度的增加，HCN、苯酚和巴豆醛释放量及 H 值逐步降低，总粒相物、焦油、烟碱、B[a]P 释放量逐步上升，但幅度较小，CO、NNK、氨释放量差异较小，烟碱截留效率呈上升趋势。

烟气特性中大部分指标在滤棒长度为 25 mm（28%+72%）最佳，杂气在滤棒长度为 30 mm（28%+72%）时最佳；口感特性的劲头、浓度、细腻程度均在 20 mm（28%+72%）时最佳，成团性在 25 mm（28%+72%）时最佳；口感特性大部分指标均在 20 mm（28%+72%）时最佳。综合感官总分在滤棒长度为 20 mm（28%+72%）最佳。

（5）烟支吸阻不变的情况下，随烟丝段吸阻的降低，滤棒吸阻比例增加，苯酚、巴豆醛、焦油、B[a]P 释放量及 H 值逐步降低，总粒相物、烟碱、CO、HCN 释放量先上升再下降，NNK、氨释放量差异较小，烟碱截留效率呈上升趋势。

20 mm（29%+71%）和 25 mm（28%+72%）样品的香气特性差异不大，30 mm（22%+78）样品的香气量较差；烟气特性和口感特性大部分指标在 20 mm（29%+71%）时最佳；综合感官质量总分在 20 mm（29%+71%）时最佳。

（6）从单支释放量看，84 mm 卷烟烟气成分释放量均较高；从单位燃烧长度看，短支卷烟（75 mm）的焦油、NNK、氨、苯酚、巴豆醛、烟碱及 H 值的单位燃烧长度释放量均大于 84 mm 的常规卷烟，CO、HCN、B[a]P 等成分的单位燃烧长度释放量的两者差异不大。

短支卷烟（75 mm）在香气质、香气量、杂气、浓度、刺激性、干燥感和余味指标上均优于常规卷烟，其他指标两者基本无差异，总体感官质量方面，75 mm 短支卷烟显著优于 84 mm 常规烟。

4 基于多因素辅材参数的短支卷烟烟气成分预测模型的构建

根据单因素对主流烟气化学成分的影响考察结果，选取卷烟纸透气度、卷烟纸定量、卷烟纸助燃剂含量、钾钠比、接装纸透气度、滤棒压降6个因素，每个因素分别选择合适的范围，设置合适的水平，采用中心组合结合正交设计，共设计50个卷烟样品。

4.1 辅材样品设计、制作及测试

4.1.1 样品设计涉及的因素水平

样品设计涉及的因素、范围及水平如表4-1所示。

表4-1 样品设计涉及的因素、范围及水平

因素	范围	水平	间隔
卷烟纸透气度	40~80 CU	5	10
卷烟纸定量	26~35 g/m²	4	3
卷烟纸助燃剂含量	0.7%~2.5%	4	0.6
卷烟纸助燃剂钾钠比	0:1~1:0	5	0:1、1:3、1:1、3:1、1:0
接装纸透气度	0~800 CU	5	0、100、300、500、800
滤棒压降	2700~3600 Pa	4	300

4.1.2 样品设计

根据以上因素和水平，采用中心组合结合正交设计，共设计出多因素样品49个，具体信息见表4-2。

表 4-2　多因素样品设计方案

样品编号	定量/ (g·m^{-2})	助燃剂含量/%	卷烟纸透气度/CU	助燃剂钾钠比	滤棒压降/Pa	接装纸透气度/CU
LT-1	26	0.7	50	1:0	3600	800
LT-2	26	0.7	60	1:1	3300	100
LT-3	26	0.7	70	0:1	3600	500
LT-4	26	1.3	40	0:1	2700	800
LT-5	26	1.3	60	3:1	3600	300
LT-6	26	1.3	80	3:1	3300	500
LT-7	26	1.9	40	1:1	2700	0
LT-8	26	1.9	50	1:3	3000	300
LT-9	26	1.9	70	1:1	3000	800
LT-10	26	1.9	80	1:0	2700	100
LT-11	26	2.5	40	1:0	3300	500
LT-12	26	2.5	50	1:3	3600	0
LT-13	26	2.5	70	3:1	3300	100
LT-14	26	2.5	80	0:1	3000	0
LT-15	29	0.7	40	1:1	3300	300
LT-16	29	0.7	50	3:1	3000	500
LT-17	29	0.7	70	1:0	2700	100
LT-18	29	1.3	50	1:0	3000	0
LT-19	29	1.3	70	1:3	2700	300
LT-20	29	1.3	80	1:1	3600	100
LT-21	29	1.9	40	3:1	3600	800
LT-22	29	1.9	60	0:1	3000	100
LT-23	29	1.9	70	1:3	3300	500
LT-24	29	2.5	60	3:1	2700	800

续表

样品编号	定量/ (g·m⁻²)	助燃剂 含量/%	卷烟纸 透气度/CU	助燃剂 钾钠比	滤棒 压降/Pa	接装纸 透气度/CU
LT-25	29	2.5	60	1：3	3300	800
LT-26	29	2.5	80	0：1	3600	0
LT-27	32	0.7	40	0：1	3000	300
LT-28	32	0.7	60	1：3	2700	0
LT-29	32	1.3	70	1：0	3600	800
LT-30	32	1.3	70	1：1	3300	0
LT-31	32	1.9	50	0：1	3300	800
LT-32	32	1.9	80	1：0	3300	300
LT-33	32	1.9	80	3：1	3600	300
LT-34	32	2.5	40	1：0	3000	500
LT-35	32	2.5	40	1：3	3600	100
LT-36	32	2.5	50	3：1	2700	100
LT-37	35	0.7	70	3：1	3000	0
LT-38	35	0.7	80	1：3	2700	500
LT-39	35	0.7	80	1：3	3300	800
LT-40	35	1.3	40	1：3	3000	100
LT-41	35	1.3	50	0：1	3300	100
LT-42	35	1.9	40	3：1	3300	0
LT-43	35	1.9	50	1：1	2700	500
LT-44	35	1.9	60	1：0	3600	0
LT-45	35	1.9	60	0：1	3600	500
LT-46	35	2.5	50	1：1	3600	300
LT-47	35	2.5	60	1：0	3300	300
LT-48	35	2.5	70	0：1	2700	300
LT-49	35	2.5	80	1：1	3000	800

同时设计辅材多因素模型验证样，验证样设计参数见表4-3。

表4-3　辅材多因素模型验证样设计参数

样品编号	定量/ (g·m⁻²)	助燃剂 含量/%	卷烟纸 透气度/CU	助燃剂 钾钠比	滤棒 压降/Pa	接装纸 透气度/CU
YZ-1	26	0.7	50	1:0	3300	500
YZ-2	29	1.3	70	1:3	3600	0
YZ-3	32	1.9	80	3:1	2700	100
YZ-4	35	2.5	50	1:1	3000	800
YZ-5	26	1.3	40	0:1	3000	300
YZ-6	29	0.7	70	1:0	3600	300
YZ-7	35	1.9	60	0:1	2700	800
YZ-8	26	2.5	40	1:0	3000	100
YZ-9	32	2.5	40	1:3	3300	500

4.1.3　辅材制备及实测参数

根据设计方案，制备相应参数的卷烟纸、滤棒、接装纸，卷烟纸实测值与设计值见表4-4、滤棒实测值见表4-5、接装纸实测值见表4-6。

表4-4　卷烟纸设计参数及实测值

序号	定量/（g·m⁻²）		助燃剂含量/%		卷烟纸透气度/CU		助燃剂钾钠比	
	设计值	实测值	设计值	实测值	设计值	实测值	设计值	实测值
1	26	26.5	0.7	0.76	50	46	1:0	12:1
2	26	26.4	0.7	0.78	60	58	1:1	1.1:1
3	26	26.5	0.7	0.75	70	67	0:1	1:10
4	26	26.3	1.3	1.27	40	43	0:1	1:10
5	26	26.5	1.3	1.28	60	61	3:1	3.8:1
6	26	26.2	1.3	1.31	80	76	3:1	3.2:1
7	26	26.2	1.9	1.82	40	44	1:1	1.8:1
8	26	26.3	1.9	1.84	50	52	1:3	1:2.1

续表

序号	定量/（g·m⁻²）		助燃剂含量/%		卷烟纸透气度/CU		助燃剂钾钠比	
	设计值	实测值	设计值	实测值	设计值	实测值	设计值	实测值
9	26	26.6	1.9	1.92	70	68	1:1	1.9:1
10	26	26.5	1.9	1.95	80	76	1:0	10:1
11	26	26.6	2.5	2.42	40	43	1:0	12:1
12	26	26.4	2.5	2.52	50	53	1:3	1:2.2
13	26	26.5	2.5	2.53	70	67	3:1	2.3:1
14	26	26.6	2.5	2.55	80	76	0:1	1:10
15	29	29.3	0.7	0.75	40	42	1:1	1.8:1
16	29	29.4	0.7	0.78	50	51	3:1	2.4:1
17	29	29.3	0.7	0.75	70	72	1:0	12:1
18	29	28.9	1.3	1.34	50	52	1:0	10:1
19	29	29.2	1.3	1.35	70	66	1:3	1:2.5
20	29	29.0	1.3	1.32	80	78	1:1	1:1.6
21	29	28.5	1.9	1.88	40	41	3:1	4.1:1
22	29	28.8	1.9	1.86	60	62	0:1	1:10
23	29	29.1	1.9	1.81	70	71	1:3	1:2.2
24	29	29.2	2.5	2.45	60	62	3:1	3.6:1
25	29	29.5	2.5	2.46	60	62	1:3	1:2.5
26	29	29.4	2.5	2.51	80	76	0:1	1:10
27	32	32.2	0.7	0.76	40	43	0:1	1:12
28	32	32.3	0.7	0.82	60	57	1:3	1:4.5
29	32	32.1	1.3	1.28	70	71	1:0	10:1
30	32	32.1	1.3	1.26	70	68	1:1	1.8:1
31	32	32.3	1.9	1.83	50	54	0:1	1:10
32	32	32.2	1.9	1.88	80	78	1:0	10:1
33	32	31.8	1.9	1.85	80	75	3:1	2.5:1
34	32	32.1	2.5	2.52	40	38	1:0	12:1

· 361 ·

续表

序号	定量/（g·m⁻²）		助燃剂含量/%		卷烟纸透气度/CU		助燃剂钾钠比	
	设计值	实测值	设计值	实测值	设计值	实测值	设计值	实测值
35	32	32.3	2.5	2.48	40	36	1:3	1:4.6
36	32	32.3	2.5	2.53	50	54	3:1	2.6:1
37	35	35.2	0.7	0.73	70	73	3:1	2.2:1
38	35	35.1	0.7	0.76	80	77	1:3	1:2.1
39	35	35.0	0.7	0.72	80	75	1:3	1:2.3
40	35	34.8	1.3	1.32	40	43	1:3	1:4.5
41	35	34.7	1.3	1.35	50	48	0:1	1:10
42	35	35.2	1.9	1.85	40	43	3:1	2.2:1
43	35	35.1	1.9	1.88	50	49	1:1	1.5:1
44	35	34.6	1.9	1.83	60	61	1:0	10:1
45	35	35.2	1.9	1.95	60	56	0:1	1:10
46	35	35.1	2.5	2.55	50	53	1:1	1.6:1
47	35	35.3	2.5	2.58	60	58	1:0	10:1
48	35	35.5	2.5	2.46	70	66	0:1	1:10
49	35	35.3	2.5	2.55	80	78	1:1	1.4:1

表 4-5　滤棒设计参数及实测值

样品编号	滤棒压降设计值/Pa	滤棒压降实测值/Pa
LB-1	2700	2690
LB-2	3000	3004
LB-3	3300	3306
LB-4	3600	3600

表 4-6　接装纸设计参数及实测值

样品编号	接装纸透气度设计值/CU	接装纸透气度实测值/CU
LT-1	0	0

样品编号	接装纸透气度设计值/CU	接装纸透气度实测值/CU
LT-2	100	110
LT-3	300	289
LT-4	500	486
LT-5	800	803

结果表明，卷烟纸、滤棒和接装纸的设计参数与实测参数基本一致，可以满足试验要求。

4.2 辅材多因素样品卷烟样品的制作及检测

4.2.1 辅材多因素样品卷烟样品的制作及物理参数检测

采用 LT 烟丝配方在同一机台卷制辅材多因素样品，同时卷制验证样，所有样品卷烟的物测参数见表 4-7。

表 4-7 多因素样品卷烟物测参数

样品编号	单支质量/g	总通风率/%	滤棒通风率/%	开吸阻/Pa	闭吸阻/pa
LT-1	0.775	37.4	36.1	961	1208
LT-2	0.787	13.8	8.0	1095	1146
LT-3	0.795	32.4	28.3	1026	1228
LT-4	0.777	42.0	38.9	753	982
LT-5	0.785	22.0	17.4	1077	1197
LT-6	0.790	27.1	21.8	980	1123
LT-7	0.766	5.5	0.4	980	976
LT-8	0.778	21.6	17.0	952	1066
LT-9	0.769	37.8	34.6	836	1061
LT-10	0.764	14.1	8.4	893	942

续表

样品编号	单支质量/g	总通风率/%	滤棒通风率/%	开吸阻/Pa	闭吸阻/pa
LT-11	0.786	26.1	23.4	946	1103
LT-12	0.785	6.6	0.3	1217	1213
LT-13	0.782	13.6	8.1	1091	1141
LT-14	0.777	7.9	0.4	1076	1070
LT-15	0.773	19.9	16.9	1005	1117
LT-16	0.787	30.2	26.9	895	1078
LT-17	0.768	13.8	8.5	933	980
LT-18	0.779	6.2	0.4	1083	1080
LT-19	0.776	24.0	19.1	870	989
LT-20	0.792	15.1	8.8	1134	1187
LT-21	0.777	37.6	35.6	977	1221
LT-22	0.783	14.5	8.3	999	1051
LT-23	0.799	31.1	25.7	993	1176
LT-24	0.776	42.1	38.9	741	975
LT-25	0.788	38.4	34.9	905	1140
LT-26	0.789	7.8	0.2	1192	1187
LT-27	0.776	21.2	17.4	979	1096
LT-28	0.778	5.2	0.4	979	976
LT-29	0.791	39.9	36.5	980	1235
LT-30	0.780	7.1	0.2	1121	1117
LT-31	0.794	38.5	35.4	903	1145
LT-32	0.795	22.2	16.4	1034	1147
LT-33	0.791	23.5	17.7	1086	1208
LT-34	0.776	27.0	25.1	919	1088

续表

样品编号	单支质量/g	总通风率/%	滤棒通风率/%	开吸阻/Pa	闭吸阻/pa
LT-35	0.795	11.9	8.9	1153	1212
LT-36	0.771	14.5	9.2	918	970
LT-37	0.797	8.1	0.4	1062	1058
LT-38	0.772	32.6	28.0	810	985
LT-39	0.794	38.1	33.7	926	1157
LT-40	0.799	13.5	8.7	1031	1090
LT-41	0.788	12.0	8.1	1082	1133
LT-42	0.795	5.1	0.1	1142	1137
LT-43	0.778	30.8	27.4	826	1001
LT-44	0.811	7.0	0.3	1260	1255
LT-45	0.802	30.2	27.0	990	1177
LT-46	0.808	23.0	19.3	1080	1211
LT-47	0.796	20.6	16.5	1008	1123
LT-48	0.800	26.0	21.1	871	998
LT-49	0.780	38.2	34.0	824	1040
YZ-1	0.782	27.9	25.8	952	1125
YZ-2	0.797	6.5	0.1	1186	1183
YZ-3	0.778	16.2	9.6	940	994
YZ-4	0.790	34.4	34.7	842	1072
YZ-5	0.781	22.8	17.7	944	1595
YZ-6	0.774	22.8	18.3	1073	1197
YZ-7	0.785	42.2	39.7	751	996
YZ-8	0.783	12.9	8.6	1028	1083
YZ-9	0.795	28.1	25.8	963	1145

结果表明，所制备卷烟样品物测参数符合试验要求。

4.2.2 辅材多因素样品卷烟烟气成分检测

采用标准方法对所有样品卷烟主流烟气常规成分、7 种成分释放量进行检测，结果见表4-8。

表4-8 多因素样品卷烟烟气常规成分检测结果

样品编号	TPM/（mg·支⁻¹）	烟碱/（mg·支⁻¹）	水分/（mg·支⁻¹）	焦油/（mg·支⁻¹）	CO/（mg·支⁻¹）
LT-1	8.93	0.74	0.82	7.37	7.84
LT-2	10.95	0.80	0.82	9.33	9.25
LT-3	9.41	0.74	0.98	7.69	7.72
LT-4	8.55	0.69	0.71	7.15	6.16
LT-5	9.94	0.79	1.08	8.08	8.58
LT-6	10.32	0.79	0.99	8.54	8.02
LT-7	13.38	0.93	1.24	11.21	10.80
LT-8	11.17	0.86	1.02	9.29	9.35
LT-9	9.02	0.68	0.77	7.57	6.69
LT-10	11.88	0.83	1.16	9.89	8.57
LT-11	9.92	0.77	0.94	8.20	7.58
LT-12	10.82	0.74	1.08	9.00	8.84
LT-13	10.96	0.78	1.00	9.18	8.50
LT-14	11.19	0.78	1.18	9.23	8.26
LT-15	10.82	0.81	0.94	9.06	9.34
LT-16	10.31	0.79	0.87	8.65	8.27
LT-17	12.16	0.88	1.23	10.05	9.66
LT-18	12.24	0.82	1.00	10.42	10.57
LT-19	10.96	0.80	0.94	9.23	8.84
LT-20	10.55	0.80	1.20	8.55	9.28
LT-21	8.44	0.65	0.89	6.89	6.84

续表

样品编号	TPM/ （mg·支⁻¹）	烟碱/ （mg·支⁻¹）	水分/ （mg·支⁻¹）	焦油/ （mg·支⁻¹）	CO/ （mg·支⁻¹）
LT-22	11.83	0.87	1.23	9.74	9.12
LT-23	9.33	0.75	0.90	7.67	7.00
LT-24	8.06	0.64	0.92	6.51	5.56
LT-25	8.32	0.63	0.87	6.82	6.51
LT-26	10.76	0.78	1.19	8.80	9.38
LT-27	11.37	0.85	1.08	9.45	10.23
LT-28	14.02	0.96	1.39	11.67	12.45
LT-29	8.00	0.62	0.83	6.55	6.51
LT-30	11.12	0.80	1.07	9.25	9.74
LT-31	8.77	0.68	1.08	7.01	6.53
LT-32	9.43	0.76	1.53	7.13	7.64
LT-33	9.28	0.73	1.07	7.49	8.05
LT-34	9.65	0.69	0.77	8.19	7.44
LT-35	10.25	0.75	1.22	8.29	9.07
LT-36	10.79	0.69	0.98	9.11	8.57
LT-37	13.04	0.94	1.74	10.36	11.48
LT-38	9.58	0.71	0.81	8.06	8.22
LT-39	8.90	0.68	0.93	7.29	7.95
LT-40	11.95	0.87	0.90	10.19	11.06
LT-41	12.68	0.90	1.34	10.44	11.80
LT-42	12.22	0.82	1.23	10.17	10.95
LT-43	10.03	0.72	0.80	8.51	8.37
LT-44	10.27	0.77	1.07	8.43	9.50
LT-45	9.31	0.71	0.89	7.70	8.45
LT-46	10.37	0.77	1.03	8.57	9.42
LT-47	10.18	0.75	0.84	8.58	8.40

样品编号	TPM/ (mg·支$^{-1}$)	烟碱/ (mg·支$^{-1}$)	水分/ (mg·支$^{-1}$)	焦油/ (mg·支$^{-1}$)	CO/ (mg·支$^{-1}$)
LT-48	9.60	0.69	0.94	7.97	8.02
LT-49	8.05	0.56	0.62	6.87	6.35
YZ-1	10.73	0.83	1.13	8.77	9.06
YZ-2	12.44	0.88	1.44	10.12	11.02
YZ-3	10.87	0.76	0.98	9.12	8.77
YZ-4	8.84	0.65	0.78	7.41	7.53
YZ-5	10.73	0.86	1.12	8.75	8.41
YZ-6	10.09	0.73	1.13	8.22	8.85
YZ-7	8.62	0.69	0.69	7.24	6.53
YZ-8	11.72	0.79	1.09	9.83	9.29
YZ-9	9.56	0.73	0.96	7.87	7.69

表4-9　多因素样品卷烟烟气7种成分检测结果

样品编号	CO/ (mg·支$^{-1}$)	HCN/ (μg·支$^{-1}$)	NNK/ (μg·支$^{-1}$)	氨/ (μg·支$^{-1}$)	B[a]P/ (μg·支$^{-1}$)	苯酚/ (μg·支$^{-1}$)	巴豆醛/ (μg·支$^{-1}$)	H值
LT-1	7.84	103.3	3.12	6.46	6.27	15.35	13.36	6.86
LT-2	9.25	134.3	3.64	5.95	8.03	15.34	15.73	7.76
LT-3	7.72	103.3	3.25	5.94	6.59	15.12	14.08	6.86
LT-4	6.16	74.2	3.28	4.33	5.85	15.14	11.09	5.82
LT-5	8.58	129.2	3.14	6.49	6.98	14.21	13.85	7.23
LT-6	8.02	100.1	3.44	6.44	7.44	12.89	14.33	6.95
LT-7	10.80	147.0	4.63	6.84	9.91	14.49	16.80	8.71
LT-8	9.35	111.2	3.53	6.13	7.99	14.25	14.68	7.37
LT-9	6.69	79.9	2.97	4.19	6.27	12.05	12.28	5.72
LT-10	8.57	120.0	4.25	6.45	8.59	13.41	17.65	7.86
LT-11	7.58	96.5	3.11	5.43	7.10	13.04	14.01	6.55

续表

样品编号	CO/ (mg·支⁻¹)	HCN/ (μg·支⁻¹)	NNK/ (μg·支⁻¹)	氨/ (μg·支⁻¹)	B[a]P/ (μg·支⁻¹)	苯酚/ (μg·支⁻¹)	巴豆醛/ (μg·支⁻¹)	H 值
LT-12	8.84	137.6	3.20	5.62	7.90	12.87	18.37	7.56
LT-13	8.50	116.7	2.93	5.36	8.08	13.77	16.34	7.14
LT-14	8.26	111.3	3.42	5.44	7.93	12.31	17.20	7.14
LT-15	9.34	115.8	3.11	6.55	7.96	17.02	16.10	7.71
LT-16	8.27	99.0	3.58	6.16	7.35	15.46	13.60	7.09
LT-17	9.66	115.6	4.44	7.00	8.75	15.21	16.73	8.17
LT-18	10.57	154.4	4.01	6.59	9.12	15.84	16.78	8.56
LT-19	8.84	111.3	4.24	4.78	7.93	14.60	15.32	7.34
LT-20	9.28	136.3	3.15	6.91	7.45	13.20	17.58	7.71
LT-21	6.84	89.0	3.00	6.13	5.79	12.71	13.31	6.24
LT-22	9.12	126.3	3.73	6.10	8.44	14.86	16.82	7.81
LT-23	7.00	105.7	2.68	4.77	6.57	13.20	14.51	6.33
LT-24	5.56	66.5	3.03	4.24	5.21	12.63	11.23	5.32
LT-25	6.51	86.6	2.33	4.30	5.72	11.77	12.88	5.57
LT-26	9.38	150.4	3.18	5.85	7.70	12.80	18.48	7.75
LT-27	10.23	117.0	3.61	6.06	8.15	15.30	15.53	7.69
LT-28	12.45	159.0	4.14	6.84	10.37	15.66	17.34	9.07
LT-29	6.51	85.6	3.03	5.45	5.45	13.44	13.33	6.08
LT-30	9.74	134.3	3.13	5.70	7.95	15.60	16.61	7.71
LT-31	6.53	89.8	2.95	4.72	5.91	13.05	13.03	5.98
LT-32	7.64	105.8	2.84	5.80	6.03	14.99	15.54	6.78
LT-33	8.05	126.1	3.17	5.57	6.39	13.61	15.21	6.97
LT-34	7.44	99.8	3.36	5.33	6.89	14.53	13.56	6.67
LT-35	9.07	138.2	3.10	5.65	7.19	13.70	17.06	7.44

续表

样品编号	CO/(mg·支⁻¹)	HCN/(μg·支⁻¹)	NNK/(μg·支⁻¹)	氨/(μg·支⁻¹)	B[a]P/(μg·支⁻¹)	苯酚/(μg·支⁻¹)	巴豆醛/(μg·支⁻¹)	H值
LT-36	8.57	110.2	4.26	6.06	7.81	14.54	17.51	7.68
LT-37	11.48	145.7	4.15	6.61	9.06	16.30	18.77	8.79
LT-38	8.22	101.8	3.46	5.33	6.76	15.27	14.30	6.90
LT-39	7.95	101.3	2.97	4.73	6.19	14.32	12.65	6.35
LT-40	11.06	157.2	3.93	7.00	8.89	18.03	17.60	8.90
LT-41	11.80	151.0	3.37	6.28	9.34	17.73	20.12	8.87
LT-42	10.95	153.1	2.90	6.56	8.87	16.54	19.09	8.49
LT-43	8.37	101.3	3.71	4.33	7.21	15.45	15.20	6.94
LT-44	9.50	152.6	3.06	6.35	7.33	13.72	19.58	7.95
LT-45	8.45	112.8	3.03	5.99	6.60	15.85	14.22	7.06
LT-46	9.42	138.4	3.03	5.64	7.47	14.42	15.96	7.47
LT-47	8.40	115.6	3.04	5.87	7.48	14.78	14.02	7.07
LT-48	8.02	105.2	3.36	4.00	6.67	13.48	14.42	6.50
LT-49	6.35	76.5	2.46	3.87	5.57	13.54	10.87	5.38
YZ-1	9.06	126.4	3.29	5.71	7.67	16.51	13.77	7.43
YZ-2	11.02	167.6	3.14	7.10	9.02	14.47	21.34	8.82
YZ-3	8.77	120.7	3.92	5.50	7.82	13.60	17.95	7.57
YZ-4	7.53	85.4	2.51	4.03	6.11	15.55	12.20	5.97
YZ-5	8.41	108.6	3.76	5.89	7.45	13.18	15.16	7.14
YZ-6	8.85	139.6	2.93	6.49	7.12	13.38	15.32	7.37
YZ-7	6.53	74.6	3.10	3.97	5.94	12.88	11.80	5.63
YZ-8	9.29	124.2	3.55	6.53	8.53	13.54	17.21	7.77
YZ-9	7.69	103.7	2.54	4.37	6.77	13.35	14.77	6.33

4.3 短支卷烟烟气成分预测模型的构建

采用线性回归法和逐步回归法建立短支卷烟材料参数对主流烟气常规化学成分（焦油、烟碱、CO）、7 种有害成分、H 值及烟支开式吸阻、烟支总通风率的多因素预测模型，预测模型采用多因素样品数据计算，根据预测模型的参数检验结果确定比较可靠的预测模型，然后对上述预测模型进行交叉验证，依据交叉验证标准差 RMSECV 筛选出最优预测模型，最后采用外部验证样品对预测模型的预测能力进行验证。

卷烟材料设计参数及预测指标：共计 6 个卷烟材料设计参数，分别是卷烟纸定量（X_1）、卷烟纸透气度（X_2）、卷烟纸助燃剂含量（X_3）、卷烟纸钾/钠比（X_4）、滤棒压降（X_5）、接装纸透气度（X_6）。预测指标共计 12 个：焦油、烟碱、CO、HCN、NNK、氨、B[a]P、苯酚、巴豆醛、H 值、烟支吸阻、烟支总风率。

预测模型的检验：预测模型建立以后，分别进行预测模型各系数和预测模型的 95% 置信水平的 P 检验，只有预测模型通过 P 检验后（P 值<0.05）才能确定该预测模型基本可靠。

预测模型预测能力的内部验证：通过留 1 交叉验证法计算交叉验证标准差 RMSECV（公式 5），评价模型的预测能力。RMSECV 越小，模型预测能力越好；将模型的计算值（拟合值）和实际测定值（观测值）进行线性相关，对所建模型进行验证。二者相关线斜率、相关系数越接近 1，模型预测能力越好；计算实际的测定值与模型的计算值之间的差异（线性模型中称为残差；非线性模型中称为拟合误差），对所建模型进行验证。二者差异越小，模型预测能力越好。

$$RMSECV = \sqrt{\frac{\sum_{i=1}^{n-1} (\hat{C}_i - C_i'')^2}{n-1}}$$

式中：$\hat{C}_i$ 是模型预测值；C_i'' 是校正预测值；n 是校正集样品数。

4.3.1 焦油预测模型

4.3.1.1 6 因素线性模型

采用多元线性回归法建立了焦油与 6 项指标的预测模型，模型及模型参数包

括 X_1：卷烟纸克重，X_2：卷烟纸透气度，X_3；卷烟纸助燃剂含量，X_4：卷烟纸助燃剂钾钠比，X_5：滤棒吸阻，X_6：接装纸透气度。

$$Y = 15.487 - 0.0144X_1 - 0.0194X_2 - 42.5521X_3 - 0.0068X_4 - 0.0011X_5 - 0.0035X_6$$

从表 4-10 可知，模型 1 中 X_2、X_3、X_5 和 X_6 系数的 P 值均小于 0.1，X_1 和 X_4 系数的 P 值分别为 0.4991 和 0.7017，说明本模型中 X_1 和 X_4 系数的可靠性稍差，但由表 4-11 可知，模型 1 的 P 值小于 0.05，决定系数 R^2 为 0.8401，RM-SECV 为 0.4963，说明模型 1 能够通过检验，有统计学意义。

表 4-10 焦油模型 1 回归系数 P 检验

回归系数	P 值	回归系数	P 值
b_0	$<1.0 \times 10^{-5}$	b_4	0.7017
b_1	0.4991	b_5	$<1.0 \times 10^{-5}$
b_2	0.0012	b_6	$<1.0 \times 10^{-5}$
b_3	0.0003	—	—

表 4-11 焦油模型 1 性能指标

P 值	R^2	RMSECV
$<1.0 \times 10^{-5}$	0.8401	0.4963

由图 4-1 可知，根据模型 1 计算的拟合值与实际测定值的线性相关线斜率为 0.8582，R^2 为 0.8582，说明模型 1 拟合值与实测值吻合度较好。由拟合误差图

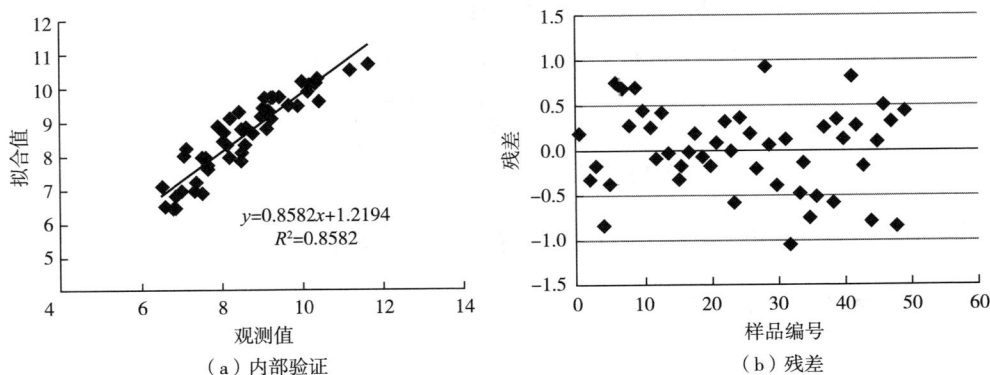

（a）内部验证

$y = 0.8582x + 1.2194$
$R^2 = 0.8582$

（b）残差

图 4-1 焦油模型 1 内部验证图与残差图

可知，拟合值与观测值之间的误差基本分布在±1.0 mg/cig 范围内，且没有任何趋势，说明建立的模型是可行的。

4.3.1.2 二次多项式模型

采用逐步回归法建立了焦油与 6 项指标及其交叉项和二次项的预测模型，模型及模型参数如下。

$$Y=0.490395+0.00002X_5X_6-0.544692X_2X_3-0.000002X_5X_5-0.010229X_6+$$
$$0.008520X_5-0.000295X_1X_2$$

从表 4-12 可知，模型 2 中系数的 P 值均小于 0.1，说明本模型中系数的可靠性较好。由表 4-13 可知，模型 2 的 P 值小于 0.05，决定系数 R^2 为 0.8832，RMSECV 为 0.4241，说明模型 2 能够通过检验，有统计学意义。

表4-12 焦油模型 2 回归系数 P 检验

回归系数	P 值	回归系数	P 值
$r(Y, X_5X_6)$	0.002	$r(Y, X_6)$	$<1.0\times10^{-5}$
$r(Y, X_2X_3)$	0.001	$r(Y, X_5)$	0.047
$r(Y, X_5X_5)$	0.017	$r(Y, X_1X_2)$	0.055

表4-13 焦油模型 2 性能指标

P 值	R^2	RMSECV
$<1.0\times10^{-5}$	0.8832	0.4241

由图 4-2 可知，根据模型 2 计算的拟合值与实际测定值的线性相关线斜率为 0.8978，R^2 为 0.8978，说明模型 2 拟合值与实测值吻合度较好。由拟合误差图可知，拟合值与观测值之间的误差基本分布在±1.0 mg/cig 范围内，且没有任何趋势，说明建立的模型是可行的。

4.3.1.3 多因子及互作项模型

采用逐步回归法建立了焦油与 6 项指标及其交叉项的预测模型，模型及模型参数如下。

$$Y=17.086607+0.00002X_5X_6-0.563513X_2X_3-0.001780X_5-0.012016X_6-$$
$$0.000609X_1X_2+0.000032X_2X_6$$

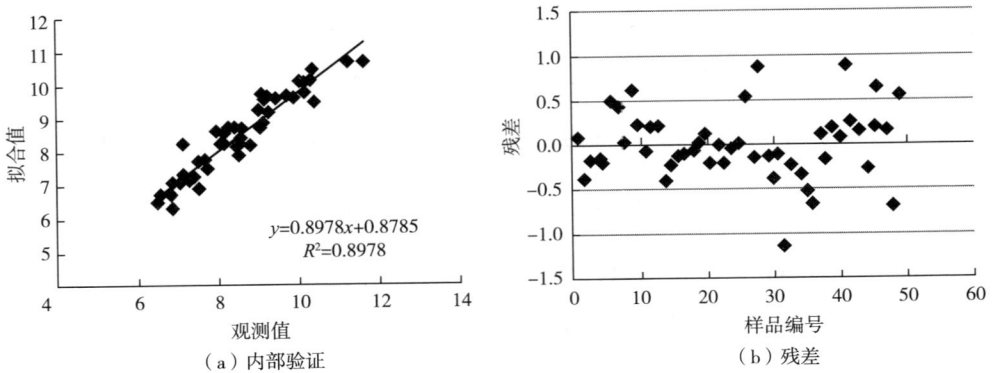

$y=0.8978x+0.8785$
$R^2=0.8978$

（a）内部验证

（b）残差

图 4-2　焦油模型 2 内部验证图与残差图

从表 4-14 可知，模型 3 中的系数 P 值均小于 0.1，说明本模型中系数的可靠性较好。由表 4-15 可知，模型 3 的 P 值小于 0.05，决定系数 R^2 为 0.8760，RMSECV 为 0.4371，说明模型 3 能够通过检验，有统计学意义。

表 4-14　焦油模型 3 回归系数 P 检验

回归系数	P 值	回归系数	P 值
$r(Y, X_5X_6)$	$<1.0\times10^{-5}$	$r(Y, X_6)$	$<1.0\times10^{-5}$
$r(Y, X_2X_3)$	$<1.0\times10^{-5}$	$r(Y, X_1X_2)$	0.002
$r(Y, X_5)$	$<1.0\times10^{-5}$	$r(Y, X_2X_6)$	0.053

表 4-15　焦油模型 3 性能指标

P 值	R^2	RMSECV
$<1.0\times10^{-5}$	0.8760	0.4371

由图 4-3 可知，根据模型 3 计算的拟合值与实际测定值的线性相关线斜率为 0.8914，R^2 为 0.8914，说明模型 3 拟合值与实测值吻合度较好。由拟合误差图可知，拟合值与观测值之间的误差分布在 ±1.0 mg/cig 范围内，且没有任何趋势，说明建立的模型是可行的。

4.3.1.4　焦油预测模型优选

通过 P 检验的焦油预测模型共计 3 个，各预测模型参数见表 4-16。从表中

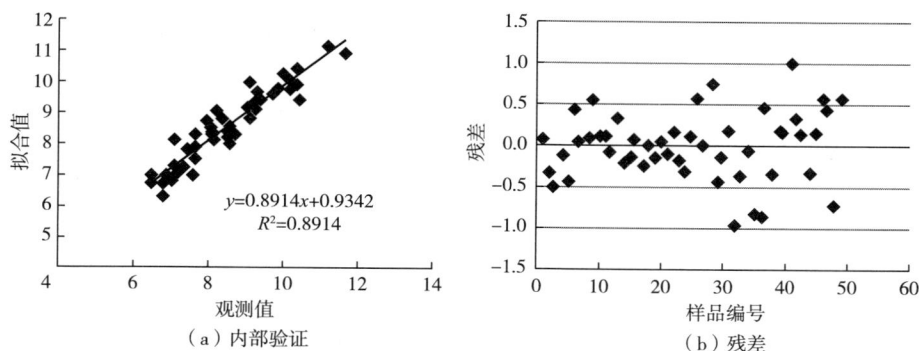

图 4-3 焦油模型 3 内部验证图与残差图

可看出，3 个模型的 R^2 均在 0.8 以上，说明 3 个模型的回归效果很好，其中模型 2 的 R^2 最大，交叉验证标准差 RMSECV 值最小，因此选择模型 2 作为焦油最优预测模型。

表 4-16 焦油预测模型

编号	模型	P 值	R^2	RMSECV
模型 1	$Y = 15.487 - 0.0144X_1 - 0.0194X_2 - 42.5521X_3 - 0.0068X_4 - 0.0011X_5 - 0.0035X_6$	$<1.0\times10^{-5}$	0.8401	0.4963
模型 2	$Y = 0.490395 + 0.00002X_5X_6 - 0.544692X_2X_3 - 0.000002X_5X_5 - 0.010229X_6 + 0.008520X_5 - 0.000295X_1X_2$	$<1.0\times10^{-5}$	0.8832	0.4241
模型 3	$Y = 17.086607 + 0.00002X_5X_6 - 0.563513X_2X_3 - 0.001780X_5 - 0.012016X_6 - 0.000609X_1X_2 + 0.000032X_2X_6$	$<1.0\times10^{-5}$	0.8760	0.4371

4.3.2 烟碱预测模型

4.3.2.1 6 因素线性模型

采用多元线性回归法建立了烟碱与 6 项指标的线性预测模型，方程如下。

$Y = 1.180088 - 0.002967X_1 - 0.001009X_2 - 5.245159X_3 - 0.000039X_4 - 0.000031X_5 - 0.000223X_6$

从表 4-17 可知，模型 1 中的 X_1、X_4 系数的 P 值分别为 0.1104 和 0.9797，说明本模型中 X_1、X_4 系数的可靠性稍差，但由表 4-18 可知，模型 1 的 P 值小于 0.05，决定系数 R^2 为 0.7512，RMSECV 为 0.04269，说明模型 1 能够通过检验，有统计学意义。

表 4-17 烟碱模型 1 回归系数 P 检验

回归系数	P 值	回归系数	P 值
b_0	$<1.0\times10^{-5}$	b_4	0.9797
b_1	0.1104	b_5	0.0943
b_2	0.0418	b_6	$<1.0\times10^{-5}$
b_3	$<1.0\times10^{-5}$	—	—

表 4-18 烟碱模型 1 性能指标

P 值	R^2	RMSECV
$<1.0\times10^{-5}$	0.7512	0.04269

由图 4-4 可知，根据模型 1 计算的拟合值与实际测定值的线性相关线斜率为 0.7823，R^2 为 0.7823，说明模型 1 拟合值与实测值吻合度较好。由残差图可知，拟合值与观测值之间的误差大多分布在 ±1.0 mg/cig 范围内，且没有任何趋势，说明建立的模型是可行的。

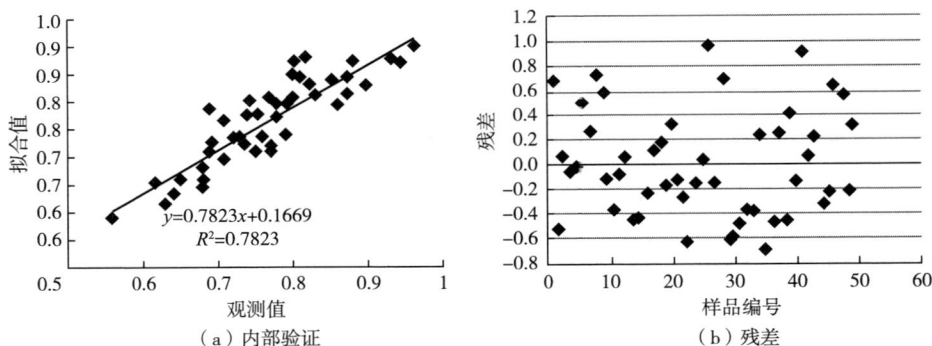

图 4-4 烟碱模型 1 内部验证图及残差图

4.3.2.2 二次多项式模型

采用逐步回归法建立了烟碱与 6 项指标及其交叉项和二次项的预测模型，模型及模型参数如下。

$$Y = 0.954166 - 0.000007X_1X_6 - 0.001578X_3X_5 - 0.000007X_2X_2$$

模型 2 中系数的 P 值见表 4-19，各系数的 P 值均小于 0.1，说明本模型中系数的可靠性较好。由表 4-20 可知，模型 2 的 P 值小于 0.05，决定系数 R^2 为

0.7654，RMSECV 为 0.04145，说明模型 2 能够通过检验，有统计学意义。

表 4-19　烟碱模型 2 回归系数 P 检验

回归系数	P 值
$r(Y, X_1X_6)$	$<1.0\times10^{-5}$
$r(Y, X_3X_5)$	$<1.0\times10^{-5}$
$r(Y, X_2X_2)$	0.075

表 4-20　烟碱模型 2 性能指标

P 值	R^2	RMSECV
$<1.0\times10^{-5}$	0.7654	0.04145

由图 4-5 可知，根据模型 2 计算的拟合值与实际测定值的线性相关线斜率为 0.7853，R^2 为 0.7778，说明模型 2 拟合值与实测值吻合度较好。由拟合残差图可知，拟合值与观测值之间的误差基本分布在±0.1 mg/cig 范围内，且没有任何趋势，说明建立的模型是可行的。

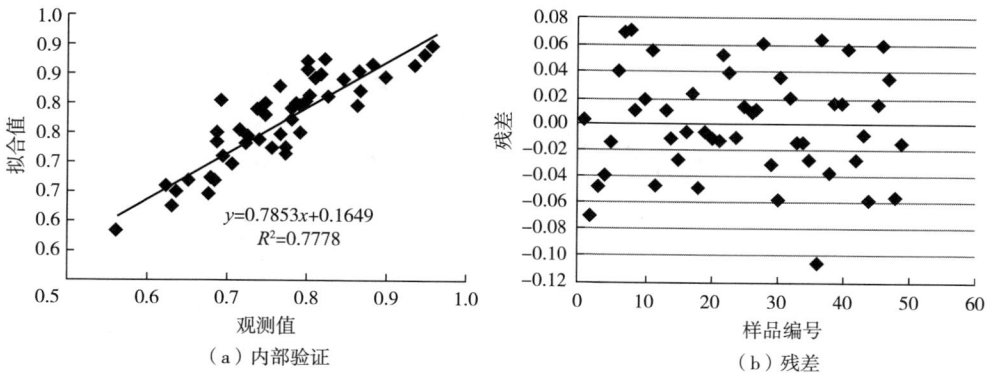

图 4-5　烟碱模型 2 内部验证图及残差图

4.3.2.3　多因子及互作项模型

采用逐步回归法建立了烟碱与 6 项指标及其交叉项的预测模型，模型及模型参数如下。

$$Y = 1.935160 - 0.000010X_1X_6 + 0.002266X_3X_5 - 0.000774X_2$$

从表4-21可知，模型3中的系数 P 值均小于0.1，说明本模型中系数的可靠性较好。由表4-22可知，模型3的 P 值小于0.05，决定系数 R^2 为0.7652，RMSECV为0.04146，说明模型3能够通过检验，有统计学意义。

表4-21 烟碱模型3回归系数 P 检验

回归系数	P 值
$r\ (\text{Y},\ X_1X_6)$	$<1.0\times10^{-5}$
$r\ (\text{Y},\ X_3X_5)$	$<1.0\times10^{-5}$
$r\ (\text{Y},\ X_2)$	0.077

表4-22 烟碱模型3性能指标

P 值	R^2	RMSECV
$<1.0\times10^{-5}$	0.7652	0.04146

由图4-6可知，根据模型3计算的拟合值与实际测定值的线性相关线斜率为0.7852，R^2 为0.7778，说明模型3拟合值与实测值吻合度较好。由拟合残差图可知，拟合值与观测值之间的误差基本分布在±0.08 mg/cig范围内，且没有任何趋势，说明建立的模型是可行的。

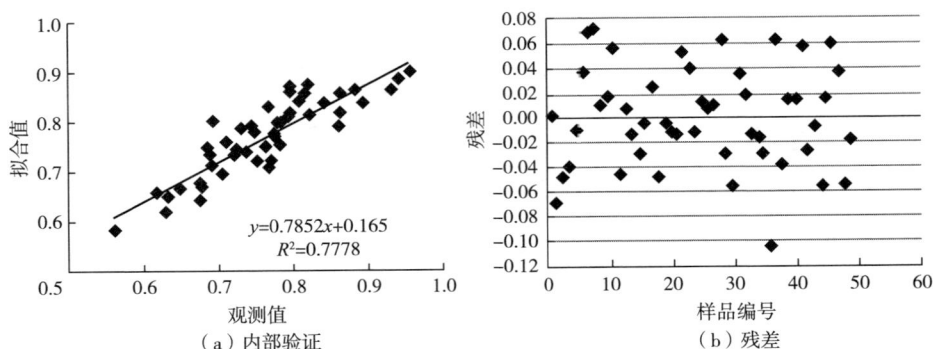

图4-6 烟碱模型3内部验证图及残差图

4.3.2.4 烟碱预测模型优选

通过 P 检验的烟碱预测模型共计3个，各预测模型参数见表4-23。从表中看出，3个模型的 R^2 均在0.7以上，说明3个模型回归效果较好，其中模型2的 R^2 最大，交叉验证标准差RMSECV值最小，因此选择模型2作为烟碱最优预测模型。

表 4-23　烟碱预测模型

编号	模型	P 值	R^2	RMSECV
模型 1	$Y = 15.487 - 0.0144X_1 - 0.0194X_2 - 42.5521X_3 - 0.0068X_4 - 0.0011X_5 - 0.0035X_6$	$<1.0\times10^{-5}$	0.7512	0.04269
模型 2	$Y = 0.954166 - 0.000007X_1X_6 - 0.001578X_3X_5 - 0.000007X_2X_2$	$<1.0\times10^{-5}$	0.7654	0.04145
模型 3	$Y = 1.935160 - 0.000010X_1X_6 + 0.002266X_3X_5 - 0.000774X_2$	$<1.0\times10^{-5}$	0.7652	0.04146

4.3.3　CO 预测模型

4.3.3.1　6 因素线性模型

采用多元线性回归采用多元线性回归法建立了一氧化碳与 6 项指标的预测模型。

$$Y = 10.1482 + 0.0938X_1 - 0.0265X_2 - 83.2824X_3 - 0.0236X_4 - 0.0001X_5 - 0.0043X_6$$

从表 4-24 可知，模型 1 中 X_4 和 X_5 系数的 P 值分别为 0.2643 和 0.8325，说明本模型中 X_4 和 X_5 系数的可靠性稍差，但由表 4-25 可知，模型 1 的 P 值小于 0.05，决定系数 R^2 为 0.8550，RMSECV 为 0.5831，说明模型 1 能够通过检验，有统计学意义。

表 4-24　CO 模型 1 回归系数 P 检验

回归系数	P 值	回归系数	P 值
b_0	$<1.0\times10^{-5}$	b_4	0.2643
b_1	0.0005	b_5	0.8325
b_2	0.0002	b_6	$<1.0\times10^{-5}$
b_3	$<1.0\times10^{-5}$		

表 4-25　CO 模型 1 性能指标

P 值	R^2	RMSECV
$<1.0\times10^{-5}$	0.8550	0.5831

由图 4-7 可知，根据模型 1 计算的拟合值与实际测定值的线性相关线斜率为 0.8731，R^2 为 0.8731，说明模型 1 拟合值与实测值吻合度较好。由残差图可知，

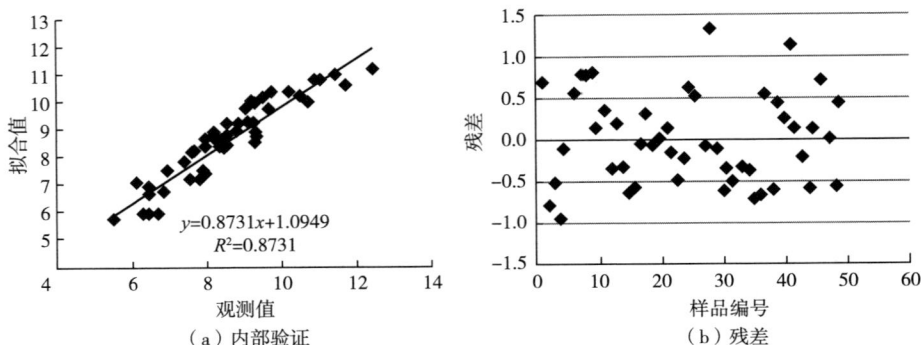

图 4-7　CO 模型 1 内部验证图及残差图

拟合值与观测值之间的误差大多分布在±1.0 mg/cig 范围内，且没有任何趋势，说明建立的模型是可行的。

4.3.3.2　二次多项式模型

采用逐步回归法建立了 CO 与 6 项指标及其交叉项和二次项的预测模型，模型及模型参数如下。

$$Y = 10.162223 - 0.006061X_6 - 1.389777X_2X_3 + 0.001544X_1X_1 + 0.000002X_6X_6$$

由表 4-26 可知，模型 2 中各系数的 P 值均小于 0.1，说明本模型中系数的可靠性较好。由表 4-27 可知，模型 2 的 P 值小于 0.05，决定系数 R^2 为 0.8558，RMSECV 为 0.5813，说明模型 2 能够通过检验，有统计学意义。

表 4-26　CO 模型 2 回归系数 P 检验

回归系数	P 值	回归系数	P 值
$r(Y, X_6)$	$<1.0×10^{-5}$	$r(Y, X_1X_1)$	$<1.0×10^{-5}$
$r(Y, X_2X_3)$	$<1.0×10^{-5}$	$r(Y, X_6X_6)$	0.083

表 4-27　CO 模型 2 性能指标

P 值	R^2	RMSECV
$<1.0×10^{-5}$	0.8558	0.5813

由图 4-8 可知，根据模型 2 计算的拟合值与实际测定值的线性相关线斜率为 0.8678，R^2 为 0.8680，说明模型 2 拟合值与实测值吻合度较好。由拟合误差图

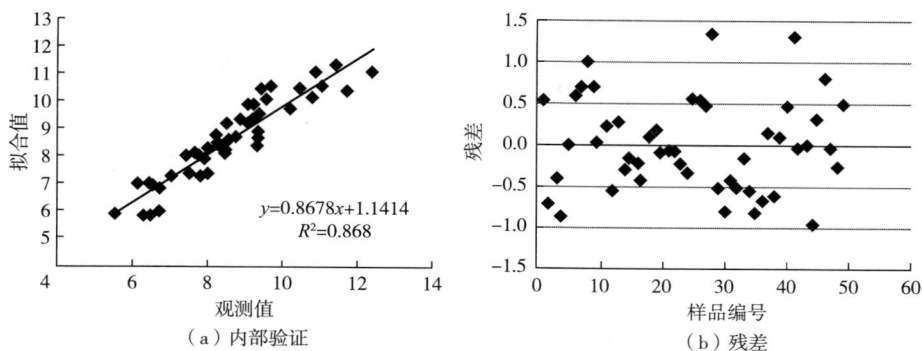

图 4-8　CO 模型 2 内部验证图及残差图

可知，拟合值与观测值之间的误差基本分布在 ± 1.0 mg/cig 范围内，且没有任何趋势，说明建立的模型是可行的。

4.3.3.3　多因子及互作项模型

采用逐步回归法建立了 CO 与 6 项指标及其交叉项的预测模型，模型及模型参数如下。

$$Y = 8.660674 - 0.004281X_6 - 1.361677X_2X_3 + 0.090412X_1$$

从表 4-28 可知，模型 3 中的系数 P 值均小于 0.1，说明模型 3 中系数的可靠性较好。由表 4-29 可知，模型 3 的 P 值小于 0.05，决定系数 R^2 为 0.8477，RMSECV 为 0.5976，说明模型 3 能够通过检验，有统计学意义。

表 4-28　CO 模型 3 回归系数 P 检验

回归系数	P 值
$r(Y, X_6)$	$< 1.0 \times 10^{-5}$
$r(Y, X_2X_3)$	$< 1.0 \times 10^{-5}$
$r(Y, X_1)$	0.001

表 4-29　CO 模型 3 性能指标

P 值	R^2	RMSECV
$< 1.0 \times 10^{-5}$	0.8477	0.5976

由图 4-9 可知，根据模型 3 计算的拟合值与实际测定值的线性相关线斜率为 0.8571，R^2 为 0.8573，说明模型 3 拟合值与实测值吻合度较好。由拟合残差图

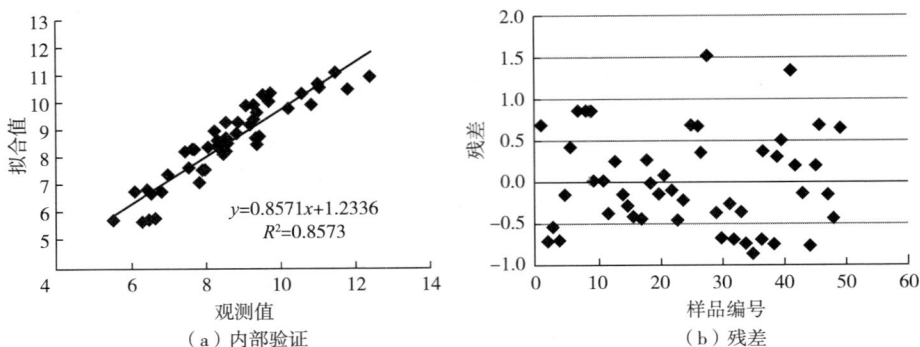

$y=0.8571x+1.2336$
$R^2=0.8573$

（a）内部验证　　　　　　　　　（b）残差

图 4-9　CO 模型 3 内部验证图及残差

可知，拟合值与观测值之间的误差基本分布在 ± 1.0 mg/cig 范围内，且没有任何趋势，说明建立的模型是可行的。

4.3.3.4　CO 预测模型优选

通过 P 检验的 CO 预测模型共计 3 个，各预测模型参数见表 4-30。从表中可看出，3 个模型的 R^2 均在 0.8 以上，说明 3 个模型回归效果很好，其中模型 2 的 R^2 最大，交叉验证标准差 RMSECV 值最小，因此选择模型 2 作为 CO 最优预测模型。

表 4-30　CO 预测模型

编号	模型	P 值	R^2	RMSECV
模型 1	$Y = 10.1482 + 0.0938X_1 - 0.0265X_2 - 83.2824X_3 - 0.0236X_4 - 0.0001X_5 - 0.0043X_6$	$<1.0\times10^{-5}$	0.8550	0.5831
模型 2	$Y = 10.162223 - 0.006061X_6 - 1.389777X_2X_3 + 0.001544X_1X_1 + 0.000002X_6X_6$	$<1.0\times10^{-5}$	0.8558	0.5813
模型 3	$Y = 8.660674 - 0.004281X_6 - 1.361677X_2X_3 + 0.090412X_1$	$<1.0\times10^{-5}$	0.8477	0.5976

4.3.4　HCN 预测模型

4.3.4.1　6 因素线性模型

采用多元线性回归法建立了 HCN 与 6 项指标的预测模型。

$$Y = 79.124 + 1.157X_1 - 0.272X_2 - 654.428X_3 - 0.226X_4 + 0.017X_5 - 0.073X_6$$

从表4-31可知，模型1中的X_4系数的P值为0.475，说明本模型中X_4系数的可靠性稍差，但由表4-32可知，模型1的P值小于0.05，决定系数R^2为0.8665，RMSECV为8.7878，说明模型1能够通过检验，有统计学意义。

表4-31 HCN预测模型1回归系数P检验

回归系数	P值	回归系数	P值
b_0	$<1.0\times10^{-5}$	b_4	0.475
b_1	0.004	b_5	$<1.0\times10^{-5}$
b_2	0.009	b_6	$<1.0\times10^{-5}$
b_3	0.002	—	—

表4-32 HCN预测模型1性能指标

P值	R^2	RMSECV
$<1.0\times10^{-5}$	0.8665	8.7878

由图4-10可知，根据模型1计算的拟合值与实际测定值的线性相关线斜率为0.8836，R^2为0.8831，说明模型1拟合值与实测值吻合度较好。由残差图可知，拟合值与观测值之间的误差分布在±20 μg/cig范围内，且没有任何趋势，说明建立的模型是可行的。

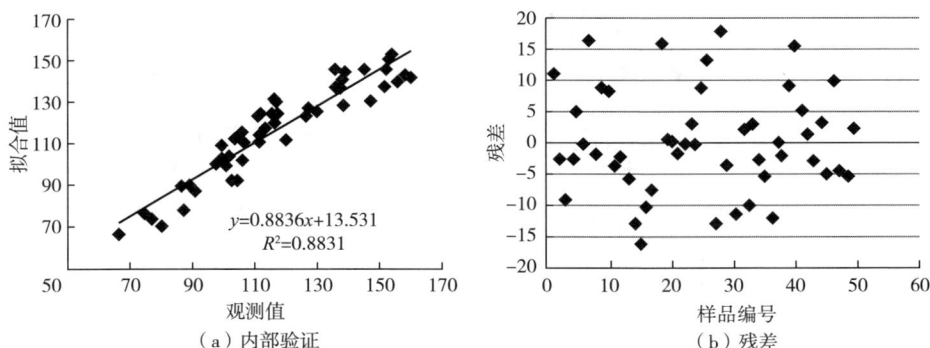

图4-10 HCN预测模型1内部验证图及残差图

4.3.4.2 二次多项式模型

采用逐步回归法建立了HCN与6项指标及其交叉项和二次项的预测模型，

模型及模型参数如下。

$$Y = 111.802645 - 0.112960X_6 + 0.000461X_1X_5 - 12.154977X_2X_3 + 0.000050X_6X_6$$

模型 2 中系数的 P 值见表 4-33，所有系数的 P 值均小于 0.05，说明本模型中系数的可靠性较好。由表 4-34 可知，模型 2 的 P 值小于 0.05，决定系数 R^2 为 0.8851，RMSECV 为 8.1547，说明模型 2 能够通过检验，有统计学意义。

表 4-33　HCN 预测模型 2 回归系数 P 检验

回归系数	P 值	回归系数	P 值
$r(Y, X_6)$	$<1.0\times10^{-5}$	$r(Y, X_2X_3)$	$<1.0\times10^{-5}$
$r(Y, X_1X_5)$	$<1.0\times10^{-5}$	$r(Y, X_6X_6)$	0.006

表 4-34　HCN 模型 2 性能指标

P 值	R^2	RMSECV
$<1.0\times10^{-5}$	0.8851	8.1547

由图 4-11 可知，根据模型 2 计算的拟合值与实际测定值的线性相关线斜率为 0.8951，R^2 为 0.9411，说明模型 2 拟合值与实测值吻合度较好。由拟合误差图可知，拟合值与观测值之间的误差分布在 ±15 $\mu g/cig$ 范围内，且没有任何趋势，说明建立的模型是可行的。

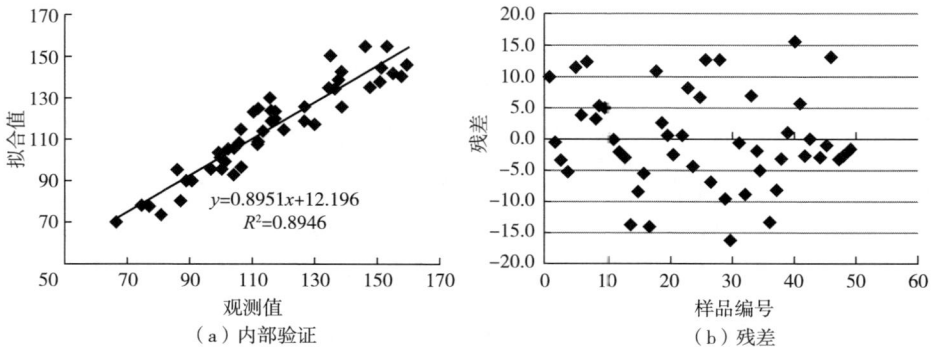

图 4-11　HCN 模型 2 内部验证图及残差图

4.3.4.3　多因子及互作项模型

采用逐步回归法建立了 HCN 与 6 项指标及其交叉项的预测模型，模型及模型参数如下。

$$Y = 108.188409 - 0.072572X_6 + 0.000453X_1X_5 - 11.524106X_2X_3$$

从表 4-35 可知，模型 3 中系数的 P 值均小于 0.05，说明本模型中系数的可靠性较好。由表 4-36 可知，模型 3 的 P 值小于 0.05，决定系数 R^2 为 0.8719，RMSECV 为 8.6103，说明模型 3 能够通过检验，有统计学意义。

表 4-35　HCN 模型 3 回归系数 P 检验

回归系数	P 值
$r(Y, X_6)$	$<1.0 \times 10^{-5}$
$r(Y, X_1X_5)$	$<1.0 \times 10^{-5}$
$r(Y, X_2X_3)$	$<1.0 \times 10^{-5}$

表 4-36　HCN 模型 3 性能指标

P 值	R^2	RMSECV
$<1.0 \times 10^{-5}$	0.8719	8.6103

由图 4-12 可知，根据模型 3 计算的拟合值与实际测定值的线性相关线斜率为 0.8753，R^2 为 0.8749，说明模型 3 拟合值与实测值吻合度较好。由拟合误差图可知，拟合值与观测值之间的误差分布在 ± 20 μg/cig 范围内，且没有任何趋势，说明建立的模型是可行的。

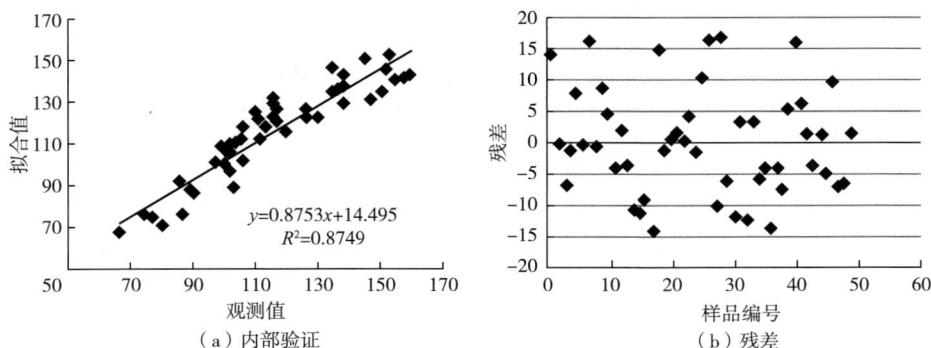

（a）内部验证　　　　　　　　　（b）残差

图 4-12　HCN 模型 3 内部验证图及残差图

4.3.4.4　HCN 预测模型优选

通过 P 检验的 HCN 预测模型共计 3 个，各预测模型参数见表 4-37。从表中可看出，3 个模型的 R^2 均在 0.8 以上，说明 3 个模型回归效果很好，其中模型 2 的 R^2 最大，交叉验证标准差 RMSECV 值最小，因此选择模型 2 作为 HCN 最优预测模型。

表 4-37 HCN 预测模型

编号	模型	P 值	R^2	RMSECV
模型 1	$Y = 79.124 + 1.157X_1 - 0.272X_2 - 654.428X_3 - 0.226X_4 + 0.017X_5 - 0.073X_6$	$<1.0\times10^{-5}$	0.8665	8.7878
模型 2	$Y = 111.802645 - 0.112960X_6 + 0.000461X_1X_5 - 12.154977X_2X_3 + 0.000050X_6X_6$	$<1.0\times10^{-5}$	0.8851	8.1547
模型 3	$Y = 108.188409 - 0.072572X_6 + 0.000453X_1X_5 - 11.524106X_2X_3$	$<1.0\times10^{-5}$	0.8719	8.6103

4.3.5　NNK 预测模型

4.3.5.1　6 因素线性模型

采用多元线性回归法建立了 NNK 与 6 项指标的预测模型。

$$Y = 7.6096 - 0.0190X_1 - 0.0043X_2 - 23.3138X_3 + 0.0154X_4 - 0.0009X_5 - 0.0009X_6$$

从表 4-38 可知，模型 1 中的 X_1、X_2、X_4 系数的 P 值稍大，说明本模型中 X_1、X_2、X_4 系数的可靠性稍差，但由表 4-39 可知，模型 1 的 P 值小于 0.05，决定系数 R^2 为 0.7150，RMSECV 为 0.2710，说明模型 1 能够通过检验，有统计学意义。

表 4-38 NNK 模型 1 回归系数 P 检验

回归系数	P 值	回归系数	P 值
b_0	$<1.0\times10^{-5}$	b_4	0.120
b_1	0.108	b_5	$<1.0\times10^{-5}$
b_2	0.166	b_6	$<1.0\times10^{-5}$
b_3	$<1.0\times10^{-5}$		

表 4-39 NNK 模型 1 性能指标

P 值	R^2	RMSECV
$<1.0\times10^{-5}$	0.7150	0.2710

由图 4-13 可知，根据模型 1 计算的拟合值与实际测定值的线性相关线斜率为 0.7497，R^2 为 0.7501，说明模型 1 拟合值与实测值吻合度较好。由残差图可知，拟合值与观测值之间的误差分布在 ±0.6 ng/cig 范围内，且没有任何趋势，说明建立的模型是可行的。

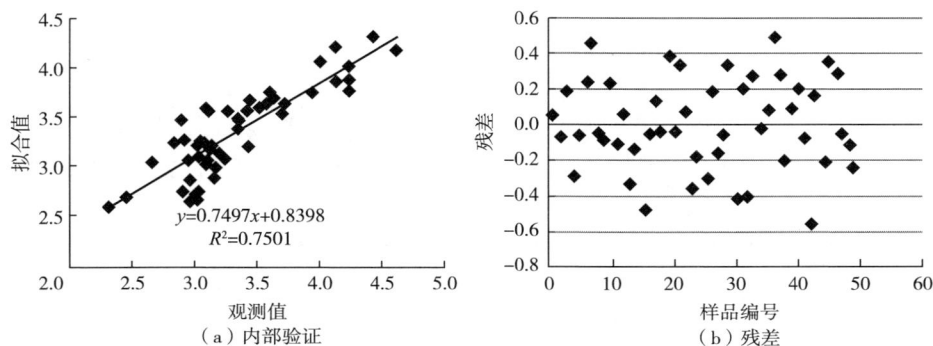

（a）内部验证　　　　　　　　　（b）残差

图 4-13　NNK 模型 1 内部验证图及残差图

4.3.5.2　二次多项式模型

采用逐步回归法建立了 NNK 与 6 项指标及其交叉项和二次项的预测模型，模型及模型参数如下。

$$Y = 20.410259 - 0.008816X_5 + 0.000001X_5X_5 - 0.307400X_2X_3 + 0.000001X_5X_6 -$$
$$0.005314X_6 - 0.018850X_1$$

模型 2 中系数的 P 值见表 4-40，各系数的 P 值均小于 0.05，说明本模型中系数的可靠性较好，由表 4-41 可知，模型 2 的 P 值小于 0.05，决定系数 R^2 为 0.8473，RMSECV 为 0.1984，说明模型 2 能够通过检验，有统计学意义。

表 4-40　NNK 模型 2 回归系数 P 检验

回归系数	P 值	回归系数	P 值
$r(Y, X_5)$	$<1.0 \times 10^{-5}$	$r(Y, X_5X_6)$	$<1.0 \times 10^{-5}$
$r(Y, X_5X_5)$	$<1.0 \times 10^{-5}$	$r(Y, X_6)$	$<1.0 \times 10^{-5}$
$r(Y, X_2X_3)$	$<1.0 \times 10^{-5}$	$r(Y, X_1)$	0.031

表 4-41　NNK 模型 2 性能指标

P 值	R^2	RMSECV
$<1.0 \times 10^{-5}$	0.8473	0.1984

由图 4-14 可知，根据模型 2 计算的拟合值与实际测定值的线性相关线斜率为 0.8656，R^2 为 0.8664，说明模型 2 拟合值与实测值吻合度较好。由拟合残差图可知，拟合值与观测值之间的误差分布在 ±0.4 ng/cig 范围内，且没有任何趋势，说明建立的模型是好的。

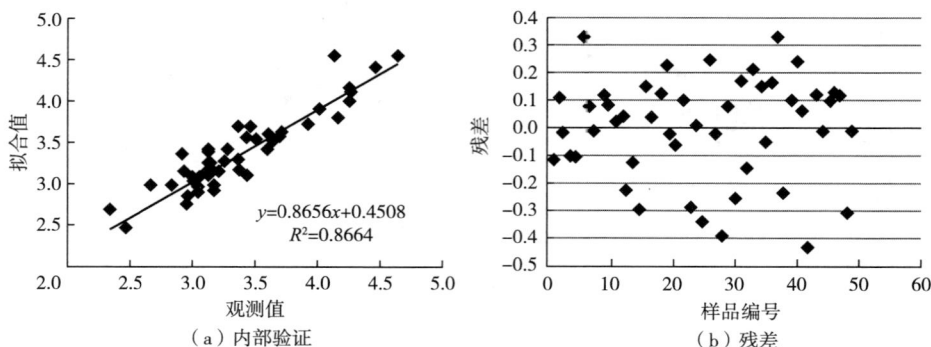

图 4-14　NNK 模型 2 内部验证图及残差图

4.3.5.3　多因子及互作项模型

采用逐步回归法建立了 NNK 与 6 项指标及其交叉项的预测模型，模型及模型参数如下。

$$Y = 6.731842 - 0.000940X_5 - 0.046561X_3X_6 - 0.179490X_2X_3 + 0.016576X_4$$

从表 4-42 可知，模型 3 中的系数 P 值均小于 0.1，说明本模型中系数的可靠性较好。由表 4-43 可知，模型 3 的 P 值小于 0.05，决定系数 R^2 为 0.7217，RMSECV 为 0.2678，说明模型 3 能够通过检验，有统计学意义。

表 4-42　NNK 模型 3 回归系数 P 检验

回归系数	P 值	回归系数	P 值
$r(Y, X_5)$	$<1.0×10^{-5}$	$r(Y, X_2X_3)$	0.054
$r(Y, X_3X_6)$	$<1.0×10^{-5}$	$r(Y, X_4)$	0.089

表 4-43　NNK 模型 3 性能指标

P 值	R^2	RMSECV
$<1.0×10^{-5}$	0.7217	0.2678

由图 4-15 可知，根据模型 3 计算的拟合值与实际测定值的线性相关线斜率为 0.7449，R^2 为 0.7449，说明模型 3 拟合值与实测值吻合度较好。由拟合残差图可知，拟合值与观测值之间的误差分布在 ±0.6 ng/cig 范围内，且没有任何趋势，说明建立的模型是可行的。

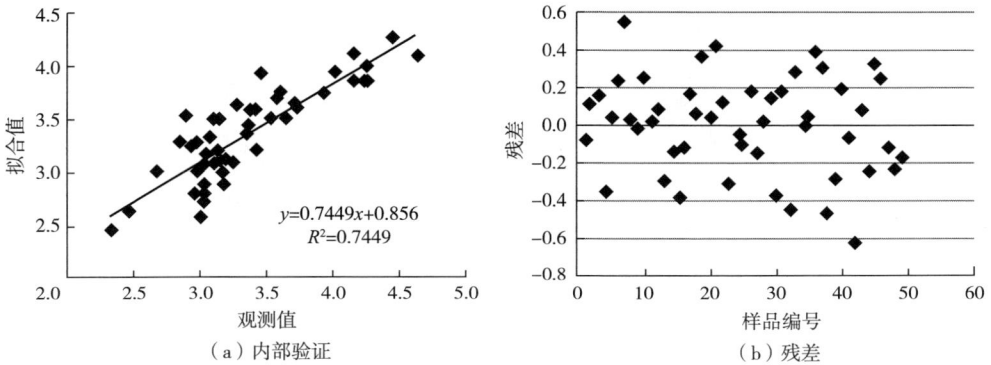

（a）内部验证　　　　　　　　　　（b）残差

图 4-15　NNK 模型 3 内部验证图及残差图

4.3.5.4　NNK 预测模型优选

通过 P 检验的 NNK 预测模型共计 3 个，各预测模型参数见表 4-44。从表中可看出，3 个模型的 R^2 均在 0.7 以上，说明 3 个模型回归效果很好，其中模型 2 的 R^2 最大，交叉验证标准差 RMSECV 值最小，因此选择模型 2 作为 NNK 最优预测模型。

表 4-44　NNK 预测模型

编号	模型	P 值	R^2	RMSECV
模型 1	$Y = 7.6096 - 0.0190X_1 - 0.0043X_2 - 23.3138X_3 + 0.0154X_4 - 0.0009X_5 - 0.0009X_6$	$<1.0\times10^{-5}$	0.7150	0.2710
模型 2	$Y = 20.410259 - 0.008816X_5 + 0.000001X_5X_5 - 0.307400X_2X_3 + 0.000001X_5X_6 - 0.005314X_6 - 0.018850X_1$	$<1.0\times10^{-5}$	0.8473	0.1984
模型 3	$Y = 6.731842 - 0.000940X_5 - 0.046561X_3X_6 - 0.179490X_2X_3 + 0.016576X_4$	$<1.0\times10^{-5}$	0.7217	0.2678

4.3.6 氨预测模型

4.3.6.1 6 因素线性模型

采用多元线性回归法建立了氨与 6 项指标的预测模型。

$$Y = 6.7307 - 0.0218X_1 - 0.0126X_2 - 59.3156X_3 + 0.0551X_4 - 0.0006X_5 - 0.0019X_6$$

从表 4-45 看出，模型 1 中 X_1 系数的 P 值稍大，说明本模型中 X_1 系数的可靠性稍差，但由表 4-46 可知，模型 1 的 P 值小于 0.05，决定系数 R^2 为 0.6990，RMSECV 为 0.4715，说明模型 1 能够通过检验，有统计学意义。

表 4-45 氨模型 1 回归系数 P 检验

回归系数	P 值	回归系数	P 值
b_0	$<1.0\times10^{-5}$	b_4	0.002
b_1	0.285	b_5	0.006
b_2	0.022	b_6	$<1.0\times10^{-5}$
b_3	$<1.0\times10^{-5}$	—	—

表 4-46 氨模型 1 性能指标

P 值	R^2	RMSECV
$<1.0\times10^{-5}$	0.6990	0.4715

由图 4-16 可知，根据模型 1 计算的拟合值与实际测定值的线性相关线斜率

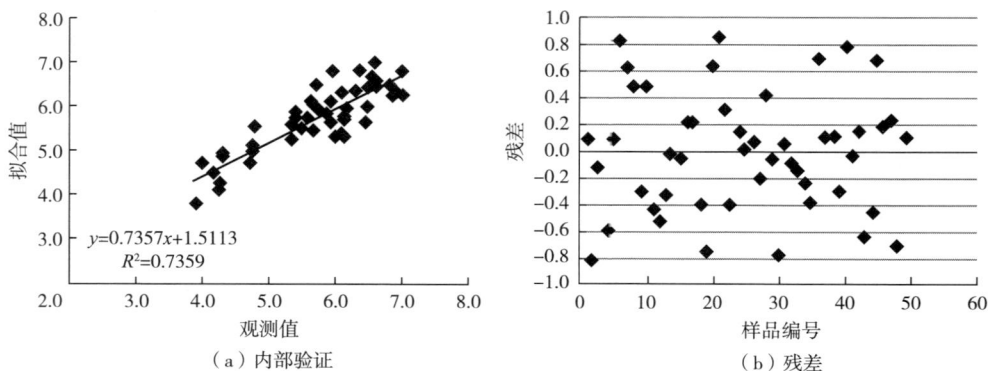

（a）内部验证

（b）残差

图 4-16 氨模型 1 内部验证图及残差图

为 0.7357，R^2 为 0.7359，说明模型 1 拟合值与实测值吻合度较好。由残差图可知，拟合值与观测值之间的误差大多分布在 ±0.8 μg/cig 范围内，且没有任何趋势，说明建立的模型是可行的。

4.3.6.2 二次多项式模型

采用逐步回归法建立了氨与 6 项指标及其交叉项和二次项的预测模型，模型及模型参数如下。

$$Y = 7.006696 - 0.782340X_2X_3 - 0.000067X_1X_6 + 0.000002X_4X_6 - 0.006089X_6 + 0.000698X_2X_4$$

模型 2 中系数的 P 值见表 4-47，X_1X_6 系数的 P 值稍高，说明本模型中 X_1X_6 系数的可靠性稍差，但由表 4-48 可知，模型 2 的 P 值小于 0.05，决定系数 R^2 为 0.7629，RMSECV 为 0.4185，说明模型 2 能够通过检验，有统计学意义。

表 4-47　氨模型 2 回归系数 P 检验

回归系数	P 值	回归系数	P 值
$r(Y, X_2X_3)$	$<1.0×10^{-5}$	$r(Y, X_6)$	0.002
$r(Y, X_1X_6)$	0.117	$r(Y, X_2X_4)$	0.008
$r(Y, X_5X_6)$	$<1.0×10^{-5}$	—	—

表 4-48　氨模型 2 性能指标

P 值	R^2	RMSECV
$<1.0×10^{-5}$	0.7629	0.4185

由图 4-17 可知，根据模型 2 计算的拟合值与实际测定值的线性相关线斜率为 0.7868，R^2 为 0.7871，说明模型 2 拟合值与实测值吻合度较好。由拟合残差图可知，拟合值与观测值之间的误差基本分布在 ±0.6 μg/cig 范围内，且没有任何趋势，说明建立的模型是可行的。

4.3.6.3 多因子及互作项模型

采用逐步回归法建立了氨与 6 项指标及其交叉项的预测模型，模型及模型参数如下。

$$Y = 7.006696 - 0.782340X_2X_3 - 0.000067X_1X_6 + 0.000002X_5X_6 - 0.006089X_6 + 0.000698X_2X_4$$

结果表明，氨多因子及互作项模型与二次多项式模型是一致的。

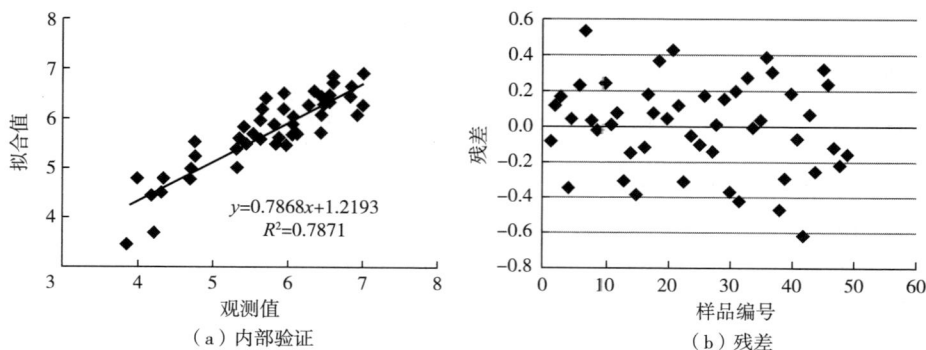

图 4-17　氨模型 2 内部验证图及残差图

4.3.6.4　氨预测模型的优选

通过 P 检验的氨预测模型共计 2 个，各预测模型参数见表 4-49。从表中可看出，两个模型的 R^2 均在 0.7 以上，说明 2 个模型回归效果较好，其中模型 2 的 R^2 最大，交叉验证标准差 RMSECV 值最小，因此选择模型 2 作为氨最优预测模型。

表 4-49　氨预测模型

编号	模型	P 值	R^2	RMSECV
模型 1	$Y = 6.7307 - 0.0218X_1 - 0.0126X_2 - 59.3156X_3 + 0.0551X_4 - 0.0006X_5 - 0.0019X_6$	$<1.0 \times 10^{-5}$	0.6990	0.4715
模型 2	$Y = 7.006696 - 0.782340X_2X_3 - 0.000067X_1X_6 + 0.000002X_4X_6 - 0.006089X_6 + 0.000698X_2X_4$	$<1.0 \times 10^{-5}$	0.7629	0.4185

4.3.7　B[a]P 预测模型

4.3.7.1　6 因素线性模型

采用多元线性回归法建立了 B[a]P 与 6 项指标的预测模型。

$$Y = 13.4352 - 0.0146X_1 - 0.0189X_2 - 41.3258X_3 - 0.0056X_4 - 0.0008X_5 - 0.0034X_6$$

从表 4-50 可知，模型 1 中 X_1 和 X_4 系数的 P 值稍大，说明本模型中 X_1 和 X_4 系数的可靠性稍差，但由表 4-51 可知，模型 1 的 P 值小于 0.05，决定系数 R^2 为 0.8245，RMSECV 为 0.5031，说明模型 1 能够通过检验，有统计学意义。

表 4-50　B[a]P 模型 1 回归系数 P 检验

回归系数	P 值	回归系数	P 值
b_0	0.000	b_4	0.756
b_1	0.499	b_5	0.000
b_2	0.002	b_6	0.000
b_3	0.001	—	—

表 4-51　B[a]P 模型 1 性能指标

P 值	R^2	RMSECV
$<1.0\times10^{-5}$	0.8245	0.5031

由图 4-18 可知，根据模型 1 计算的拟合值与实际测定值的线性相关线斜率为 0.8463，R^2 为 0.8465，说明模型 1 拟合值与实测值吻合度较好。由残差图可知，拟合值与观测值之间的误差大多分布在 ±1.0 ng/cig 范围内，且没有任何趋势，说明建立的模型是可行的。

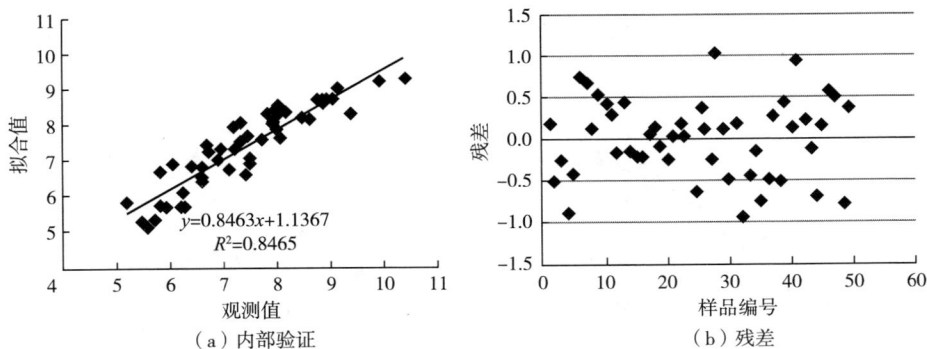

图 4-18　B[a]P 模型 1 内部验证图及残差图

4.3.7.2　二次多项式模型

采用逐步回归法建立了 B[a]P 与 6 项指标及其交叉项和二次项的预测模型，模型及模型参数如下。

$$Y = -0.446882 - 0.010418X_6 - 0.522168X_2X_3 - 0.000002X_5X_5 + 0.000002X_5X_6 - 0.000291X_1X_2 + 0.008088X_5$$

模型 2 中系数的 P 值见表 4-52，各系数的 P 值均小于 0.1，说明本模型中系数的可靠性较好，由表 4-53 可知，模型 2 的 P 值小于 0.05，决定系数 R^2 为 0.8714，RMSECV 为 0.4306，说明模型 2 能够通过检验，有统计学意义。

表 4-52　B[a]P 模型 2 回归系数 P 检验

回归系数	P 值	回归系数	P 值
$r(Y, X_6)$	$<1.0 \times 10^{-5}$	$r(Y, X_5 X_6)$	0.002
$r(Y, X_2 X_3)$	0.002	$r(Y, X_1 X_2)$	0.062
$r(Y, X_5 X_5)$	0.027	$r(Y, X_5)$	0.062

表 4-53　B[a]P 模型 2 性能指标

P 值	R^2	RMSECV
$<1.0 \times 10^{-5}$	0.8714	0.4306

由图 4-19 可知，根据模型 2 计算的拟合值与实际测定值的线性相关线斜率为 0.8874，R^2 为 0.8875，说明模型 2 拟合值与实测值吻合度较好。由拟合残差图可知，拟合值与观测值之间的误差基本分布在 ±1.0 ng/cig 范围内，且没有任何趋势，说明建立的模型是可行的。

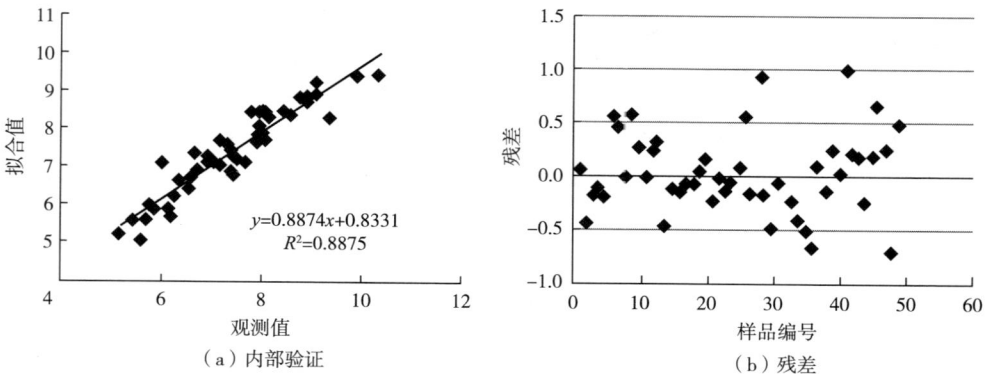

图 4-19　B[a]P 模型 2 内部验证图及残差图

4.3.7.3　多因子及互作项模型

采用逐步回归法建立了 B[a]P 与 6 项指标及其交叉项的预测模型，模型及模型参数如下。

$$Y = 15.127756 - 0.012196X_6 + 0.540761X_2X_3 - 0.001558X_5 + 0.000002X_5X_6 -$$
$$0.000602X_1X_2 + 0.000031X_2X_6$$

从表4-54可知，模型3中各系数 P 值均小于0.1，说明本模型中系数的可靠性较好。由表4-55可知，模型3的 P 值小于0.05，决定系数 R^2 为0.8657，RMSECV为0.4400，说明模型3能够通过检验，有统计学意义。

表4-54 B[a]P模型3回归系数 P 检验

回归系数	P 值	回归系数	P 值
$r(Y, X_6)$	$<1.0 \times 10^{-5}$	$r(Y, X_5X_6)$	0.002
$r(Y, X_2X_3)$	0.001	$r(Y, X_1X_2)$	0.012
$r(Y, X_5)$	$<1.0 \times 10^{-5}$	$r(Y, X_2X_6)$	0.078

表4-55 B[a]P模型3性能指标

P 值	R^2	RMSECV
$<1.0 \times 10^{-5}$	0.8657	0.4400

由图4-20可知，根据模型3计算的拟合值与实际测定值的线性相关线斜率为0.8823，R^2 为0.8824，说明模型3拟合值与实测值吻合度较好。由拟合残差图可知，拟合值与观测值之间的误差分布在±1.0 ng/cig范围内，且没有任何趋势，说明建立的模型是可行的。

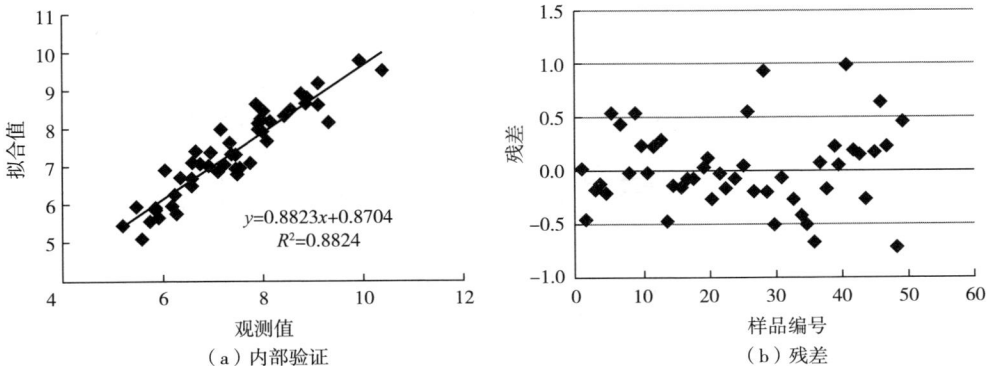

图4-20 B[a]P模型3内部验证图及残差图

4.3.7.4 B[a]P预测模型优选

通过 P 检验的 B[a]P 预测模型共计 2 个，各预测模型参数见表 4-56。从表中可看出，两个模型的 R^2 均在 0.8 以上，说明 3 个模型回归效果较好，其中模型 2 的 R^2 最大，交叉验证标准差 RMSECV 值最小，因此选择模型 2 作为 B[a]P 最优预测模型。

表 4-56 B[a]P预测模型

编号	模型	P 值	R^2	RMSECV
模型 1	$Y = 13.4352 - 0.0146X_1 - 0.0189X_2 - 41.3258X_3 - 0.0056X_4 - 0.0008X_5 - 0.0034X_6$	$<1.0\times10^{-5}$	0.8245	0.5031
模型 2	$Y = -0.446882 - 0.010418X_6 - 0.522168X_2X_3 - 0.000002X_5X_5 + 0.000002X_5X_6 - 0.000291X_1X_2 + 0.008088X_5$	$<1.0\times10^{-5}$	0.8714	0.4306
模型 3	$Y = 15.127756 - 0.012196X_6 + 0.540761X_2X_3 - 0.001558X_5 + 0.000002X_5X_6 - 0.000602X_1X_2 + 0.000031X_2X_6$	$<1.0\times10^{-5}$	0.8657	0.4400

4.3.8 苯酚预测模型

4.3.8.1 6 因素线性模型

采用多元线性回归法建立了苯酚与 6 项指标的预测模型。

$$Y = 15.8085 + 0.1680X_1 - 0.0432X_2 - 126.8681X_3 + 0.0108X_4 - 0.0004X_5 - 0.0016X_6$$

从表 4-57 可知，模型 1 中 X_4 和 X_5 系数的 P 值稍大，说明本模型中 X_4 和 X_5 系数的可靠性稍差，由表 4-58 可知，模型 1 的 P 值小于 0.05，决定系数 R^2 为 0.7126，RMSECV 为 0.7604，说明模型 1 能够通过检验，有统计学意义。

表 4-57 苯酚模型 1 回归系数 P 检验

回归系数	P 值	回归系数	P 值
b_0	$<1.0\times10^{-5}$	b_4	0.692
b_1	$<1.0\times10^{-5}$	b_5	0.222
b_2	$<1.0\times10^{-5}$	b_6	$<1.0\times10^{-5}$
b_3	$<1.0\times10^{-5}$	—	—

表 4-58　苯酚模型 1 性能指标

P 值	R^2	RMSECV
$<1.0\times10^{-5}$	0.7126	0.7604

由图 4-21 可知，根据模型 1 计算的拟合值与实际测定值的线性相关线斜率为 0.7486，R^2 为 0.7487，说明模型 1 拟合值与实测值吻合度较好。由残差图可知，拟合值与观测值之间的误差大多分布在 ±1.5 μg/cig 范围内，且没有任何趋势，说明建立的模型是可行的。

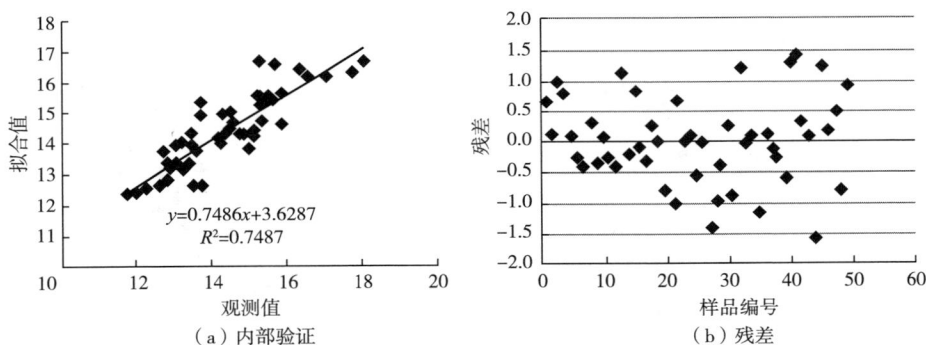

图 4-21　苯酚模型 1 内部验证图及残差图

4.3.8.2　二次多项式模型

采用逐步回归法建立了苯酚与 6 项指标及其交叉项和二次项的预测模型，模型及模型参数如下。

$$Y = 14.453801 - 2.043158X_2X_3 + 0.002563X_1X_1 - 0.000002X_6X_6$$

模型 2 中系数的 P 值见表 4-59，各系数的 P 值均小于 0.05，说明本模型中系数的可靠性较好，由表 4-60 可知，模型 2 的 P 值小于 0.05，决定系数 R^2 为 0.6759，RMSECV 为 0.8075，说明模型 2 能够通过检验，有统计学意义。

表 4-59　苯酚模型 2 回归系数 P 检验

回归系数	P 值
$r(Y, X_2X_3)$	$<1.0\times10^{-5}$
$r(Y, X_1X_1)$	$<1.0\times10^{-5}$
$r(Y, X_6X_6)$	$<1.0\times10^{-5}$

表 4-60　苯酚模型 2 性能指标

P 值	R^2	RMSECV
$<1.0\times10^{-5}$	0.6759	0.8075

由图 4-22 可知，根据模型 2 计算的拟合值与实际测定值的线性相关线斜率为 0.6963，R^2 为 0.6964，说明模型 2 拟合值与实测值吻合度较好。由拟合残差图可知，拟合值与观测值之间的误差基本分布在 ±1.5 μg/cig 范围内，且没有任何趋势，说明建立的模型是可行的。

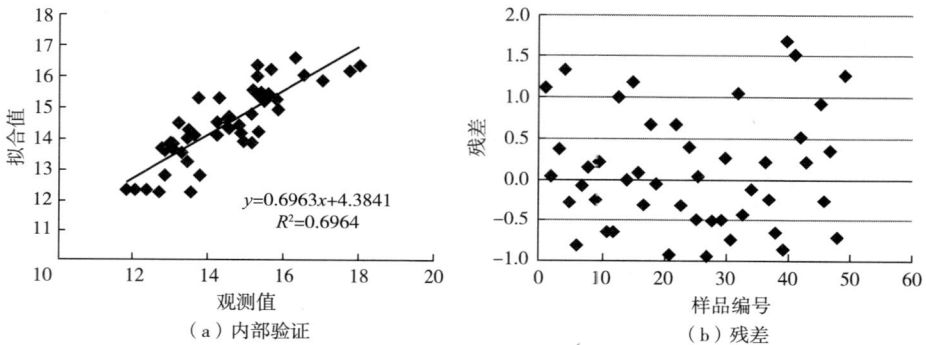

图 4-22　苯酚模型 2 内部验证图及残差图

4.3.8.3　多因子及互作项模型

采用逐步回归法建立了苯酚与 6 项指标及其交叉项的预测模型，模型及模型参数如下。

$$Y = 12.267211 - 2.087616X_2X_3 + 0.157572X_1 - 0.000001X_5X_6$$

从表 4-61 可知，模型 3 中各系数 P 值均小于 0.05，说明本模型中系数的可靠性较好。由表 4-62 可知，模型 3 的 P 值小于 0.05，决定系数 R^2 为 0.6692，RMSECV 为 0.8158，说明模型 3 能够通过检验，有统计学意义。

表 4-61　苯酚模型 3 回归系数 P 检验

回归系数	P 值
$r\ (Y,\ X_2X_3)$	$<1.0\times10^{-5}$
$r\ (Y,\ X_1)$	$<1.0\times10^{-5}$
$r\ (Y,\ X_5X_6)$	$<1.0\times10^{-5}$

表 4-62　苯酚模型 3 性能指标

P 值	R^2	RMSECV
$<1.0\times10^{-5}$	0.6692	0.8158

由图 4-23 可知，根据模型 3 计算的拟合值与实际测定值的线性相关线斜率为 0.69，R^2 为 0.6901，说明模型 3 拟合值与实测值吻合度较好。由拟合误差图可知，拟合值与观测值之间的误差分布在 $\pm 1.5\ \mu g/cig$ 范围内，且没有任何趋势，说明建立的模型是可行的。

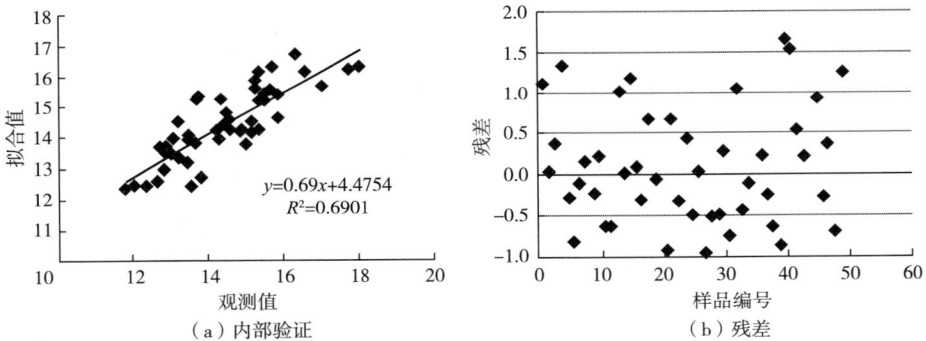

图 4-23　苯酚模型 3 内部验证图及残差图

4.3.8.4　苯酚预测模型优选

通过 P 检验的苯酚预测模型共计 3 个，各预测模型参数见表 4-63。从表中可看出，3 个模型的 R^2 均在 0.7 左右，说明 3 个模型回归效果较好，其中模型 1 的 R^2 最大，交叉验证标准差 RMSECV 值最小，因此选择模型 1 作为苯酚最优预测模型。

表 4-63　苯酚预测模型

编号	模型	P 值	R^2	RMSECV
模型 1	$Y = 15.8085 + 0.1680X_1 - 0.0432X_2 - 126.8681X_3 + 0.0108X_4 - 0.0004X_5 - 0.0016X_6$	$<1.0\times10^{-5}$	0.7126	0.7604
模型 2	$Y = -0.446882 - 0.010418X_6 - 0.522168X_2X_3 - 0.000002X_5X_5 + 0.000002X_5X_6 - 0.000291X_1X_2 + 0.008088X_5$	$<1.0\times10^{-5}$	0.6759	0.8075

编号	模型	P 值	R^2	RMSECV
模型 3	$Y = 15.127756 - 0.012196X_6 + 0.540761X_2X_3 - 0.001558X_5 + 0.000002X_5X_6 - 0.000602X_1X_2 + 0.000031X_2X_6$	$<1.0\times10^{-5}$	0.6692	0.8158

4.3.9 巴豆醛预测模型

4.3.9.1 6 因素线性模型

采用多元线性回归法建立了巴豆醛与 6 项指标的预测模型。

$$Y = 13.3366 + 0.0779X_1 - 0.0074X_2 - 20.1284X_3 + 0.0026X_4 + 0.0009X_5 - 0.0070X_6$$

从表 4-64 可知，模型 1 中 X_2、X_3 和 X_4 系数的 P 值较大，说明本模型中 X_2、X_3 和 X_4 系数的可靠性稍差，但由表 4-65 可知，模型 1 的 P 值小于 0.05，决定系数 R^2 为 0.8232，RMSECV 为 0.9443，说明模型 1 能够通过检验，有统计学意义。

表 4-64　巴豆醛模型 1 回归系数 P 检验

回归系数	P 值	回归系数	P 值
b_0	$<1.0\times10^{-5}$	b_4	0.939
b_1	0.060	b_5	0.035
b_2	0.490	b_6	$<1.0\times10^{-5}$
b_3	0.339	—	—

表 4-65　巴豆醛模型 1 性能指标

P 值	R^2	RMSECV
$<1.0\times10^{-5}$	0.8232	0.9443

由图 4-24 可知，根据模型 1 计算的拟合值与实际测定值的线性相关线斜率为 0.7486，R^2 为 0.7487，说明模型 1 拟合值与实测值吻合度较好。由残差图可知，拟合值与观测值之间的误差大多分布在 ±2.0 μg/cig 范围内，且没有任何趋势，说明建立的模型是可行的。

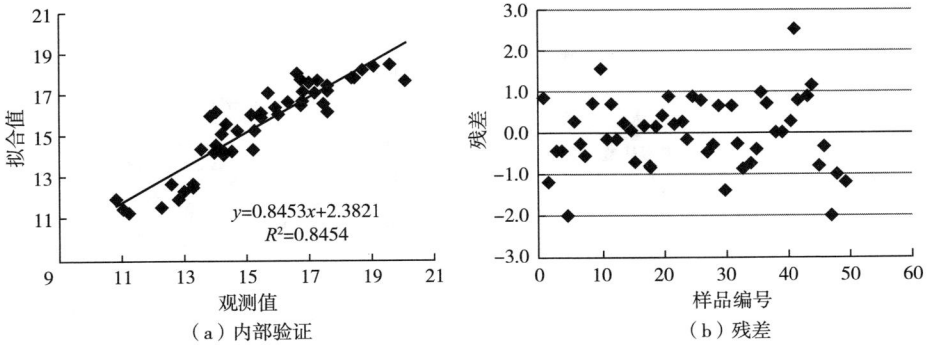

图 4-24 巴豆醛模型 1 内部验证图及残差图

4.3.9.2 二次多项式模型

采用逐步回归法建立了巴豆醛与 6 项指标及其交叉项和二次项的预测模型，模型及模型参数如下。

$$Y = 15.484832 - 0.010436X_6 + 0.000027X_1X_5 + 0.000004X_6X_6$$

模型 2 中系数的 P 值见表 4-66，各系数的 P 值均小于 0.05，说明本模型中各系数的可靠性较好，由表 4-67 可知，模型 2 的 P 值小于 0.05，决定系数 R^2 为 0.8475，RMSECV 为 0.8771，说明模型 2 能够通过检验，有统计学意义。

表 4-66 巴豆醛模型 2 回归系数 P 检验

回归系数	P 值
$r(Y, X_6)$	$<1.0\times10^{-5}$
$r(Y, X_1X_5)$	0.003
$r(Y, X_6X_6)$	0.026

表 4-67 巴豆醛模型 2 性能指标

P 值	R^2	RMSECV
$<1.0\times10^{-5}$	0.8475	0.8771

由图 4-25 可知，根据模型 2 计算的拟合值与实际测定值的线性相关线斜率为 0.857，R^2 为 0.8572，说明模型 2 拟合值与实测值吻合度较好。由拟合误差图可知，拟合值与观测值之间的误差基本分布在 ±2.0 μg/cig 范围内，且没有任何

趋势，说明建立的模型是可行的。

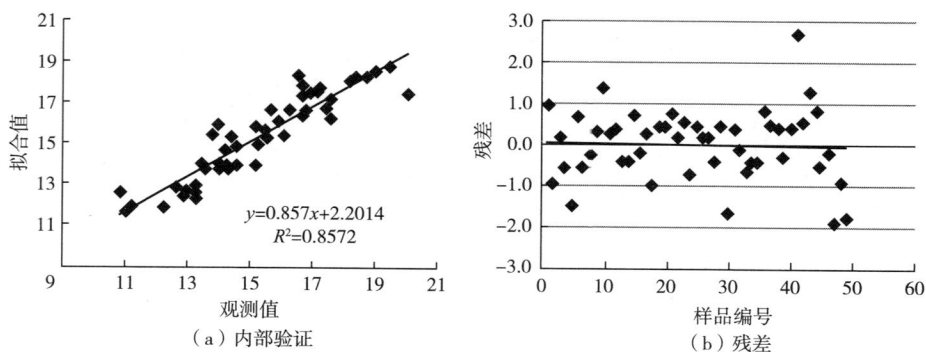

（a）内部验证　　　　　　　　　　　　（b）残差

图 4-25　巴豆醛模型 2 内部验证图及残差图

4.3.9.3　多因子及互作项模型

采用逐步回归法建立了巴豆醛与 6 项指标及其交叉项的预测模型，模型及模型参数如下。

$$Y = 15.221790 - 0.006977X_6 + 0.000026X_1X_5$$

从表 4-68 可知，模型 3 中各系数的 P 值均小于 0.05，说明本模型中系数的可靠性较好。由表 4-69 可知，模型 3 的 P 值小于 0.05，决定系数 R^2 为 0.8333，RMSECV 为 0.9169，说明模型 3 能够通过检验，有统计学意义。

表 4-68　巴豆醛模型 3 回归系数 P 检验

回归系数	P 值
$r\ (Y,\ X_6)$	$<1.0 \times 10^{-5}$
$r\ (Y,\ X_1X_5)$	0.006

表 4-69　巴豆醛模型 3 性能指标

P 值	R^2	RMSECV
$<1.0 \times 10^{-5}$	0.8333	0.9169

由图 4-26 可知，根据模型 3 计算的拟合值与实际测定值的线性相关线斜率为 0.8403，R^2 为 0.8404，说明模型 3 拟合值与实测值吻合度较好。由拟合残差图可知，拟合值与观测值之间的误差分布在 ± 2.0 μg/cig 范围内，且没有任何趋

势，说明建立的模型是可行的。

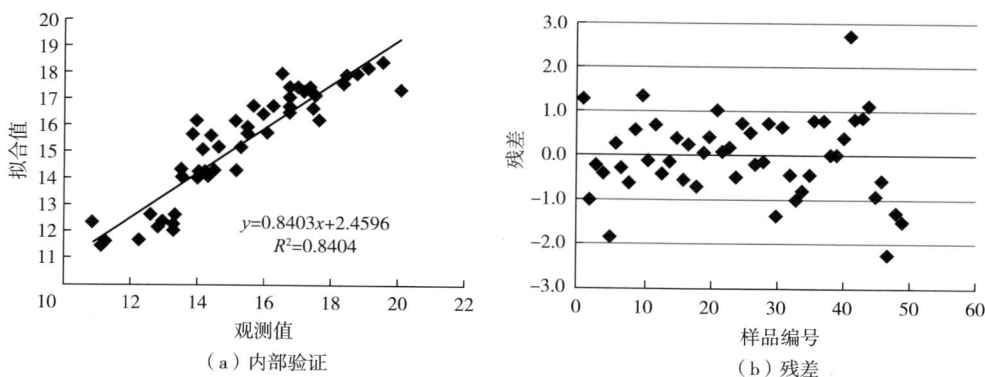

(a) 内部验证 (b) 残差

图 4-26 巴豆醛模型 3 内部验证图及残差图

4.3.9.4 巴豆醛预测模型优选

通过 P 检验的巴豆醛预测模型共计 3 个，各预测模型参数见表 4-70。从表中可看出，3 个模型的 R^2 均在 0.8 以上，说明 3 个模型回归效果较好，其中模型 2 的 R^2 最大，交叉验证标准差 RMSECV 值最小，因此选择模型 2 作为巴豆醛最优预测模型。

表 4-70 巴豆醛预测模型

编号	模型	P 值	R^2	RMSECV
模型 1	$Y = 13.3366 + 0.0779X_1 - 0.0074X_2 - 20.1284X_3 + 0.0026X_4 + 0.0009X_5 - 0.0070X_6$	$<1.0 \times 10^{-5}$	0.8232	0.9443
模型 2	$Y = 15.484832 - 0.010436X_6 + 0.000027X_1X_5 + 0.000004X_6X_6$	$<1.0 \times 10^{-5}$	0.8475	0.8771
模型 3	$Y = 15.221790 - 0.006977X_6 + 0.000026X_1X_5$	$<1.0 \times 10^{-5}$	0.8333	0.9169

4.3.10 H 值预测模型

4.3.10.1 6 因素线性模型

采用多元线性回归法建立了 H 值与 6 项指标的预测模型。

$$Y=9.0708+0.0298X_1-0.0152X_2-48.7096X_3+0.0096X_4-0.00004X_5-0.0028X_6$$

从表 4-71 可知，模型 1 中 X_4 和 X_5 系数的 P 值稍大，说明本模型中 X_4 和 X_5 系数的可靠性稍差，由表 4-72 可知，模型 1 的 P 值小于 0.05，决定系数 R^2 为 0.8994，RMSECV 为 0.2989，说明模型 1 能够通过检验，有统计学意义。

表 4-71　H 值模型 1 回归系数 P 检验

回归系数	P 值	回归系数	P 值
b_0	$<1.0\times10^{-5}$	b_4	0.375
b_1	0.024	b_5	0.783
b_2	$<1.0\times10^{-5}$	b_6	$<1.0\times10^{-5}$
b_3	$<1.0\times10^{-5}$	—	

表 4-72　H 值模型 1 性能指标

P 值	R^2	RMSECV
$<1.0\times10^{-5}$	0.8994	0.2989

由图 4-27 可知，根据模型 1 计算的拟合值与实际测定值的线性相关线斜率为 0.9126，R^2 为 0.9123，说明模型 1 拟合值与实测值吻合度较好。由残差图可知，拟合值与观测值之间的误差大多分布在±0.6 范围内，且没有任何趋势，说明建立的模型是可行的。

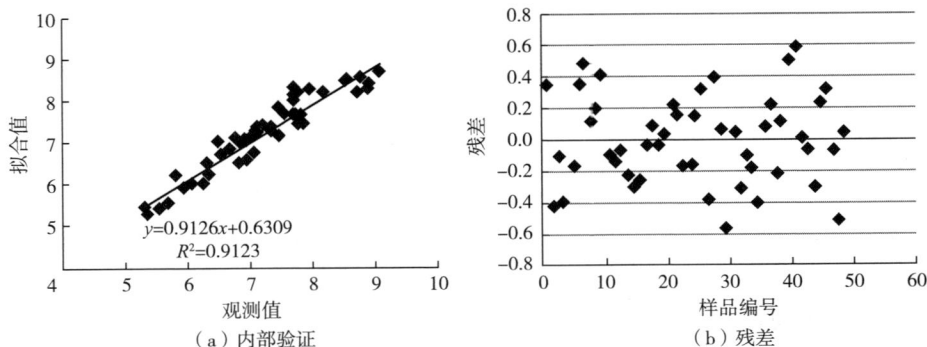

（a）内部验证　　　　（b）残差

图 4-27　H 值模型 1 内部验证图及残差图

4.3.10.2 二次多项式模型

采用逐步回归法建立了 H 值与 6 项指标及其交叉项和二次项的预测模型，模型及模型参数如下。

$$Y=10.121768-0.007456X_6-0.724228X_2X_3+0.000461X_1X_1+0.000001X_5X_6-0.000525X_5$$

模型 2 中系数的 P 值见表 4-73，各系数的 P 值均小于 0.05，说明本模型中各系数的可靠性较好，由表 4-74 可知，模型 2 的 P 值小于 0.05，决定系数 R^2 为 0.9179，RMSECV 为 0.2701，说明模型 2 能够通过检验，有统计学意义。

表 4-73 H 值模型 2 回归系数 P 检验

回归系数	P 值	回归系数	P 值
$r(Y, X_6)$	$<1.0\times10^{-5}$	$r(Y, X_5X_6)$	0.001
$r(Y, X_2X_3)$	$<1.0\times10^{-5}$	$r(Y, X_5)$	0.005
$r(Y, X_1X_1)$	0.017	—	—

表 4-74 H 值模型 2 性能指标

P 值	R^2	RMSECV
$<1.0\times10^{-5}$	0.9179	0.2701

由图 4-28 可知，根据模型 2 计算的拟合值与实际测定值的线性相关线斜率为 0.9269，R^2 为 0.9265，说明模型 2 拟合值与实测值吻合度较好。由拟合残差图可知，拟合值与观测值之间的误差基本分布在 ±0.8 范围内，且没有任何趋势，说明建立的模型是可行的。

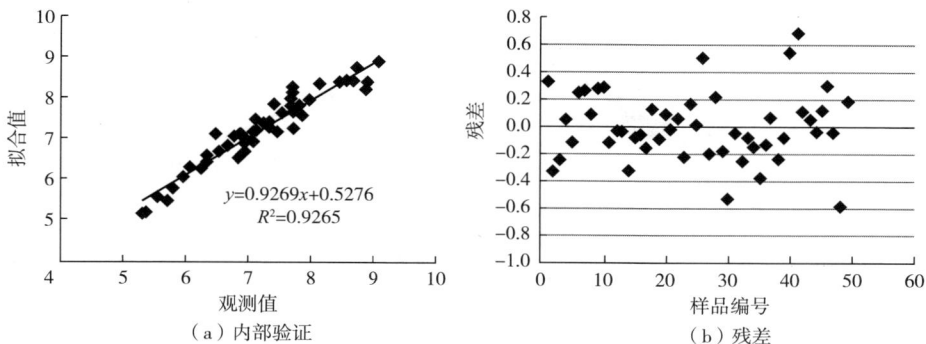

（a）内部验证

（b）残差

图 4-28 H 值模型 2 内部验证图及残差图

4.3.10.3　多因子及互作项模型

采用逐步回归法建立了 H 值与 6 项指标及其交叉项的预测模型，模型及模型参数如下。

$$Y = 9.706239 - 0.007442X_6 - 0.723945X_2X_3 + 0.027767X_1 + 0.000001X_5X_6 - 0.000525X_5$$

从表 4-75 可知，模型 3 中各系数 P 值均小于 0.05，说明本模型中各系数的可靠性较好。由表 4-76 可知，模型 3 的 P 值小于 0.05，决定系数 R^2 为 0.9174，RMSECV 为 0.2709，说明模型 3 能够通过检验，有统计学意义。

表 4-75　H 值模型 3 回归系数 P 检验

回归系数	P 值	回归系数	P 值
$r(Y, X_6)$	$<1.0\times10^{-5}$	$r(Y, X_5X_6)$	0.001
$r(Y, X_2X_3)$	$<1.0\times10^{-5}$	$r(Y, X_5)$	0.006
$r(Y, X_1)$	0.020	—	—

表 4-76　H 值模型 3 性能指标

P 值	R^2	RMSECV
$<1.0\times10^{-5}$	0.9174	0.2709

由图 4-29 可知，根据模型 3 计算的拟合值与实际测定值的线性相关线斜率为 0.9263，R^2 为 0.926，说明模型 3 拟合值与实测值吻合度较好。由拟合误差图可知，拟合值与观测值之间的误差分布在 ±0.6 范围内，且没有任何趋势，说明建立的模型是可行的。

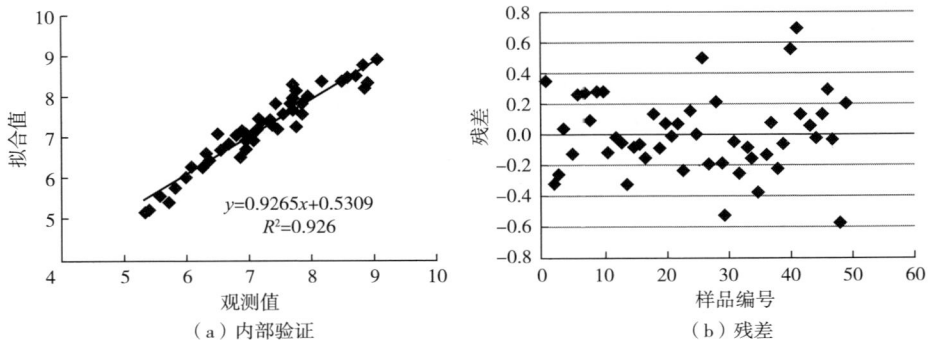

（a）内部验证　　（b）残差

图 4-29　H 值模型 3 内部验证图

4.3.10.4　H 值预测模型优选

通过 P 检验的 H 值预测模型共计 3 个，各预测模型参数见表 4-77。从表中可看出，3 个模型的 R^2 均在 0.8 以上，说明 3 个模型回归效果较好，其中模型 2 的 R^2 最大，交叉验证标准差 RMSECV 值最小，因此选择模型 2 作为 H 值最优预测模型。

表 4-77　H 值预测模型

编号	模型	P 值	R^2	RMSECV
模型 1	$Y=9.0708+0.0298X_1-0.0152X_2-48.7096X_3+0.0096X_4-0.00004X_5-0.0028X_6$	$<1.0\times10^{-5}$	0.8994	0.2989
模型 2	$Y=10.121768-0.007456X_6-0.724228X_2X_3+0.000461X_1X_1+0.000001X_5X_6-0.000525X_5$	$<1.0\times10^{-5}$	0.9179	0.2701
模型 3	$Y=9.706239-0.007442X_6-0.723945X_2X_3+0.027767X_1+0.000001X_5X_6-0.000525X_5$	$<1.0\times10^{-5}$	0.9174	0.2709

4.3.11　开式吸阻预测模型

4.3.11.1　6 因素线性模型

采用多元线性回归法建立了开式吸阻与 6 项指标的线性预测模型。方程如下。

$$Y=313.139+0.353X_1-0.084X_2-196.463X_3+0.219X_4+0.243X_5-0.286X_6$$

从表 4-78 可知，模型 1 中的 X_1、X_2、X_3、X_4 系数的 P 值较大，说明本模型中 X_1、X_2、X_3、X_4 系数的可靠性稍差。由表 4-79 可知，模型 1 的 P 值小于 0.05，决定系数 R^2 为 0.9527，RMSECV 为 25.24，说明模型 1 能够通过检验，有统计学意义。

表 4-78　开式吸阻模型 1 回归系数 P 检验

回归系数	P 值	回归系数	P 值
b_0	$<1.0\times10^{-5}$	b_4	0.810
b_1	0.744	b_5	$<1.0\times10^{-5}$
b_2	0.769	b_6	$<1.0\times10^{-5}$
b_3	0.726	—	—

表 4-79　开式吸阻模型 1 性能指标

P 值	R^2	RMSECV
$<1.0\times10^{-5}$	0.9527	25.24

由图 4-30 可知，根据模型 1 计算的拟合值与实际测定值的线性相关线斜率为 0.9586，R^2 为 0.9586，说明模型 1 拟合值与实测值吻合度较好。由残差图可知，拟合值与观测值之间的误差大多分布在 ±40 Pa 范围内，且没有任何趋势，说明建立的模型是可行的。

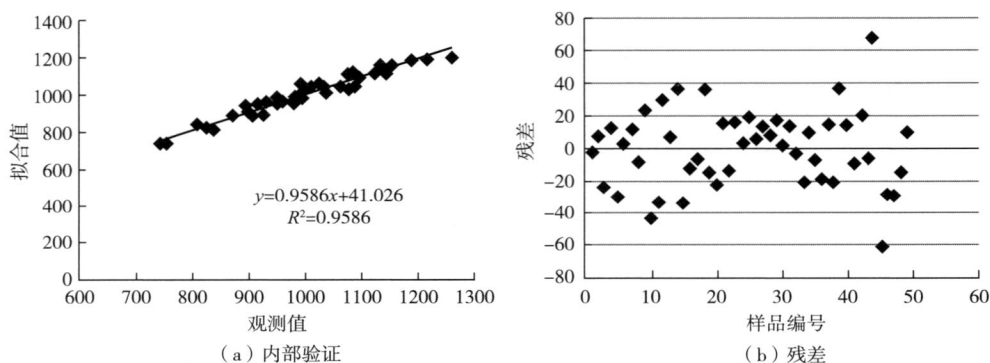

（a）内部验证　　（b）残差

图 4-30　开式吸阻模型 1 内部验证图及残差图

4.3.11.2　二次多项式模型

采用逐步回归法建立了开式吸阻与 6 项指标及其交叉项和二次项的预测模型，模型及模型参数如下。

$$Y = -345.524105 - 0.473186X_6 + 0.679913X_5 + 0.000231X_6X_6 - 0.000070X_5X_5$$

模型 2 中系数的 P 值见表 4-80，各系数的 P 值均小于 0.1，说明本模型中系数的可靠性较好。由表 4-81 可知，模型 2 的 P 值小于 0.05，决定系数 R^2 为 0.9775，RMSECV 为 17.41，说明模型 2 能够通过检验，有统计学意义。

表 4-80　开式吸阻模型 2 回归系数 P 检验

回归系数	P 值	回归系数	P 值
$r(Y, X_6)$	$<1.0\times10^{-5}$	$r(Y, X_6X_6)$	$<1.0\times10^{-5}$
$r(Y, X_5)$	$<1.0\times10^{-5}$	$r(Y, X_5X_5)$	0.014

表 4-81 开式吸阻模型 2 性能指标

P 值	R^2	RMSECV
$<1.0×10^{-5}$	0.9775	17.41

由图 4-31 可知，根据模型 2 计算的拟合值与实际测定值的线性相关线斜率为 0.939，R^2 为 0.9387，说明模型 2 拟合值与实测值吻合度较好。由拟合误差图可知，拟合值与观测值之间的误差基本分布在 ±40 Pa 范围内，且没有任何趋势，说明建立的模型是可行的。

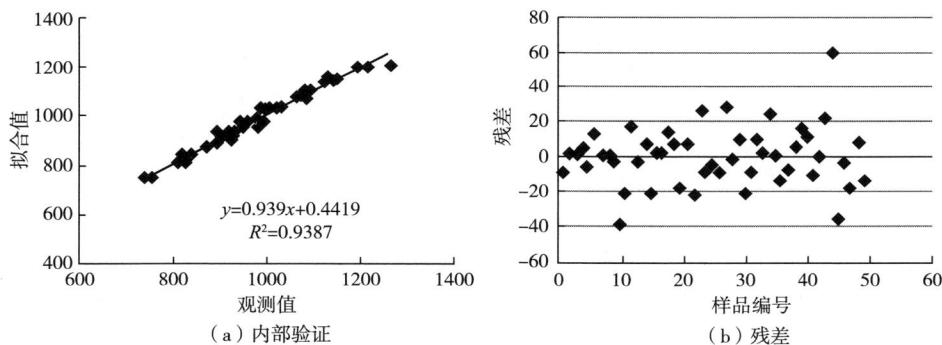

图 4-31 开式吸阻模型 2 内部验证图及残差图

4.3.11.3 多因子及互作项模型

采用逐步回归法建立了开式吸阻与 6 项指标及其交叉项的预测模型，模型及模型参数如下。

$$Y = 361.898 - 0.286X_6 + 0.242X_5$$

从表 4-82 可知，模型 3 中的系数 P 值均小于 0.05，说明本模型中系数的可靠性较好。由表 4-83 可知，模型 3 的 P 值小于 0.05，决定系数 R^2 为 0.9565，RMSECV 为 24.22，说明模型 3 能够通过检验，有统计学意义。

表 4-82 开式吸阻模型 3 回归系数 P 检验

回归系数	P 值
$r(Y, X_6)$	$<1.0×10^{-5}$
$r(Y, X_5)$	$<1.0×10^{-5}$

表4-83　开式吸阻模型3性能指标

P 值	R^2	RMSECV
$<1.0×10^{-5}$	0.9565	24.22

由图4-32可知，根据模型3计算的拟合值与实际测定值的线性相关线斜率为0.9583，R^2为0.9583，说明模型3拟合值与实测值吻合度较好。由拟合残差图可知，拟合值与观测值之间的误差基本分布在±40 Pa范围内，且没有任何趋势，说明建立的模型是可行的。

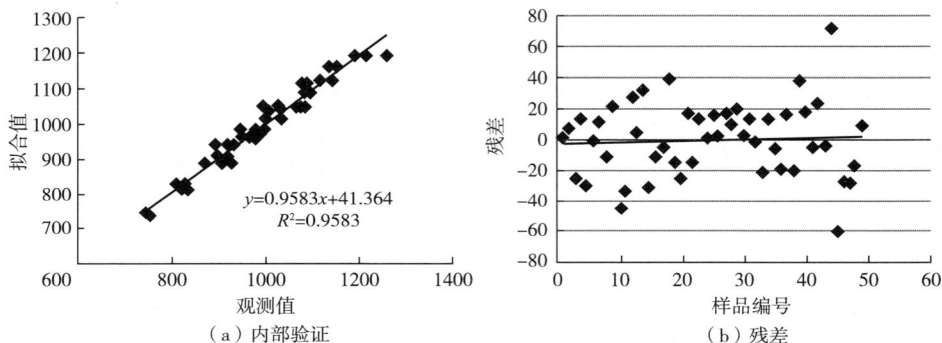

（a）内部验证

（b）残差

图4-32　开式吸阻模型3内部验证图及残差图

4.3.11.4　开式吸阻预测模型优选

通过P检验的开式吸阻预测模型共计3个，各预测模型参数见表4-84。从表中看出，3个模型的R^2均在0.9以上，说明3个模型回归效果较好，其中模型2的R^2最大，交叉验证标准差RMSECV值最小，因此选择模型2作为开式吸阻最优预测模型。

表4-84　开式吸阻预测模型

编号	模型	P 值	R^2	RMSECV
模型 1	$Y = 313.139 + 0.353X_1 - 0.084X_2 - 196.463X_3 + 0.219X_4 + 0.243X_5 - 0.286X_6$	$<1.0×10^{-5}$	0.9527	25.24
模型 2	$Y = -345.524105 - 0.473186X_6 + 0.679913X_5 + 0.000231X_6X_6 - 0.000070X_5X_5$	$<1.0×10^{-5}$	0.9775	17.41

编号	模型	P 值	R^2	RMSECV
模型 3	$Y=361.898-0.286X_6+0.242X_5$	$<1.0\times10^{-5}$	0.9565	24.22

4.3.12　烟支通风率预测模型

4.3.12.1　6因素线性模型

采用多元线性回归法建立了烟支通风率与 6 项指标的线性预测模型，方程如下。

$$Y=8.323+0.057X_1+0.050X_2-9.678X_3-0.108X_4-0.001X_5+0.040X_6$$

从表 4-85 可知，模型 1 中的 X_1、X_3、X_4、X_5 系数的 P 值较大，说明本模型中 X_1、X_3、X_4、X_5 系数的可靠性稍差。由表 4-86 可知，模型 1 的 P 值小于0.05，决定系数 R^2 为 0.9608，RMSECV 为 2.3235，说明模型 1 能够通过检验，有统计学意义。

表 4-85　开式吸阻模型 1 回归系数 P 检验

回归系数	P 值	回归系数	P 值
b_0	0.088	b_4	0.200
b_1	0.567	b_5	0.251
b_2	0.065	b_6	$<1.0\times10^{-5}$
b_3	0.851		

表 4-86　开式吸阻模型 1 性能指标

P 值	R^2	RMSECV
$<1.0\times10^{-5}$	0.9608	2.3235

由图 4-33 可知，根据模型 1 计算的拟合值与实际测定值的线性相关线斜率为 0.9657，R^2 为 0.9657，说明模型 1 拟合值与实测值吻合度较好。由残差图可知，拟合值与观测值之间的误差大多分布在 ±4% 范围内，且没有任何趋势，说明建立的模型是可行的。

4.3.12.2　二次多项式模型

采用逐步回归法建立了烟支通风率与 6 项指标及其交叉项和二次项的预测模

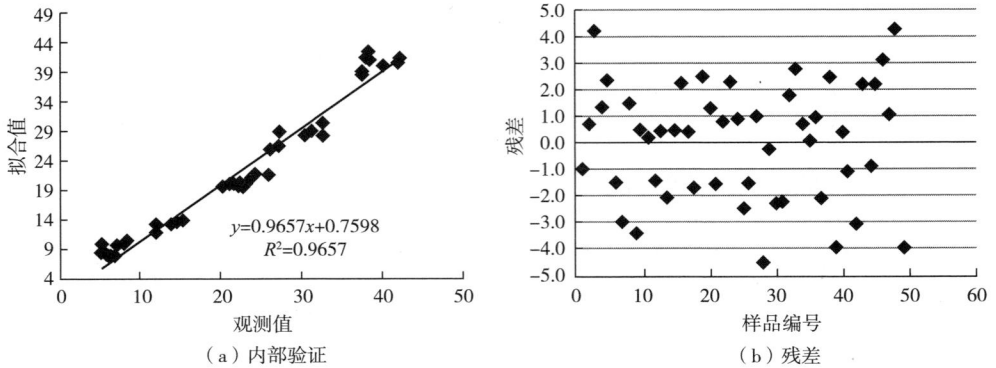

图4-33　烟支通风率模型1内部验证图及残差图

型，模型及模型参数如下。

$$Y=-6.174883+0.079985X_6-0.000026X_6X_6+0.372131X_2-0.000004X_5X_6-$$
$$7.064871X_3X_4-0.000118X_2X_6-0.002379X_2X_2$$

模型2中系数的P值见表4-87，各系数的P值均小于0.05，说明本模型中系数的可靠性较好。由表4-88可知，模型2的P值小于0.05，决定系数R^2为0.9893，RMSECV为1.2159，说明模型2能够通过检验，有统计学意义。

表4-87　烟支通风率模型2回归系数P检验

回归系数	P值	回归系数	P值
$r(Y,X_6)$	$<1.0\times10^{-5}$	$r(Y,X_3X_4)$	0.004
$r(Y,X_6X_6)$	$<1.0\times10^{-5}$	$r(Y,X_2X_6)$	0.020
$r(Y,X_2)$	0.019	$r(Y,X_2X_2)$	0.071
$r(Y,X_5X_6)$	0.004	—	—

表4-88　烟支通风率模型2性能指标

P值	R^2	RMSECV
$<1.0\times10^{-5}$	0.9893	1.2159

由图4-34可知，根据模型2计算的拟合值与实际测定值的线性相关线斜率为0.9908，R^2为0.9908，说明模型2拟合值与实测值吻合度较好。由拟合残差图可知，拟合值与观测值之间的误差基本分布在±3%范围内，且没有任何趋势，

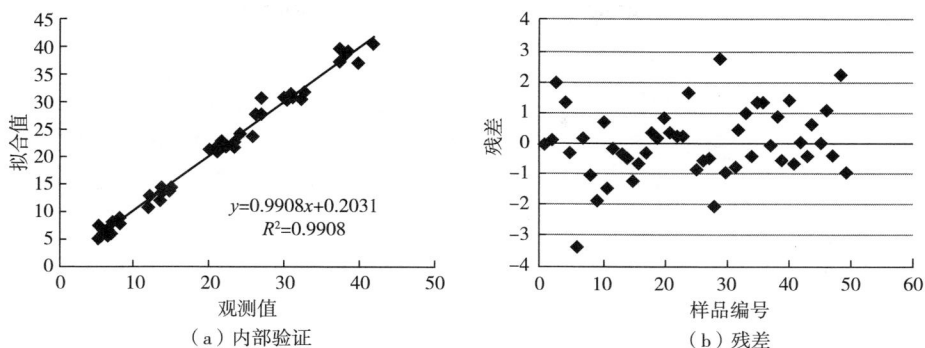

图 4-34 烟支通风率模型 2 内部验证图及残差图

说明建立的模型是可行的。

4.3.12.3 多因子及互作项模型

采用逐步回归法建立了烟支通风率与 6 项指标及其交叉项的预测模型，模型及模型参数如下。

$$Y = 6.271856 + 0.052682X_6 + 0.001431X_1X_2 - 0.000004X_5X_6$$

从表 4-89 可知，模型 3 中的系数 P 值均小于 0.1，说明本模型中系数的可靠性较好。由表 4-90 可知，模型 3 的 P 值小于 0.05，决定系数 R^2 为 0.9630，RMSECV 为 2.2562，说明模型 3 能够通过检验，有统计学意义。

表 4-89 烟支通风率模型 3 回归系数 P 检验

回归系数	P 值
$r(Y, X_6)$	$<1.0 \times 10^{-5}$
$r(Y, X_1X_2)$	0.057
$r(Y, X_5X_6)$	0.071

表 4-90 烟支通风率模型 3 性能指标

P 值	R^2	RMSECV
$<1.0 \times 10^{-5}$	0.9630	2.2562

由图 4-35 可知，根据模型 3 计算的拟合值与实际测定值的线性相关线斜率为 0.9653，R^2 为 0.9653，说明模型 3 拟合值与实测值吻合度较好。由拟合误差

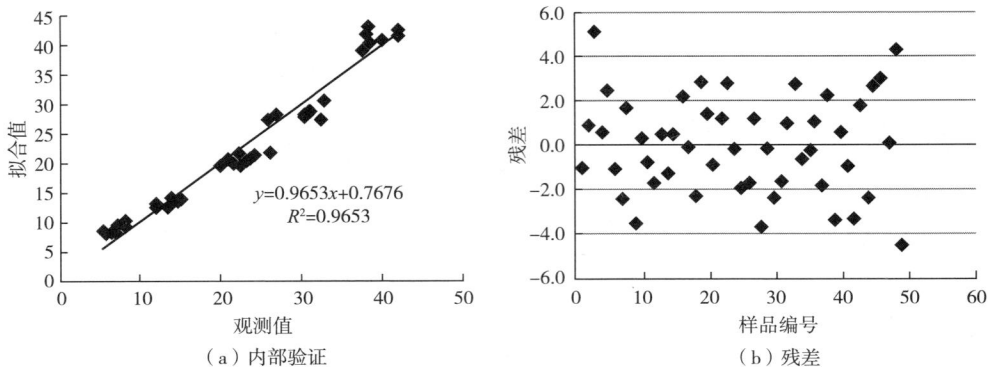

图 4-35 烟支通风率模型 3 内部验证图及残差图

图可知，拟合值与观测值之间的误差基本分布在±4%范围内，且没有任何趋势，说明建立的模型是可行的。

4.3.12.4 烟支通风率预测模型优选

通过 P 检验的烟支通风率预测模型共计 3 个，各预测模型参数见表 4-91。从表中可看出，3 个模型的 R^2 均在 0.9 以上，说明 3 个模型回归效果较好，其中模型 2 的 R^2 最大，交叉验证标准差 RMSECV 值最小，因此选择模型 2 作为烟支通风率最优预测模型。

表 4-91 烟支通风率预测模型

编号	模型	P 值	R^2	RMSECV
模型 1	$Y = 8.323 + 0.057X_1 + 0.050X_2 - 9.678X_3 - 0.108X_4 - 0.001X_5 + 0.040X_6$	$<1.0\times10^{-5}$	0.9608	2.3235
模型 2	$Y = -6.174883 + 0.079985X_6 - 0.000026X_6X_6 + 0.372131X_2 - 0.000004X_5X_6 - 7.064871X_3X_4 - 0.000118X_2X_6 - 0.002379X_2X_2$	$<1.0\times10^{-5}$	0.9893	1.2159
模型 3	$Y = 6.271856 + 0.052682X_6 + 0.001431X_1X_2 - 0.000004X_5X_6$	$<1.0\times10^{-5}$	0.9630	2.2562

4.4 多因素预测模型的验证

设计并卷制不同卷烟纸透气度、克重、助燃剂用量、助燃剂钾钠比、滤棒压降和接装纸透气度的短支卷烟，分别检测样品的卷烟纸透气度、克重、助燃剂用量、助燃剂钾钠比、滤棒压降和接装纸透气度等方程中的变量指标，将检测结果代入以上建立的最优预测模型，预测主流烟气的焦油、烟碱、CO、HCN、NNK、氨、B[a]P、苯酚、巴豆醛、H 值及开式吸阻，同时采用标准分析方法获得相应的结果，将预测值与实测值进行比较，用相对误差来验证模型的可靠性。

4.4.1 焦油多因素预测模型的验证

焦油多因素预测模型验证结果见表 4-92。

表 4-92 焦油预测模型验证结果

样品编号	测量值	预测值	预测误差	相对误差/%
YZ-1	8.77	8.64	−0.13	−1.5%
YZ-2	10.12	8.88	−1.24	−12.3%
YZ-3	9.12	9.60	0.48	5.2%
YZ-4	7.41	6.92	−0.49	−6.6%
YZ-5	8.75	9.56	0.81	9.2%
YZ-6	8.22	8.27	0.05	0.6%
YZ-7	7.24	6.75	−0.50	−6.9%
YZ-8	9.83	9.97	0.15	1.5%
YZ-9	7.87	8.36	0.49	6.2%

结果表明，通过焦油预测模型预测的预测值与测量值较为一致，9 个验证样中 3 个样品的预测相对误差（绝对值）在 5% 以内，5 个样品的预测相对误差在 5%~10%，1 个样品在 10%~15%。

4.4.2 烟碱多因素预测模型的验证

烟碱多因素预测模型验证结果见表 4-93。

表 4-93 烟碱预测模型验证结果

样品编号	测量值	预测值	预测误差	相对误差/%
YZ-1	0.83	0.80	−0.03	−3.8%

续表

样品编号	测量值	预测值	预测误差	相对误差/%
YZ-2	0.88	0.85	-0.03	-3.7%
YZ-3	0.76	0.81	0.05	6.8%
YZ-4	0.65	0.60	-0.05	-7.5%
YZ-5	0.86	0.82	-0.04	-4.3%
YZ-6	0.73	0.81	0.08	10.4%
YZ-7	0.69	0.64	-0.05	-7.0%
YZ-8	0.79	0.80	0.01	1.2%
YZ-9	0.73	0.70	-0.03	-3.9%

结果表明，通过烟碱预测模型预测的预测值与测量值较为一致，9 个验证样中 5 个样品的预测相对误差在 5% 以内，3 个样品的预测相对误差在 5%~10%，1 个样品在 10%~15%。

4.4.3　CO 多因素预测模型的验证

CO 多因素预测模型验证结果见表 4-94。

表 4-94　CO 预测模型验证结果

样品编号	测量值	预测值	预测误差	相对误差/%
YZ-1	9.06	8.33	-0.73	-8.0%
YZ-2	11.02	10.24	-0.78	-7.1%
YZ-3	8.77	9.16	0.38	4.4%
YZ-4	7.53	6.74	-0.80	-10.6%
YZ-5	8.41	8.90	0.50	5.9%
YZ-6	8.85	9.17	0.32	3.6%
YZ-7	6.53	7.11	0.58	8.9%
YZ-8	9.29	9.17	-0.12	-1.3%
YZ-9	7.69	8.11	0.42	5.4%

结果表明，通过 CO 预测模型预测的预测值与测量值较为一致，9 个验证样中 3 个样品的预测相对误差在 5%以内，5 个样品的预测相对误差在 5%~10%，1 个样品在 10%~15%。

4.4.4 HCN 多因素预测模型的验证

HCN 多因素预测模型验证结果见表 4-95。

表 4-95　HCN 预测模型验证结果

样品编号	测量值	预测值	预测误差	相对误差/%
YZ-1	126.43	104.85	−21.58	−17.1%
YZ-2	167.55	149.48	−18.07	−10.8%
YZ-3	120.65	122.59	1.93	1.6%
YZ-4	85.40	85.45	0.05	0.1%
YZ-5	108.60	113.14	4.53	4.2%
YZ-6	139.60	125.43	−14.17	−10.2%
YZ-7	74.62	83.64	9.02	12.1%
YZ-8	124.24	124.20	−0.03	0.0%
YZ-9	103.66	107.09	3.43	3.3%

结果表明，通过 HCN 预测模型预测的预测值与测量值较为一致，9 个验证样中 5 个样品的预测相对误差在 5%以内，3 个样品的预测相对误差在 10%~15%，1 个样品预测相对误差在 15%~20%。

4.4.5 NNK 多因素预测模型的验证

NNK 多因素预测模型验证结果见表 4-96。

表 4-96　NNK 预测模型验证结果

样品编号	测量值	预测值	预测误差	相对误差/%
YZ-1	3.29	3.31	0.02	0.6%
YZ-2	3.14	3.24	0.10	3.3%
YZ-3	3.92	4.09	0.18	4.5%

续表

样品编号	测量值	预测值	预测误差	相对误差/%
YZ-4	2.51	2.68	0.17	6.7%
YZ-5	3.76	3.66	-0.09	-2.5%
YZ-6	2.93	3.27	0.34	11.5%
YZ-7	3.10	3.05	-0.05	-1.6%
YZ-8	3.55	3.70	0.16	4.4%
YZ-9	2.54	3.03	0.49	19.3%

结果表明，通过 NNK 预测模型预测的预测值与测量值较为一致，9 个验证样中 6 个样品的预测相对误差在 5% 以内，1 个样品的预测相对误差在 5%~10%，1 个样品的预测相对误差在 10%~15%，1 个样品的预测相对误差在 15%~20%。

4.4.6 氨多因素预测模型的验证

氨多因素预测模型验证结果见表 4-97。

表 4-97 氨预测模型验证结果

样品编号	测量值	预测值	预测误差	相对误差/%
YZ-1	5.71	6.43	0.72	12.6%
YZ-2	7.10	6.33	-0.77	-10.8%
YZ-3	5.50	5.73	0.23	4.2%
YZ-4	4.03	3.94	-0.09	-2.2%
YZ-5	5.89	6.01	0.12	2.1%
YZ-6	6.49	6.89	0.40	6.2%
YZ-7	3.97	3.59	-0.38	-9.6%
YZ-8	6.53	6.33	-0.20	-3.0%
YZ-9	5.14	5.44	0.77	17.6%

结果表明，通过氨预测模型预测的预测值与测量值较为一致，9 个验证样中 4 个样品的预测相对误差在 5% 以内，2 个样品的预测相对误差在 5%~10%，2 个样品的预测相对误差在 10%~15%，1 个样品的预测相对误差在 15%~20%。

4.4.7 B[a]P多因素预测模型的验证

B[a]P多因素预测模型验证结果见表4-98。

表4-98 B[a]P预测模型验证结果

样品编号	测量值	预测值	预测误差	相对误差/%
YZ-1	7.67	7.45	−0.22	−2.8%
YZ-2	9.02	7.76	−1.25	−13.9%
YZ-3	7.82	8.29	0.47	6.0%
YZ-4	6.11	5.69	−0.42	−6.9%
YZ-5	7.45	8.29	0.84	11.3%
YZ-6	7.12	7.17	0.05	0.6%
YZ-7	5.94	5.44	−0.50	−8.4%
YZ-8	8.53	8.71	0.18	2.1%
YZ-9	6.77	7.19	0.41	6.1%

结果表明，通过焦油预测模型预测的预测值与测量值较为一致，9个验证样中3个样品的预测相对误差在5%以内，4个样品的预测相对误差在5%~10%，2个样品的预测相对误差在10%~15%。

4.4.8 苯酚多因素预测模型的验证

苯酚多因素预测模型验证结果见表4-99。

表4-99 苯酚预测模型验证结果

样品编号	测量值	预测值	预测误差	相对误差/%
YZ-1	15.32	15.06	−1.20	−7.3%
YZ-2	14.70	14.82	0.23	1.6%
YZ-3	14.33	14.19	0.72	5.3%
YZ-4	13.68	13.55	−1.86	−12.0%

样品编号	测量值	预测值	预测误差	相对误差/%
YZ-5	15.08	14.94	1.90	14.4%
YZ-6	14.88	15.38	1.50	11.2%
YZ-7	14.44	14.09	1.56	12.1%
YZ-8	14.09	14.12	0.54	4.0%
YZ-9	14.41	14.83	1.07	8.0%

结果表明，通过焦油预测模型预测的预测值与测量值较为一致，9个验证样中2个样品的预测相对误差在5%以内，3个样品的预测相对误差在5%~10%，4个样品的预测相对误差在10%~15%。

4.4.9 巴豆醛多因素预测模型的验证

巴豆醛多因素预测模型验证结果见表4-100。

表4-100 巴豆醛预测模型验证结果

样品编号	测量值	预测值	预测误差	相对误差/%
YZ-1	13.77	13.75	-0.02	-0.2%
YZ-2	21.34	18.28	-3.06	-14.4%
YZ-3	17.95	16.66	-1.29	-7.2%
YZ-4	12.20	12.66	0.45	3.7%
YZ-5	15.16	14.92	-0.23	-1.5%
YZ-6	15.32	15.63	0.30	2.0%
YZ-7	11.80	12.37	0.57	4.8%
YZ-8	17.21	16.51	-0.70	-4.1%
YZ-9	14.77	14.26	-0.51	-3.5%

结果表明，通过巴豆醛预测模型预测的预测值与测量值较为一致，9个验证样中7个样品的预测相对误差在5%以内，1个样品的预测相对误差在5%~10%，

1 个样品的预测相对误差在 10%~15%。

4.4.10　*H* 值多因素预测模型的验证

H 值多因素预测模型验证结果见表 4-101。

表 4-101　H 值预测模型验证结果

样品编号	测量值	预测值	预测误差	相对误差/%
YZ-1	7.43	7.17	−0.26	−3.5%
YZ-2	8.82	7.98	−0.84	−9.6%
YZ-3	7.57	7.78	0.21	2.8%
YZ-4	5.97	5.65	−0.31	−5.3%
YZ-5	7.14	7.58	0.43	6.1%
YZ-6	7.37	7.59	0.23	3.1%
YZ-7	5.63	5.64	0.01	0.2%
YZ-8	7.77	7.78	0.00	0.1%
YZ-9	6.33	6.93	0.60	9.5%

结果表明，通过 *H* 值预测模型预测的预测值与测量值较为一致，9 个验证样中 5 个样品的预测相对误差在 5% 以内，4 个样品的预测相对误差在 5%~10%。

4.4.11　开式吸阻多因素预测模型的验证

开式吸阻多因素预测模型验证结果见表 4-102。

表 4-102　开式吸阻预测模型验证结果

样品编号	测量值	预测值	预测误差	相对误差/%
YZ-1	952	967	15	1.5%
YZ-2	1186	1201	15	1.3%
YZ-3	940	931	−9	−1.0%
YZ-4	842	838	−4	−0.5%
YZ-5	944	952	8	0.9%

样品编号	测量值	预测值	预测误差	相对误差/%
YZ-6	1073	1083	11	1.0%
YZ-7	751	749	-2	-0.2%
YZ-8	1028	1020	-8	-0.8%
YZ-9	963	967	4	0.4%

结果表明，通过开式吸阻预测模型预测的预测值与测量值较为一致，9个验证样中9个样品的预测相对误差在5%以内。

4.4.12 烟支通风率多因素预测模型的验证

烟支通风率多因素预测模型验证结果见表4-103。

表4-103 烟支通风率预测模型验证结果

样品编号	测量值	预测值	预测误差	相对误差/%
YZ-1	27.9	29.4	1.4	5.1%
YZ-2	6.5	8.0	1.5	22.8%
YZ-3	16.2	14.4	-1.7	-10.5%
YZ-4	34.4	39.9	5.5	15.9%
YZ-5	22.8	21.7	-1.1	-4.8%
YZ-6	22.8	22.3	-0.5	-2.3%
YZ-7	42.2	41.1	-1.0	-2.5%
YZ-8	12.9	10.1	-2.8	-21.7%
YZ-9	28.1	28.8	0.7	2.5%

结果表明，通过烟支通风率预测模型预测的预测值与测量值较为一致，9个验证样中4个样品的预测相对误差在5%以内，1个样品的预测相对误差在5%~10%，1个样品的预测相对误差在10%~15%，2个样品的预测相对误差在15%~20%，1个样品的预测相对误差在20%~25%。

4.4.13 预测模型验证总结

对预测模型验证结果进行总结，见表4-104、图4-36和表4-105。

表4-104 多因素预测模型验证结果

样品编号	焦油	烟碱	CO	HCN	NNK	氨	B[a]P	苯酚	巴豆醛	H值	烟支吸阻	烟支通风率
YZ-1	-1.5%	-3.8%	-8.0%	-17.1%	0.6%	12.6%	-2.8%	-7.3%	-0.2%	-3.5%	1.5%	5.1%
YZ-2	-12.3%	-3.7%	-7.1%	-10.8%	3.3%	-10.8%	-13.9%	1.6%	-14.4%	-9.6%	1.3%	22.8%
YZ-3	5.2%	6.8%	4.4%	1.6%	4.5%	4.2%	6.0%	5.3%	-7.2%	2.8%	-1.0%	-10.5%
YZ-4	-6.6%	-7.5%	-10.6%	0.1%	6.7%	-2.2%	-6.9%	-12.0%	3.7%	-5.3%	-0.5%	15.9%
YZ-5	9.2%	-4.3%	5.9%	4.2%	-2.5%	2.1%	11.3%	14.4%	-1.5%	6.1%	0.9%	-4.8%
YZ-6	0.6%	10.4%	3.6%	-10.2%	11.5%	6.2%	0.6%	11.2%	2.0%	3.1%	1.0%	-2.3%
YZ-7	-6.9%	-7.0%	8.9%	12.1%	-1.6%	-9.6%	-8.4%	12.1%	4.8%	0.2%	-0.2%	-2.5%
YZ-8	1.5%	1.2%	-1.3%	0.0%	4.4%	-3.0%	2.1%	4.0%	-4.1%	0.1%	-0.8%	-21.7%
YZ-9	6.2%	-3.9%	5.4%	3.3%	19.3%	17.6%	6.1%	8.0%	-3.5%	9.5%	0.4%	2.5%
平均值（绝对值）	5.6%	5.4%	6.1%	6.6%	6.0%	7.6%	6.5%	8.4%	4.6%	4.5%	0.8%	9.8%

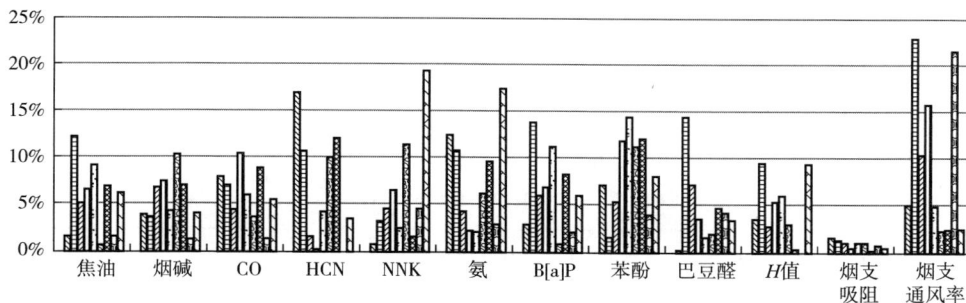

图4-36 多因素预测模型验证结果（所有相对误差取绝对值）

表4-105 多因素预测模型验证结果总结

误差范围	个数	占比
0~10%	85	78.7%
10%~20%	21	19.4%
>20%	2	1.9%

结果表明，所有预测指标 108 个，误差范围<10%的占比为 78.8%，10%~20%的占比 19.4%，>20%的占比 1.8%，总体预测结果较好。

4.5 小结

（1）采用线性回归法和逐步回归法建立了基于短支卷烟卷烟材料参数的焦油、烟碱、CO、HCN、NNK、氨、B[a]P、苯酚、巴豆醛、H 值、烟支吸阻、烟支通风率等多因素预测模型，依据交叉验证标准差 RMSECV 确定了最优预测模型（表 4-106）。

表 4-106　多因素预测模型总结

指标	模型	P 值	R^2	RMSECV
焦油	$Y = 0.490395 + 0.00002X_5X_6 - 0.544692X_2X_3 - 0.000002X_5X_5 - 0.010229X_6 + 0.008520X_5 - 0.000295X_1X_2$	$<1.0\times10^{-5}$	0.8832	0.4241
烟碱	$Y = 0.954166 - 0.000007X_1X_6 - 0.001578X_3X_5 - 0.000007X_2X_2$	$<1.0\times10^{-5}$	0.7654	0.04145
CO	$Y = 10.162223 - 0.006061X_6 - 1.389777X_2X_3 + 0.001544X_1X_1 + 0.000002X_6X_6$	$<1.0\times10^{-5}$	0.8558	0.5813
HCN	$Y = 111.802645 - 0.112960X_6 + 0.000461X_1X_5 - 12.154977X_2X_3 + 0.000050X_6X_6$	$<1.0\times10^{-5}$	0.8851	8.1547
NNK	$Y = 20.410259 - 0.008816X_5 + 0.000001X_5X_5 - 0.307400X_2X_3 + 0.000001X_5X_6 - 0.005314X_6 - 0.018850X_1$	$<1.0\times10^{-5}$	0.8473	0.1984
氨	$Y = 7.006696 - 0.782340X_2X_3 - 0.000067X_1X_6 + 0.000002X_4X_6 - 0.006089X_6 + 0.000698X_2X_4$	$<1.0\times10^{-5}$	0.7629	0.4185
B[a]P	$Y = -0.446882 - 0.010418X_6 - 0.522168X_2X_3 - 0.000002X_5X_5 + 0.000002X_5X_6 - 0.000291X_1X_2 + 0.008088X_5$	$<1.0\times10^{-5}$	0.8714	0.4306
苯酚	$Y = 15.8085 + 0.1680X_1 - 0.0432X_2 - 126.8681X_3 + 0.0108X_4 - 0.0004X_5 - 0.0016X_6$	$<1.0\times10^{-5}$	0.7126	0.7604
巴豆醛	$Y = 15.484832 - 0.010436X_6 + 0.000027X_1X_5 + 0.000004X_6X_6$	$<1.0\times10^{-5}$	0.8475	0.8771

续表

指标	模型	P 值	R^2	RMSECV
H 值	$Y = 10.121768 - 0.007456X_6 - 0.724228X_2X_3 + 0.000461X_1X_1 + 0.000001X_5X_6 - 0.000525X_5$	$<1.0\times10^{-5}$	0.9179	0.2701
烟支吸阻	$Y = -345.524105 - 0.473186X_6 + 0.679913X_5 + 0.000231X_6X_6 - 0.000070X_5X_5$	$<1.0\times10^{-5}$	0.9775	17.41
烟支通风率	$Y = -6.174883 + 0.079985X_6 - 0.000026X_6X_6 + 0.372131X_2 - 0.000004X_5X_6 - 7.064871X_3X_4 - 0.000118X_2X_6 - 0.002379X_2X_2$	$<1.0\times10^{-5}$	0.9893	1.2159

（2）采用验证产品对预测模型的预测能力进行验证，误差范围<10%的占比为78.8%，10%~20%的占比19.4%，>20%的占比1.8%，总体预测结果较好。

5　成果应用

卷烟设计的目标重点围绕感官质量和"7+2"成分（焦油、烟碱、7 种有害成分），辅助材料设计的目标同样如此。在日常辅材设计过程中，主要包括两个方面的重要内容：①老产品辅材改造；②新产品的辅材设计。以下主要从这两个方面出发，围绕感官质量和"7+2"成分设计目标，总结短支卷烟辅助材料设计技术。

5.1　老产品改造

老产品改造中，产品已经基本定型，主要是对辅材参数的某一方面或某几个方面进行微调，在焦油设计范围内，进一步优化提升感官质量。具体流程应为①根据产品的档次确定选用高档（YX）或中档（LT）辅材参数，探究对感官质量和烟气成分的单因素影响规律；②在辅材参数对感官质量影响规律的基础上，以提高感官质量为目标，提出可以优化的辅材参数及具体调整的目标值；③根据辅材参数对焦油、烟碱、CO、H 值的单因素影响规律，计算辅材调整过后的焦油、烟碱、CO、H 值是否符合产品的设计目标，如果不符合，重新对辅材参数进行调整，如果符合，采用相应辅材参数制备卷烟；④对调整辅材后的卷烟进行感官评吸、烟气测试，与原辅材卷烟进行对比，确定辅材调整方案。

5.1.1　老产品改造——中档

5.1.1.1　辅材参数对感官质量影响的规律——中档

卷烟纸透气度、克重、助燃剂用量、卷烟纸助燃剂钾钠比、灰分、滤棒通风率、接装纸透气方式、滤棒压降对中档（LT）卷烟感官质量的影响见表 5-1。

5.1.1.2　辅材参数对常规指标及 H 值影响的规律——中档

卷烟纸透气度、克重、助燃剂用量、卷烟纸助燃剂钾钠比、灰分、滤棒通风率、接装纸透气方式、滤棒压降对中档（LT）卷烟常规指标及 H 值的影响见表 5-2。

表 5-1 辅材参数对感官质量影响规律——中档

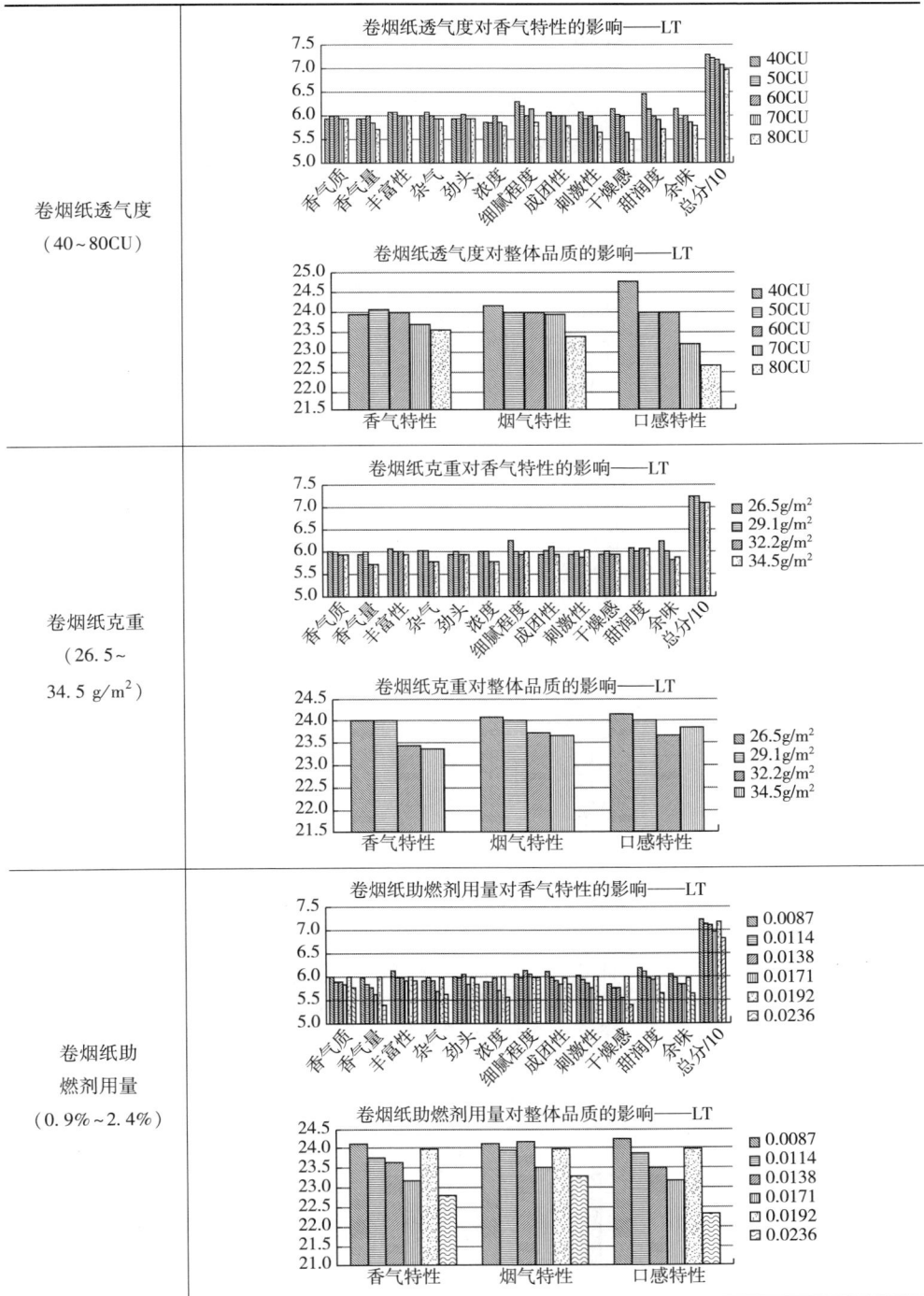

卷烟纸透气度 （40~80CU）	 卷烟纸透气度对香气特性的影响——LT 卷烟纸透气度对整体品质的影响——LT
卷烟纸克重 （26.5~ 34.5 g/m²）	 卷烟纸克重对香气特性的影响——LT 卷烟纸克重对整体品质的影响——LT
卷烟纸助 燃剂用量 （0.9%~2.4%）	 卷烟纸助燃剂用量对香气特性的影响——LT 卷烟纸助燃剂用量对整体品质的影响——LT

卷烟纸助燃剂 钾钠比 （1∶0~0∶1）	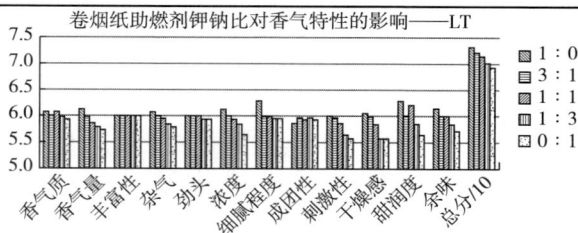 卷烟纸助燃剂钾钠比对香气特性的影响——LT 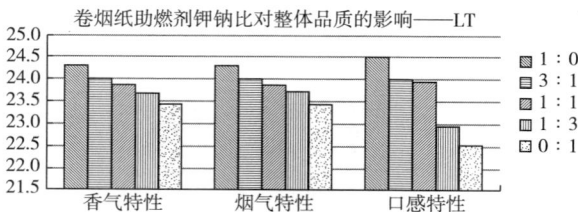 卷烟纸助燃剂钾钠比对整体品质的影响——LT
卷烟纸灰分 （16.5%~21.2%）	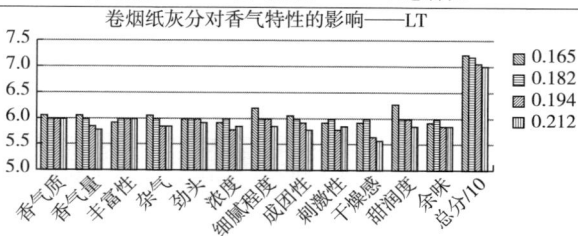 卷烟纸灰分对香气特性的影响——LT 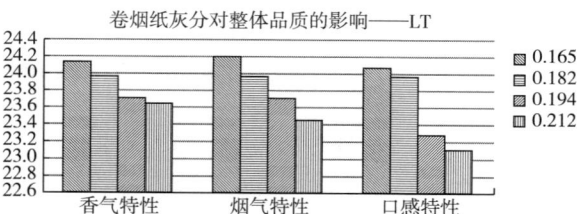 卷烟纸灰分对整体品质的影响——LT
滤棒通风率 （0~31%）	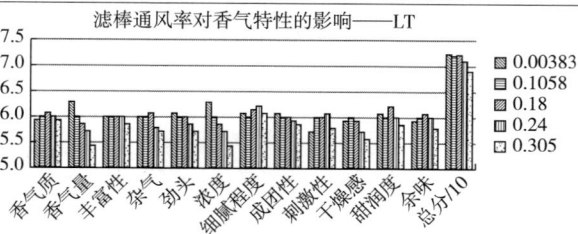 滤棒通风率对香气特性的影响——LT 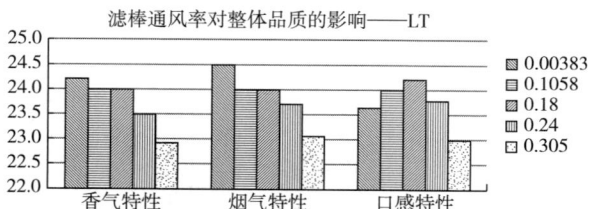 滤棒通风率对整体品质的影响——LT

滤棒通风方式 （激光预打孔、 自然透气）	
滤棒压降 （2690~3306Pa）	

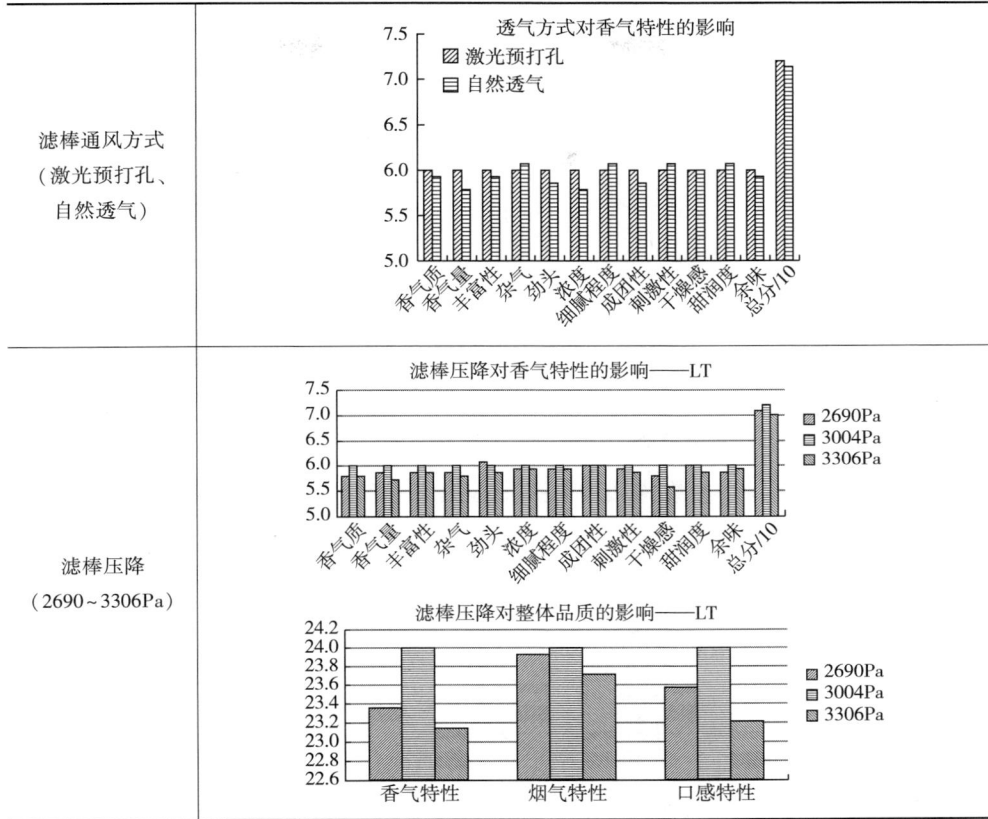

表 5-2　辅材参数对烟气常规指标及 H 值影响的规律——中档

辅材参数	焦油/（mg·支$^{-1}$）	烟碱/（mg·支$^{-1}$）	CO/（mg·支$^{-1}$）	H 值
增加 1CU 卷烟纸透气度 （40~80CU）	−0.0292	−0.0015	−0.0269	−0.0233
增加 1 g/m² 卷烟纸克重 （26.5~34.5 g/m²）	−0.0765	−0.0132	0.0476	−0.0256
增加 1%卷烟纸助燃剂用量 （0.9%~2.4%）	−1.2721	−0.0795	−1.4198	−0.9419
增加 1%卷烟纸钾比例 （1：0~0：1）	−0.00799	−0.00093	−0.00719	−0.00641
增加 1%卷烟纸灰分 （16.5%~21.2%）	−0.0934	0.0088	−0.0666	−0.0932

辅材参数	焦油/（mg·支$^{-1}$）	烟碱/（mg·支$^{-1}$）	CO/（mg·支$^{-1}$）	H 值
增加1%滤棒通风率（0~31%）/ 增加1CU 接装纸透气度（0~800CU）	−0.0582/ −0.00209	−0.0032/ −0.00011	−0.0725/ −0.00257	−0.0560/ −0.00201
激光预打孔→自然透气 （10%滤棒通风率）	—	—	−0.3056	−0.2786
增加1Pa滤棒压降 （2690~3306Pa）	−0.00104	−6.0276×10^{-5}	−8.1369×10^{-5}	−0.00077

注 增加单位辅材参数的相应指标变化。

5.1.1.3 LT 辅材参数优化

针对 LT 现有辅材参数，从表 5-1 中提出可调整的辅材参数及调整的目标值，具体见表 5-3。

表 5-3 LT 辅材优化方案

辅材	参数	原先方案	拟调整方案
卷烟纸	透气度/CU	60	40
	定量/（g·m^{-2}）	29	—
	助燃剂用量/%	1.9	—
	助燃剂钾钠比	3∶1	1∶0
	灰分/%	18	16
接装纸	透气度/CU	100	0/300
	打孔方式	激光预打孔	
滤棒	压降/Pa	3000	—
	长度/mm	25	

基于 LT 的基准辅材参数，结合表 5-1 辅材参数对感官质量的影响规律，初步提出 5 种辅材优化方案：①卷烟纸透气度由 60 CU 调整为 40 CU；②助燃剂钾钠比由 3∶1 调整为 1∶0；③卷烟纸灰分由 18% 调整为 16%；④接装纸透气度由 100 CU 调整为 0；⑤接装纸透气度由 100 CU 调整为 300 CU。

LT 基准辅材下主流烟气焦油为 9.48 mg/支，烟碱为 0.74 mg/支，CO 为

8.17 mg/支，*H* 值为 7.52。依据表 5-3，计算 5 种辅材优化方案后 LT 常规指标及 *H* 值的变化，具体见表 5-4。

表 5-4　辅材调整方案后烟气常规指标及 *H* 值

辅材优化方案	焦油/（mg·支⁻¹）	烟碱/（mg·支⁻¹）	CO/（mg·支⁻¹）	*H* 值
卷烟纸透气度 60 CU→40 CU	10.06	0.77	8.71	7.99
助燃剂钾钠比 3∶1→1∶0	9.28	0.72	7.99	7.36
卷烟纸灰分 18%→16%	9.67	0.76	8.30	7.71
接装纸透气度 100 CU→0	9.69	0.75	8.43	7.72
接装纸透气度 100 CU→300 CU	9.06	0.72	7.66	7.12

从表中可以看出，5 种方案下烟气常规指标均符合设计要求，可以进行卷烟、烟气测试及感官评吸。

5.1.2　老产品改造——高档

5.1.2.1　辅材参数对感官质量影响的规律——高档

卷烟纸透气度、克重、助燃剂用量、卷烟纸助燃剂钾钠比、灰分、滤棒通风率、接装纸透气方式对高档（YX）卷烟感官质量的影响见表 5-5。

表 5-5　辅材参数对感官质量影响规律——高档

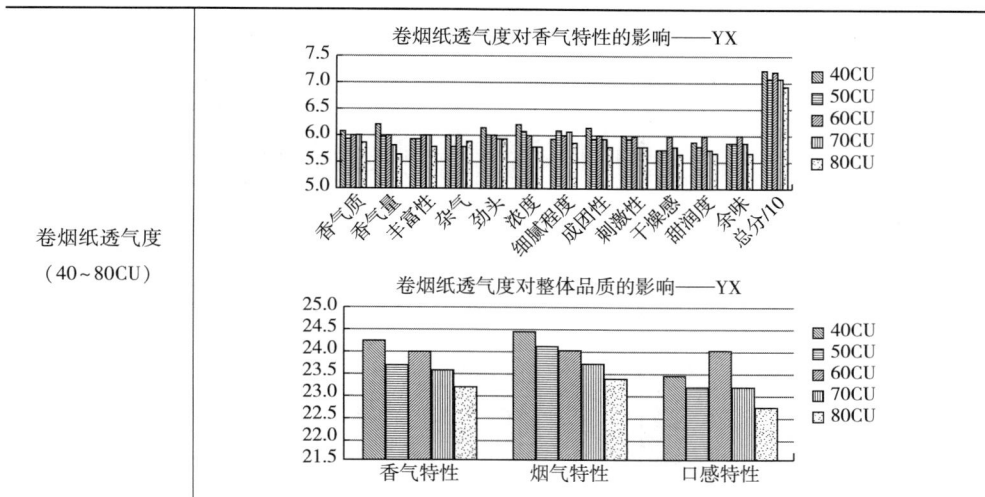

卷烟纸透气度对香气特性的影响——YX

卷烟纸透气度对整体品质的影响——YX

卷烟纸透气度（40~80CU）

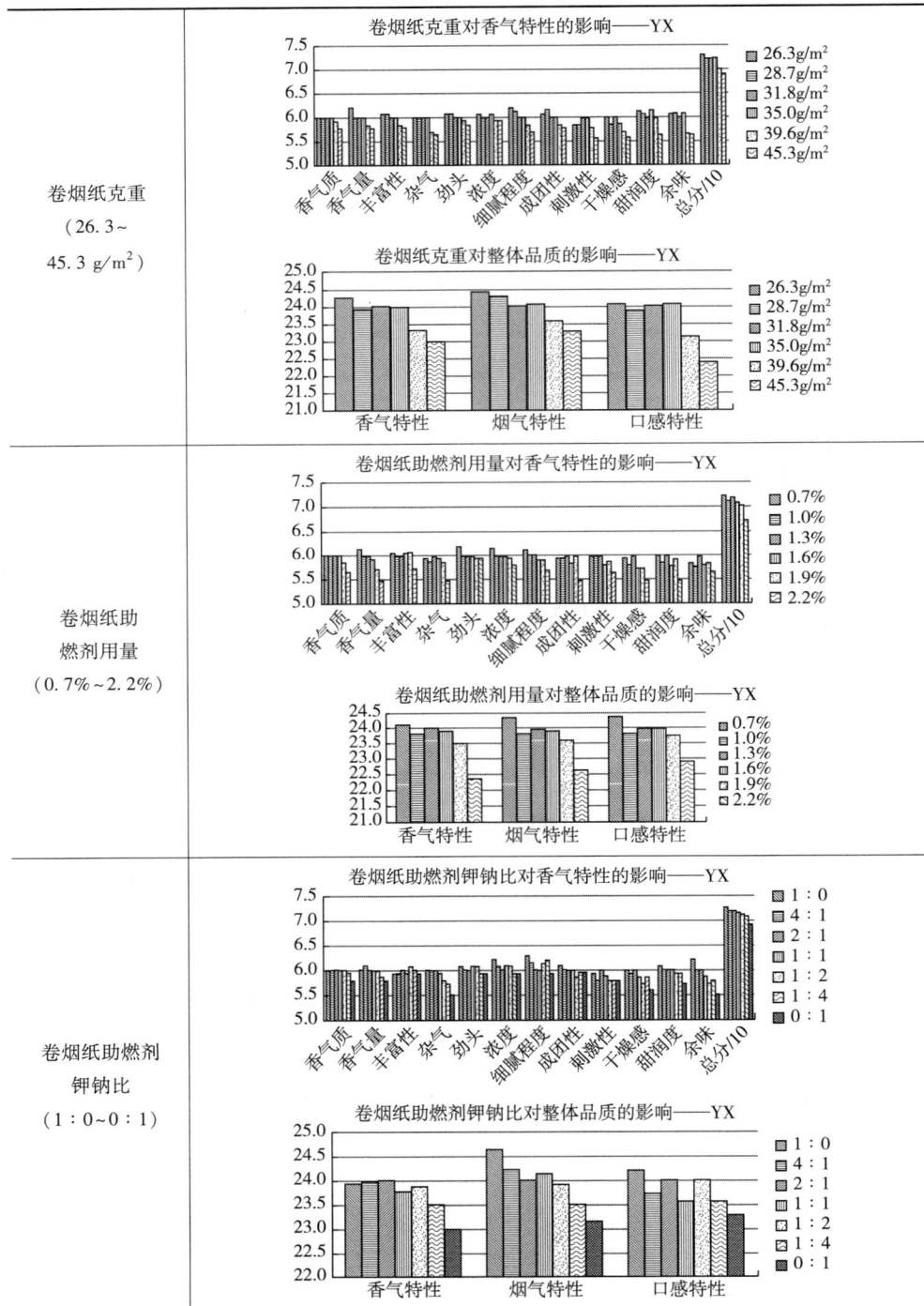

续表

卷烟纸克重 （26.3~ 45.3 g/m²）	
卷烟纸助 燃剂用量 （0.7%~2.2%）	
卷烟纸助燃剂 钾钠比 （1∶0~0∶1）	

续表

卷烟纸灰分 （16.6%～27.0%）	
滤棒通风率 （0～33%）	
滤棒通风方式 （激光预打孔、 自然透气）	

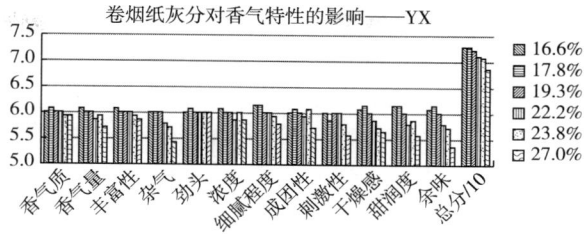

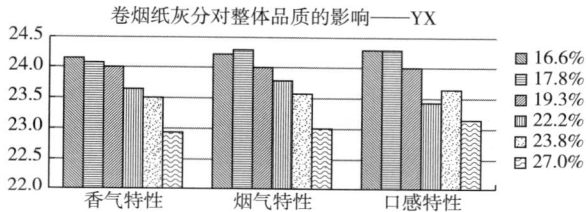

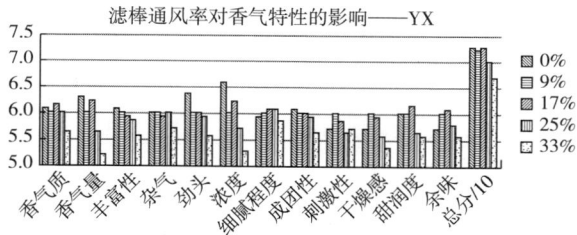

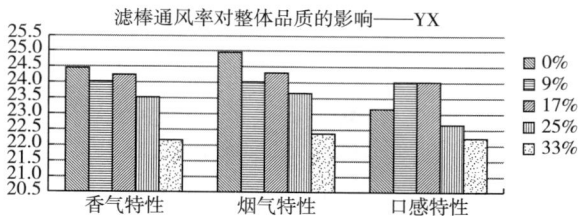

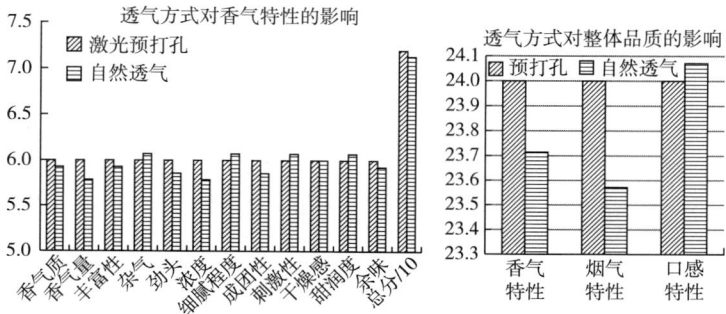

续表

滤棒压降 （2690~3306Pa）	滤棒压降对香气特性的影响——YX （图：2690Pa、3004Pa、3306Pa 对 香气质、香气量、丰富性、杂气、劲头、浓度、细腻程度、成团性、刺激性、干燥感、甜润度、余味、总分/10 的影响） 滤棒压降对整体品质的影响——YX （图：2690Pa、3004Pa、3306Pa 对 香气特性、烟气特性、口感特性 的影响）

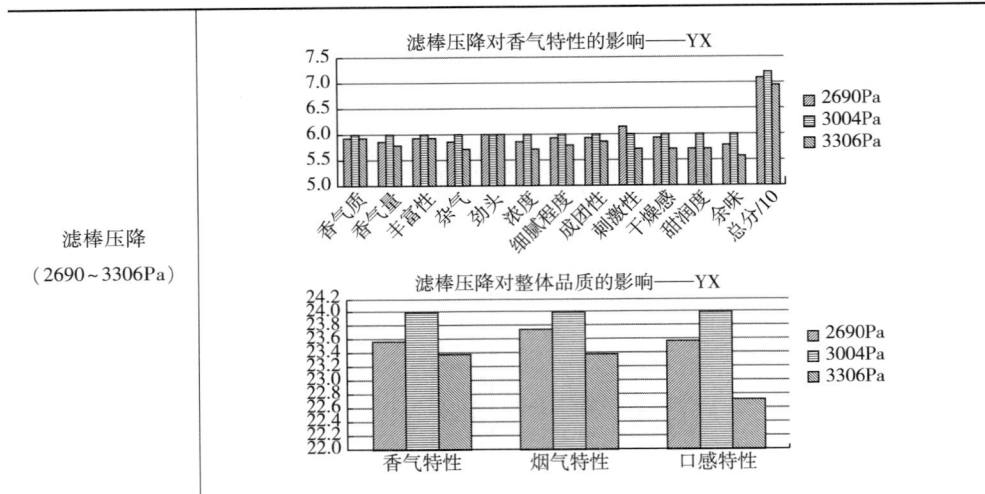

5.1.2.2　辅材参数对常规指标及 H 值影响的规律

卷烟纸透气度、克重、助燃剂用量、卷烟纸助燃剂钾钠比、灰分、滤棒通风率、接装纸透气方式、滤棒压降对高档（YX）卷烟常规指标及 H 值的影响见表 5-6。

表 5-6　辅材参数对烟气常规指标及 H 值影响规律——高档

辅材参数	焦油/（mg·支$^{-1}$）	烟碱/（mg·支$^{-1}$）	CO/（mg·支$^{-1}$）	H 值
增加 1 CU 卷烟纸透气度 （40~80 CU）	−0.0126	−0.0019	−0.0226	−0.0163
增加 1 g/m² 卷烟纸克重 （26.3~45.3 g/m²）	−0.0668	−0.0057	0.0635	−0.0057
增加 1% 卷烟纸助燃剂用量 （0.7%~2.2%）	−0.9425	−0.1396	−1.0850	−0.7281
增加 1% 卷烟纸钾比例 （1:0~0:1）	−0.00602	−0.0017	−0.01219	−0.00999
增加 1% 卷烟纸灰分 （16.6%~27.0%）	−0.0563	0.0069	−0.0489	−0.0238
增加 1% 滤棒通风率 （0~31%）/增加 1 CU 接装纸透气度（0~800 CU）	−0.1094/ −0.00422	−0.0058/ −0.00022	−0.1046/ −0.00402	−0.0768/ −0.00289

续表

辅材参数	焦油/（mg·支$^{-1}$）	烟碱/（mg·支$^{-1}$）	CO/（mg·支$^{-1}$）	H 值
激光预打孔→自然透气（10%滤棒通风率）	—	—	-0.1779	-0.2127
增加 1Pa 滤棒压降（2690~3306 Pa）	-0.00202	-7.9019×10^{-5}	-4.3148×10^{-5}	-0.00095

注　增加单位辅材参数的相应指标变化。

5.1.2.3　YX 辅材参数优化

针对 YX 现有辅材参数，从表 5-5 中提出可调整的辅材参数及调整的目标值，具体见表 5-7。

表 5-7　YX 辅材优化方案

辅材	参数	原先方案	拟调整方案
卷烟纸	透气度/CU	60	—
	定量/（g·m^{-2}）	32	26
	助燃剂用量/%	1.3	—
	助燃剂钾钠比	2∶1	1∶0
	灰分/%	20	18
接装纸	透气度/CU	100	0/300
	打孔方式	激光预打孔	—
滤棒	压降/Pa	3000	—
	长度/mm	100	

基于 YX 的基准辅材参数，结合表 5-5 辅材参数对感官质量的影响规律，初步提出 5 种辅材优化方案：①卷烟纸定量由 32 g·m^{-2} 调整为 26 g·m^{-2}；②助燃剂钾/钠比由 2∶1 调整为 1∶0；③卷烟纸灰分由 20% 调整为 18%；④接装纸透气度由 100 CU 调整为 0；⑤接装纸透气度由 100 CU 调整为 300 CU。

YX 基准辅材下主流烟气焦油为 10.41 mg/支，烟碱为 0.76 mg/支，CO 为 9.48 mg/支，H 值为 7.29。依据表 5-6，计算 5 种辅材优化方案后 YX 常规指标及 H 值的变化，具体见表 5-8。

表 5-8 辅材调整方案后烟气常规指标及 *H* 值

辅材优化方案	焦油/ （mg·支$^{-1}$）	烟碱/ （mg·支$^{-1}$）	CO/ （mg·支$^{-1}$）	*H* 值
卷烟纸定量 32 g·m^{-2}→26 g·m^{-2}	10.81	0.79	9.10	7.32
助燃剂钾钠比 2∶1→1∶0	10.11	0.68	8.87	6.79
卷烟纸灰分 20%→18%	10.52	0.77	9.58	7.34
接装纸透气度 100 CU→0	10.83	0.78	9.88	7.58
接装纸透气度 100CU→300CU	9.57	0.72	8.68	6.71

从表中可以看出，5 种方案中第 1 种和第 4 种方案的焦油偏高，第 2 种、第 3 种和第 5 种方案的烟气常规指标均符合设计要求，可以进行卷烟、烟气测试及感官评吸。

5.2 新产品开发

新产品开发时，主要依据设定的价类及焦油值进行辅材设计，具体流程如下。

（1）根据产品的目标焦油，利用焦油的多因素预测模型，推荐辅材设计方案。

（2）根据产品的档次确定选用高档（YX）或中档（LT）辅材参数样品对感官质量和烟气成分单因素影响规律，依据该规律初步确定辅材设计方案。

（3）对相应辅材卷烟进行感官评吸、烟气测试，以确定辅材调整方案。

目标为开发一款基于 LT 配方的焦油量为 7 mg 的短支卷烟。依据焦油多因素辅材模型，推荐辅材方案，见表 5-9。

表 5-9 7 mg 焦油量辅材设计方案

辅材设计方案	卷烟纸定量/(g·m⁻²)	卷烟纸透气度/CU	卷烟纸助燃剂用量/%	卷烟纸助燃剂钾钠比	滤棒压降/Pa	接装纸透气度/CU	焦油预测值/(mg·支⁻¹)
1	28.5	41	1.9%	4.10	3600	803	7.1
2	35.0	75	0.7%	0.43	3306	803	7.1
3	32.3	54	1.8%	0.10	3306	803	7.1
4	26.3	43	1.3%	0.10	2690	803	7.3
5	26.5	46	0.8%	12.00	3600	803	7.3
6	32.2	78	1.9%	10.00	3306	289	7.4
7	35.2	56	2.0%	0.10	3600	486	7.5
8	31.8	75	1.9%	2.50	3600	289	7.7
9	26.5	67	0.8%	0.10	3600	486	7.9
10	29.1	71	1.8%	0.45	3306	486	7.9
11	35.1	53	2.6%	1.60	3600	289	7.9

由于开发的是一款基于 LT 配方的卷烟,因此结合辅材参数对感官质量的影响规律——中档(表 5-1),首先考虑滤棒通风率对感官质量的影响最大,因此首先选择 289 CU 的接装纸透气度,进一步筛选出辅材设计方案(表 5-10)。

表 5-10 7 mg 焦油量辅材设计方案

方案	卷烟纸定量/(g·m⁻²)	卷烟纸透气度/CU	卷烟纸助燃剂用量/%	卷烟纸助燃剂钾钠比	滤棒压降/Pa	接装纸透气度/CU	焦油预测值/(mg·支⁻¹)
6	32.2	78	1.9%	10.00	3306	289	7.4
8	31.8	75	1.9%	2.50	3600	289	7.7
11	35.1	53	2.6%	1.60	3600	289	7.9

综合考虑卷烟纸定量、卷烟纸透气度、卷烟纸助燃剂用量、卷烟纸助燃剂钾钠比及滤棒压降对短支卷烟感官质量的影响,初步确定方案 6 作为辅材设计方案。

按照方案 6 制备卷烟,进行烟气测试和感官评吸,具体结果见表 5-11 和表 5-12。

表 5-11   烟气常规测试结果

TPM/ (mg·支⁻¹)	口数/ (口·支⁻¹)	烟碱/ (mg·支⁻¹)	水分/ (mg·支⁻¹)	焦油/ (mg·支⁻¹)	CO/ (mg·支⁻¹)
9.43	5.5	0.76	1.53	7.13	7.64

由表 5-11 可知，焦油实测值为 7.13 mg/支，符合设计要求，与预测值误差为 0.3。

表 5-12   卷烟感官质量评价结果

样品编号	光泽	香气	谐调	杂气	刺激性	余味	总分
LT	5.0	28.50	5.0	10.85	17.65	21.81	88.88
方案 6	5.0	28.81	5.0	10.96	17.69	22.08	89.53

由表 5-12 可知，烟气常规指标符合要求，感官质量得分与 LT 相比有一定提升，感官质量达到设计要求。

6 结论及创新点

6.1 结论

  针对河南卷烟工业企业短支卷烟，在不同档次基础配方下，系统考察卷烟滤棒、烟支段各辅材设计参数及吸阻分配对卷烟烟气常规成分、7 种有害成分及感官质量的影响，全面掌握了辅助材料设计参数对烟气主要化学成分、感官质量的影响规律及主要影响因素；构建了基于辅材关键因素的烟气常规成分、7 种有害成分、烟支吸阻、滤棒通风率的预测模型；形成了河南卷烟工业企业短支卷烟的辅助材料综合设计技术，并应用于卷烟产品。项目得到以下研究结论。

  （1）掌握了辅材设计参数对烟气成分及感官质量的影响规律。

  ①卷烟纸透气度与短支卷烟 TPM、焦油、烟碱、CO、HCN、NNK、氨、B[a]P、苯酚释放量及 H 值呈负相关关系，与巴豆醛及烟碱截留效率无相关关系。随卷烟纸透气度的增加，香气特性和烟气特性均呈下降趋势，LT 口感特性呈下降趋势，YX 口感特性在 60 CU 时相对较好。②卷烟纸定量与 TPM、焦油、烟碱、氨、B[a]P、苯酚、H 值呈负相关关系，与 CO 呈正相关关系，与 HCN、NNK、巴豆醛及烟碱截留效率无相关关系。随卷烟纸定量的增加，香气特性、烟气特性、口感特性呈下降趋势，低克重卷烟纸时感官质量较好。③卷烟纸助燃剂用量与 TPM、焦油、烟碱、CO、HCN、NNK、氨、B[a]P、苯酚、巴豆醛及 H 值呈负相关关系，与烟碱截留效率无相关关系。随着卷烟纸助燃剂用量的增加，香气特性、烟气特性和口感特性整体呈下降趋势，低助燃剂用量时感官质量更好。④卷烟纸助燃剂钾离子比例与 TPM、焦油、烟碱、CO、HCN、NNK、氨、B[a]P、苯酚及 H 值呈负相关关系，与巴豆醛及烟碱截留效率无相关关系。随着卷烟纸助燃剂钾钠比由 1∶0 变为 0∶1，香气特性、烟气特性和口感特性整体呈下降趋势，采用纯钾盐卷烟纸时感官质量较好。⑤卷烟纸灰分与 TPM、焦油、CO、HCN、氨、B[a]P、苯酚、H 值呈负相关关系，与烟碱、NNK、巴豆醛、烟碱截留效率无相关关系。随卷烟纸灰分的增加，香气特性、烟气特性、口感特性各指标均呈下降趋势，采用低灰分卷烟纸时感官质量较好。⑥滤棒通风率与

TPM、焦油、烟碱、CO、HCN、氨、B[a]P、苯酚、巴豆醛、H 值呈负相关关系，与烟碱截留效率呈正相关关系。随滤棒通风率的增加，香气特性、烟气特性呈下降趋势，口感特性呈现先上升后下降的趋势，总体来看，在通风率为 0 时，香气特性和烟气特性更好，在通风率为 17% 时口感特性更好。⑦相同滤棒通风率时，激光预打孔与自然透气接装纸的 TPM、焦油、烟碱、B[a]P、苯酚释放量基本无差异，自然透气接装纸的 CO、HCN、氨、巴豆醛释放量低于激光预打孔接装纸。在香气特性和烟气特性方面，激光预打孔优于自然透气，在口感特性方面，自然透气优于激光预打孔，综合得分是激光预打孔略好于自然透气。⑧滤棒压降与 TPM、焦油、烟碱、HCN、NNK、氨、B[a]P、苯酚及 H 值呈负相关关系，与烟碱截留效率呈正相关关系。香气特性、烟气特性、口感特性、综合得分均为 3004 Pa 是最优，其次 2690 Pa，最后是 3306 Pa。

（2）明确了吸阻分配对烟气成分及感官质量影响的规律。

①在滤棒单位长度吸阻不变的情况下，随烟丝段吸阻比例的降低，滤棒吸阻比例增加，总粒相物、焦油、HCN、B[a]P、苯酚和巴豆醛释放量及 H 值逐步降低，烟碱、NNK、氨释放量差异不大，CO 释放量呈逐步上升趋势。香气特性和烟气特性在滤棒长度为 25 mm（28%+72%）时最佳，口感特性在滤棒长度为 30 mm（24%+76%）时最佳，综合得分在滤棒长度为 25 mm（28%+72%）时最佳。②在滤棒吸阻和烟丝段吸阻不变的情况下，随滤棒长度的增加，HCN、苯酚和巴豆醛释放量及 H 值逐步降低，总粒相物、焦油、烟碱、B[a]P 释放量逐步上升，但幅度较小，CO、NNK、氨释放量差异较小，烟碱截留效率呈上升趋势。香气特性和烟气特性在滤棒长度为 25 mm（28%+72%）最佳，口感特性在 20 mm（28%+72%）时最佳，综合得分在滤棒长度为 20 mm（28%+72%）时最佳。③烟支吸阻不变的情况下，随烟丝段吸阻的降低，滤棒吸阻比例增加，苯酚、巴豆醛、焦油、B[a]P 释放量及 H 值逐步降低，总粒相物、烟碱、CO、HCN 释放量先上升再下降，NNK、氨释放量差异较小，烟碱截留效率呈上升趋势。香气特性在滤棒长度为 20 mm（29%+71%）和 25 mm（28%+72%）时较佳，烟气特性和口感特性在 20 mm（29%+71%）时最佳，综合得分在 20 mm（29%+71%）时最佳。

（3）阐明了烟支长度对烟气成分及感官质量影响的规律。

从单支释放量看，84 mm 卷烟的烟气成分释放量均较高；从单位燃烧长度看，短支卷烟（75 mm）的焦油、NNK、氨、苯酚、巴豆醛、烟碱及 H 值的单位燃烧长度释放量均大于 84 mm 的常规卷烟，CO、HCN、B[a]P 等成分的单位燃烧长度释放量的两者差异不大。短支卷烟（75 mm）在香气质、香气量、杂气、浓度、刺激性、干燥感和余味指标上均优于常规卷烟，其他指标两者基本无差异，总体感官质量是 75 mm 短支卷烟显著优于 84 mm 常规烟。

（4）构建了基于多因素辅材设计参数的短支卷烟常规成分、7 种有害成分、烟支吸阻、烟支通风率等的数学预测模型。

采用线性回归法和逐步回归法建立了基于短支卷烟卷烟材料参数的焦油、烟碱、CO、HCN、NNK、氨、B[a]P、苯酚、巴豆醛、*H* 值、烟支吸阻、烟支通风率的 6 因素线性模型、二次多项式模型和多因子互作项模型，依据交叉验证标准差 RMSECV 确定了最优预测模型；采用验证样品对预测模型的预测能力进行验证，误差范围<5%的占比为 51.9%，5%~10%的占比为 26.9%，10%~15%的占比 15.7%，15%~20%的占比 3.7%，>20%的占比 1.9%，总体预测结果较好。

（5）形成了卷烟工业企业短支卷烟辅助材料综合设计技术。

围绕卷烟设计两大目标——感官质量和"7+2"成分（焦油、烟碱、7 种成分），从老产品辅材改造和新产品辅材设计两个角度，形成了卷烟工业企业短支卷烟辅助材料设计技术。采用该技术，针对现有两款短支卷烟产品，提出了辅材改造方案；在一款 7 mg 焦油短支卷烟开发中，提供了辅材设计方案，预测焦油为 7.4 mg/支，实测焦油为 7.1 mg/支，达到设计目标。综合项目研究结果，形成了卷烟工业企业短支卷烟辅助材料设计指南。

6.2 创新点

（1）围绕短支卷烟设计两大目标——感官质量和"7+2"成分，综合辅材参数对感官质量、烟气成分的影响规律和烟气成分多因素预测模型，从老产品辅材改造和新产品辅材设计两个角度，形成了卷烟工业企业短支卷烟辅助材料设计技术及指南。

（2）系统、全面地考察了短支卷烟烟支段设计参数（卷烟纸透气度、克重、助燃剂用量、助燃剂钾钠比、灰分）、滤棒设计参数（滤棒通风度、接装纸打孔方式、滤棒压降）、吸阻分配对烟气化学成分（常规成分和 7 种有害成分）、烟碱截留效率、感官质量的影响规律，为通过辅材参数调控短支卷烟烟气化学成分、烟碱截留效率、感官质量提供了技术支撑。

（3）首次建立了基于短支卷烟辅材参数的主流烟气常规化学成分、7 种有害成分、烟支吸阻、烟支通风率的预测模型，为短支卷烟辅材设计数字化奠定了坚实的基础。

（4）阐明了烟支长度对烟气常规成分、7 种有害成分、气溶胶粒径及浓度及感官质量的影响规律。

参考文献

［1］ 苏荣本. 一种短支香烟：中国，2291000［P］. 1998-09-16.

［2］ 陈远征. 减少污染和危害健康的节约型短支包装香烟及短支香烟：中国，201849824U ［P］. 2011-06-01.

［3］ 韩致忠. 短支应急香烟：中国，201069997［P］. 2008-06-11.

［4］ 彭荣淮，马继红，徐迎波，等. 短支香烟：中国，3249348［P］. 2002-07-31.

［5］ 李有富. 香烟（短支）：中国，301266160S［P］. 2009-03-11.

［6］ 程旭辉. 节约健康型短支包装香烟及短支香烟：中国，2897879［P］. 2007-05-09.

［7］ 侯思安. 长滤嘴短支香烟：中国，2405440［P］. 2000-11-15.

［8］ 刘润昌，马涛，方耀. 一种短支卷烟用滤棒：中国，106333385A［P］. 2017-01-18.

［9］ 杨彪. 短支香烟包装盒：中国，2403255［P］. 2000-11-01.

［10］ 范铁桢，倪克平，王涛. 烟支内气流流量、吸阻与烟支长度的关系［J］. 烟草科技，2002，35（6）：8-10.

［11］ 王建民，向永波. 卷烟规格与TPM间的相关性研究［J］. 烟草科技，2001，34（2）：8-10.

［12］ 彭传新，尤长虹，李兵役，等. 影响卷烟焦油量的因素探讨［J］. 烟草科技，2000，33（11）：5-8.

［13］ Case P D, Loureau J M, Baskevitch N. Systematic studies on cigarette paper. The influence of natural permeability, added permeability and burn additive on paper properties and mainstream ISO yields/C. CORESTA Meet. 2003, 27.

［14］ Case P D, Loureau J M, Baskevitch N. Systematic studies on cigarette paper. The influence of filler, fire and natural permeability on paper properties and mainstream ISO yields［C］. CORESTA Meet. 2003, 28.

［15］ Le Bec L, Le Moigne C. Influence of cigarette paper permeability, basis weight and citrate level on the smoke yields in a flue-cured Chinese design［C］. CORESTA Congress, 2012, 6.

［16］ Wilson S A. Smoke composition changes resulting from filter ventilation［C］. Tob. Sci. Res. Conf., 2001, (55): 65.

［17］ Christophe L M, Lang L B, Gilles L B, et al. Hoffmann analytes: Influence of cigarette paper and filter ventilation on［C］. CORESTA Congress, 2004, 8.

［18］ Case P D, Branton P J, Baker R R, et al. The effect of cigarette design variables on assays of interest to the Tobacco Industry：－1）Experimental design and some initial findings on Hoffmann analyst yields ［C］. CORESTA Meeting, 2005.

［19］Sheppard J, Warren N and Case P. The effect of cigarette design variables on assays of interest to the Tobacco Industry：－2）Prediction of Hoffmann analytes using two different modelling methods ［C］. CORESTA Meeting, 2005.

［20］杨红燕，杨柳，朱文辉，等. 卷烟材料组合对主流烟气中 7 种有害成份释放量的影响 ［J］. 中国烟草学报，2011, 17（1）：8-13.

［21］赵乐，彭斌，于川芳，等. 辅助材料设计参数对卷烟 7 种烟气有害成分释放量的影响 ［J］. 烟草科技，2012, 45（10）：46-50, 84.

［22］聂聪，谢复炜，赵乐，等. 卷烟辅材参数与有害成分释放量的多元模型的建立、传递和验证 ［J］. 分析化学，2011, 39（11）：1721-1725.

［23］谢卫，黄朝章，苏明亮，等. 辅助材料设计参数对卷烟 7 种烟气有害成分释放量及其危害性指数的影响 ［J］. 烟草科技，2013, 46（1）：31-38.

［24］谭兰兰，汪长国，冯广林，等. 不同材料组合对卷烟主流烟气中苯并［a］芘释放量的影响 ［J］. 烟草科技，2015, 48（3）：33-38.

［25］周胜，朱立军，汪长国，等. 卷烟辅助材料参数对卷烟主流烟气中相关成分的影响 ［J］. 农业科学与技术（英文版），2013, 14（2）：324-328.

［26］景延秋，冼可法. 不同滤嘴稀释度对卷烟主流烟气中重要香味成分输送量的影响 ［J］. 中国烟草学报，1999, 5（2）：7-13.

［27］蔡君兰，韩冰，张晓兵，等. 滤嘴通风度对卷烟主流烟气中一些香味成分释放的影响 ［J］. 烟草科技，2011, 44（9）：54-60.

［28］潘立宁，王冰，刘绍峰，等. 辅助材料参数对卷烟主流烟气中酸性香味成分释放量的影响 ［J］. 烟草科技，2014, 47（3）：46-50.

［29］于川芳，罗登山，王芳，等. 卷烟"三纸一棒"对烟气特征及感官质量的影响（一） ［J］. 中国烟草学报，2001, 7（2）：1-7.

［30］于川芳，罗登山，王芳，等. 卷烟"三纸一棒"对烟气特征及感官质量的影响（二） ［J］. 中国烟草学报，2001, 7（3）：6-1.

［31］赵乐，彭斌，于川芳，等. 辅助材料设计参数对卷烟 7 种烟气有害成分释放量的影响 ［J］. 烟草科技，2012, 45（10）：46-50.

［32］谢卫，黄朝章，苏明亮，等. 辅助材料设计参数对卷烟 7 种烟气有害成分释放量及其危害性指数的影响 ［J］. 烟草科技，2013, 46（1）：31-38.

［33］杨松，罗诚，李东亮，等. 辅助材料设计参数对细支卷烟感官质量和主流烟气常规化学成分释放量的影响 ［J］. 烟草科技，2018, 51（10）：47-55.

［34］董艳娟，田海英，高明奇，等. 卷烟纸参数对细支卷烟烟气常规成分释放量的影响 ［J］. 烟草科技，2018, 51（6）：51-57.

［35］ Owen W C. Diffusion of gas through the cigarette paper in cigarette burning ［J］. Tobacco Science, 1967, 11：14-20.

［36］ Baker R R. Burning and thermal decomposition region of cigarette paper ［J］. Combustion and Flame, 1977, 30：21-32.

［37］ Muramatsu M, Umemura S. Kinetics of oxidation of tobacco char｜J｜. Beiträge zur Tabakforschung, 1981, 11（2）：79-86.

［38］ 张亚平，张晓宇，周顺，等. 卷烟纸组分对常规和细支卷烟烟气释放量及感官质量的影响 ［J］. 烟草科技, 2017, 50（11）：48-57.

［39］ 刘志华，崔凌，缪明明，等. 柠檬酸钾钠混合盐助燃剂对卷烟主流烟气的影响 ［J］. 烟草科技, 2008（12）：10-13.

［40］ 赵宏. 卷烟纸对卷烟燃烧性能的影响 ［J］. 黑龙江造纸, 2006, 34（2）：42-43.

［41］ Owens W F. Effect of cigarette paper on smoke yield and composition ［J］. Recent Advance Tobacco Science, 1978, 4.